문과생도 이해하는

Must have

전기전자수학

야마시타 아키라 지음

박윤경, 이현숙 옮김 곽동주 감역

한빛아카데미 Hanbit Academy, Inc. SE SHOEISHA

문과생도 이해하는 전기전자수학

초판발행 2017년 7월 14일
5쇄 발행 2022년 7월 11일

지은이 야마시타 아키라 / **옮긴이** 박윤경, 이현숙 / **감역** 곽동주 / **펴낸이** 전태호
펴낸곳 한빛아카데미(주) / **주소** 서울시 서대문구 연희로2길 62 한빛아카데미(주) 2층
전화 02-336-7112 / **팩스** 02-336-7199
등록 2013년 1월 14일 제2017-000063호 / **ISBN** 979-11-5664-328-9 93560

책임편집 김은정 / **기획** 임은혜 / **편집** 고지연, 박한솔 / **진행** 조우리
디자인 표지 여동일 / **전산편집** 이소연 / **삽화** 사가키 히로코 / **제작** 박성우, 김정우
영업 김태진, 김성삼, 이정훈, 임현기, 이성훈, 김주성 / **마케팅** 길진철, 김호철, 주희

이 책에 대한 의견이나 오탈자 및 잘못된 내용에 대한 수정 정보는 아래 이메일로 알려주십시오.
잘못된 책은 구입하신 서점에서 교환해 드립니다. 책값은 뒤표지에 표시되어 있습니다.
홈페이지 www.hanbit.co.kr / 이메일 question@hanbit.co.kr

文系でもわかる電気数学
(Bunkei demo Wakaru DenkiSugaku : 4218-0)

머리말

전기전자공학을 배우기 위해서는 수학이 필요합니다. 갑자기 당부의 말로 책을 시작하게 되었는데요, 수학은 과학의 언어입니다. 과학(=이과: 학교에서 배우는 과목 이름)이란 '자연이 어떤 구조로 움직이고 있는지'를 알아내려고 하는 학문입니다. 이를 멋있게 표현하면, '자연의 섭리를 추구한다'라거나 '진리를 탐구한다'고 할 수 있을 것입니다. 과학과 수학의 관계를 그림으로 표현하면 다음과 같습니다.

수학과 과학 및 공학

즉, '수학'이라는 토대·토양 위에 '과학'이라는 나무가 자라납니다. 그 줄기가 물리이고, 여기에서 화학·지구과학·생물 등의 분야로 나뉩니다. 수학이 어떻게 과학의 언어가 되어, 자연계를 잘 설명할 수 있게 되었는지는 알 수 없습니다. 그러나 그리스의 피타고라스 대 스승님도 "만물은 수이다"라고 단언하셨습니다. 모든 것은 수이기 때문에, 이 세상을 수학으로 설명하는 것은 당연할지도 모릅니다.

그런데 위의 그림을 보니 열매가 맺혀 있네요. 나무에 열매가 맺히면 사람이 먹을 수 있게 됩니다. 이 열매가 바로 '공학'입니다. 자연의 섭리를 이해한 후, 이를 어떻게 하면 사람에게 도움이 되도록 할지를 생각하는 학문이 바로 '공학'이기 때문입니다.

이 책에서는 전기전자공학을 배우는 데 필요한 수학에 관해 설명합니다. 처음 전기전자공학을 배우려고 할 때 낯선 수학 용어나 기호, 계산 때문에 어려움을 겪는 경우도 있을 것입니다. 수학은 전기전자공학의 언어인 만큼, 수학에서 막혀 버리면 공부가 힘들어집니다. 이에 이 책은 이제부터 전기전자공학을 공부하려는 분들이 전문서적을 읽는 데 필요한 수학을 습득할 수 있도록 구성되어 있습니다.

이 책을 읽는 방법

이 책을 손에 든 독자들의 출발점은 각각 다를 것입니다. "방정식이 뭐였지?" 하는 분들도 있을 것이고, "미분 계산은 왠지 해본 적이 있는 것 같아"라고 하시는 분들도 있을 겁니다. 여기에서는 이 책의 각 장에 대한 개요와 관련 조언을 적었으니, 자신에게 어떤 장이 필요한지를 확인하실 때 참고해 주십시오.

이 책은 1장부터 순서대로 읽으면, 계단을 올라가듯 어려움 없이 읽어 나갈 수 있도록 구성되어 있습니다. 처음부터 읽지 않고 중간부터 읽기 시작하는 독자분들은 모르는 부분이 나오면 각주를 참고하여, 조금 앞으로 돌아가 읽어 보십시오.

제1장 수를 다루는 방법

전기전자공학에서 수를 어떻게 다루는지를 설명합니다. 직접 문제를 푸는 데는 필요하지 않지만, '전기전자공학의 중요한 상식'이 많이 적혀 있습니다. 이 장을 읽으면, 전문서적의 내용을 잘 이해할 수 있게 될 것입니다. 비교적 쉬운 내용이므로, 일독을 권합니다.

제2장 수와 문자의 사용설명서

숫자나 문자식의 기본적인 사용법이 적혀 있습니다. "이 정도는 아니까 괜찮아"하는 분은 건너뛰셔도 되고, 필요한 부분만 골라 읽으셔도 됩니다. 단, 수학의 기본적인 규칙을 소홀히 하면 나중에 고난도의 수학을 공부할 때 힘들어지는 경우가 있습니다. 기초를 확실히 다지기 위해 통독하셔도 좋을 것입니다.

제3장 일차방정식

전기전자공학적인 이해가 필요한 부분을 제외하면, 3장까지는 중학교에서 배우는 수학 내용입니다. 필요가 없다면 건너뛰셔도 괜찮지만, 이 장에서는 중요한 수식·방정식을 많이 다루고 있습니다. 방정식 문제를 풂으로써 수학을 사용해 할 수 있는 것들(무기로써 수학을 사용하는 방법)을 배울 수 있을 것입니다.

제4장 연립방정식과 행렬

4장의 전반부인 4-4절까지는 중학교에서 배우는 '연립방정식'입니다. 이 책에서는 더 나가 '행렬'까지 다루고 있습니다. 행렬에서는 수학의 놀라운 부분, 수학의 진수를 이해할 수 있도록 재미있게 설명하였으니 여유가 된다면 4-5절 이후의 내용을 읽어보시는 것도 수학과 친해질 수 있는 계기가 될 것입니다.

제5장 함수

이 책에서 가장 많은 페이지를 할애한 장입니다. 여기에 등장하는 수학은 전기전자공학을 공부하는 데 있어 필기도구만큼이나 중요한 도구가 될 것입니다. 매우 상세히 설명하였으니, 이 뒤에 나오는 장들을 보기 위해서 혹은 전문서적을 이해하기 위해서는 부디 열심히 읽어 주시기 바랍니다. 수학의 개념, 전기전자공학에서의 사용 방법 등 풍성한 내용을 담았습니다.

제6장 복소수

전기전자회로에 필수적인 j가 등장합니다. 전기전자공학의 관점이 아니라 수학의 관점에서 복소수에 관해 설명합니다. 복소수가 왜 전기전자회로에 등장하는지는 전기전자회로 관련 책을 참조해 주십시오. 이 장에서는 수학의 기초를 다지는 데 중점을 두었습니다.

제7장 미분과 적분

전기전자공학을 확실히 이해하려면 미분·적분에 대한 지식이 필요합니다. 단, 미분·적분만 가지고도 책 한 권을 쓸 수 있을 정도로 내용이 방대하므로, 상세한 설명은 생략하고 결과만 게재한 책도 많습니다. 그런 책들을 보실 때 내용을 이해하기 위해서는 7장에 나와 있는 지식이 필수입니다.

제8장 미분방정식과 라플라스 변환, 제9장 푸리에 급수와 푸리에 변환

이 분야도 각각의 주제를 가지고 책을 한 권씩 쓸 수 있을 정도로 깊이 있는 내용이지만, 8장과 9장에서는 미분방정식, 라플라스 변환, 푸리에 급수, 푸리에 변환에 대해 상세히 설명한 책을 읽는 데 필요한 지식을 소개하고 있습니다. 페이지 사정상, 이 책에서 모든 내용을 설명하기는 어렵습니다. 그러나 핵심 내용만 뽑아 재미있게 읽어 볼 수 있도록 구성하였습니다.

> 한편, 전기기사, 전기공사, 전기산업기사 등의 자격증을 취득하는 데에는 전자기학, 전력공학, 전기기기, 회로이론 및 제어공학을 공부해야 하므로 이 책에 나오는 모든 내용을 차근차근 공부해 나가야 합니다.

서두에서 언급한 것처럼 수학은 전기전자공학의 언어이며 어떤 의미에서는 '도구'라고도 할 수 있습니다. 도구를 능숙하게 다루기 위해서는 먼저 사용설명서를 읽어 볼 필요가 있습니다. 전기전자공학을 배우는 여러분이 이 책을 통해 수학이라는 도구를 능숙하게 다룰 수 있게 되어 많은 열매를 맺을 수 있기를 응원합니다(이 책은 농업 관련 서적이 아님을 밝혀둡니다).

2016년 9월

야마시타 아키라

목차

제3장
일차방정식

제4장
연립방정식과 행렬

제5장

함수

제6장 복소수

제7장 미분과 적분

제8장 미분방정식과 라플라스 변환

제9장 푸리에 급수와 푸리에 변환

이 책은 각 항목의 난이도를 5단계 ★★★★★로 표시하였습니다.
저자의 주관에 따라 표시한 것이므로, 참고만 하십시오.

제1장

수를 다루는 방법

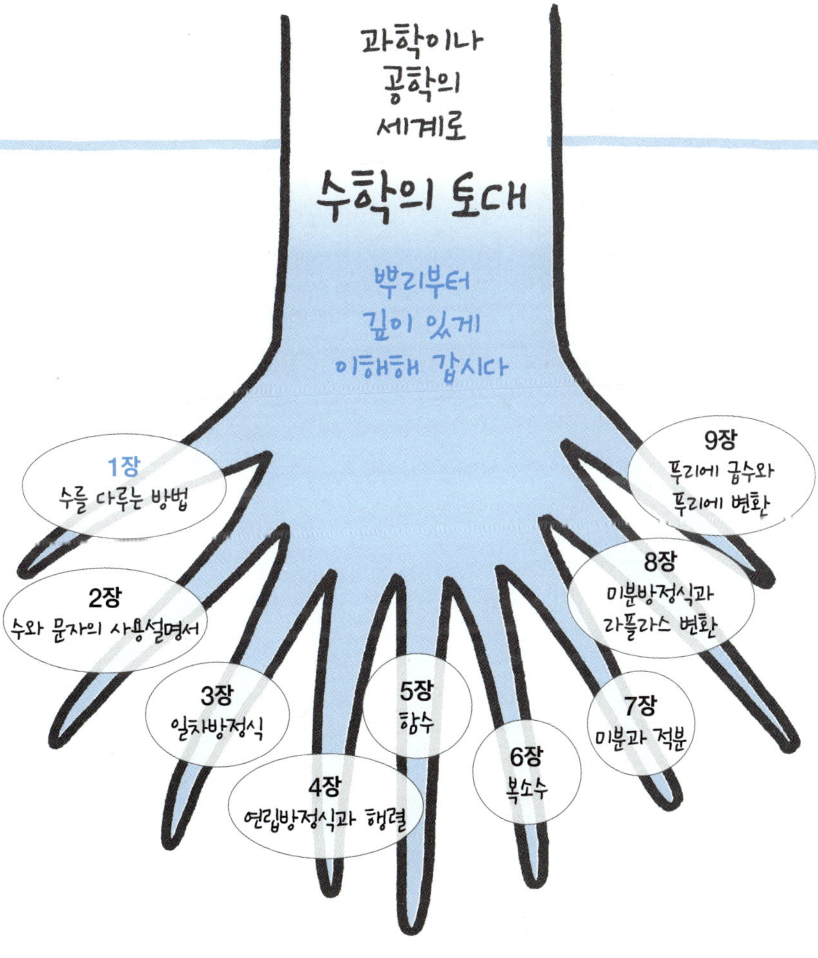

수학과 친해지려면 일단 수를 다룰 수 있어야 합니다.

수는 일정한 성질을 가지므로 수를 다루는 방법을 알면 매우 편리합니다.

1-1 수의 표기 ① : 유효숫자

의미 있는 유효숫자는 어디까지일까?

난이도 ★☆☆☆☆

> **유효숫자**
>
> 의미 있는 숫자

수학에서 다루는 수와 공학의 세계에서 다루는 수는 성격이 약간 다릅니다. 일단 수학에서 다루는 수의 특징에 대해 알아보겠습니다. 수학에서는 값을 매우 정확하게 지정할 수 있습니다. 분수를 예로 들어봅시다. 수학에서는 $\frac{1}{3}$을 '1을 딱 3등분한 값'이라고 정합니다. 하지만 이 값을 현실 세계에서 다루기엔 적합하지 않습니다. 예를 들어, 자에서 $\frac{1}{3}$cm라는 값을 잴 때 눈금으로 정확히 읽을 수 있을까요? 그림 1.1과 같이 $\frac{1}{3}$cm는 0.3cm와 0.4cm사이에 존재하며, 소수로 나타내면 0.33333333333333333333…cm입니다. 자에선 $\frac{1}{3}$cm를 0.33cm 정도로 어림잡아 읽는 것이 한계일 것입니다.

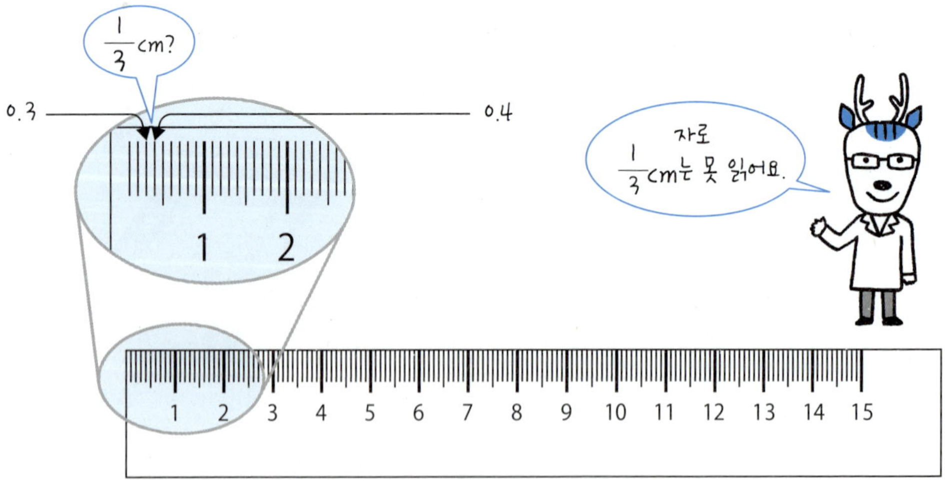

그림 1.1 자에서 $\frac{1}{3}$cm

이처럼 수학적으로 $\frac{1}{3}$cm를 '1cm를 3등분한 값'이라고 정할 수는 있어도, 실생활에서 $\frac{1}{3}$cm를 자로 측정한다거나 나타내는 것은 거의 불가능합니다. 어떤 측정값이든지 그 값을 읽을 수 있는 자릿수에는 한계가 있기 때문입니다. 따라서 측정값을 수로 나타낼 때에는 표기된 숫자가 의미를 가질 수도 있고, 갖지 않을 수도 있습니다. 공학에서는 이러한 한계성을 보완하기 위해 측정값에 유의미한 숫자를 정합니다.

체중계를 예로 들어 봅시다. 그림 1.2처럼 체중계의 눈금이 5와 6 사이를 가리킬 때,

$$5\,\text{kg} < \text{체중} < 6\,\text{kg}$$

라고 할 수 있습니다. 소수점 아래 첫째 자리는 확실하게 얼마라고 단언할 수 없습니다. 측정하는 사람마다 값이 다르게 나올 수 있기 때문입니다. 측정값의 마지막 자릿수는 이렇게 불확실성을 가질 때가 많습니다. 그림 1.2에서는 체중을 5.6kg으로 측정했습니다.

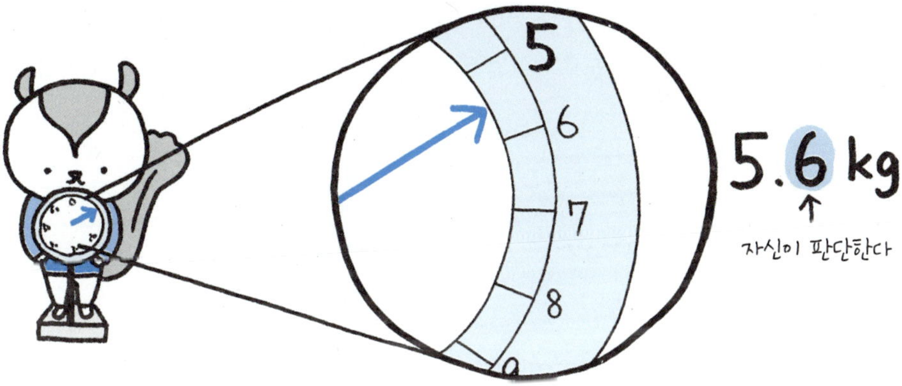

그림 1.2 체중계의 눈금과 유효숫자

그렇다면, 체중을 '5.6000000000kg'으로 표기하면 어떨까요? 뭔가 어색합니다. 이 체중계로는 그렇게까지 정확한 값을 나타낼 수 없기 때문이죠. 더 구체적으로 설명하자면 이 측정값에서 의미 있는 부분은 5.6까지이고, 나머지 000000000은 의미가 없다는 것입니다.

이처럼 근삿값을 나타내는 숫자 중에서 의미 있는 숫자를 **유효숫자**라 하며, 유효숫자의 자릿수를 **유효 자릿수**라고 합니다. 예를 들어, 5.6kg의 유효 자릿수는 2자리입니다.

문제 1-1 정답은 p. 306

다음 수의 유효 자릿수는 얼마일까요?

(1) 3.14 (2) 3.141 (3) 3.1415 (4) 1.73205080 (5) 2.71828

1-2 수의 표기 ② : 지수 표시

고래에서 물벼룩까지. 아냐아냐, 우주에서 원자까지!

난이도 ★☆☆☆☆

> **지수 표시**
>
> 매우 큰 수나 매우 작은 수를 간단히 나타낸다.

수를 이용하면 엄청나게 큰 양부터 매우 작은 양까지 편리하게 나타낼 수 있습니다.

그림 1.3에서 30m 크기의 대왕고래와 2mm 길이의 물벼룩을 나타냈습니다. 같은 비율로 그리다보니 물벼룩은 보이지 않을 정도로 작아져 버렸습니다(그리기 귀찮아서 안 그린 게 아닙니다).

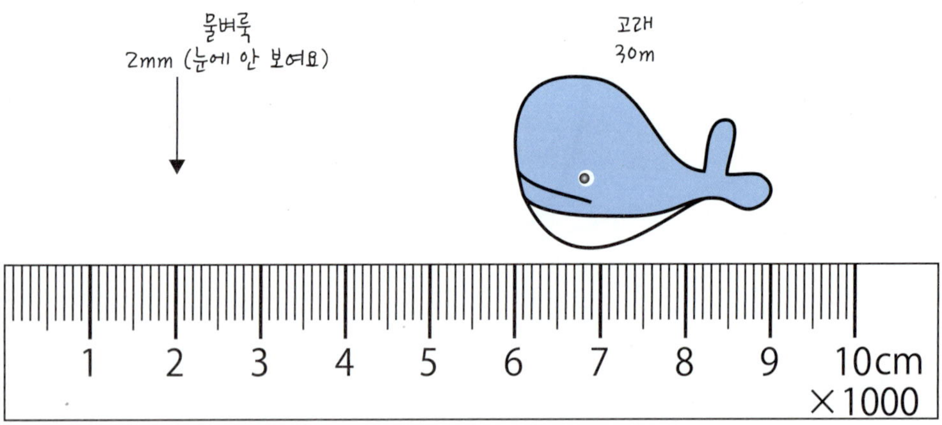

그림 1.3 고래와 물벼룩

이렇게 사물의 크기를 일일이 그림으로 그려서 비교한다면 매우 번거로울 것입니다. 그래서 인류는 수를 이용해서 크기나 양을 나타내게 되었습니다. 과거에는 수의 기준이 왕의 신체 길이 같은 것일 때도 있었지만, 지금은 m(미터) 같이 일정한 단위를 사용해 나타냅니다. 게다가 지수를 사용하면 매우 큰 양부터 작은 양까지 표현할 수 있습니다.

지수는 밑이라고 부르는 특정한 수가 곱해진 횟수입니다. 이때 밑과 지수로 표현한 수를 **거듭제곱**이라고 합니다. 보통 10의 거듭제곱으로 수를 나타내는 경우가 많습니다.

고래와 물벼룩의 경우,

$$고래 : 30\text{m} = 3 \times 10^{1}\text{m}$$
$$물벼룩 : 2\text{mm} = 0.002\text{m} = 2 \times 10^{-3}\text{m}$$

가 됩니다. 고래의 경우 10^1에서 지수는 1, 물벼룩의 경우 10^{-3}에서 지수는 −3입니다.

이 표기법으로 우주나 원자의 크기도 얼마든지 나타낼 수 있습니다. 그림 1.4는 우주의 크기 5×10^{24}m[1]와 수소 원자의 크기 0.529×10^{-10}m[2]를 포함하여 수소 원자, 물벼룩, 고래, 우주의 크기를 하나의 그래프로 나타낸 것입니다.

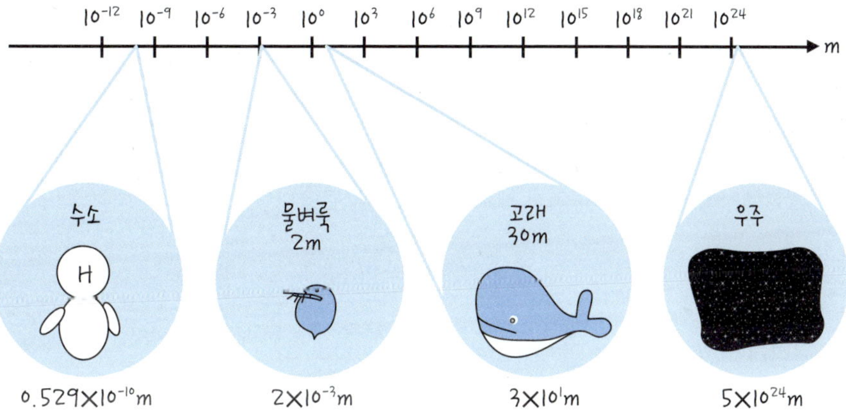

그림 1.4 우주에서 수소 원자까지

이처럼 지수를 이용하면 엄청나게 큰 수치나 매우 작은 수치도 쉽게 나타낼 수 있습니다. 만약 우주와 수소 원자의 크기를 지수를 사용하지 않고 나타낸다면 다음과 같이 매우 번거로워질 것입니다.

$$우주 : 5 \times 10^{24}\text{m} = 5000000000000000000000000\text{m}$$
$$수소\ 원자 : 0.529 \times 10^{-10} = 0.0000000000529\text{m}$$

1 우주의 모양이나 크기에 대해서는 상당히 어려운 논의가 필요하지만, 여기에선 매우 단순한 추정치를 사용했습니다. 우주가 빛의 속도(초당 3×10^8m)로 팽창하고 있다고 보고, 우주 탄생 후 130억 년(=130×10^8년 × 12개월 × 30일 × 60분 × 60초 = 1.68×10^{16}초) 동안 어느 정도의 크기가 될지를 어림잡아 계산해 보면, 속도×시간 = 3×10^8m/s × 1.68×10^{16}s = 5×10^{24}m가 됩니다. 단, 우주는 사실 왜곡되어 있으므로 이 값은 단지 추정치일 뿐입니다. 자세히 알고 싶다면 우주 물리학자가 되어 공부해 보세요.

2 수소 원자의 크기를 정확히 정할 수는 없지만, 일리있는 추정값이 있습니다. 바로 보어 박사가 고안한 수소 원자 모형을 통해 추정한 값(보어 반지름입니다)인데 그 값은 0.529×10^{-10}m입니다.

1-3 수의 표기 ③ : 접두어

단 한 글자로

난이도 ★☆☆☆☆

> **접두어**
>
> 지수보다 더 간단하다.

거리 곳곳에 설치된 교통 표지판을 본 적이 있나요? 교통 표지판은 간단한 그림만으로도 교통안전과 관련된 정보를 전달하고 있습니다. 이와 비슷하게 과학자와 기술자들은 단 한 글자에 크기라는 정보를 담아내었는데, 그중 하나가 접두어입니다. **접두어**의 표현은 표 1.1을 살펴보길 바랍니다. 이 접두어를 사용하면 매우 크거나 작은 수를 지수보다 더 간단하게 나타낼 수 있습니다. 예를 들어, 물벼룩의 크기를 접두어로 나타내면 다음과 같습니다.

$$2 \times 10^{-3}\mathrm{m} = 2\mathrm{mm}$$

10^{-3}은 m(밀리)라는 접두어 한 글자로 표현할 수 있습니다. 10^{-3}m의 m은 길이 단위를 나타내는 미터의 m입니다. 미터의 m 앞에 접두어 m(밀리)가 붙으면 밀리미터가 됩니다.

예 2.5×10^{-5}m를 접두어를 사용해 나타내 봅시다.

2.5×10^{-5}의 거듭제곱 부분과 표 1.1의 접두어를 비교해 봅시다. 이때 거듭제곱 부분(10^{-5})의 값과 가장 가까운 접두어가 $\mu(10^{-6})$이므로 거듭제곱 부분을 10^{-6}으로 표현합시다.

$2.5 \times 10^{-5} = 2.5 \times 10^{1} \times 10^{-6}$으로 변형하면 다음과 같습니다.

$$2.5 \times 10^{-5}\mathrm{m} = 2.5 \times 10^{1} \times 10^{-6}\mathrm{m} = 25 \times 10^{-6}\mathrm{m} = 25\mu\mathrm{m}$$

이처럼 접두어로 나타낼 때에는 10의 지수를 바꿔야 하는 경우가 종종 있습니다.

문제 1-2 정답은 p. 306

다음 길이를 적절한 접두어를 사용해서 간단하게 나타내 봅시다.

(1) 2×10^{-3}m (2) 3×10^{3}m (3) 0.33×10^{-2}m (4) 5×10^{-6}m

표 1.1 큰 수를 나타내는 방법

숫자로 직접 썼을 때	10의 거듭제곱	접두어	읽는 방법
1000000000000000000	10^{18}	E	엑사(exa)
100000000000000000	10^{17}		
10000000000000000	10^{16}		
1000000000000000	10^{15}	P	페타(peta)
100000000000000	10^{14}		
10000000000000	10^{13}		
1000000000000	10^{12}	T	테라(tera)
100000000000	10^{11}		
10000000000	10^{10}		
1000000000	10^{9}	G	기가(giga)
100000000	10^{8}		
10000000	10^{7}		
1000000	10^{6}	M	메가(mega)
100000	10^{5}		
10000	10^{4}		
1000	10^{3}	k	킬로(kilo)
100	10^{2}	h	헥토(hecto)
10	10^{1}	da	데카(deca)
1	10^{0}		
0.1	10^{-1}	d	데시(deci)
0.01	10^{-2}	c	센티(centi)
0.001	10^{-3}	m	밀리(milli)
0.0001	10^{-4}		
0.00001	10^{-5}		
0.000001	10^{-6}	μ	마이크로(micro)
0.0000001	10^{-7}		
0.00000001	10^{-8}		
0.000000001	10^{-9}	n	나노(nano)
0.0000000001	10^{-10}		
0.00000000001	10^{-11}		
0.000000000001	10^{-12}	p	피코(pico)
0.0000000000001	10^{-13}		
0.00000000000001	10^{-14}		
0.000000000000001	10^{-15}	f	펨토(femto)
0.0000000000000001	10^{-16}		
0.00000000000000001	10^{-17}		
0.000000000000000001	10^{-18}	a	아토(atto)

1-4 단위의 의미와 표기

단위는 1의 양을 결정한다

난이도 ★★☆☆☆

> **단위의 의미**
>
> 하나의 양

과학이나 공학에서는 현실 세계에 존재하는 여러 가지 양을 나타내는데, 그 정도를 규정하는 것이 바로 **단위**입니다. 글자 그대로 '단(單, 하나)'이 어느 '위(位, 정도)' 양인가를 나타내는 것입니다.

돈을 예로 들어 봅시다. 한국 화폐 단위는 원이고 이 단위는 한국 돈으로 1이 어느 정도 양인지 정해 줍니다. '1원'이라고 표기하면 '원이라는 단위를 가진 양이 하나'이고, '980원'이라고 표기하면, '원이라는 단위를 가진 양이 980배'라는 뜻이 됩니다.

같은 단위끼리는 덧셈과 뺄셈을 할 수 있습니다. 돈의 경우 단위가 달라도 접두어를 붙이거나 단위 변환을 통해 덧셈과 뺄셈이 가능합니다. 예를 들어,

$$1000\text{원} + 1\ \$ = 1000\text{원} + 1200\text{원} = 2200\text{원}$$
$$1\text{만 원} + 100\text{원} = 10000\text{원} + 100\text{원} = 10100\text{원}$$

이 됩니다. \$라는 화폐 단위도 1\$=1200원으로 환산하거나, 접두어 '만=10000'[3]으로도 환산할 수 있습니다.

다음과 같은 경우는 연산이 불가능합니다.

$$70\text{kg} + 175\text{cm} = ???$$

즉, 단위가 나타내는 물리량이 다르면 덧셈이나 뺄셈을 할 수 없습니다. 체중과 키를 더한 수치는 아무런 의미가 없는 것처럼 말입니다.

3 서양의 접두어는 세 자리씩 끊어 읽는 반면 동양의 접두어는 네 자리씩 끊어 읽습니다. 만 = 10^4, 억 = 10^8, 조 = 10^{12}, 경 = 10^{16}, 해 = 10^{20}…

반면, 다음과 같은 연산은 가능합니다.

$$3\text{m} \times 5\text{m}^2 = 15\text{m}^3$$

즉, 길이 3m라는 양과 면적 5m^2라는 양을 곱해서 부피 15m^3라는 새로운 양이 되었습니다. 이렇듯 2개의 단위를 곱하거나 나누면 다른 단위가 될 때가 있습니다.

예를 들어, 금괴 10kg을 5m 옮길 때 드는 에너지는,

$$10\text{kg} \times 5\text{m} = 50\text{kg} \cdot \text{m} = 50\text{J}$$

이 됩니다. 이 '·' 기호는 단위 사이에 있으면 곱셈을 의미합니다. 두 단위 kg과 m를 곱해서 새로운 에너지 단위 J(줄), 즉 kg · m = J이 나왔습니다.

나눗셈의 경우도 살펴봅시다. 예를 들어, 길이 5m를 시간 2s로 나누면,

$$5\text{m}/2\text{s} = 2.5\text{m/s}$$

입니다. m/s는 '초당 미터'라고 읽으며, 속도의 단위 중 하나입니다. 이 단위 안에 들어 있는 '/' 기호는 나눗셈을 의미합니다.

> **단위의 표기**
> **양 = 수치 × 단위**

세상에는 여러 가지 양이 존재합니다. 이를 수식으로 나타낼 때는, 문자식에서 단위의 유무에 따라 표기 방법을 크게 두 가지로 나눌 수 있습니다. 전자를 ㉮, 후자를 ㉯로 하고 키 175cm를 L이라는 기호로 표기해 보겠습니다.

㉮ $L = 175\text{cm}$ ㉯ $L = 175[\text{cm}]$

㉮에서 L의 양은 175cm로서, cm 단위가 포함되어 있습니다. ㉯에서는 L의 양이 175로서, cm 단위가 포함되어 있지 않습니다. 다만, L이라는 양이 무엇을 나타내는지를 보여주기 위해 괄호 [ ] 안에 단위를 적습니다. ㉯에서의 L처럼 단위를 제외한 양을 나타내는 기호를 **양기호**라고 부릅니다.

표기 방법이 이렇게 두 가지인 이유는 서체 차이 때문입니다. 단위는 로마체로, 양기호는 이탤릭체로 쓰게 되어 있습니다. 로마체는 'abcde'와 같이 반듯반듯한 글자 형태이고, 이탤릭체는 '*abcde*'와 같이 약간 구부러진 글자 형태입니다. 이 책에서는 서체 구분이 명확하므로 ㉮와 같은 방법으로 표기했습니다. 손으로 쓰면 서체를 구분하기 어려울 수도 있기 때문에 ㉯와 같은 방법으로 표기하면 편리합니다.

1-5 덧셈과 뺄셈

같은 단위가 나와요

난이도 ★☆☆☆☆

> **덧셈과 뺄셈이 가능한 조건**
>
> 같은 단위를 가진 값은 단위가 공통인수가 된다.

1–4절에서 소개한 것처럼 같은 단위를 가진 수끼리는 덧셈과 뺄셈을 할 수 있습니다. 이번에는 덧셈·뺄셈이 가능한 값들의 계산을 연습해 보겠습니다.

현실 세계에서 다루는 값은 '수와 단위'가 한 세트이기 때문에 '수치 × 단위'로 표현합니다. 예를 들어, 다람쥐의 키 32cm를 $L_{다람쥐}$라는 기호로 나타내면,

$$L_{다람쥐} = 32\text{cm}$$

입니다. 즉, $L_{다람쥐}$는 '32 × cm'라는 양을 의미합니다. 마찬가지로, 한국 남자의 평균키 175cm를 $L_{남자}$라는 기호로 나타내서 $L_{다람쥐}$ 와 $L_{남자}$를 더하면 다음과 같습니다.

$$L_{남자} + L_{다람쥐} = 175\text{cm} + 32\text{cm} = (175 + 32)\text{cm} = 207\text{cm}$$

즉, $L_{남자}$와 $L_{다람쥐}$는 모두 'cm'를 단위로 가지고 있기 때문에, **공통인수**로 묶을 수 있습니다.

공통인수란 두 개 이상의 정수 또는 다항식에 공통으로 포함된 인수를 말합니다. 예를 들어, 15와 12는 $15 = 3 \times 5$, $12 = 3 \times 4$이므로 모두 3이 공통인수입니다. 두 수를 더하면 $15 + 12 = 3 \times (5 + 4)$와 같이 공통인수로 묶어 나타낼 수가 있습니다. 이때 $L_{남자}$와 $L_{다람쥐}$는 'cm'라는 공통인수가 존재합니다.

뺄셈도 같은 방식으로 할 수 있습니다.

$$L_{남자} - L_{다람쥐} = 175\text{cm} - 32\text{cm} = (175 - 32)\text{cm} = 143\text{cm}$$

위와 같이 단위가 같은 수끼리 덧셈이나 뺄셈을 하면 그 결과값도 같은 단위를 가집니다. 실제로, 그림 1.5와 그림 1.6에서처럼 길이 단위 cm를 가진 수끼리 덧셈·뺄셈을 하면 계산 결과의 단위도 cm가 됩니다.

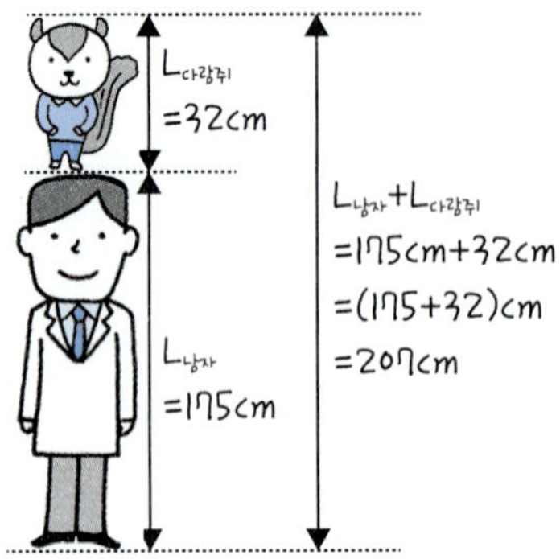

그림 1.5 $L_{남자} + L_{다람쥐}$

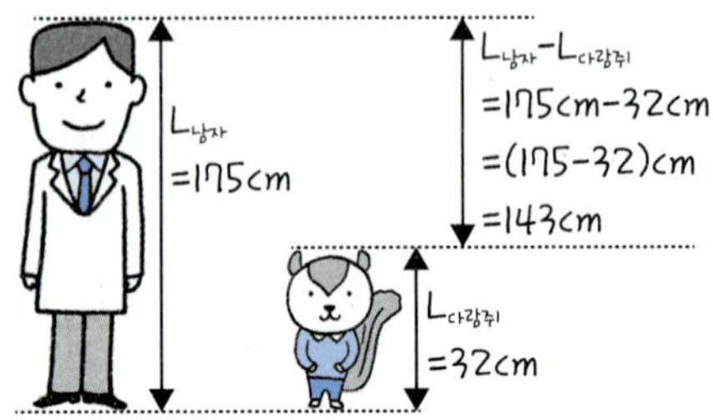

그림 1.6 $L_{남자} - L_{다람쥐}$

그림 1.5와 같이 덧셈은 남자의 발 밑에서부터 다람쥐의 머리끝까지의 길이를, 그림 1.6과 같이 뺄셈은 같은 높이에 서 있을 때 남자의 머리끝에서부터 다람쥐의 머리끝까지의 길이를 나타냅니다.

예 $L_1 = 10\text{cm}$, $L_2 = 0.2\text{m}$, $L_3 = 2$척이라 할 때, 다음을 구해 봅시다(단, 1척 = 0.303m로 계산합니다).

(1) $L_1 + L_2$ (2) $L_2 - L_1$ (3) $L_1 + L_2 + L_3[\text{cm}]$

풀이 (1) 우선, L_1과 L_2의 단위를 맞춰 봅시다. m나 cm 중 아무 단위를 택해서 통일해도 상관없습니다. 이번엔 cm로 맞춰보겠습니다. $L_2 = 0.2\text{m} = 20\text{cm}$이므로,

$$L_1 + L_2 = 10\text{cm} + 20\text{cm} = 30\text{cm}$$

(2) (1)과 마찬가지로 cm로 맞춰서 계산하면

$$L_2 - L_1 = 20\text{cm} - 10\text{cm} = 10\text{cm}$$

(3) 양기호 $L_1 + L_2 + L_3$의 옆에 $[\text{cm}]$라고 표기되어 있습니다. 이는 덧셈 결과가 $[\text{cm}]$라는 단위를 가진다는 의미입니다. 그럼, 단위를 cm로 맞춰 봅시다. $L_2 = 0.2\text{m} = 20\text{cm}$, $L_3 = 2\text{척} = 2 \times 0.303\text{m} = 60.6\text{cm}$이므로,

$$L_1 + L_2 + L_3 = 10\text{cm} + 20\text{cm} + 60.6\text{cm} = 90.6\text{cm}$$

1-6 곱셈과 나눗셈

다른 단위가 나올지도 몰라요!

난이도 ★☆☆☆☆

> **곱셈 나눗셈을 하면**
> 단위도 곱셈과 나눗셈을 한다.

1–4절에서 소개한 것처럼, 다른 단위를 가진 수끼리는 덧셈과 뺄셈을 할 수 없습니다. 이 절에서는 그 이유를 자세히 설명하고, 곱셈과 나눗셈의 경우에 대해서도 설명하겠습니다.

그림 1.7처럼 다람쥐의 체중인 $m_{\text{다람쥐}} = 5.6\text{kg}$과 키인 $L_{\text{다람쥐}} = 32\text{cm}$를 더하는 걸 가정해 봅시다.

$$m_{\text{다람쥐}} + L_{\text{다람쥐}} = 5.6\text{kg} + 32\text{cm}$$

이 경우 단위가 다르고 환산할 수 있는 것도 아니어서 공통인수가 없습니다. 그러므로 두 수 5.6과 32는 서로 더할 수 없습니다. 즉, $m_{\text{다람쥐}} + L_{\text{다람쥐}}$라는 양은 의미를 가지지 않는 것처럼 단위가 나타내는 물리량이 다른 수끼리의 덧셈은 할 수 없습니다. 이 원칙은 뺄셈도 마찬가지입니다.

그림 1.7 체중 + 키 = ???

그럼, 곱셈과 나눗셈의 경우를 생각해 봅시다. 그림 1.8은 초당 2m로, 즉 속도 2m/s로 달리는 자동차를 그린 것입니다. 이 2m/s라는 양에 s(초) 단위의 시간을 곱해 봅시다.

$$2\text{m/s} \times 0\text{s} = 2 \times 0[\text{m/s}] \cdot [\text{s}] = 2 \times 0\left(\frac{\text{m}}{\cancel{\text{s}}} \cdot \cancel{\text{s}}\right) = 0\text{m}$$

$$2\text{m/s} \times 1\text{s} = 2 \times 1[\text{m/s}] \cdot [\text{s}] = 2 \times 1\left(\frac{\text{m}}{\cancel{\text{s}}} \cdot \cancel{\text{s}}\right) = 2\text{m}$$

$$2\text{m/s} \times 2\text{s} = 2 \times 2[\text{m/s}] \cdot [\text{s}] = 2 \times 2\left(\frac{\text{m}}{\cancel{\text{s}}} \cdot \cancel{\text{s}}\right) = 4\text{m}$$

$$2\text{m/s} \times 3\text{s} = 2 \times 3[\text{m/s}] \cdot [\text{s}] = 2 \times 3\left(\frac{\text{m}}{\cancel{\text{s}}} \cdot \cancel{\text{s}}\right) = 6\text{m}$$

이처럼 '속도×시간'이라는 양의 단위만 생각해서 $[m/s]$와 $[\text{s}]$를 곱하면 $[\text{m}]$ 단위가 됩니다. 즉, 서로 다른 단위인 속도와 시간을 가진 양끼리 곱한 결과, 길이 단위를 가진 새로운 양이 되었습니다. 즉, 속도 $v[\text{m/s}]$와 시간 $t[\text{s}]$을 곱하면

$$v[\text{m/s}] \times t[\text{s}] = v \times t[\text{m/s}] \cdot [\text{s}] = v \cdot t\left(\frac{\text{m}}{\cancel{\text{s}}} \cdot \cancel{\text{s}}\right) = vt[\text{m}]$$

와 같이 $vt[\text{m}]$가 됨을 알 수 있습니다. 그림 1.8에서는 $vt = x$라고 하여, 양기호 $x[\text{m}]$는 위치를 나타내고 있습니다. 즉, 단위가 서로 다른 양의 곱셈은 수는 수, 단위는 단위끼리 곱해 새로운 단위의 양이 생기게 되는 것입니다. 이 원리는 나눗셈에서도 마찬가지입니다.

이처럼 단위만을 따로 계산해서, 새롭게 생겨난 단위가 어떤 것인지 알아보는 과정을 **차원해석**이라고 합니다. 다시 말해, 차원해석이란 서로 다른 물리량과 그 연산으로 생긴 새로운 물리량과의 관계를 해석하는 것입니다.

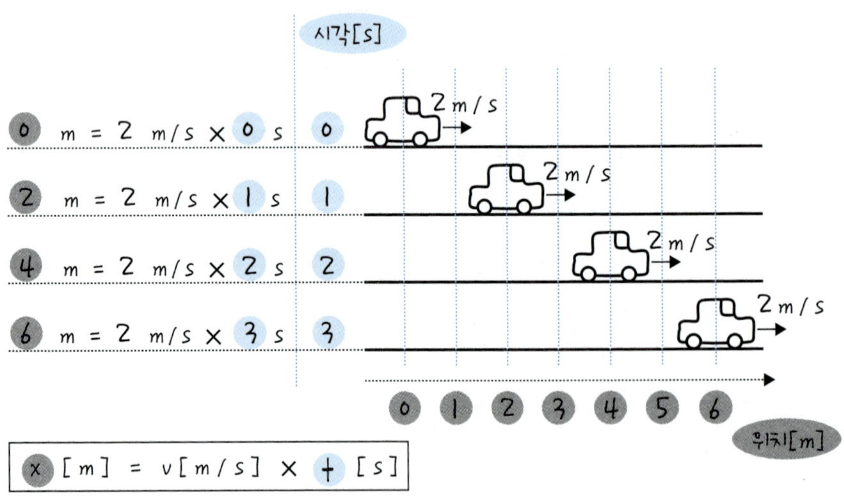

그림 1.8 위치 = 속도 × 시간

1-7 사칙연산과 유효숫자

가장 못 미더운 것에 맞춘다!

난이도 ★☆☆☆☆

이 절에서는 유효숫자가 다른 수끼리의 사칙연산을 설명하겠습니다.
유효숫자에 대해서는 1-1절을 참고하세요.

> **덧셈 · 뺄셈**
>
> 가장 오차가 큰 수의 끝자리에 맞춘다.

백문이 불여일견이므로, 실제로 덧셈을 해 봅시다. 전자저울로 측정한 조개 12.34g과 1000원 균일가로 구입한 돼지고기 321g을 서로 더해 무게의 합을 구해 봅시다.

$$12.34\text{g} + 321\text{g} = 333.34\text{g}$$

과연 333.34g이 정답일까요? 수학적으로 보자면 정답이 맞지만, 공학에서는 바른 계산이 아닙니다. 유효숫자를 고려해야 하기 때문입니다. 조개는 소수점 아래 둘째 자리까지 꽤 정확히 측정했습니다. 반면, 돼지고기는 일의 자리까지만 파악이 됩니다. 321g이 소수 첫째 자리에서 반올림한 수치라고 한다면 이 측정값은 321 ± 5g[4] 범위에 있다고 할 수 있습니다. 즉, 소수점 아래 둘째 자리까지 나타낸다 해도 그 값은 참값이 아니므로 소수점 아래 둘째 자리까지 기재하는 것은 별로 의미가 없습니다.

이처럼 서로 다른 정밀도로 잰 조개의 무게와 돼지고기의 무게를 더한 값은 정밀도가 어느 정도일까요? 기껏해야 돼지고기 무게의 정밀도 정도일 것입니다. 따라서, 덧셈 결과의 유효숫자는 가장 오차가 큰 돼지고기에 맞춰 일의 자리까지 나타냅니다. 즉, 소수점 아래 첫째 자리에서 반올림하여 다음과 같이 계산합니다.[5]

4 (감수자) 근삿값은 오차의 한계를 구할 수 있습니다. 오차의 한계란 참값과 근삿값의 차이를 허용하는 기준입니다. 오차의 한계는 (반올림한 바로 윗자리의 자릿값)×0.5이므로 이 경우 오차의 한계는 $1 \times 0.5 = 0.5\text{g}$입니다.

5 $333.34\text{g} \fallingdotseq 333\text{g}$과 $333.34\text{g} \simeq 333\text{g}$처럼 ≒나 ≃ 같은 기호를 써서 근접한 값이라고 표현하는 것이 정확합니다. 단, 공학 계열 책에서는 이를 감안하고 =로 표기하는 경우가 많습니다.

$$12.34\text{g} + 321\text{g} = 333.\cancel{34}\,\text{g} = 333\text{g}$$

곱셈·나눗셈

유효 자릿수가 가장 작은 수에 맞춘다.

다음은 곱셈이나 나눗셈을 할 때의 유효 자릿수입니다. 5.81×2.3을 살펴봅시다. 5.81의 유효 자릿수는 3자리, 2.3의 유효 자릿수는 2자리로, 둘 중 유효 자릿수가 작은 것은 2.3입니다. 따라서 계산 결과도 유효 자릿수는 2자리가 됩니다.

$$\begin{array}{r} 5.81 \\ \times\ 2.3 \\ \hline 1743 \\ 1162 \\ \hline 13.\cancel{3}\cancel{6}\cancel{3} = 13 \end{array}$$

⇐ 최소 유효 자릿수는 2

⇐ 계산 결과

↑ 최소 유효 자릿수(=2)에 맞추기 위해 여기에서 반올림

결국 계산할 때는

가장 못 미더운(가장 큰 오차를 가지고 있는) 수의 영향을 받는다.

예 유효숫자에 주의하면서 다음을 계산해 봅시다.

(1) $321 - 1.23$ (2) $321.0 \div 1.23$

풀이 (1) 321과 1.23 중에 가장 오차가 큰 쪽은 321이므로, 일의 자리까지 나타내야 합니다. 따라서, 계산 결과는 소수 첫째 자리에서 반올림합니다.

$$321 - 1.23 = 319.\cancel{77} = 320$$

(2) 321.0과 1.23은 유효 자릿수가 각각 네 자리와 세 자리이므로, 유효 자릿수는 세 자리에 맞춥니다. 유효 자릿수가 세 자리가 되도록 소수 첫째 자리에서 반올림합시다.

$$321.0 \div 1.23 = 260.\cancel{9756}\cdots = 261$$

문제 1-3 정답은 p. 306

유효숫자에 주의하면서 다음을 계산해 봅시다.

(1) $1.245 + 2.36$ (2) $3.51 - 2.7$ (3) 4.5×3.61 (4) $52.8 \div 2.4$

column 우주인은 수를 어떻게 다룰까요?

사람은 총 10개의 손가락을 가지고 있습니다. 아마도 이 때문에 숫자도 0123456789의 열 종류일 것입니다. 9 다음으로 큰 수는 10, 99 다음으로 큰 수는 100처럼, 자릿수를 늘려가며 수를 표기합니다.

사실 숫자의 종류가 두 개 이상만 있으면 수를 나타내는 데 특별히 문제가 없습니다. 즉, 0과 1만 가지고도 수의 표기가 가능합니다. 0, 1, 10, 11, 100, 101……과 같이요. 0과 1과 2의 세 가지 숫자만 있어도 괜찮습니다. 0, 1, 2, 10, 11, 12, 100, 101, 102, 110……과 같이 나타낼 수 있으니까요. 이렇게 숫자의 종류를 몇 가지로 사용할지 선택하는 것은 꽤 자유롭지만 사람은 열 종류의 숫자를 사용하고 있습니다. 이렇게 수를 표기하는 것을 10진수라고 하고, 숫자 n종류를 사용한다면 n진수라 부릅니다. 만일 손가락이 8개인 우주인이 있다면 그 우주인이 사는 별에선 8진수를 사용하고 있을지도 모르겠네요.

제2장

수와 문자의 사용설명서

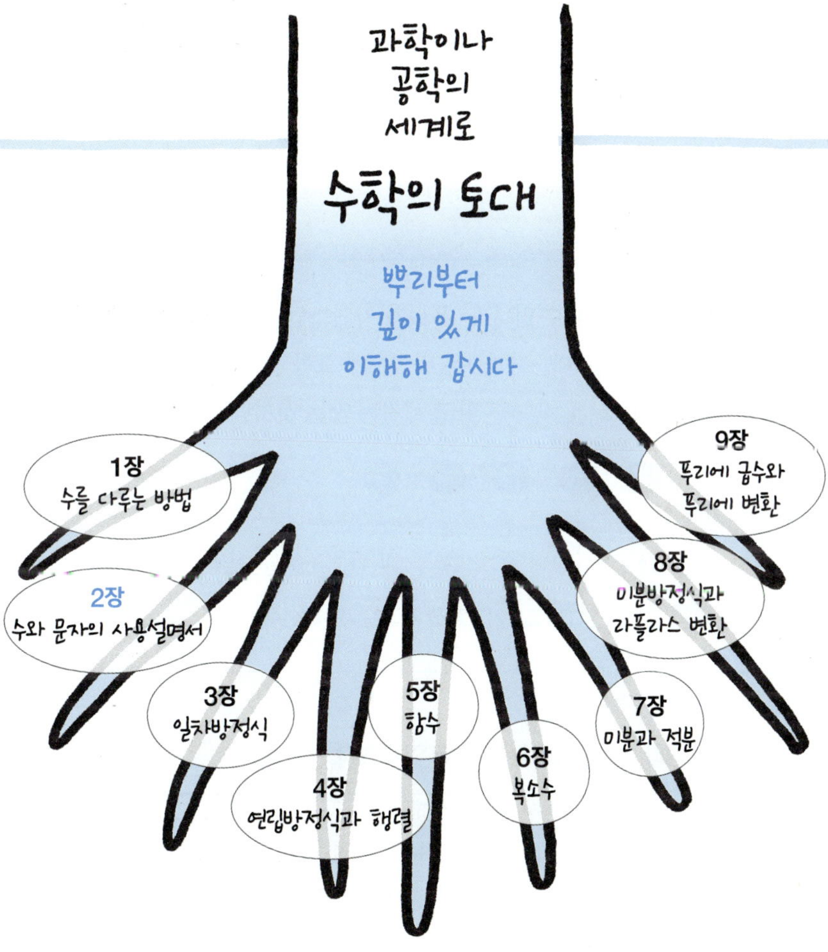

2장에서는 수와 문자를 추상적으로 다룰 수 있도록 공부해 봅시다. '추상적'이라는 말에 당황할 필요 없습니다. 수학은 추상적일수록 적용 범위가 넓어져서 과학이나 공학에서도 매우 강력한 무기가 되기 때문입니다.

2-1 수의 종류 ① : 자연수

자연수 · 정수 · 유리수 · 무리수 · 실수

난이도 ★☆☆☆☆

수학이라는 학문은 당연히 '수'를 다루는데, 이 '수'에도 여러 가지 종류가 있습니다. '수'를 사용해서 계산을 하려면 일단 여러 가지 '수'의 성질을 공부해야 합니다. 이 책에서는 '자연수', '정수', '유리수', '무리수', '실수', '복소수'의 순서로 소개하겠습니다. 참고로 '복소수'는 6장에서 공부합니다.

> **자연수**
>
> 자연스럽게 세어 보자.

먼저 **자연수**는 말 그대로 '자연'의 '수'입니다. 우리가 자연스럽게 사물의 수를 셀 때 사용하는 것으로 1, 2, 3, ……이 자연수입니다. 이때 0은 자연수에 포함되지 않습니다. 사과를 셀 때 1, 2, 3, 4, 5,……라고 세지 0, 1, 2, 3, 4, ……라고 세지는 않는 것처럼 말입니다.[1]

그림 2.1 사과를 셀 때 쓰는 것은 자연수

> **자연수의 성질**
>
> 덧셈에 대해서 닫혀 있다. 뺄셈에 대해서는 닫혀 있지 않다.

이제 자연수의 성질을 살펴봅시다. 그림 2.2와 같이 사과 2개와 사과 3개를 더하면, 사과 5개가 됩니다. 더해진 두 수는 모두 자연수이고 덧셈 결과인 5도 자연수입니다. 즉, 두 자연수를 더하면 자연수가 됩니다.

1 정보공학 등을 공부할 때에는 0부터 세는 경우가 자주 있습니다. 자연수에 0을 포함시켜야 한다고 주장하는 의견도 적지 않지만, 많은 교과서에선 자연수에 0을 포함시키지 않습니다.

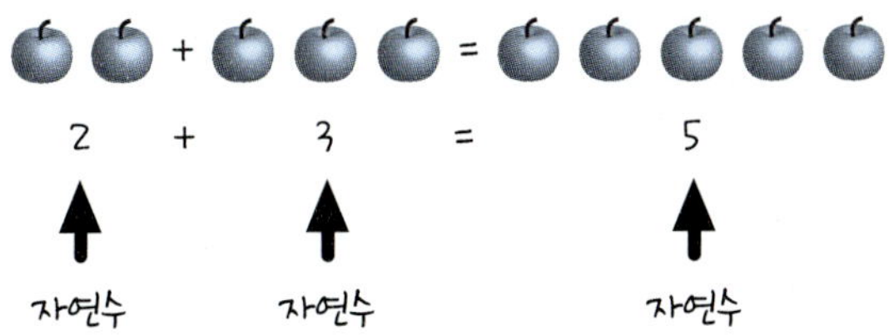

그림 2.2 자연수 + 자연수 = 자연수

한편, 두 자연수의 뺄셈의 경우 뺄셈 결과가 반드시 자연수라 할 수 없습니다. 그림 2.3을 살펴봅시다. 왼쪽 그림은 사과 3개에서 사과 2개를 뺀 결과, 사과 1개가 남은 모습입니다. 식으로 나타내면 $3 - 2 = 1$이 됩니다. 그런데, 오른쪽 그림은 사과 2개에서 사과 3개를 빼는 상황입니다. 이 경우 더 이상 뺄 사과가 없기 때문에 그림으로 표현할 수 없습니다. 즉, 이 경우 답은 자연수의 범위를 벗어나는 수인 것입니다.

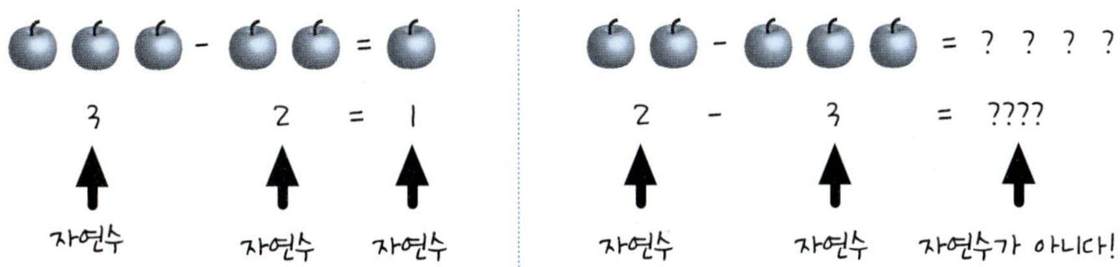

그림 2.3 자연수 – 자연수 – 반드시 자연수가 되는 건 아니다

자연수를 더하면, 그 답도 자연수가 됩니다. 이때, **자연수는 덧셈에 대해 닫혀 있다**고 말합니다. 또한 자연수끼리 뺄셈을 하면, 그 답이 자연수의 범위를 벗어나는 경우가 있습니다. 이때, **자연수는 뺄셈에 대해 닫혀 있지 않다**고 표현합니다.[2]

문제 2-1 정답은 p. 307

자연수는 곱셈에 대해 닫혀 있을까요?

문제 2-2 정답은 p. 307

자연수는 나눗셈에 대해 닫혀 있을까요?

2 열려 있다는 표현은 쓰지 않습니다.

2-2 수의 종류 ② : 정수

자연수 · 정수 · 유리수 · 무리수 · 실수

난이도 ★★☆☆☆

> **정수**
>
> 덧셈과 뺄셈을 할 수 있도록 조정한 수

2–1절에서 자연수의 범위에선 뺄셈이 불가능한 경우가 있었습니다. 예를 들어 '3 − 2 = 1'은 답이 자연수인 1이지만, '2 − 3 = ????'의 답은 자연수의 범위에서 벗어난 수입니다. 이러한 이유로 자연수끼리 뺄셈이 가능한 수의 집합이 만들어 졌습니다. 바로 **정수**입니다.

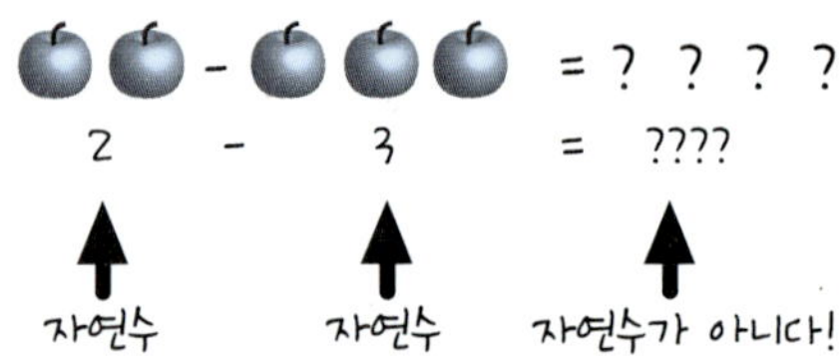

그림 2.4 자연수의 범위에선 뺄셈이 불가능한 경우가 있다.

정수는 그림 2.5처럼 1보다 1 작은 수를 0, 0보다 1 작은 수를 −1, −1보다 1 작은 수를 −2, ……로 나타냅니다. 여기서, 0은 특별한 존재인데요. 0보다 작은 수는 자연수의 왼쪽에 '−(마이너스)' 기호를 붙입니다. 이 '−' 기호를 **마이너스 부호**라 하고 마이너스 부호가 붙은 수를 **음수**라고 합니다. 반면, 자연수처럼 0을 제외한 마이너스 부호가 붙지 않은 수는 **양수**라고 합니다.

양수임을 강조하기 위하여 양수의 왼쪽에 일부러 '+(플러스)' 기호를 붙여, +3이나 +100과 같이 나타내는 경우가 있습니다.[3] 이처럼 양수나 음수를 나타내는 '+' 나 '−' 기호를 **부호**라고 합니다.

그림 2.5에서는 양수와 음수를 시각적으로 비교하기 위해 수를 사과로 나타냈습니다. 양수를 일반 사과, 음수를 독사과, 0을 아무것도 없는 상태 로 표현했습니다.

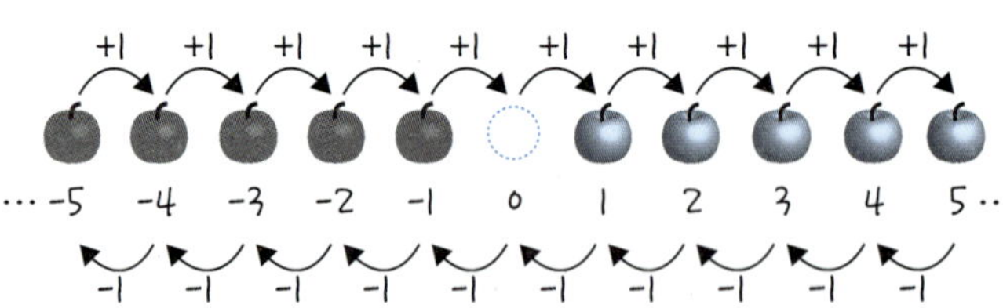

그림 2.5 정수의 구조 : 일반 사과와 독사과

그림 2.6을 보면서 음수의 성질에 대해 자세히 알아봅시다. 어떤 양수의 반수란 그 양수에 마이너스 부호를 붙인 것을 말합니다. 이 성질은 **어떤 양수와 그 반수를 더하면 0이 된다**는 것과 같습니다. 그림 2.6은 일반 사과와 독사과를 합치면 사과가 사라진다고 표현한 것입니다.

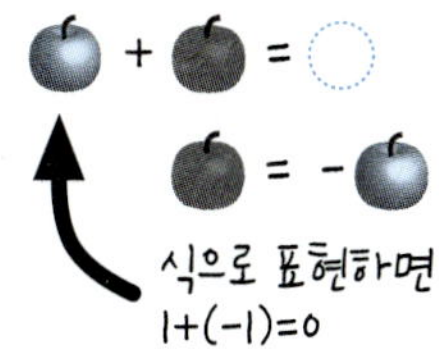

그림 2.6 반수와 독사과

'어떤 양수와 그 반수를 더하면 0이 된다'는 반수의 성질로 흥미로운 사실을 이끌어 낼 수 있습니다.[4] 음수와 음수를 곱하면 양수가 되는데, 이를 다음과 같이 도출할 수 있습니다.

$1+(-1)=0$	반수의 정의
$[1+(-1)]\cdot(-1)=0\cdot(-1)$	양변에 −1을 곱했다.
$1\cdot(-1)+(-1)\cdot(-1)=0$	좌변에서 −1을 1과 −1에 각각 곱한 후 더했다. 우변에서 0에는 뭘 곱해도 0이므로 0이다.
$-1+(-1)\cdot(-1)=0$	$1\cdot(-1)=-1$ (1에는 뭘 곱해도 원래의 수가 된다.)
$\underbrace{(+1)+-1}_{+1-1=0}+(-1)\cdot(-1)=(+1)+0$	양변에 +1을 더했다.
$(-1)\cdot(-1)=+1$	결론

양수·음수

$A+(-A)=0$	(양수) + (그 양수의 반수) = 0
$(-A)\cdot(-A)=+A$	(음수) · (음수) = (양수)

3 수학에서는 양수와 음수를 '+(플러스)'기호와 '−(마이너스)'기호로 표현하지만, 회계 장부 등에서는 '▲' 기호나 빨간색으로 나타내기도 합니다.

4 이것은 반수의 정의입니다. '반수란 어떤 수에 더하여 그 합이 0이 되는 수'와 같이 수학에서 '정의'는 수학자들이 어떤 용어에 대해 약속한 사실입니다. 따라서 '정의'는 증명이 불가능합니다.

예 다음을 계산해 봅시다.

(1) $3-5$ (2) $1-100$ (3) $0-15$

(4) $5+(-1)$ (5) $-1+5$ (6) $(-1)+(-5)$

(7) $-2\cdot 3$ (8) $5\cdot(-3)$ (9) $(-2)\cdot(-3)$

풀이 (1) $3-5=-2$

뺄셈하는 숫자의 위치를 바꾸면 $5-3=2$가 되어 3에서 5를 빼는데 2가 부족합니다. 그러므로 2에 마이너스 부호를 붙인 −2가 정답입니다.

(2) $1-100=-99$

(1)과 마찬가지로 $100-1=99$에 마이너스 부호를 붙입니다.

(3) $0-15=-15$

(1)과 마찬가지로 $15-0=15$에 마이너스 부호를 붙입니다.

(4) $5+(-1)=5-1=4$

음수를 더할 때에는 그 반수를 뺍니다.

(5) $-1+5=5-1=4$

부호를 그대로 유지하면서 순서를 바꿔도 상관없습니다.

(6) $(-1)+(-5)=-(1+5)=-6$

음수끼리의 뺄셈은 마이너스 부호를 뺀 양수끼리 더한 다음, 마이너스 부호를 붙입니다.

(7) $-2\cdot 3=-(2\cdot 3)=-6$

음수와 양수를 곱하면 음수가 됩니다.

(8) $5\cdot(-3)=-15$

(7)과 동일합니다.

(9) $(-2)\cdot(-3)=+(2\cdot 3)=6$

음수와 음수를 곱하면 양수가 됩니다.

문제 2-3 정답은 p. 307

다음을 계산해 봅시다.

(1) $59-63$ (2) $49-89$ (3) $8+(-5)$

(4) $-5+10$ (5) $(-2)+(-8)$ (6) $-9\cdot 2$

(7) $3\cdot(-5)$ (8) $(-200)\cdot(-50)$ (9) $(-100)\cdot(-20)$

정수의 성질을 좀 더 자세히 살펴봅시다. 그림 2.7은 정수를 ……, −5, −4, −3, −2, −1, 0, 1, 2, 3, 4, 5, ……와 같이 왼쪽에서 오른쪽 방향으로 나열한 것입니다. 여기서 자연수의 범위 안에선 뺄셈이 불가능할 때가 있는 이유를 알 수 있습니다. 그림 2.7에서 덧셈을 한다는 것은 기준 수에서 더하는 수만큼 오른쪽으로 가고, 뺄셈을 한다는 것은 기준 수에서 빼는 수만큼 왼쪽으로 가는 것을 의미합니다.

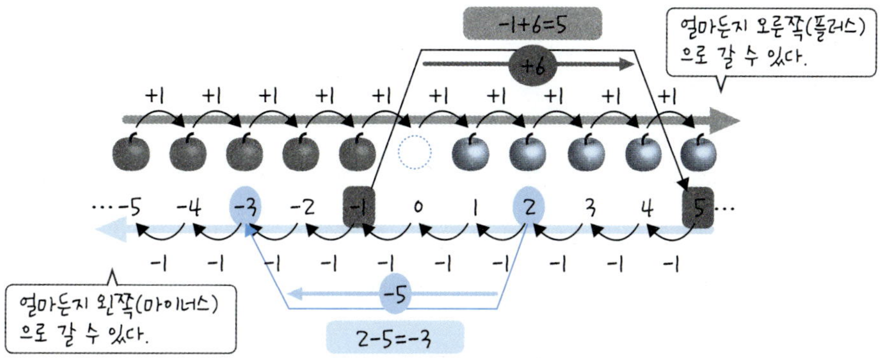

그림 2.7 정수끼리 얼마든지 더하거나 뺄 수 있다

자연수는 1, 2, 3, …… 등과 같이 더 큰 수가 계속 존재하기 때문에, 덧셈 결과를 나타내는 데 어려움이 없습니다. 반면 자연수의 범위에서 1보다 작은 수는 없기 때문에 뺄셈 결과를 나타내지 못하는 경우가 생깁니다. 즉, 그림 2.7과 같이 자연수는 오른쪽으로는 가면 얼마든지 많은 수가 있지만, 왼쪽으로 가면 1에서 멈추게 됩니다. 한편 정수는 음수 덕분에 아무리 뺄셈을 하더라도 그 답을 나타낼 수 있습니다. 왼쪽으로 계속 가더라도 더 작은 음수가 계속 존재하기 때문에, 뺄셈의 결과는 반드시 정수가 됩니다. 그러므로 정수는 뺄셈에 대해 닫혀 있다[5]고 할 수 있습니다.

문제 2-4 정답은 p. 308

정수는 곱셈에 대해 닫혀 있을까요?

문제 2-5 정답은 p. 308

정수는 나눗셈에 대해 닫혀 있을까요?

5 자세한 내용은 2-1절을 참고하세요.

2-3 수의 종류 ③ : 유리수

자연수 · 정수 · 유리수 · 무리수 · 실수

난이도 ★★☆☆☆

> **유리수**
>
> 나눗셈을 할 수 있도록 '이(리)'치에 맞는 '유'려한 '수'

2-2절에서 공부했듯이 어떤 정수를 조합하여 덧셈 또는 뺄셈을 하더라도 답이 정수로써 존재했습니다. 수학적으로 말하자면, 정수는 덧셈과 뺄셈에 대해 닫혀 있다[6]고 할 수 있습니다.

그러면 곱셈과 나눗셈에 대해서는 어떨까요? 먼저 곱셈의 경우

- 양수와 양수의 곱은 양수, 즉 정수
- 양수와 음수의 곱은 음수, 즉 정수
- 음수와 양수의 곱은 음수, 즉 정수
- 음수와 음수의 곱은 양수, 즉 정수

가 됩니다. 따라서 정수는 곱셈에 대해 닫혀 있다고 할 수 있습니다.

그러면 나눗셈의 경우엔 어떨까요? 그림 2.8은 정수끼리 나눗셈을 할 수 있을 때와 없을 때를 보여줍니다.

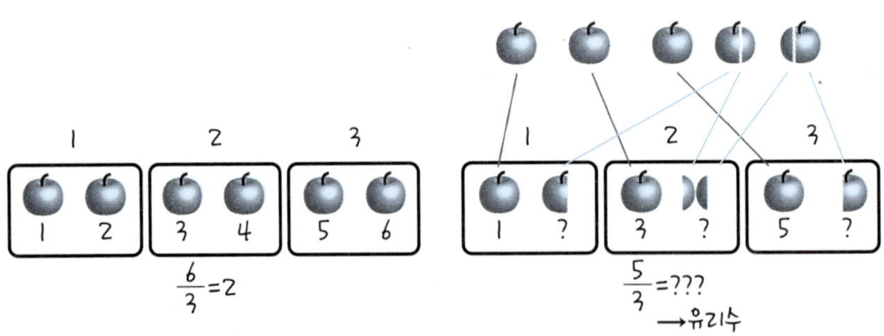

(a) 나눗셈을 할 수 있는 경우 (b) 나눗셈을 할 수 없는 경우

그림 2.8 정수의 나눗셈

그림 2.8(a)는 정수를 정수로 나누어서 답이 정수가 되는 예입니다. 사과 6개를 3등분하면, 사과 2개가 한 묶음이 됩니다. 그림 2.8(b)는 정수를 정수로 나눴으나 명확하게 나눠지지 않는 애매한 상태입니다. 즉, 정수로는 답을 표현할 수 없습니다. 이때 나눈 값 역시 하나의 수이므로 이러한 나눗셈을 나타내는 분수 자체를 수로 인정하고 **유리수**라고 이름 붙였습니다. 이렇게 두 정수의 나눗셈 결과를 나타낼 수 있는 수를 유리수라고 합니다. 유리수는 덧셈, 뺄셈, 곱셈, 나눗셈 모두에 대해 닫혀 있습니다.

예 다음을 계산해 봅시다.

(1) $\frac{1}{2}+\frac{1}{3}$ (2) $\frac{1}{2}-\frac{1}{3}$ (3) $\frac{1}{2}\cdot\frac{2}{3}$ (4) $\frac{1}{2}\div\frac{3}{4}$

풀이

(1) $\frac{1}{2}+\frac{1}{3}=\frac{1\cdot 3}{2\cdot 3}+\frac{1\cdot 2}{3\cdot 2}=\frac{3}{6}+\frac{2}{6}=\frac{3+2}{6}=\frac{5}{6}$

분모가 서로 다른 유리수를 더하려면, 분모를 똑같이 맞춰야 합니다. 이를 통분이라고 하며, 두 분모의 최소공배수(이 경우에는 6)를 이용합니다. 각 분수의 분모·분자에 같은 수를 곱해 분모가 같아지면, 분자끼리 계산합니다.

(2) $\frac{1}{2}-\frac{1}{3}=\frac{1\cdot 3}{2\cdot 3}-\frac{1\cdot 2}{3\cdot 2}=\frac{3}{6}-\frac{2}{6}=\frac{3-2}{6}=\frac{1}{6}$

(1)과 마찬가지입니다.

(3) $\frac{1}{2}\cdot\frac{2}{3}=\frac{1\cdot 2}{2\cdot 3}=\frac{2}{6}=\frac{1}{3}$

분수의 곱셈은 분자는 분자끼리, 분모는 분모끼리 곱해서 계산합니다.

(4) $\frac{1}{2}\div\frac{3}{4}=\frac{\frac{1}{2}}{\frac{3}{4}}=\frac{\frac{1}{2}\cdot\frac{4}{3}}{\frac{3}{4}\cdot\frac{4}{3}}=\frac{\frac{1}{2}\cdot\frac{4}{3}}{\frac{\not 3}{\not 4}\cdot\frac{\not 4}{\not 3}}=\frac{1}{2}\cdot\frac{4}{3}=\frac{4}{6}=\frac{2}{3}$

분수의 나눗셈은 분모를 1로 만들어서 없애기 위해 나누는 수의 분모와 분자를 서로 바꾼 역수를 분모 및 분자에 각각 곱합니다. 그러면 분모가 사라지고, 분자에는 역수와의 곱만 남습니다.

즉, 분수의 나눗셈은 역수와의 곱과 같습니다.

$\frac{가}{나}\div\frac{다}{라}=\frac{가}{나}\cdot\frac{라}{다}$

$\frac{다}{라}$ 의 역수

6 자세한 내용은 2-1절을 참고하세요.

2-4 수의 종류 ④ : 무리수

자연수 · 정수 · 유리수 · 무리수 · 실수

난이도 ★★☆☆☆

> **무리수**
>
> 분수로 표현하는 것이 '무리'인 '수'

분수로 표현하는 것조차 불가능해서 우리를 더 귀찮게 만드는 수가 있습니다. 예를 들어, 두 번 곱해서 2가 되는 수를 $\sqrt{2}$ 라 쓰고, '**루트 2**'라고 읽습니다. 즉, $\sqrt{2} \cdot \sqrt{2} = 2$가 되는 것입니다. 사실 $\sqrt{2} = 1.41421356\cdots\cdots$인데 이것을 분수로 표현할 수는 없습니다. 이처럼 분수로 표현할 수 없는 수를 **무리수**라고 합니다.

무리수는 루트가 있는 수를 비롯해 다양한 종류가 있습니다. **원주율** π는 원의 둘레와 지름의 비율로, $\pi = 3.141592\cdots$입니다. 6 7절에서 나오는 **자연로그의 밑** e는 $e = 2.71828\cdots\cdots$로서 무리수입니다.

> **제곱근**
>
> 두 번 곱하면 원래의 수가 되게 하는 수

그럼, 루트에 대해 좀 더 자세히 살펴봅시다. 루트(root)는 '뿌리'라는 뜻으로, 두 번 곱하면 원래의 수가 되게 하는 수입니다. $\sqrt{A} \times \sqrt{A} = A$가 되는 $\sqrt{A}$가 루트 A이고, **제곱근** A라고도 합니다.

제곱근에는 다음과 같은 성질이 있습니다. $A \geq 0$, $B \geq 0$일 때,

$$\sqrt{A^2} = A$$ … ① 루트의 정의

$$\sqrt{AB} = \sqrt{A}\sqrt{B}$$ … ② 곱셈의 루트는 각각의 루트를 곱한 것

$$\sqrt{\frac{A}{B}} = \frac{\sqrt{A}}{\sqrt{B}}$$ … ③ 나눗셈의 루트는 각각의 루트를 나눈 것 (이때 $B > 0$이어야 한다.)

예 다음을 계산해 봅시다.

(1) $\sqrt{4}$　(2) $\sqrt{18}$　(3) $\sqrt{3}\cdot\sqrt{27}$

(4) $\dfrac{1}{\sqrt{2}}$　(5) $\dfrac{1}{\sqrt{2}-1}$　(6) $\sqrt{\dfrac{21+15}{5+7}}$

풀이 (1) $\sqrt{4}=\sqrt{2^2}=2$

루트의 성질 ①을 이용하였습니다.

(2) $\sqrt{18}=\sqrt{9}\sqrt{2}=\sqrt{3^2}\sqrt{2}=3\sqrt{2}$

루트의 성질 ②를 이용해 $\sqrt{9}$와 $\sqrt{2}$의 곱으로 분해한 다음, 루트의 성질 ①을 이용하였습니다.

(3) $\sqrt{3}\cdot\sqrt{27}=\sqrt{3\cdot 27}=\sqrt{3\cdot 3\cdot 3\cdot 3}=\sqrt{3^2}\sqrt{3^2}=3\cdot 3=9$

$\sqrt{3}\cdot\sqrt{27}=\sqrt{81}=\sqrt{9^2}=9$처럼 계산할 수도 있습니다.

(4) $\dfrac{1}{\sqrt{2}}=\dfrac{1\cdot\sqrt{2}}{\sqrt{2}\cdot\sqrt{2}}=\dfrac{\sqrt{2}}{2}$

분모에 제곱근이 없기를 바랄 때, '유리화'라는 방법을 씁니다. 유리화는 분모와 분자에 같은 제곱근을 곱해서 분모를 유리수로 만드는 것을 말합니다.

(5) $\dfrac{1}{\sqrt{2}-1}=\dfrac{\sqrt{2}+1}{(\sqrt{2}-1)(\sqrt{2}+1)}=\dfrac{\sqrt{2}+1}{(\sqrt{2})^2-1^2}=\dfrac{\sqrt{2}+1}{1}$

제곱근에 유리수를 더하거나 뺀 분모를 유리화할 때는 플러스와 마이너스 부호를 서로 바꾼 것을 분모와 분자에 각각 곱해 줍니다. 분모를 계산할 때 $(A+B)(A-B)=A^2-B^2$을 사용하면 편리합니다.

(6) $\sqrt{\dfrac{21+15}{5+7}}=\sqrt{\dfrac{36}{12}}=\sqrt{3}$

먼저 루트 안의 덧셈을 합니다. $\sqrt{A+B}$는 $\sqrt{A}+\sqrt{B}$가 아님에 주의하세요.

문제 2-6 정답은 p. 308

다음을 계산해 봅시다.

(1) $\sqrt{64}$　(2) $\sqrt{128}$　(3) $\sqrt{7}\cdot\sqrt{14}$　(4) $\dfrac{3}{\sqrt{3}}$　(5) $\dfrac{\sqrt{3}+1}{\sqrt{3}-1}$

2-5 수의 종류 ⑤ : 실수

자연수 · 정수 · 유리수 · 무리수 · 실수

난이도 ★★☆☆☆

> **실수**
> 한 직선 위에 '실'제로 존재하는 '수'

지금까지 여러 종류의 '수'를 공부했습니다. 이제 실수와 복소수[7]만 다루면 됩니다. **실수**란 한 직선 위에 나타낼 수 있는 수로, 무리수나 유리수 등 지금까지 설명한 수를 모두 포함합니다. 실수를 표기하는 한 개의 직선을 **수직선**이라고 합니다. 물론 실수는 사칙연산에 대해 닫혀 있습니다.[8]

이제 실수의 성질을 소개하겠습니다. **조밀성**이란 서로 다른 두 값 사이에 반드시 하나의 값이 존재한다는 의미입니다. 예를 들어 그림 2.9와 같이 0과 1 사이에는 $\frac{1}{2}$이, 0과 $\frac{1}{2}$ 사이에는 $\frac{1}{3}$이, 0과 $\frac{1}{3}$ 사이에는 $\frac{1}{4}$이, 0과 $\frac{1}{4}$ 사이에는 $\frac{1}{5}$이 존재합니다. 이러한 조밀성은 유리수에서도 성립하는 성질입니다.

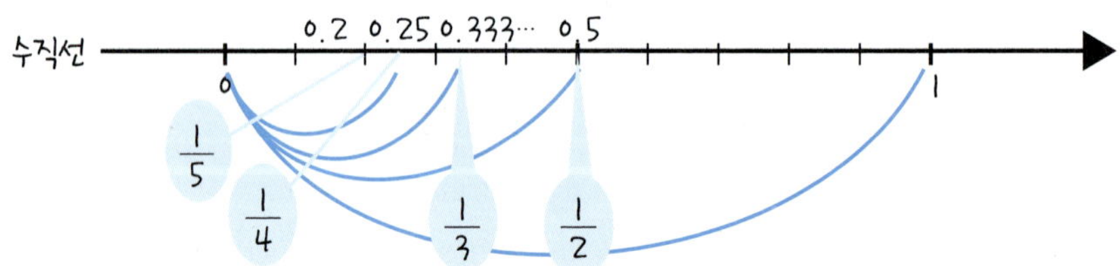

그림 2.9 실수와 유리수의 조밀성

실수에는 **연속성**이라는 더욱 강력한 성질이 있습니다. 이것은 서로 다른 두 값 사이가 수들로 빈틈없이 꽉 차 있다는 의미입니다. 그림 2.10은 수직선 위에서 $\sqrt{2}$의 위치를 찾는 과정입니다. $\sqrt{2} = 1.4142\cdots$이므로, $1 < \sqrt{2} < 2$가 되어 수직선 위에서 $\sqrt{2}$는 1과 2 사이에 위치하게 됩니다. 더 구체적인 위치를 알아보기 위해 소수점 아래 첫째 자리까지 비교하면 $1.4 < \sqrt{2} < 1.5$이므로 수직선 위에서 $\sqrt{2}$는 1.4와 1.5 사이에 있습니다. 이보다 더 정확한 위치를 알기 위해

7 (감수자) 이에 대한 자세한 내용은 6장에서 설명합니다.

8 자세한 내용은 2-1절을 참고하세요.

소수점 아래 둘째 자리까지 비교하면 $1.41 < \sqrt{2} < 1.42$이므로 수직선 위에서 $\sqrt{2}$는 1.41과 1.42 사이에 존재합니다.

이렇게 수직선은 계속 확대해서 더 조밀한 수를 얼마든지 볼 수 있습니다. 계속 늘어나는 고무줄 같이 말입니다. 즉, 서로 다른 두 값 사이에 수들로 가득 차 있음을 알 수 있는데, 이것이 바로 실수의 연속성입니다.

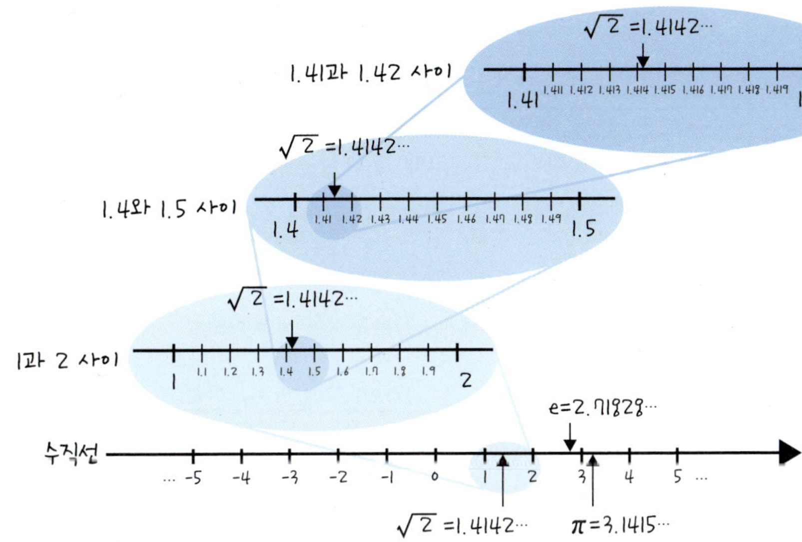

그림 2.10 수직선과 $\sqrt{2}$(실수의 연속성)

지금까지 배운 자연수, 정수, 유리수, 무리수, 실수의 포함 관계를 살펴보면 그림 2.11과 같습니다. 전기전자공학에 등장하는 많은 측정기들은 유한한 자릿수를 가진 실수로 측정값을 표시합니다.

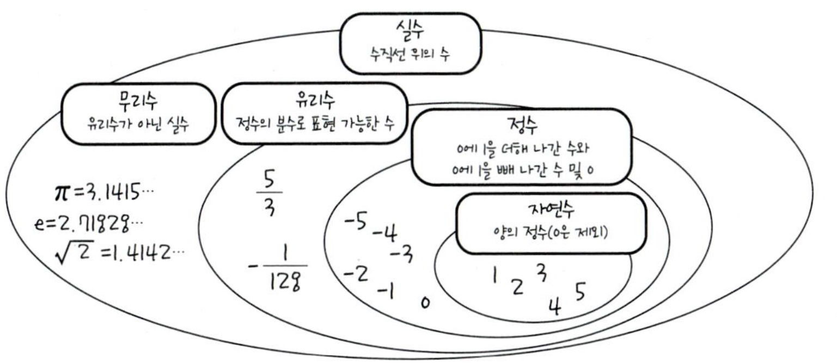

그림 2.11 실수 체계

2-6 문자식 ① : 의미

수를 문자로 나타낸다

난이도 ★☆☆☆☆

> **문자식의 의미**
>
> 식에 나오는 수를 문자로 바꾸면, 계산 규칙이 밝혀진다.

필요할 때마다 수를 사용해서 식을 세우면 그때그때 계속 식을 만들어야 해서 번거로울 때가 있습니다. 채소 가게의 사과 값 계산 문제를 예로 들어 보겠습니다. 그림 2.12와 같이 채소 가게는 사과 1개를 1200원에 팔고 있습니다.

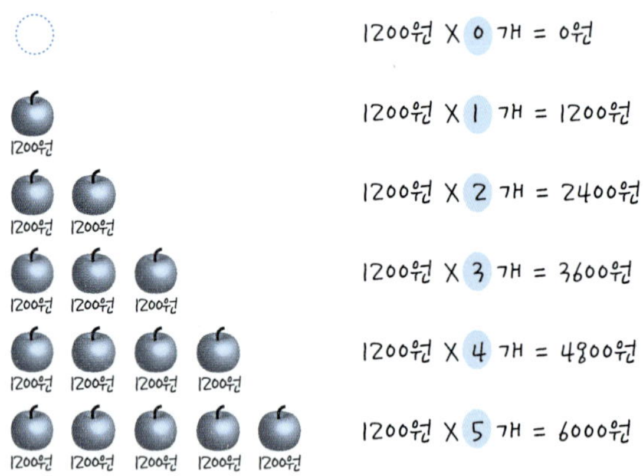

그림 2.12 수를 이용한 사과 값 계산

사과를 산 개수에 따라 금액을 구하면 다음과 같습니다.

사과 0개를 사면 사과 값은 1200원 × 0개 = 0원

사과 1개를 사면 사과 값은 1200원 × 1개 = 1200원

사과 2개를 사면 사과 값은 1200원 × 2개 = 2400원

사과 3개를 사면 사과 값은 1200원 × 3개 = 3600원

사과 4개를 사면 사과 값은 1200원 × 4개 = 4800원

사과 5개를 사면 사과 값은 1200원 × 5개 = 6000원

이렇듯 구매한 사과 수마다 계산식이 하나씩 따로 필요합니다. 이처럼 수를 사용해서 각각 계산식을 세우면 구체적이고 명료하긴 하지만, 일반성이 없기 때문에 많은 정보를 얻기 위해서는 엄청난 양의 식이 필요합니다. 즉, 사과 수에 따른 사과 값을 알기 위해서는 각 사과 수마다 식을 따로따로 세워야 합니다.

한편, 사과 수를 문자로 나타내면 임의의 사과 수에 대한 금액을 단 하나의 식으로 나타낼 수 있습니다. 그림 2.13은 1200원짜리 사과를 A개 구입했을 때의 사과 값을 나타냅니다. 1200원을 A배 한 것이 구하는 값이므로, 총 금액은 1200 × A원입니다.

1200 × A원은 사과 수를 문자 A로 나타냄으로써 사과 수가 어떤 값이든 간에 A에 그 값을 넣으면 총 금액은 1200 × A원이라는 것을 보여 줍니다. 식 하나로 무한히 많은 종류의 금액을 나타낼 수 있다는 것이 바로 **문자식**(문자를 포함하는 식)의 장점입니다.

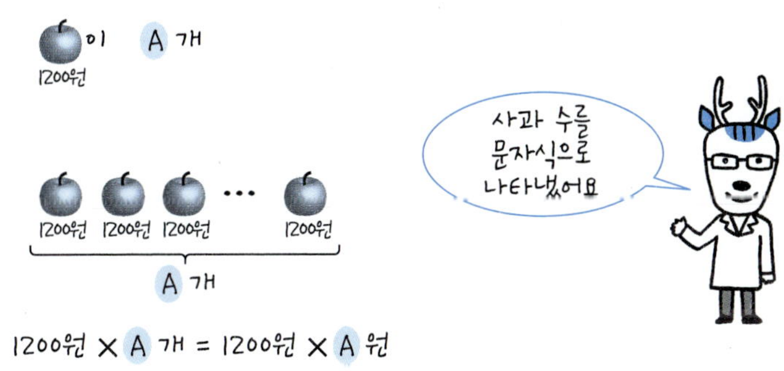

그림 2.13 문자를 이용한 사과 값 계산

문제 2-7 정답은 p. 308

채소 가게는 포도 1송이를 5800원에 팔고 있습니다.
포도 A송이를 샀을 때, 포도 값은 모두 얼마일까요?

2-7 문자식 ② : 기법

작성 방법에 대한 규칙

난이도 ★★☆☆☆

문자식의 서식

① '×' 기호는 생략하거나 '·'으로
② '÷' 기호는 분수
③ 수(계수)는 앞, 문자는 뒤
④ 첨자는 오른쪽 아래, 지수는 오른쪽 위
⑤ 괄호의 순서 [{ (수식) }]

문자식을 세울 때 여러 규칙을 정하지 않으면 읽을 때나 쓸 때 혼란스러운 상황이 생길 것입니다. 이 절에서는 수학에서 문자식을 쓰는 방법을 소개하겠습니다.

① '×' 기호는 생략하거나 '·'으로

곱셈을 할 때 쓰는 **크로스 기호** '×'는 문자식에서는 생략하거나[9] **도트 기호** '·'을 사용합니다.

올바른 예	잘못된 예
$3A$, $3 \cdot A$	$A \times 3$, $3 \times A$
$\frac{1}{2}x$, $\frac{1}{2} \cdot x$	$\frac{1}{2} \times x$, $x \times \frac{1}{2}$

② '÷' 기호는 분수

기본적으로 문자식에서 '÷' 기호는 생략하며 분수로 나눗셈을 나타냅니다.

올바른 예	잘못된 예
$\frac{A}{2}$, $\frac{1}{2}A$	$A \div 2$
$\frac{V}{I}$	$V \div I$

③ 수(계수)는 앞, 문자는 뒤

문자에 수가 '곱해져' 있을 때, 이 수를 **계수**라고 합니다. 문자에 관'계'된 '수'라는 뜻입니다. 계수는 문자 앞에 써야 합니다. 또한, $\pi = 3.1415\cdots\cdots$, $\sqrt{3} = 1.7320508\cdots\cdots$ 등은 수이긴 하지만 숫자로 나타낼 수 없으므로 수(계수)와 문자 사이에 적습니다.

올바른 예	잘못된 예
$2A,\ 2 \cdot A$	$A2,\ A \cdot 2$
$2\frac{V}{I},\ 2 \cdot \frac{V}{I}$	$\frac{V}{I}2,\ \frac{V}{I} \cdot 2$
$2\pi r$	$\pi 2r,\ r\pi 2$
$2\sqrt{3}VI$	$2VI\sqrt{3},\ VI\sqrt{3}2,\ VI2\sqrt{3}$

④ 첨자는 오른쪽 아래, 지수는 오른쪽 위

여러 문자를 써야 할 때엔 알파벳이나 그리스 문자로는 부족한 경우가 있습니다. 이때, 문자에 수나 문자를 붙여서 문자의 종류를 늘릴 수 있습니다. 이렇게 문자에 붙이는 수나 문자를 **첨자**라 하고 x_1, x_2, x_N, E_{100}, $R_{27.5}$, $x_{1,2}$, $x_{i,j}$처럼 오른쪽 아래에 적습니다.

올바른 예	잘못된 예
A^5	${}^5A$
x_i	${}_ix$
$2A^5$	$A^5 2$

문자가 몇 번 곱해졌는지 나타내는 **지수**는 오른쪽 위에 쓰기로 되어 있습니다.[10] 예를 들어, a를 3번 곱한 aaa는 a^3으로 표기합니다.

첨자와 지수를 이러한 위치에 적는 이유는 ③에서처럼 계수를 앞에, 문자를 뒤에 쓰는 규칙으로 인해 계수와 문자가 첨자 및 지수와 혼동되지 않도록 하기 위해서입니다.

⑤ 괄호의 순서

수학에서는 괄호를 안쪽부터 '**소괄호**( )', '**중괄호**{ }', '**대괄호**[ ]'의 순서로 씁니다. 즉, [{ (수식) }]과 같은 꼴입니다. 참고로 영국과 유럽에서는 { [(수식)] }의 순서로 씁니다.

9 벡터 해석(이 책에서는 생략)에 등장하는 내적은 도트 기호 '•'를, 외적은 크로스 기호 '×'를 사용합니다. 벡터 해석에서 생각하면 문자식에서의 곱셈은 내적의 개념에 포함되므로 '×' 기호를 생략하는 것이 바람직합니다.

10 단, 수학을 깊이 공부하다 보면 첨자를 오른쪽 위와 오른쪽 아래에 모두 표기하는 경우가 있습니다.

2-8 문자식 ③ : 용도

다양한 용도!!

난이도 ★☆☆☆☆

> **문자식의 용도**
>
> 다양하게, 유용하게 쓸 수 있다!

문자식은 헤아릴 수 없을 정도로 많이 쓰입니다. 다음 그림을 보면서 문자식이 얼마나 유용한지 확인해 보겠습니다.

그림 2.15에 1개에 1200원인 사과와 1마리에 2000원인 고등어를 살 때의 금액을 나타내었습니다. 사과와 고등어, 두 품목을 사는 개수마다 수를 이용해서 금액을 일일이 계산식으로 나타낸다면 그림 2.15처럼 식의 수가 방대해질 것입니다.

반면 문자식을 사용하면, 사과와 고등어의 모든 조합에 대한 금액을 단 하나의 수식으로 나타낼 수 있습니다.

그림 2.14는 사과 A개, 고등어 B마리를 샀을 때의 금액을 문자식으로 나타낸 것입니다. 사과 1개는 1200원이므로, A개 살 때 사과 값은 1200A원, 고등어 1마리는 2000원이므로, B마리 살 때 고등어 값은 2000B원입니다.

따라서 사과 A개, 고등어 B마리를 살 경우 총 금액은 1200A + 2000B원이 됩니다.

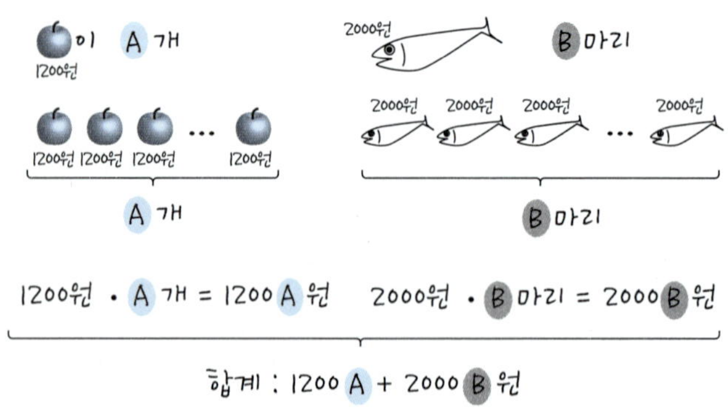

그림 2.14 문자식을 이용한 사과와 고등어 값 계산

그림 2.15는 수를 사용해서 사과를 0에서 5개, 고등어를 0에서 5마리 살 때의 금액을 모두 나타냈습니다. 반면 문자식은 1200A + 2000B원이라는 단 한 줄의 식으로 사과와 고등어 수가 몇이든지 총 금액을 A와 B에 넣어 구할 수 있게 됩니다.

예를 들어, 사과 500개, 고등어 2000마리를 살 때의 금액을 계산해봅시다.

A = 500, B = 2000을 넣으면

$$\text{합계} : 1200A + 2000B\text{원} = 1200 \cdot 500 + 2000 \cdot 2000\text{원} = 4600000\text{원}$$

같이 바로 구할 수 있습니다.

방금 A = 500, B = 2000으로 두고 식 1200A + 2000B에 이 값을 넣었습니다. 이렇게 식에서 문자 대신에 수나 다른 문자를 넣는 과정을 **대입**이라고 합니다. 대입은 문자를 수로 바꾸거나, 문자를 문자로 바꿀 수도 있습니다.

예를 들어, 위 식에 $A = 10 - x$, $B = x - 10$을 대입하면 $1200(10 - x) + 2000(x - 10)$과 같은 식이 나옵니다.

문제 2-8 정답은 p. 309

사과 1개 반과 고등어 2마리를 살 때의 금액은 얼마일까요?

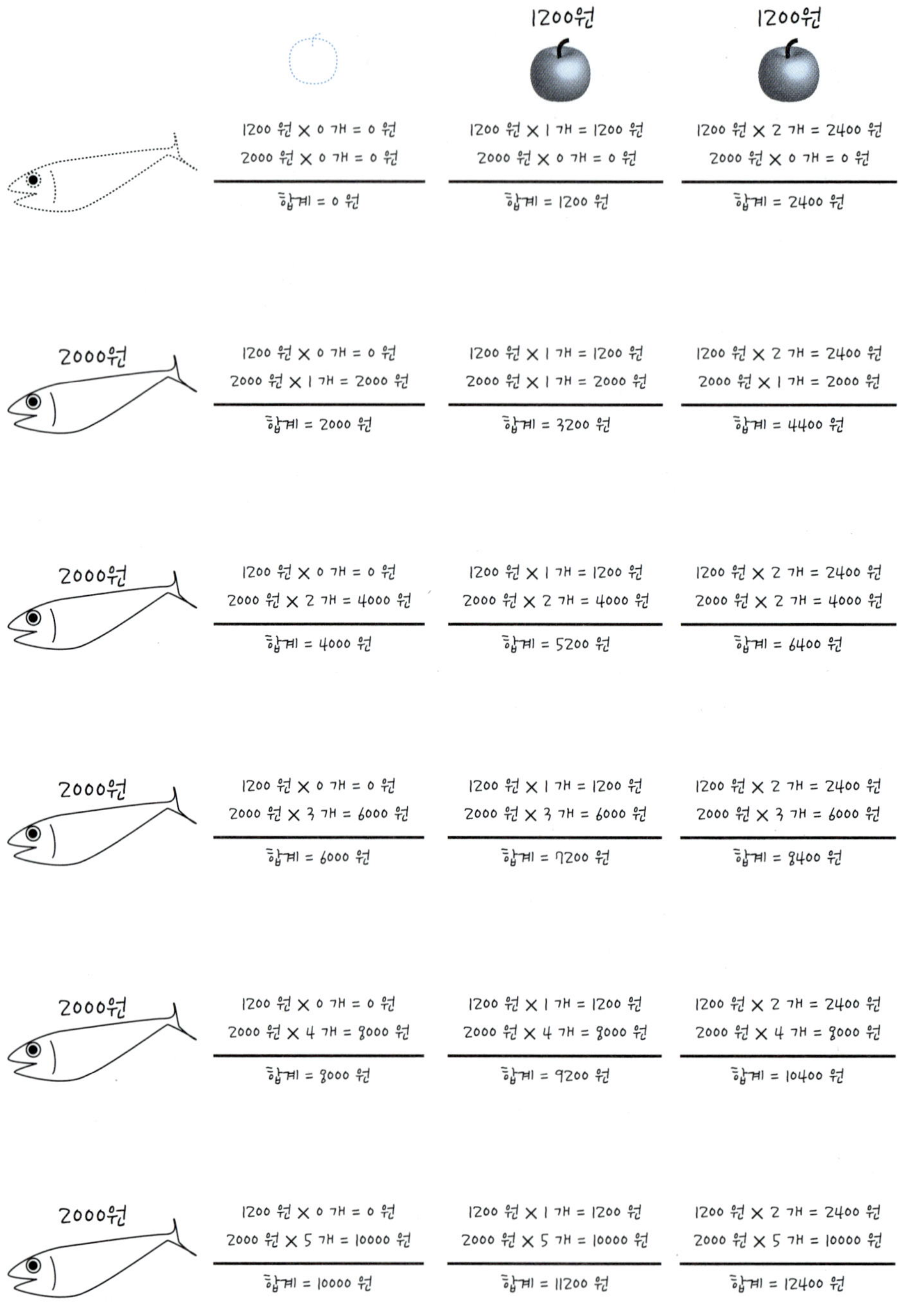

그림 2.15 수를 이용한 사과와 고등어 값 계산

1200원	1200원	1200원

1200 원 × 3 개 = 3600 원 2000 원 × 0 개 = 0 원 합계 = 3600 원	1200 원 × 4 개 = 4800 원 2000 원 × 0 개 = 0 원 합계 = 4800 원	1200 원 × 5 개 = 6000 원 2000 원 × 0 개 = 0 원 합계 = 6000 원
1200 원 × 3 개 = 3600 원 2000 원 × 1 개 = 2000 원 합계 = 5600 원	1200 원 × 4 개 = 4800 원 2000 원 × 1 개 = 2000 원 합계 = 6800 원	1200 원 × 5 개 = 6000 원 2000 원 × 1 개 = 2000 원 합계 = 8000 원
1200 원 × 3 개 = 3600 원 2000 원 × 2 개 = 4000 원 합계 = 7600 원	1200 원 × 4 개 = 4800 원 2000 원 × 2 개 = 4000 원 합계 = 8800 원	1200 원 × 5 개 = 6000 원 2000 원 × 2 개 = 4000 원 합계 = 10000 원
1200 원 × 3 개 = 3600 원 2000 원 × 3 개 = 6000 원 합계 = 9600 원	1200 원 × 4 개 = 4800 원 2000 원 × 3 개 = 6000 원 합계 = 10800 원	1200 원 × 5 개 = 6000 원 2000 원 × 3 개 = 6000 원 합계 = 12000 원
1200 원 × 3 개 = 3600 원 2000 원 × 4 개 = 8000 원 합계 = 11600 원	1200 원 × 4 개 = 4800 원 2000 원 × 4 개 = 8000 원 합계 = 12800 원	1200 원 × 5 개 = 6000 원 2000 원 × 4 개 = 8000 원 합계 = 14000 원
1200 원 × 3 개 = 3600 원 2000 원 × 5 개 = 10000 원 합계 = 13600 원	1200 원 × 4 개 = 4800 원 2000 원 × 5 개 = 10000 원 합계 = 14800 원	1200 원 × 5 개 = 6000 원 2000 원 × 5 개 = 10000 원 합계 = 16000 원

2-9 문자식의 계산 ①

실은 간단한 계산!

난이도 ★☆☆☆☆

> **문자식의 계산**
>
> 수의 계산과 전혀 다르지 않다.

문자식은 수만 있는 식에 비해 추상적이라서 이해하기 어려울 때가 있습니다. 하지만 수가 있는 부분만 계산하고, 계산 규칙도 수를 계산할 때와 같다는 것을 생각하면 어려워할 필요가 없습니다. 예제를 풀면서 문자식의 계산에 익숙해져 봅시다.

예 다음을 계산해 봅시다.

(1) $2a+3a$ (2) $2a-3a$ (3) $5a\cdot 6a$

(4) $5a\cdot 6b$ (5) $\dfrac{8a}{2b}$ (6) $\dfrac{9a^3}{3ab}$

풀이 (1) $2a+3a=(2+3)a=5a$

문자식의 덧셈은 문자와 차수가 같은 항의 계수를 서로 더하면 됩니다. 이렇게 문자와 차수가 같은 항을 동류항이라 합니다. 동류항끼리 모아서 계산하면 문자식을 간단히 할 수 있습니다.

(2) $2a-3a=(2-3)a=(-1)\cdot a=-a$

(1)과 마찬가지로, 동류항을 모아 계산합니다. 단, $(-1)\cdot a$는 $-a$로 씁니다.

$1\cdot a$도 마찬가지로 a로 씁니다.

(3) $5a\cdot 6a=5\cdot 6\cdot a\cdot a=30a^2$

계수는 계수끼리 곱하고 여러 번 곱해진 문자는 $aa=a^2$처럼 지수로 나타냅니다.

(4) $5a\cdot 6b=5\cdot 6\cdot a\cdot b=30ab$

서로 다른 문자는 더 이상 간단히 할 수 없으므로 ab는 그대로 둡니다.

(5) $\dfrac{8a}{2b}=\dfrac{\cancel{8}^{4}a}{\cancel{2}_{1}b}=\dfrac{4a}{b}$

계수는 계수끼리 나누고, a와 b는 서로 다른 문자이므로 $\dfrac{a}{b}$는 그대로 둡니다.

(6) $\frac{9a^3}{3ab}=\frac{9aaa}{3ab}=\frac{\cancel{9}^3\,\cancel{a}^1\,aa}{\cancel{3}^1\,\cancel{a}^1\,b}=\frac{3aa}{b}=\frac{3a^2}{b}$

분모와 분자에 같은 문자가 있으면 약분합니다. 위 풀이에서는 $a^3=aaa$로 알기 쉽게 풀어 썼지만, 보통 $\frac{9a^3}{3ab}=\frac{\cancel{9}^3\,a^{\cancel{3}2}}{\cancel{3}^1\,\cancel{a}^1\,b}=\frac{3a^2}{b}$과 같이 지수끼리 계산해서 빠르게 구합니다.

여기, 계산 문제를 많이 준비했습니다. **반드시 종이에 직접 손으로 풀어서** 문자식의 계산에 익숙해지도록 합시다. 스포츠나 예술처럼, 수학도 하면 할수록 실력이 늘므로 많은 연습이 필요합니다.

문제 2-9 정답은 p. 309

다음을 계산해 봅시다.

(1) $49x+89x$ (2) $59t-63t$ (3) $10A\cdot 72A$

(4) $\frac{1}{2}a\cdot 4b$ (5) $\frac{15x}{81y}$ (6) $\frac{10a^5b}{3a^2b^3}$

(7) $\frac{1}{2}a^2\cdot\frac{1}{4ab}$ (8) $\frac{A}{81B}\cdot\frac{6C}{A^2}\cdot\frac{15B}{2C}$ (9) $\frac{a^2b}{\sqrt{2ab^3}}$

문제 2-10 정답은 p. 309

$A=4$, $B=3$일 때, 다음을 계산해 봅시다.

(1) $2A+3B+5A$ (2) $\frac{5A^3}{2A^2B}$ (3) $\frac{5A^3B}{A^2B}$

(4) $\frac{81AB}{AB^2}$ (5) $\frac{AB}{A+B}$ (6) $\frac{AB}{\sqrt{A^2+B^2}}$

길잡이 ▶ **(1) ~ (4)는 문자식을 먼저 간단히 한 후 대입하면 계산이 편해집니다.**

2-10 문자식의 계산 ②

조금 복잡한 계산

난이도 ★★☆☆☆

복잡한 문자식을 계산할 때

① 마이너스 부호에 주의한다.
② 분수는 통분한다.
③ 소수는 분수로 고친다.

조금 복잡한 문자식의 계산을 연습해 봅시다. 이번에도 예를 들어 설명해 보겠습니다. 위 ①~③에 유의하면서 살펴봅시다.

예 다음을 계산해 봅시다.

(1) $x-\frac{x-1}{3}$ (2) $\frac{2x-1}{3}-\frac{3-x}{2}$ (3) $0.1A-B-\frac{-A+B}{5}$

풀이 (1) $x-\frac{x-1}{3}$

$=\frac{3x}{3}-\frac{x-1}{3}$ ← ② 분모를 3으로 통분한다.

$=\frac{3x-(x-1)}{3}$ ← ① 부호에 주의한다.

$=\frac{3x-x+1}{3}$ ← 분자의 괄호를 푼다.

$=\frac{2x+1}{3}$ ← 분자를 계산한다.

$-\frac{x-1}{3}$의 첫 마이너스 부호는 분자 전체에 붙는 부호임에 주의하세요.

즉, $-\frac{x-1}{3}=\frac{-(x-1)}{3}=\frac{-x+1}{3}$입니다. 분모가 다를 경우에는 통분하여 분모를 같게 합니다.

(2) $\frac{2x-1}{3}-\frac{3-x}{2}$

$=\frac{2(2x-1)}{6}-\frac{3(3-x)}{6}$ ← ② 분모를 6으로 통분한다.

$=\frac{4x-2}{6}-\frac{9-3x}{6}$ ← 분자의 괄호를 푼다.

$=\frac{(4x-2)-(9-3x)}{6}$ ← ① 부호에 주의한다.

$$= \frac{4x-2-9+3x}{6}$$ ← 분자의 괄호를 푼다.

$$= \frac{7x-11}{6}$$ ← 분자를 동류항끼리 모아 계산한다.

(1)과 마찬가지로, 분모가 달라서 통분하여 분모를 같게 했습니다. 이때 분모 2와 3의 최소공배수 6으로 통분해야 합니다. 마찬가지로 마이너스 부호에 주의합시다.

(3) $0.1A-B-\frac{-A+B}{5}$

$$= \frac{1}{10}A-B-\frac{-A+B}{5}$$ ← ③ 소수를 분수로 고친다.

$$= \frac{A}{10}-\frac{10B}{10}-\frac{2(-A+B)}{10}$$ ← ② 분모를 10으로 통분한다.

$$= \frac{A-10B-2(-A+B)}{10}$$ ← ① 부호에 주의한다.

$$= \frac{A-10B+2A-2B}{10}$$ ← 분자의 괄호를 푼다.

$$= \frac{3A-12B}{10}$$ ← 분자를 동류항끼리 모아 계산한다.

$0.1=\frac{1}{10}$과 같이 소수는 분수로 고쳐서 계산합니다.

이번에도 계산 문제를 많이 준비했습니다. **반드시 종이에 직접 손으로 풀어서** 문자식의 복잡한 계산에도 익숙해지도록 합시다.

문제 2-11 정답은 p. 310

다음을 계산해 봅시다.

(1) $R-\frac{R+1}{5}$　　(2) $\frac{2E-1}{3R}-\frac{3-E}{2R}$　　(3) $0.1V-\frac{-V+1.5RI}{3}$

2-11 문자식의 계산 ③

번분수, 분수 안의 분수

난이도 ★★★☆☆

> **번분수**
>
> 분모를 없앤다. ⇔ 분모와 분자에 같은 수를 곱해서 분모를 소거한다.

분수를 계산할 때 분모가 골칫거리인 경우가 많습니다. 분수의 분모에 또 분수가 들어 있는 분수를 **번분수**라고 합니다. 예를 들면,

$$\frac{1}{\frac{1}{2}+\frac{1}{3}} \text{은 } \frac{1}{\frac{1}{2}+\frac{1}{3}} = 1 \div \left(\frac{1}{2}+\frac{1}{3}\right)$$

이 됩니다. 번분수는 분모와 분자에 같은 수를 곱해서 분모의 분수를 소거하면 간단해집니다.

$\frac{1}{\frac{1}{2}+\frac{1}{3}}$의 경우, 분모의 분모인 2와 3의 최소공배수인 6을 분모와 분자에 각각 곱하면,

$$\begin{aligned}
\frac{1}{\frac{1}{2}+\frac{1}{3}} &= \frac{1}{\frac{1}{2}+\frac{1}{3}}\frac{6}{6} && \leftarrow \text{분모와 분자에 6을 곱한다.}\\
&= \frac{6}{\left(\frac{1}{2}+\frac{1}{3}\right)\times 6} && \leftarrow \text{분모와 분자 값을 각각 계산한다.}\\
&= \frac{6}{\frac{1}{2}\times 6+\frac{1}{3}\times 6} && \leftarrow \text{분모의 괄호를 푼다.}\\
&= \frac{6}{3+2} = \frac{6}{5}
\end{aligned}$$

이 되어 간단한 분수로 만들었습니다. 이렇게 분모와 분자에 같은 수를 곱해서 분모를 소거하는 과정을 '분모를 없앤다'라고 말합니다.[11]

---

11 방정식에서 분모를 소거하기 위해 양변에 같은 수를 곱하는 과정도 '분모를 없앤다'고 합니다.

분수선의 위치

나눗셈의 위치

번분수는 분수 안에 분수가 들어 있기 때문에, 번분수 전체의 분모와 분자가 각각 무엇인지 정확히 파악할 필요가 있습니다. 등호 '='의 바로 옆에 번분수의 분모와 분자를 구분하는 가로선 '—'를 긋습니다.

예를 들어, 두 번분수 $\dfrac{1}{\dfrac{1}{A}}$과 $\dfrac{\dfrac{1}{A}}{1}$의 의미를 생각해 보면 $\dfrac{1}{\dfrac{1}{A}} = 1 \div \dfrac{1}{A}$이므로 $\dfrac{1}{\dfrac{1}{A}}$의 분자는 1, 분모는 $\dfrac{1}{A}$입니다. 분모의 분모를 없애기 위해 분모와 분자에 A를 각각 곱하면,

$\dfrac{1}{\dfrac{1}{A}} = \dfrac{1}{\dfrac{1}{A}} \dfrac{A}{A} = \dfrac{A}{\dfrac{1}{A}A} = \dfrac{A}{1} = A$가 됩니다.

한편, $\dfrac{\dfrac{1}{A}}{1}$는 $\dfrac{\dfrac{1}{A}}{1} = \dfrac{1}{A} \div 1$이므로 $\dfrac{1}{A}$이 분자, 1이 분모입니다. 어떤 수를 1로 나누면 원래의 수가 되므로, $\dfrac{\dfrac{1}{A}}{1} = \dfrac{1}{A}$입니다. 따라서 $\dfrac{1}{\dfrac{1}{A}}$과 $\dfrac{\dfrac{1}{A}}{1}$은 서로 다른 분수입니다.

예 번분수 $\dfrac{1}{\dfrac{1}{A}+\dfrac{1}{B}}$을 정리해 봅시다.

풀이

$$\frac{1}{\frac{1}{A}+\frac{1}{B}} = \frac{1}{\frac{1}{A}+\frac{1}{B}}\frac{AB}{AB} \quad \leftarrow \text{분모와 분자에 } AB\text{를 각각 곱한다.}$$

$$= \frac{AB}{\left(\frac{1}{A}+\frac{1}{B}\right)AB} \quad \leftarrow \text{분모와 분자를 각각 계산한다.}$$

$$= \frac{AB}{\frac{1}{A}AB+\frac{1}{B}AB} \quad \leftarrow \text{분모의 괄호를 푼다.}$$

$$= \frac{AB}{\frac{1}{A}AB+\frac{1}{B}AB} \quad \leftarrow \text{분모를 계산한다.}$$

$$= \frac{AB}{B+A} = \frac{AB}{A+B} \quad \leftarrow \text{분모를 알파벳 순서로 정리한다.}$$

문제 2-12 정답은 p. 311

다음을 계산해 봅시다.

(1) $\frac{1}{2}-\frac{1}{3}$ (2) $\frac{1}{\frac{1}{2}-\frac{1}{3}}$ (3) $\frac{1}{1+\frac{1}{A}}$ (4) $\frac{1}{1+\frac{1}{1+\frac{1}{A}}}$

column 문자식에 사용되는 문자

수학에서 문자식을 처음 다룰 때엔 A, B, a, b, x, y 등과 같은 알파벳을 주로 이용합니다. 계속해서 문자식을 쓰다 보면 알파벳보다 더 많은 문자가 필요해질 때가 있습니다. 이때 α(알파), β(베타), ϵ(입실론) 등 그리스 문자를 쓰기도 합니다.

이렇게 문자식은 알파벳 표기가 많아서 그 의미를 알기 어려울 수 있습니다. 예를 들어 보겠습니다. 옴의 법칙은 전압 V[V], 전류 I[A], 저항 R[Ω]의 관계에 대해 $V=I\cdot R$이라고 쓸 수 있습니다. 한글에 익숙한 우리의 입장에서 보면 V, I, R은 그저 알파벳으로밖에 안 보이지만 영어를 국어로 써 온 사람은 V는 Voltage(전압)의 V, I는 Intensity('전류'의 강도)의 I, R은 Resistance(저항)의 R로 인식할 수 있다고 합니다. 즉, $V=I\cdot R$이라는 식을 보고 (Voltage)=(Intensity)·(Resistance)라고 쉽게 유추할 수 있다는 것입니다.

수학이나 전기전자공학에서 쓰는 문자나 물리량의 머리글자는 유럽과 미국의 언어에서 온 것이 대부분이라는 점을 생각하면 영어가 국어가 아닌 사람은 공부하기가 조금 불리하네요. 그렇다면 문자식에 한글을 사용해 보면 어떨까요? 예를 들어 옴의 법칙을 한글로 쓰면

압(압력) = 류(전류)·저(저항)

처럼 쓸 수 있을 것입니다. 알파벳은 불과 26개밖에 없음을 감안했을 때 한글을 조합해서 만들 수 있는 문자 수가 훨씬 많으니 더 편리하지 않을까요? 아마 한글을 모르는 사람들은 그다지 환영하지 않겠지만 말입니다.

제3장

일차방정식

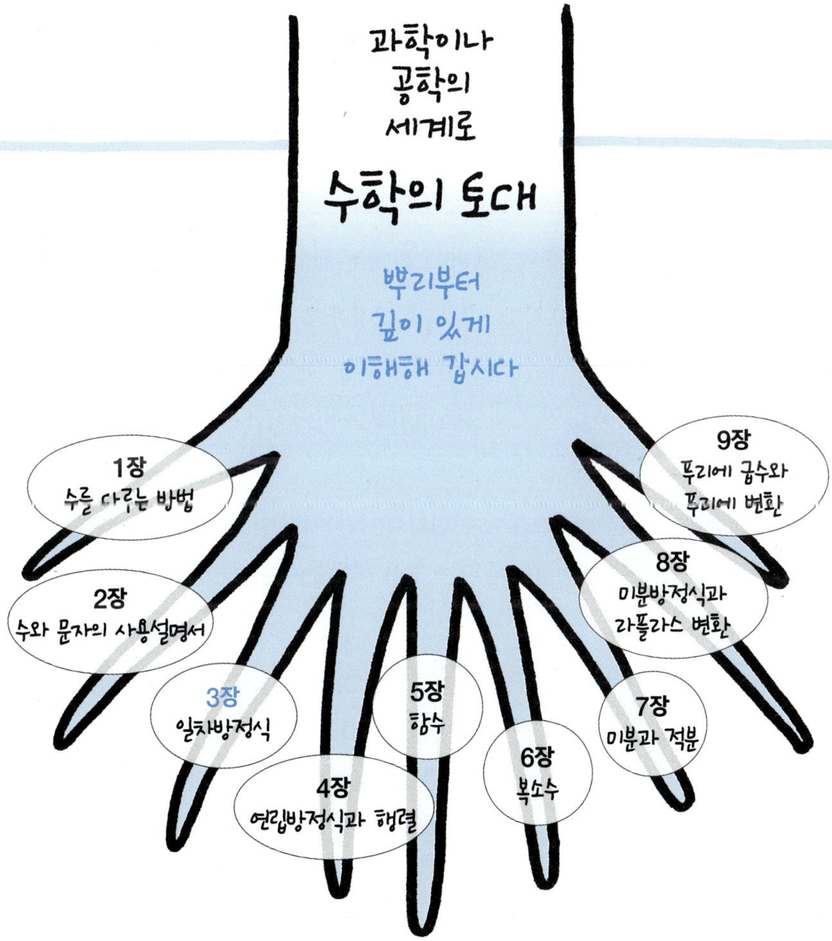

이 장에서는 일차방정식과 일차방정식의 해법에 대해 공부하겠습니다. 일차방정식은 식에서 모르는 값을 찾아내기 위해 알아야 할 가장 기초적인 개념으로써 수학과 공학 전반에 다양하게 활용됩니다. 이 개념의 이해를 돕기 위해 사과와 천칭 그림으로 설명하겠습니다. 개념을 충분히 숙지한 후 문제를 통해 일차방정식을 푸는 연습을 해 봅시다.

3-1 방정식이란?

도대체 방정식이란?

난이도 ★☆☆☆☆

이번 장에서는 **일차방정식**에 대해 공부하겠습니다. '일차'와 '방정식'은 수학 용어입니다. 이 절에서는 '방정식'에 초점을 맞추어 설명하겠습니다('일차'는 3-2절 참조). 먼저 방정식이 무엇인지부터 알아봅시다.

> **방정식**
>
> 미지수를 포함한 등식

방정식의 정의에서 미지수와 등식이라는 또 다른 용어가 나왔습니다. 여기서 **미지수**란, 아직 알지 못하는 미지의 수를 말합니다. 다시 말해, 미지수는 2장에서 공부한 원주율 $\pi = 3.14159\cdots$, 자연로그의 밑 $e = 2.71828\cdots\cdots$과 같이 무리수 또는 값을 아는 문자가 아니라, 조건은 있지만 아직 값을 모르는 문자를 말합니다. 이 책에서는 여러분이 미지수의 개념에 익숙해질 때까지 미지수를 물음표 상자 로 나타내겠습니다.

미지수에 대한 조건은 대부분 등식으로 주어집니다. **등식**이란 문자 그대로 동'등'한 '식'을 뜻합니다.[1] **등호** '='로 오른쪽과 왼쪽의 값이 같다는 것을 표현합니다. 즉, 식에 등호 '='이 있으면 그 식은 등식입니다.[2]

이번에는 그림으로 방정식에 대해 알아봅시다. 그림 3.1은 사과 수로 방정식을 나타낸 것입니다. 등호 '='을 기준으로 왼쪽에는 사과가 들어 있는 물음표 상자 1개와 사과 3개가 있고, 오른쪽에는 사과 5개가 있습니다. 그림에서 등호 '='은 왼쪽 사과 수와 오른쪽 사과 수가 같다는 것을 나타냅니다. 다시 말해, 그림 3.1은 물음표 상자 에 대해서 등호 '='으로 표현한 하나의 조건입니다. 이를 식으로 나타내면 미지수를 의미하는 물음표 상자 에 대한 '방정식'이 됩니다.

1 이 조건이 미지수의 값을 결정하기도 하고 값의 범위를 제한하기도 합니다.

2 등호 '='는 '$A = A$'를 뜻합니다. 즉, 등호 왼쪽의 값과 오른쪽의 값이 같다는 걸 나타냅니다.

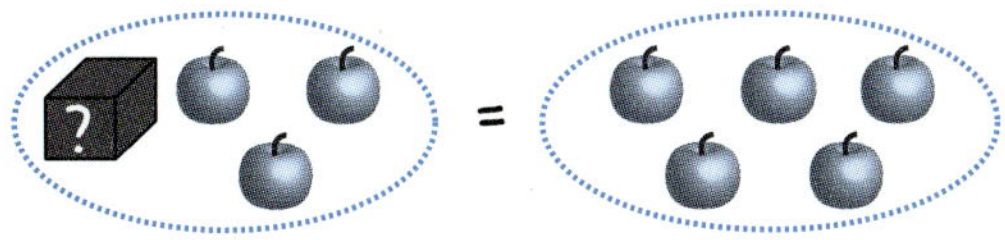

등호 '='을 사용하여 '좌우 사과 수가 같다'는 것을 '등식'으로 나타냈다.
왼쪽에는 '미지수'인 물음표 상자가 포함되어 있기 때문에 이 등식은 '방정식'이 된다.

그림 3.1 일차방정식의 예

눈치가 빠르다면 이 물음표 상자  에 사과 2개가 들어 있다는 것을 바로 알 수 있습니다. 실제로 그림 3.2와 같이 좌우에서 사과를 똑같이 세 개씩 빼도 등호는 성립하기 때문에 물음표 상자  에는 사과 2개가 들어 있습니다. 이처럼 미지수의 값을 구하는 것을 '**방정식을 푼다**'라고 합니다.

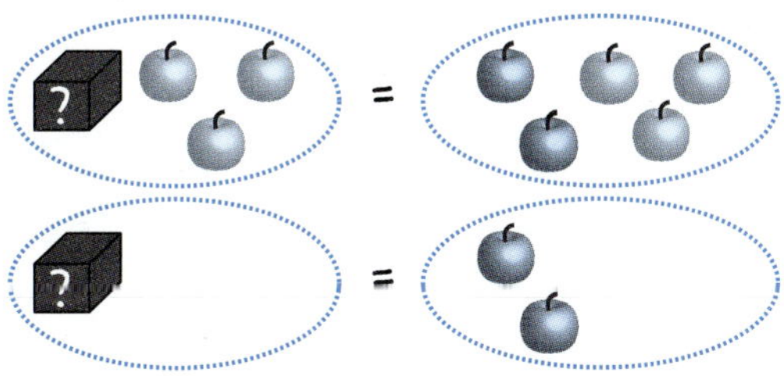

그림 3.2 '방정식을 푼다'는 것

'방정식'을 그림으로 설명했지만 복잡하거나 많은 양의 문제를 풀어야 할 때에도 일일이 그림을 그려서 구하려면 푸는 데 시간이 너무 오래 걸릴 것입니다. 이때 2장에서 소개한 '문자식'을 이용하면 문제는 쉽게 해결됩니다. 문자식을 이용해서 그림 3.1의 방정식을 세워 봅시다. 물음표 상자  대신에 문자 x를 미지수로 놓고, 여기에 3을 더한 것이 5와 같다는 것을 수식으로 나타내면,

$$x + 3 = 5$$

가 됩니다. 이렇게 써서 푸는 게 훨씬 수월하겠죠?

문제 3-1 정답은 p. 312

그림 3.1의 방정식을 사과와 물음표 상자를 사용하여 세울 때와 문자식을 이용하여 세울 때를 비교해 봅시다. 어느 쪽이 더 간편한가요? 실제로 종이에 방정식을 써서 알아보세요.

3-2 일차방정식의 '일차'란?

그렇다면 차수는 뭐지?

난이도 ★★☆☆☆

이 절에서는 차수에 대해 자세히 설명하겠습니다. 차수를 잘 몰라도 당장 일차방정식 문제를 푸는 데 큰 지장이 있는 것은 아닙니다. 일차방정식 문제를 먼저 풀고자 하는 분은 바로 3-6절로 넘어가도 됩니다.

> **차수**
>
> 같은 문자를 곱한 횟수

차수는 어느 특정한 문자가 몇 번 곱해졌는지를 나타내는 수입니다. 예를 들어, 'x^2'은 차수가 2이고 x에 대한 이차식입니다. 또한 '$100x^2$'은 'x^2'에 100이라는 수가 곱해져 있지만, x가 곱해진 개수에 영향을 주지는 않기 때문에 '$100x^2$'도 x에 대한 이차식이라고 할 수 있습니다.

한편, '$100x^2$'의 100처럼 문자에 곱해진 수를 **계수**라고 합니다.

예를 들어, 그림 3.3의 방정식 $x+3=5$에서 x의 차수는 1입니다. 그림 3.4의 방정식 $2x+3=5$에서도 x의 차수는 1입니다(이 경우 x의 계수는 2이고 이 값은 차수에 영향을 주지 않습니다).

이처럼 미지수(그림 3.3과 그림 3.4의 경우 x)의 차수가 1인 방정식을 **일차방정식**이라고 합니다.

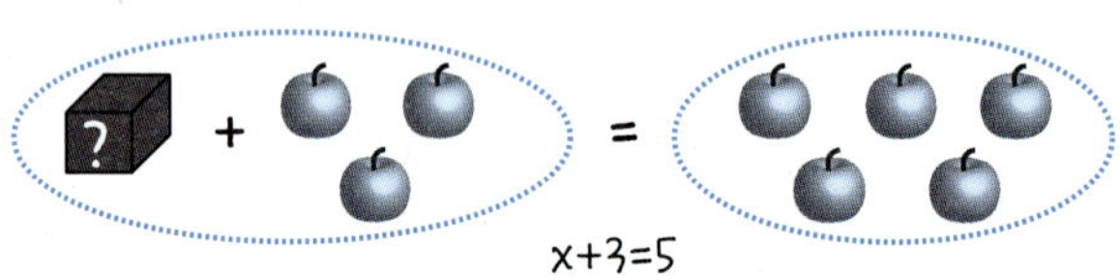

그림 3.3 방정식의 차수 〈이 식은 일차방정식〉

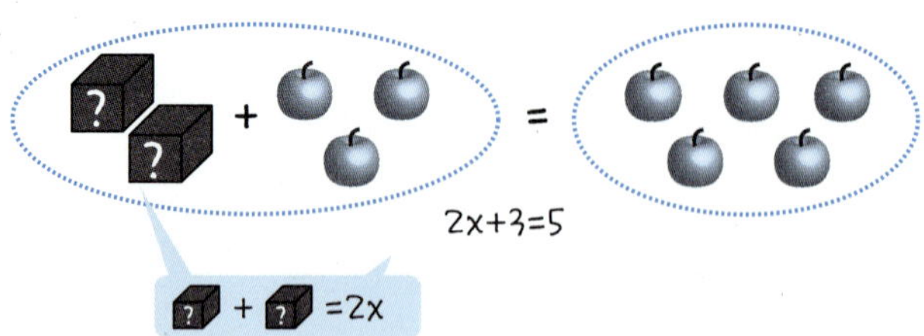

그림 3.4 방정식의 차수 〈이 식도 일차방정식〉

반면, 그림 3.5의 방정식은 일차방정식이 아닙니다. 왼쪽에 물음표 상자 끼리 곱해져 있기 때문입니다. 즉, 물음표 상자 를 두 번 곱한 ^{2}을 포함한 식입니다. 물음표 상자 의 차수가 2이므로 이 식은 물음표 상자 에 대한 **이차방정식**입니다.

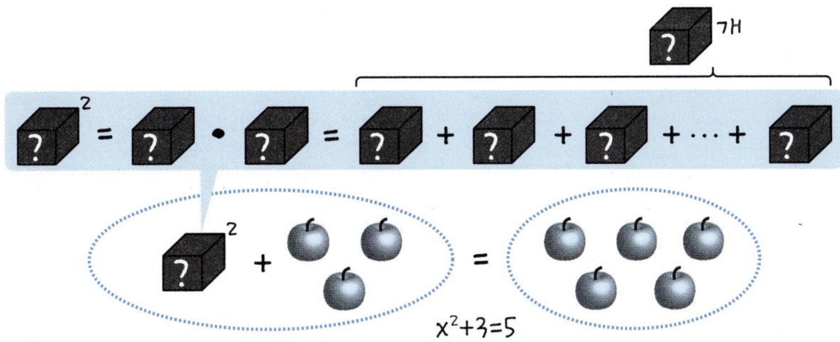

그림 3.5 방정식의 차수 〈이 식은 이차방정식!〉

같은 방법으로 물음표 상자 를 세 번 곱한 ^{3}을 포함한 식, 즉 차수가 3인 식은 물음표 상자 에 대한 **3차방정식**이라고 합니다.

더 높은 차수(**고차**)도 마찬가지입니다. 예를 들어 ^{10800}을 포함한 방정식은 물음표 상자 에 대한 10800차방정식이 됩니다.

이를 일반화하면 ^{n}을 포함한 방정식은 물음표 상자 에 대한 **n차방정식**이라고 합니다.

3-3 단항식과 다항식·계수와 상수

항은 덧셈 기호로 구분할 수 있다

난이도 ★★☆☆☆

이 절에서는 방정식에서 문자식을 주로 어떻게 사용하는지 소개하겠습니다. 식의 요소와 각 문자, 수를 분류하고 구별하는 방법 등을 알아두면 나중에 전공 공부를 할 때에도 유용할 것입니다.

> **항**
>
> 문자식을 덧셈 기호로 구분했을 때, 더 이상 나눌 수 없는 최소의 요소

어렵게 생각할 필요 없습니다. 그림 3.6을 보면 정말 간단하다는 걸 알게 될 것입니다. $8x^6+105x^5y+3x^2y^2+2y^9$을 덧셈 기호 '+'로 구분하면 '$8x^6$', '$105x^5y$', '$3x^2y^2$', '$2y^9$'로 항이 4개 나옵니다. 이 덧셈 기호 '+'로 구분한 최소의 요소를 **항**이라고 부릅니다.

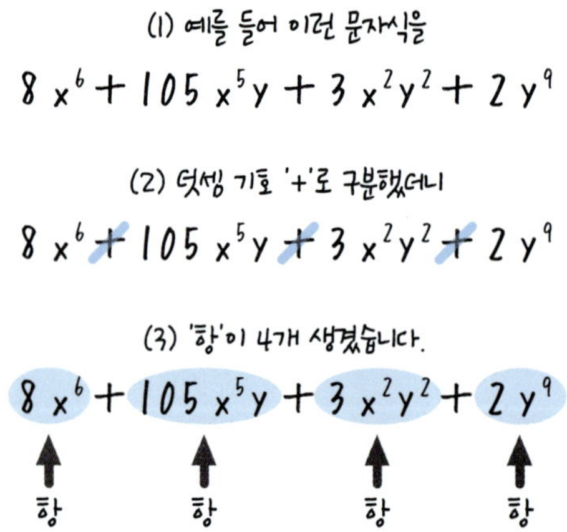

그림 3.6 식을 '항'으로 분해해 보자

그렇다면 다음 문자식은 항을 어떻게 구분해야 할까요?[3]

$$8y^2+3x-2y$$

항의 정의를 정확히 숙지하지 않았다면 항을 '$8y^2$', '$3x$', '$2y$'로 생각하기 쉽습니다. 하지만 항은 덧셈 기호 '+'로 구분해야 하므로 위 문자식을 다시 쓰면

$$8y^2+3x+(-2y)$$

에서 항은 '$8y^2$', '$3x$', '$-2y$'라는 것을 알 수 있습니다. 이렇게 마이너스 부호 '−'가 있는 문자식에서는 항을 구분할 때 주의해야 합니다.

흔히 사용하는 방법은 아니지만, 항은 순서대로 이름을 붙여 사용하기도 합니다. 그림 3.7과 같이 첫 번째 항은 제 1항, 다음은 제 2항, 제 3항, ... 순으로 이름을 붙이고, 수식을 풀 때는 '이 식의 제 3항에 대하여 생각하면......' 등과 같이 사용됩니다.

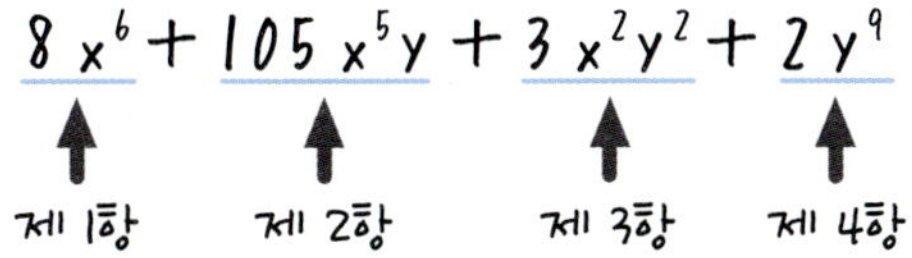

그림 3.7 '항'의 이름

> **단항식과 다항식**
>
> **단항식:** 항이 하나만 있는 식
>
> **다항식:** 항이 하나 이상 있는 식

단항식과 **다항식**은 위 내용 그대로입니다. 예를 통해 구체적으로 살펴봅시다.

예					
단항식	1	$2x$	$100x^{500}$	$\frac{4}{3}\pi r^3$	$abcdefgxyz$
다항식	$x+1$	$2x+100$	x^2+x+1	$a+b$	
	$a+b+c+d+e+f$				

3 (감수자) 이해를 돕기 위해 설명을 추가했습니다.

문제 3-2 정답은 p. 312

다음 문자식을 단항식과 다항식으로 분류해 봅시다. 또한 다항식의 경우 항이 몇 개 있는지 답해 봅시다.

(1) π (2) πr^2 (3) $ax+b$ (4) $x^2+y^2+z^2$ (5) -0.5

문제 3-3 정답은 p. 312

다음 다항식에서 제 2항이 무엇인지 답해 봅시다.

(1) $x+\pi$ (2) $2x^3+x^2-1$ (3) $ax+by+cz$ (4) $x^2+y^2+z^2$ (5) ax

3-4 계수와 상수

계수는 어느 문자에 초점을 두느냐에 달렸다

난이도 ★★☆☆☆

> **계수와 상수**
>
> **계수 :** 문자에 곱해진 수
>
> **상수 :** 일정하게 정해진 값이나 수치 또는 문자

상수와 계수는 혼동하기 쉽습니다. **상수**는 30.3, π 등과 같이 값이 정해진 수입니다. 만일 문자라 하더라도 'a는 상수이다'라고 단정하면 a는 상수로 취급해야 합니다. 예를 들어 문자식 $ax^5 + 3$에서 x^5의 계수는 a이고 x의 차수는 5이며 3은 상수입니다.

한편, **계수**는 어떤 항에서 특정 문자를 제외한 나머지 수 또는 문자를 말합니다. x와 y에 대한 다항식 $100x^2 + 105xy + 108y^2$을 예로 생각해 봅시다. x^2의 계수는 100, y^2의 계수는 108이라는 것은 바로 알 수 있습니다. 항 $105xy$에서 계수를 구할 때엔 조금 더 생각해야 합니다. xy의 계수는 105이고, x의 계수는 $105y$, y의 계수는 $105x$입니다. 이처럼 두 종류 이상의 문자가 곱해진 항에서는 어느 문자에 대해서 생각하는지에 따라 계수가 달라집니다. 또한 계수가 반드시 상수일 필요는 없습니다.

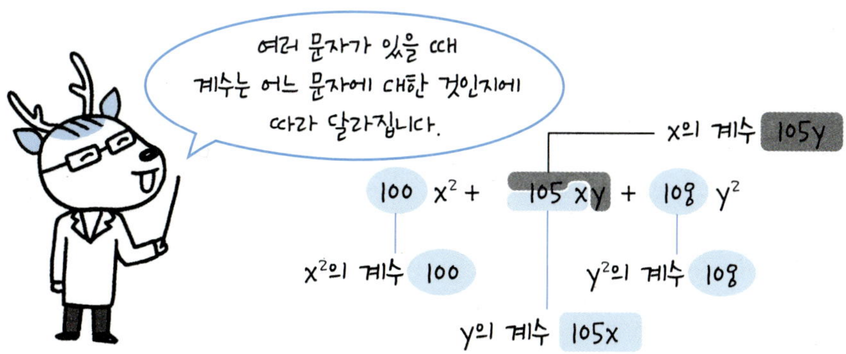

그림 3.8 $100x^2 + 105xy + 108y^2$의 각 계수

또한 **같은 문자에 대하여 여러 차수의 항이 있을 때엔 그중 가장 높은 차수가 그 식의 차수가 됩니다**. 그림 3.9에서 여러 방정식의 차수를 나타냈습니다.

식은 일반적으로 **차수가 높은 항부터 낮은 항의 순서**로 씁니다. 이렇게 쓰면 식을 파악하기 쉽고 식의 표기 방식이 통일되기 때문입니다.[4] 이를 **내림차순**이라고 합니다.

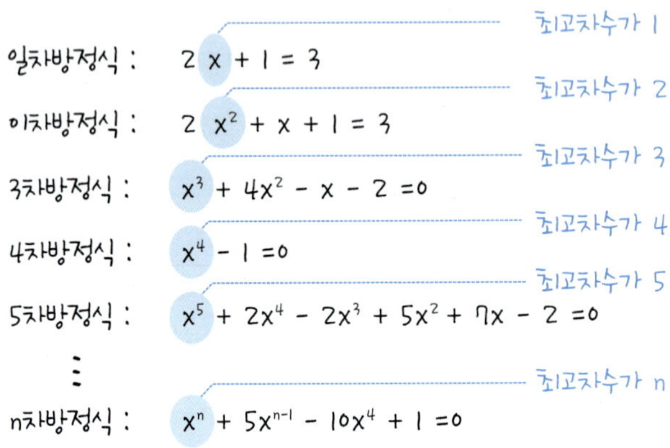

그림 3.9 방정식의 차수

예 다음 두 식은 같은 5차방정식을 '내림차순'과 '오름차순'으로 각각 써 본 것입니다.

내림차순 : $x^5 + 2x^4 + 3x^3 + 2x^2 + x + 1$

오름차순 : $1 + x + 2x^2 + 3x^3 + 2x^4 + x^5$

문제 3-4 정답은 p. 312

문자식 $ax^2 + by^2 + 2xy + a^2$에 대하여 다음을 구해 봅시다(단, a, b는 상수입니다).

(1) x^2의 계수 (2) y의 계수 (3) xy의 계수 (4) 제 2항의 계수[5]

(5) x에 대한 방정식으로 볼 때의 차수

(6) y에 대한 방정식으로 볼 때의 차수

(7) 상수항

4 반대로 차수가 낮은 항부터 쓰는 것은 오름차순이라고 합니다.

5 길잡이 ▶ 상수가 아닌 문자는 명백히 하나 밖에 없으므로, 어느 문자에 대하여 생각해야 할지 매우 명확합니다.

3-5 항등식과 방정식

미지수에 어떤 수를 넣어도 괜찮다면 항등식

난이도 ★★★☆☆

이 절에서는 방정식을 잘 이해할 수 있도록 **등식**에 대해 다시 한번 자세히 설명하려 합니다.

등식이란 등호 '='을 포함하는 식입니다. 예를 들어 $A = B$라는 식은 A와 B의 값이 같다는 뜻입니다. 등식의 왼쪽('A')을 **좌변**, 오른쪽('B')을 **우변**이라고 합니다.

아직 알지 못하는 값, 즉 미지수를 포함하는 등식이 바로 **방정식**입니다. 이제부터 천칭 과 물음표 상자 로 방정식을 설명하겠습니다. 먼저, 천칭은 오른쪽 접시와 왼쪽 접시의 무게가 같을 때 균형을 이루기 때문에 등호 '=' 역할을 합니다. 물음표 상자 는 미지수를 나타내고 있습니다.

천칭 그림	식으로 나타내면	설명
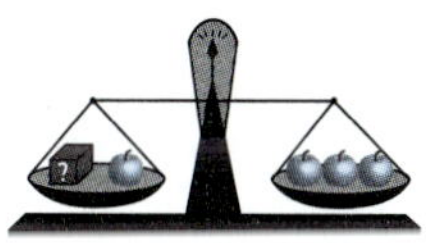	천칭의 오른쪽에는 사과가 3개 있습니다. 왼쪽에는 물음표 상자 1개와 사과 1개가 있습니다. 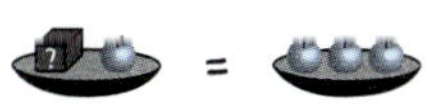 x + 1 = 3	천칭은 균형을 이루고 있기 때문에 '물음표 상자 1개와 사과 1개'는 사과 3개와 같다고 할 수 있습니다. 물음표 상자를 x로 놓으면 $x + 1 = 3$이 됩니다.
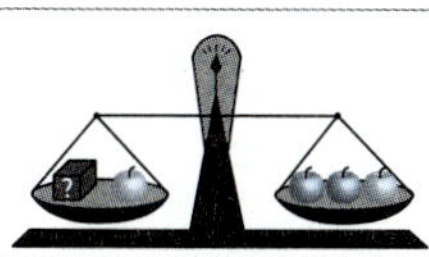	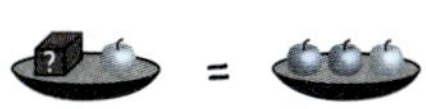 x + 1 − 1 = 3 − 1	천칭의 양쪽에서 사과를 하나씩 꺼내도 균형을 유지합니다. 식에서 생각하면 이는 우변과 좌변에서 각각 1을 빼는 것입니다.
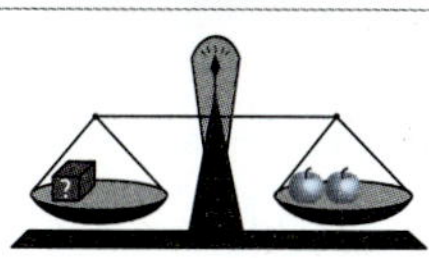	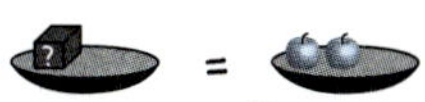 x = 2	그 결과, 물음표 상자의 무게가 사과 2개와 같다는 것을 알 수 있습니다. 식으로 나타내면 $x = 2$입니다.

천칭 의 균형을 이용하여 물음표 상자 의 무게를 알아내는 과정을 위 표에서 설명했습니다. 좌우 접시의 무게가 같아야 천칭이 균형을 이룬다는 것이 핵심입니다. 균형을 유지하면서 물음표 상자 가 오른쪽 접시나 왼쪽 접시에 하나만 남도록 해야 합니다. 그러면 물음표 상자 의 무게가 반대쪽 접시와 같은 무게라는 것을 알 수 있기 때문입니다. 이것이 일차방정식 $x + 1 = 3$의 해법이고 그 해는 $x = 2$입니다.

방정식

천칭(등식)이 균형을 이루도록 하는
물음표 상자의 무게(미지수)를 구한다.

한편, **항등식**은 미지수에 어떠한 수를 넣어도 항상 성립하는 등식입니다(즉, 더 이상 미지수라고 부르지 못하는 상태입니다). 예를 들어, $a+a$는 $2a$라고 쓰기로 약속했고, 따라서 언제나 $a+a=2a$입니다. a에 여러 가지 값을 대입해 보면 어떤 경우에도 등식이 성립함을 알 수 있습니다.

$a=0$이면 (좌변) $=0+0=0$, (우변) $=2\cdot 0=0$이므로 성립

$a=1$이면 (좌변) $=1+1=2$, (우변) $=2\cdot 1=2$이므로 성립

$a=2$이면 (좌변) $=2+2=4$, (우변) $=2\cdot 2=4$이므로 성립

$a=3$이면 (좌변) $=3+3=6$, (우변) $=2\cdot 3=6$이므로 성립

$a=-1$이면 (좌변) $=(-1)+(-1)=-2$, (우변) $=2\cdot(-1)=-2$이므로 성립

그림 3.10에서 등식, 방정식, 항등식의 정의와 그들 사이의 관계를 나타냈습니다. 등식은 단순히 등호를 포함하는 식으로서 '$A=B$', '$1+2=3$' 등도 등식입니다. 방정식은 미지수를 포함한 등식으로서 '$x+1=3$'은 미지수 x를 포함한 방정식입니다. 여기서 미지수 x는 $x=2$라는 단 하나의 값만 가질 수 있습니다. 하지만 '$a+a=2a$'에서 문자 a에 어떠한 값을 넣어도 등식이 성립하는 것과 같이 항등식은 미지수에 어떠한 값을 넣어도 등식이 항상 성립하는 등식입니다.

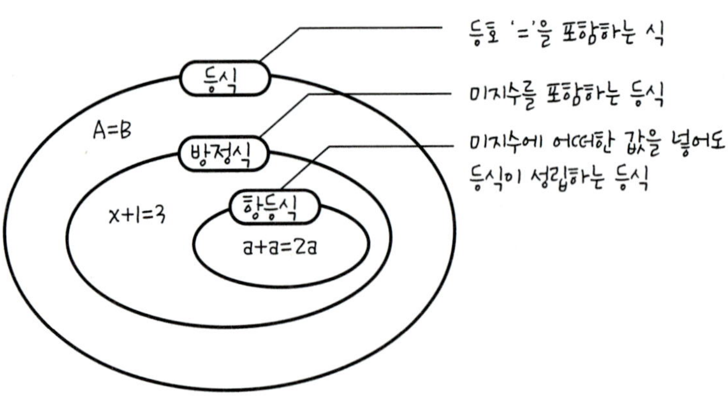

그림 3.10 등식, 방정식, 항등식

3-6 덧셈과 뺄셈

반드시 양쪽 다!

난이도 ★★☆☆☆

> **덧셈 · 뺄셈을 포함하는 일차방정식 : 이항**
> 덧셈은 뺄셈으로 지운다.
> 뺄셈은 덧셈으로 지운다.

이 절에서는 덧셈이나 뺄셈을 포함한 일차방정식을 푸는 방법을 설명하겠습니다. 3–5절에서 소개한 바와 같이 덧셈을 포함한 일차방정식은 양변에서 같은 수를 뺀 후 한쪽 접시에 물음표 상자 만 남기면 됩니다. 문제 하나를 더 풀며 확인해 봅시다.

다음 표와 같이 등식의 한 변에 있는 수의 부호를 바꾸어 반대쪽 변으로 옮기는 것을 **이항**이라고 합니다. 3–7절에서 다시 설명하겠지만, 이항하면 더하기(덧셈)는 빼기(뺄셈)로, 빼기(뺄셈)는 더하기(덧셈)로 바뀝니다.

$x + 3 = 5$ 	왼쪽에는 물음표 상자 1개와 사과 3개, 오른쪽에는 사과 5개가 있으며 천칭은 균형을 이루고 있습니다.
$x + 3 - 3 = 5 - 3$ 	양쪽에서 사과를 3개씩 꺼내도 천칭은 여전히 균형을 이루고 있습니다.
$x = 2$ 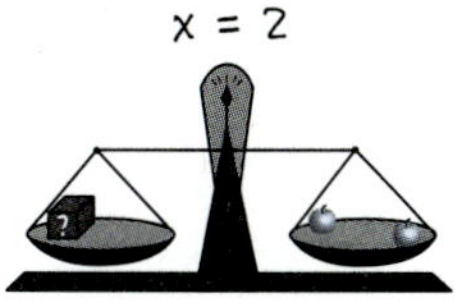	이로써 물음표 상자에 사과 2개가 들어 있다는 걸 알 수 있습니다.

이번에는 뺄셈을 포함한 일차방정식의 해법을 물음표 상자 로 설명하겠습니다. 이해를 돕기 위해 독사과 를 등장시키겠습니다. 독사과 1개와 일반 사과 1개를 더하면 0이 되어 없어지는 것으로 가정합시다.

수학의 관점에서 보면 이 독사과는 음수와 같습니다. 즉, 그림 3.11과 같이 일반 사과 1개와 독사과 1개를 합치면 0이 됩니다. 이를 수식으로 표현하면 'A + (−A) = 0'과 같습니다.

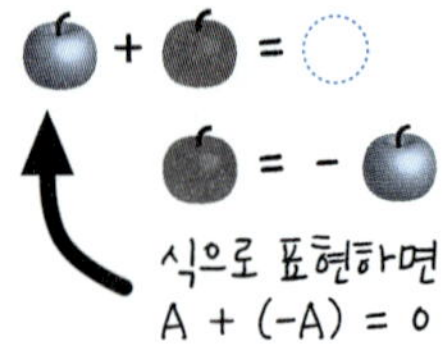

그림 3.11 독사과를 이용한 음수 설명

다음 표에서는 방정식 $x-2=3$을 예로 들어서 뺄셈을 포함한 방정식의 해법을 설명하겠습니다.

x - 2 = 3 	왼쪽에는 물음표 상자 1개와 독사과 2개, 오른쪽에는 사과 3개가 있으며 천칭은 균형을 이루고 있습니다. 식으로 말하면 좌변은 $x-2$, 우변은 3이고 양변이 같으므로 $x-2=3$이라고 쓸 수 있습니다.
x - 2 + 2 = 3 + 2 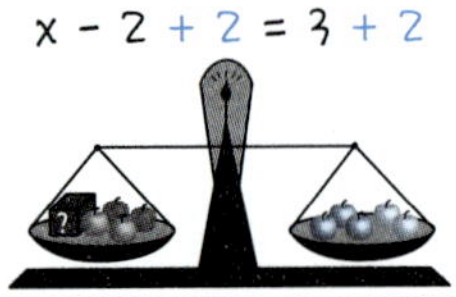	양쪽에 사과를 2개씩 더 올려놓아도 천칭은 여전히 균형을 이루고 있습니다.
x = 5 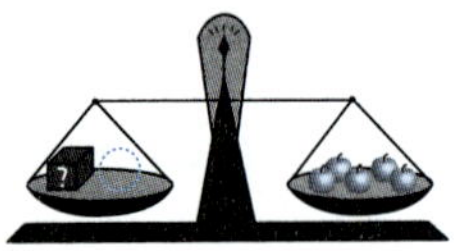	이로써 왼쪽의 독사과 2개와 일반 사과 2개가 만나 서로 상쇄되어 물음표 상자에 사과 5개가 들어 있다는 걸 알 수 있습니다.

예 다음을 계산해 봅시다.

(1) $x+2=4$ (2) $x-5=1$ (3) $2x+5=x+2$

풀이 (1) 양변에서 2를 빼서 $x+2-2=4-2$ $\therefore x=2$

(2) 양변에 5를 더해서 $x-5+5=1+5$ $\therefore x=6$

(3) 양변에서 x를 빼서 $2x+5-x=x+2-x$ $\therefore x+5=2$

다시 양변에서 5를 빼서 $x+5-5=2-5$ $\therefore x=-3$

문제 3-5 정답은 p. 312

다음을 계산해 봅시다.

(1) $x+100=5000$ (2) $x-20=580$ (3) $50x+5=49x+2$

3-7 곱셈과 나눗셈

반드시 양쪽 다!

난이도 ★★☆☆☆

> **곱셈 · 나눗셈을 포함하는 일차방정식**
>
> 곱셈은 나눗셈으로 지운다.
>
> 나눗셈은 곱셈으로 지운다.

이 절에서는 곱셈이나 나눗셈을 포함한 일차방정식을 푸는 방법을 설명하겠습니다.

곱셈을 포함한 경우 양변을 같은 수로 나눈 후 한쪽 접시에 물음표 상자만 남기면 됩니다. $2x = 8$을 예로 들어 풀이 방법을 설명하겠습니다.

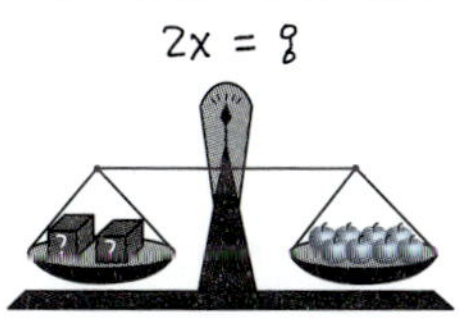	왼쪽에는 물음표 상자 2개가 있고 오른쪽에는 사과 8개가 있으며 천칭은 균형을 이루고 있습니다. 식으로 말하면 좌변은 $2x$, 우변은 8이고 양변이 같으므로 $2x = 8$이라고 쓸 수 있습니다.
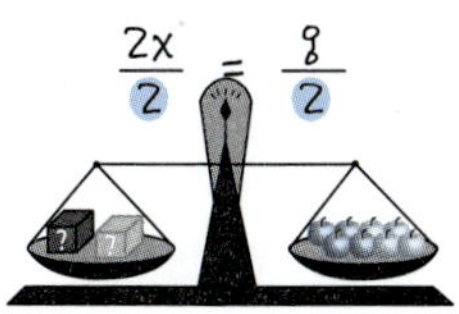	양쪽을 각각 이등분해서 한쪽만 남겨도 천칭은 여전히 균형을 이루고 있습니다.
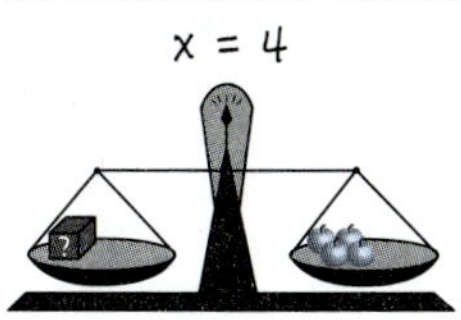	이로써 물음표 상자에 사과 4개가 들어 있다는 걸 알 수 있습니다.

나눗셈을 포함한 방정식의 해법은 곱셈의 경우와 정반대입니다. 이 경우 양변에 같은 수를 곱한 후 한쪽 접시에 물음표 상자만 남기면 됩니다. $\frac{1}{2}x = 3$을 예로 들어 풀이 방법을 설명하겠습니다.

$\frac{1}{2}x = 3$ 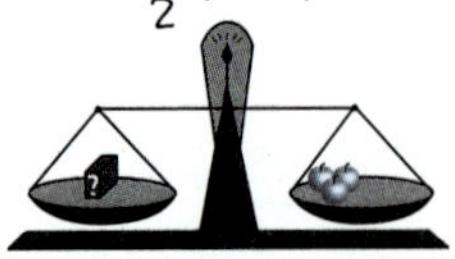	왼쪽에는 물음표 상자를 이등분한 것이 있고 오른쪽에는 사과 3개가 있으며 천칭은 균형을 이루고 있습니다. 식으로 말하면 좌변은 $\frac{1}{2}x$, 우변은 3이고 양변이 같으므로 $\frac{1}{2}x = 3$이라고 쓸 수 있습니다.
$2 \cdot \frac{1}{2}x = 2 \cdot 3$ 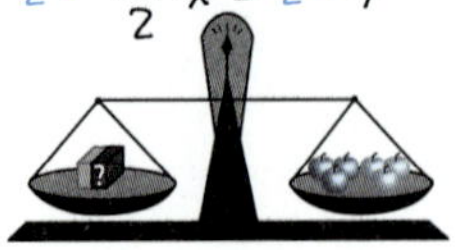	양쪽에 각각 기존에 있던 양을 더 올려놓아도 천칭은 여전히 균형을 이루고 있습니다.
$x = 6$ 	이로써 물음표 상자에 사과 6개가 들어 있다는 걸 알 수 있습니다.

예 다음 방정식을 풀어 봅시다.

(1) $2x = 6$ (2) $\frac{x}{5} = 2$ (3) $3x = -12$

풀이 (1) 양변을 2로 나누어

$$\frac{2x}{2} = \frac{6}{2} \quad \therefore x = 3$$

(2) 양변에 5를 곱해서

$$\frac{x}{5} \cdot 5 = 2 \cdot 5 \quad \therefore x = 10$$

(3) 양변을 3으로 나누어

$$\frac{3x}{3} = \frac{-12}{3} \quad \therefore x = -4$$

문제 3-6 정답은 p. 313

다음 방정식을 풀어 봅시다.

(1) $3x = 9000$ (2) $5x = 95$ (3) $12345679x = 111111111$

(4) $\frac{x}{2} = 5$ (5) $\frac{x}{4} = -2$ (6) $\frac{x}{-5} = -3$

3-8 방정식의 해

수학과 전기전자공학의 입장은 다르다

난이도 ★★★☆☆

이 절에서는 유효 자릿수를 공부합니다. 유효 자릿수는 '수학'에서보다 '전기전자공학'에서 유용합니다. 유효 자릿수로 여러 방정식의 해를 결정하기 때문입니다.

> **정답을 쓰는 방법**
>
> '수학'에서는 '분수'로 답을 한다. 예: $\frac{1}{3}$
>
> '전기전자공학'에서는 '소수'로 답을 한다. 예: 0.333

예를 들어 다음 일차방정식의 해를 구해 봅시다.

$$3x = 1$$

좌변 $3x$는 3과 x의 곱이므로, 반대로 양변을 3으로 나누면

$$\frac{3x}{3} = \frac{1}{3} \text{에서 } x = \frac{1}{3}$$

입니다. 이때 답은 분수 형태입니다. 수학을 전공하고 있다면 이렇게 답을 쓰는 것이 맞습니다.

그러나 공학적으로 보자면 물건의 길이나 전류의 크기 등 구체적인 양을 분수로 받아들이는 것이 불가능할 때가 많습니다.[6] 자나 전류계로 측정하는 양은 분수로 표시하지 않습니다. 그림 3.12와 같이 바늘로 측정값을 가리키는 측정기[7]는 눈금에 해당하지 않는 값을 정확하게 읽기는 어렵습니다. 예를 들어 $\frac{1}{3}$은 눈금으로 표시되지 않는 값이기 때문에 측정값으로 받아들이는 것이 거의 불가능합니다.

전기전자공학 분야에서 다루는 수치는 **유효 자릿수**가 최대 **3자리 정도**입니다. 특별한 경우를 제외한 모든 수치를 유효 자릿수 3자리로 해서 기술하고 있는 책도 많습니다. 따라서 **이 책에서도**

6 자세한 내용은 1-1절을 참고하세요.

7 전기계측 분야에서는 '지시전기계기(지시계기)'라고도 합니다.

특별히 언급한 **경우를 제외하고 유효 자릿수는 3자리**로 해 놓았습니다. 단, 공식을 분수로 나타내거나 계산 과정에서 분수를 쓰기도 합니다. 이를 고려하여 위 방정식의 답을 전기전자공학의 관점으로 다시 쓰면

$$x = \frac{1}{3} = 0.333333\cdots\cdots = 0.\underbrace{3}_{1}\underbrace{3}_{2}\underbrace{3}_{3}\overset{\text{반올림}}{\not{3}}33\cdots\cdots = 0.333$$

과 같이 소수가 됩니다. 이 경우 유효 자릿수를 3자리로 하기 위해 소수점 아래 네 번째 자리에서 반올림합니다.

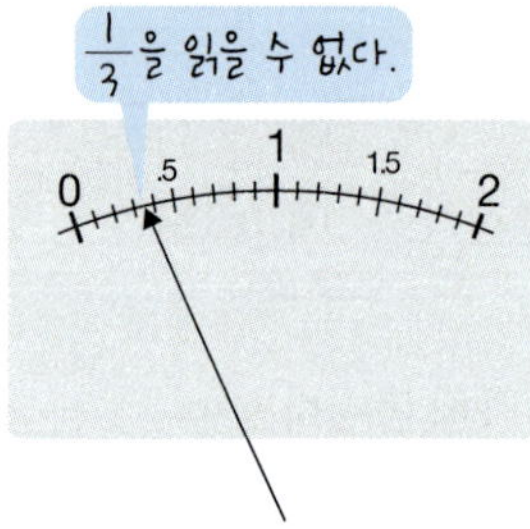

그림 3.12 눈금에 해당하지 않는 분수는 값을 읽기 어렵다.

예 방정식 $7x = 11$에서 다음 해를 구해 봅시다

(1) 수학적인 해　　(2) 전기전자공학적인 해　　(3) 유효숫자가 6개인 해

풀이 (1) 양변을 7로 나누어 $x = \frac{11}{7}$

(2) 양변을 7로 나누어 유효 자릿수를 3자리로 하면

$$x = \frac{11}{7} = 1.57142857\cdots\cdots = \underbrace{1.}_{1}\underbrace{5}_{2}\underbrace{7}_{3}\overset{\text{반올림}}{\not{1}}42857\cdots\cdots = 1.57$$

(3) 유효 자릿수를 6자리로 하기 위해 소수점 아래 여섯 번째 자리에서 반올림하면

$$x = \frac{11}{7} = 1.57142857\cdots\cdots = \underbrace{1.}_{1}\underbrace{5}_{2}\underbrace{7}_{3}\underbrace{1}_{4}\underbrace{4}_{5}\underbrace{2}_{6}\overset{\text{반올림}}{\not{8}}57\cdots\cdots = 1.57143$$

문제 3-7 정답은 p. 313

방정식 $13x = 9$ 에서 다음 해를 구해 봅시다.

(1) 수학적인 해　　(2) 전기전자공학적인 해　　(3) 유효숫자 5자리인 해

3-9 일차방정식의 해법 ①

조금 복잡한 형태의 일차방정식을 풀어 보자

난이도 ★★☆☆☆

3-6절과 3-7절을 공부한 독자라면 모든 사칙연산을 포함한 일차방정식도 문제없이 풀 수 있을 것입니다. 다만, 아직은 조금 더 복잡한 일차방정식을 접했을 때 어떻게 풀어야 할지 당황할 수 있을 것 같습니다. 푸는 원리는 지금까지와 같습니다. 이 원리를 잊지 말고 3-9절과 3-10절을 이해한다면 일차방정식을 푸는 데 어려움이 없을 것입니다.

> **사칙연산이 섞인 일차방정식**
>
> 미지수는 좌변으로, 수는 우변으로 이항한다.

다음 일차방정식을 살펴봅시다.

$$\frac{1}{3}x = x - 2$$

우변과 좌변에 모두 미지수 x가 있습니다. 또한, 좌변은 나눗셈을, 우변은 뺄셈을 포함하고 있어서 두 종류의 연산이 뒤섞여 있는 상태입니다. 이 방정식을 풀려면 식을 '$x = ???$' 꼴로 만들어야 합니다.

일단 **미지수는 좌변으로, 수는 우변으로 옮겨야(이항)** 합니다. 이후 식을 정리하면 '$x = ???$' 꼴이 될 것입니다. 다음은 이렇게 해를 구하는 과정을 나타낸 것입니다.

$\frac{1}{3}x = x - 2$	양변에 미지수 x가 있다.
$\frac{1}{3}x - x = -2$	미지수 x는 좌변으로 이항한다.
$(\frac{1}{3} - 1)x = -2$	좌변을 정리한다.
$-\frac{2}{3}x = -2$	수는 우변으로 이항한다.
$(-\frac{2}{3}x) \cdot (-3) = (-2) \cdot (-3)$	양변에 (-3)을 곱한다.

$\left(\frac{2}{-3}x\right) \cdot (-3) = +6$	양변을 각각 계산한다.
$2x = +6$	양변을 2로 나눈다.
$x = +3$	우변이 방정식의 해이다.

이제 사칙연산이 복잡하게 뒤섞인 일차방정식도 풀 수 있겠죠? 방정식을 잘 풀기 위해선 오로지 연습만이 답입니다. 악기를 다루는 것이나 운동처럼 연습을 해야 실력이 느는 것은 진리이니까요. 다음 문제로 일차방정식의 풀이를 연습해 봅시다.

문제 3-8

정답은 p. 313

다음 일차방정식을 풀어 봅시다.

(1) $\frac{2}{3}x = x - 2$

(2) $\frac{5}{2}x = \frac{x}{2} + 2$

(3) $-\frac{1}{2}x = \frac{x}{3} + \frac{1}{2}$

(4) $1 - \frac{1}{2}x = \frac{x}{3} + \frac{1}{2}$

(5) $-\frac{1}{3}x = \frac{2x}{3} + \frac{1}{3}$

(6) $\frac{2x}{5} + \frac{1}{3} = 0$

3-10 일차방정식의 해법 ②

알아 두면 유용한 팁!

난이도 ★★☆☆☆

이 절에서는 몰라도 푸는 데 문제없지만 알고 있으면 더욱 유용한 일차방정식 해법에 대해 소개하겠습니다.

10의 배수를 포함한 방정식

0을 지워서 자릿수를 줄인다.

예를 들어 방정식 $1200x = 30000$은 $x = \dfrac{30000}{1200} = 25$로 풀면 됩니다. 하지만 이렇게 풀면 수가 커서 계산이 꽤 성가십니다. 여기서 **양변을 같은 수로 나누어도 등식은 성립한다는 것**을 이용하여 방정식을 간단하게 만들어 봅시다. 1200에는 0이 2개, 30000에는 0이 4개 있기 때문에 0을 최대 2개 지울 수 있습니다. 즉, 양변을 100으로 나누면 각 수에 포함된 0이 2개씩 줄어듭니다. 그러면 방정식은 $1200x = 30000$에서 $12x = 300$이 되어 계산하기 훨씬 쉬워집니다. 방정식을 풀면 $x = \dfrac{300}{12} = 25$이고 이는 $1200x = 30000$의 해와 같습니다.

소수를 포함한 방정식

10의 거듭제곱[8]을 곱해 자릿수를 늘리거나 계산기를 사용한다.

소수를 포함한 일차방정식은 양변에 **10의 거듭제곱을 곱해서 소수를 정수로 바꾼 후 편리하게 계산**할 수 있습니다.

예를 들어, 방정식 $0.3x = 0.05x - 1$은 x를 좌변으로 이항한 후, $0.3x - 0.05x = -1$에서 $0.25x = -1$, $x = \dfrac{-1}{0.25} = -4$로 풀 수 있습니다. 하지만 이렇게 풀면 소수의 연산 때문에 계산이 조금 귀찮아집니다.

8 거듭제곱이란 같은 수나 식을 여러 번 곱한 것입니다. 즉, 10의 거듭제곱은 $10(=10^1)$, $100(=10^2)$, $1000(=10^3)$, ……과 같습니다.

$0.3x = 0.05x - 1$에서 0.3, 0.05, 1 중 가장 작은 수인 0.05에 주목해 봅시다. 0.05는 소수점 아래 둘째 자리까지 있으므로 100배를 하면 정수가 된다는 걸 알 수 있습니다. 즉, 양변을 100배 하면 $100 \cdot 0.3x = 100(0.05x - 1)$이 됩니다. 우변에 넣은 괄호는 우변 전체에 100을 곱해야 함을 나타낸 것입니다. 괄호를 넣지 않고 $100 \cdot 0.05x - 1$과 같이 계산한다면 오답이 나오겠죠? 이제 양변을 100배 한 식을 정리하면 $30x = 100 \cdot 0.05x - 100 \cdot 1$, $30x = 5x - 100$, $25x = -100$에서 $x = -\frac{100}{25} = -4$가 됩니다. 정수끼리만 계산하면 되기 때문에 앞에서 풀이한 방법보다 훨씬 편리합니다.

또 다른 예를 살펴봅시다.

방정식 $-2.15x = 1.36x - 47.1$에서 양변을 100배 하면 $-215x = 136x - 4710$이 됩니다. 방정식을 풀면 $-351x = -4710$에서 $x = \frac{-4710}{-351} = 13.4$입니다.

전기전자공학을 공부하다 보면 위 풀이의 나눗셈보다 훨씬 복잡한 계산을 해야 할 때가 많습니다. 그래서 시험이나 실무에서는 계산기를 사용하는 일이 많을 것입니다. 계산기를 사용한다면 처음부터 소수인 상태로 두고 풀어도 크게 불편하지 않겠지요.

소수와 분수를 모두 포함한 방정식

소수를 정수로 만든 후 분수의 역수를 곱한다.

$0.1x = \frac{1}{12}x + 1$과 같이 소수와 분수를 모두 포함한 방정식은 일단 소수를 정수로 만들어야 합니다. 이 경우 양변을 10배 합니다. $10 \cdot 0.1x = 10 \cdot \left(\frac{1}{12}x + 1\right)$에서 $x = \frac{10}{12}x + 10$, $x = \frac{5}{6}x + 10$이므로 x를 좌변으로 이항하면 $\left(1 - \frac{5}{6}\right)x = 10$, $\frac{1}{6}x = 10$이 됩니다. 마지막으로 양변에 6을 곱하면 $x = 60$이 나옵니다.

검산

해를 대입해 본다.

계산한 결과가 맞는지 확인하는 일을 **검산**이라고 합니다. 방정식에서 구한 해를 다시 미지수에 넣었을 때 우변과 좌변의 값이 같으면 **해**를 바르게 구한 것입니다.

위 방정식 $0.1x = \frac{1}{12}x + 1$을 푼 결과 $x = 60$이었습니다. 이 값을 우변과 좌변의 x에 각각 대입하면 다음과 같이

$$(\text{우변}) = \frac{1}{12}\underbrace{x}_{x=60} + 1 = \frac{1}{12}\cdot 60 + 1 = 5 + 1 = 6$$
$$(\text{좌변}) = 0.1\underbrace{x}_{x=60} = 0.1\cdot 60 = 6$$

(좌변) = (우변)이 됩니다. 이처럼 검산은 복잡한 방정식을 풀었을 때 구한 해가 맞는지 확인하는 데 유용합니다.

문제 3-9 정답은 p. 314

다음 방정식을 가능한 쉽게 풀어 봅시다.

(1) $150x = 6000$ (2) $0.01x = 0.1x + 9$ (3) $0.8x + 64 = \frac{14}{100}x$

3-11 일차방정식의 해법 ③

꽤 복잡한 형태의 일차방정식을 풀어 보자

난이도 ★★★☆☆

> **분모 식이 복잡한 분수를 포함한 방정식**
>
> 분모를 없앤다.

분모 식이 복잡하면 계산이 오래 걸리므로 가능한 한 분모 식을 간단하게 만들어 분모를 없애야 합니다. 분모를 없애려면 양변에 분모 식을 각각 곱하면 됩니다. 예를 들어 다음 방정식에서

$$\frac{x+\frac{1}{3}}{x+\frac{1}{2}}=3$$

양변에 $x+\frac{1}{2}$을 곱하면

$$\frac{x+\frac{1}{3}}{x+\frac{1}{2}}\cdot\left(x+\frac{1}{2}\right)=3\cdot\left(x+\frac{1}{2}\right)$$

이 됩니다. 양변의 $x+\frac{1}{2}$에 괄호를 넣지 않고 그냥 곱하면 양변에서 $\frac{1}{2}$이 소거되고 x를 곱한 꼴이 되어 틀린 풀이가 됩니다. 따라서 $\left(x+\frac{1}{2}\right)$처럼 괄호를 넣어서 $x+\frac{1}{2}$ 전체를 곱해야 합니다. 이렇게 분모 식을 양변에 곱하면 좌변과 우변 둘 다 상당히 간단해집니다.

$$(\text{좌변})=\frac{x+\frac{1}{3}}{x+\frac{1}{2}}\cdot\left(x+\frac{1}{2}\right)=x+\frac{1}{3},\ (\text{우변})=3\cdot\left(x+\frac{1}{2}\right)=3x+\frac{3}{2}$$

식을 정리하면 다음과 같이 단출한 방정식이 됩니다.

$$x+\frac{1}{3}=3x+\frac{3}{2}$$

미지수가 있는 항은 좌변으로, 그 외의 수는 우변으로 이항하면

$$x-3x=\frac{3}{2}-\frac{1}{3},\ -2x=\frac{7}{6}\quad\therefore\ x=-\frac{7}{12}=-0.583$$

이 됩니다. 방정식을 풀었습니다.

문제 3-10 정답은 p. 315

다음 방정식을 풀어 봅시다.

(1) $\dfrac{3}{x+1}=2$ (2) $\dfrac{1}{\dfrac{1}{x}+1}=2$ (3) $\dfrac{1}{x+\dfrac{3}{2}}=\dfrac{1}{2x+\dfrac{1}{2}}$

다양한 문자를 포함한 방정식

어떤 문자에 대해 푸느냐가 중요하며, 다른 문자는 숫자와 동일하게 취급한다!

방정식에 문자가 여러 개 있더라도 미지수로 정한 문자에 대해서 가장 높은 차수가 1이라면 이 방정식은 일차방정식으로 풀 수 있습니다. 예를 들어, $V_1+V_2=R_1I_1+R_2I_2-R_3I_3$과 같은 등식도 미지수를 한 문자로 정하면 일차방정식의 해법으로 풀 수 있습니다. V_1에 대한 방정식으로 풀어 봅시다. V_1이 좌변에 있으므로 좌변에 있는 V_2를 우변으로 이항하면

$$V_1=R_1I_1+R_2I_2-R_3I_3-V_2$$

와 같이 'V_1 = ???' 꼴이 됩니다. 이 꼴을 만들려면 우변에는 절대 미지수 V_1이 있으면 안 됩니다. 그렇다면 이 식을 I_1에 대한 방정식으로 풀면 어떨까요? I_1을 포함한 항 R_1I_1이 우변에 있으니까 R_1I_1을 좌변으로 이항하고 좌변에 있는 V_1+V_2를 우변으로 이항하면

$$-R_1I_1=R_2I_2-R_3I_3-(V_1+V_2)$$

가 됩니다. 양변을 $-R_1$로 나누면 다음과 같은 해가 나옵니다.

$$I_1=\frac{R_2I_2-R_3I_3-(V_1+V_2)}{-R_1}=\frac{-R_2I_2+R_3I_3+V_1+V_2}{R_1}$$

보통 해가 분수 꼴이면 분모에는 마이너스 부호가 없도록 나타냅니다. 이 경우 분모와 분자에 -1을 곱해서 분모에 있는 마이너스 부호를 분자로 옮긴 것입니다.

문제 3-11 정답은 p. 315

위 방정식을 I_3에 대하여 풀어 봅시다.

3-12 일차방정식의 활용 ①

이른바 문장제

난이도 ★★★☆☆

> **문장제**
>
> 구하는 것을 미지수로 놓는다.

일차방정식의 활용 문제는 중학생 때에도 많이 풀어 봤을 것입니다. 일차방정식은 실생활에 많이 활용되고 그만큼 유용하므로 활용 문제의 해법을 이번 기회에 확실히 알아 둡시다. 이 절에서는 일차방정식으로 풀 수 있는 문장제를 소개하려고 합니다. **주어진 조건으로 아직 모르는 값이나 양을 구하는 것**입니다. 일차방정식을 세울 수 있는 조건이 주어진다면 지금까지 공부한 내용으로 일차방정식을 풀어 값을 구할 수 있습니다.

아직 모르는 값을 미지수로 놓고 주어진 조건에 따라 **식을 세워** 미지수의 값을 구하는 방법을 소개하겠습니다.

예) 상자 안에 다람쥐 몇 마리가 있습니다. 상자 안으로 다람쥐 3마리가 더 들어간 후 상자를 열었더니 총 7마리가 있습니다. 상자 안에는 원래 다람쥐가 몇 마리 있었을까요?

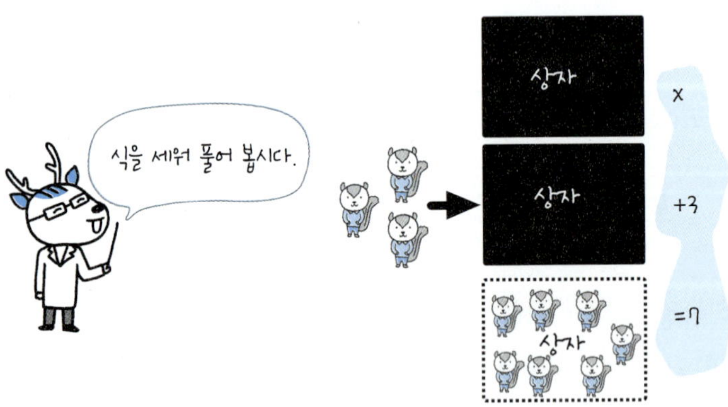

그림 3.13 다람쥐 수에 대한 방정식 $x+3=7$

풀이 일차방정식을 이용하지 않아도 쉽게 풀릴 만큼 쉽지만, 그만큼 이 예제로 설명하면 문장제에서 일차방정식을 어떻게 세우는지 쉽게 이해할 수 있을 것입니다.

일단 구하려는 값을 미지수로 놓고[9] 주어진 조건으로 식을 세워야 합니다. 구하는 값은 처음부터 상자 안에 있던 다람쥐 수이므로 이 값을 미지수 x로 놓습니다. 이 미지수 x가 만족하는 조건은 상자에 3마리가 더해져서 총 7마리가 된다는 것입니다. 이를 식으로 나타내면,

$$x+3=7$$

입니다. 방정식을 풀어 다람쥐 수를 구하면 다음과 같습니다.

$$x=7-3=4$$

예 '나는 5년 전에 현재 나이의 $\frac{7}{8}$세였다.' 라고 말하는 사람의 현재 나이는 몇 살일까요?

풀이 조금 어렵게 느낄 수도 있지만 기본적으로 푸는 방법은 같습니다. 구하려는 값을 미지수로 놓습니다. 즉, 현재 나이를 x로 놓는 것입니다. 5년 전의 나이는 $x-5$가 되고, 그때 나이는 지금 나이의 $\frac{7}{8}$이므로 $\frac{7}{8}x$와 같습니다. 따라서 식을 세우면

$$x-5=\frac{7}{8}x$$

입니다. 이를 풀면

$$\left(1-\frac{7}{8}\right)x=+5,\ \frac{1}{8}x=5 \qquad \therefore\ x-5\cdot 8=40$$

즉, 현재 나이는 40살입니다.

문제 3-12 정답은 p. 316

13m/s 속도로 달리는 기차가 76m가 되는 터널을 완전히 통과하는 데 7초 걸렸습니다. 이 기차의 길이는 몇 m일까요?

길잡이 ▶ **7초 동안 (터널 길이+기차 길이)만큼 달려야 합니다.**

9 구하는 값이 아닌 다른 것을 미지수로 놓고 그 값을 구한 후, 이 값을 이용하여 원래 구하는 값을 찾는 간접적인 해법도 있지만 이 책에서는 따로 소개하지 않겠습니다.

3-13 일차방정식의 활용 ②

전기전자공학의 세계에서 일차방정식을 활용해 보자

난이도 ★★★☆☆

> **전기전자공학에서는**
>
> **미지수가 무엇인지 확인하자!**

전기전자공학에서는 전압과 전류, 저항 등 여러 종류의 수치를 다루며 각각에 부여된 문자가 있습니다. 문제에 따라 구하는 값이 달라지므로 일단 문제를 잘 읽고 미지수가 무엇인지 잘 파악해야 합니다.

예 전지의 기전력을 $E[\mathrm{V}]$, 단자전압을 $V[\mathrm{V}]$, 전류를 $I[\mathrm{A}]$, 내부저항을 $r[\Omega]$라 하면 이들은 $E=V+Ir$이라는 관계에 있습니다. 이때 내부저항 $r[\Omega]$의 값을 구해 봅시다.

풀이 이 문제는 '조건 $E=V+Ir$로 미지수 r의 값을 구하라'는 것과 같습니다. 미지수인 r이 좌변에 오도록 식의 좌변과 우변을 서로 바꾸어 봅시다.

$$V+Ir=E$$

V를 우변으로 이항하면

$$Ir=E-V$$

가 되고 양변을 I로 나누면

$$r=\frac{E-V}{I}$$

라는 해를 얻습니다. 답이 문자식 형태지만, 우변에 r이 포함되어 있지 않으므로 해를 바르게 구한 것입니다.

이처럼 전기전자공학에서는 여러 수치를 다루기 때문에 일차방정식을 세울 때 쓰는 문자의 종류도 많아집니다. 따라서 전기전자공학에서 방정식을 활용할 때에는 주어진 조건에 있는 여러 문자 중 구해야 하는 값이 무엇인지 잘 파악하는 게 가장 중요합니다.

예 평행평판 콘덴서의 정전용량 $C[\mathrm{F}]$는 판의 면적을 $S[\mathrm{m}^2]$, 사이에 끼어 있는 유전체의 유전율을 $\epsilon[\mathrm{F/m}]$, 판 사이의 거리를 $d[\mathrm{m}]$으로 할 때 $C = \epsilon \frac{S}{d}$가 성립합니다.

이 식에서 **(1)** S의 값과 **(2)** d의 값을 구해 봅시다.

풀이 전공 내용을 이해하려 하지 않아도 됩니다. 이 문제는 '조건 $C = \epsilon \frac{S}{d}$을 (1) S에 대해 풀어라, (2) d에 대해 풀어라'라는 것과 같습니다.

(1) 식의 좌변과 우변을 서로 바꾸면

$$\epsilon \frac{S}{d} = C$$

가 됩니다. 구하려는 S에는 ϵ가 곱해져 있고, d가 나누어져 있습니다. 따라서 양변을 ϵ로 나누고, d를 곱해야 합니다.

즉, 양변에 $\frac{d}{\epsilon}$를 곱하면

$$\frac{d}{\epsilon} \cdot \epsilon \frac{S}{d} = \frac{d}{\epsilon} \cdot C \text{에서} \quad S = \frac{d}{\epsilon} \cdot C$$

가 됩니다.

(2) 식에서 d가 분모에 있습니다. d에 대하여 나타내기 위해 양변에 d를 곱하면

$$d \cdot C = d \cdot \epsilon \frac{S}{d} \text{에서} \quad dC = \epsilon S$$

가 됩니다. 양변을 C로 나누면

$$d = \frac{\epsilon S}{C} \text{에서}$$

가 됩니다.

문제 3-13 정답은 p. 316

회로에서의 전압 $V[\mathrm{V}]$, 전류 $I[\mathrm{A}]$, 저항 $R[\Omega]$의 관계는 $V = IR$입니다(옴의 법칙).
이때 전류 I와 저항 R을 구하는 식을 써 봅시다.

문제 3-14 정답은 p. 316

휘트스톤 브리지는 4개의 저항을 결합하여 영위법이라는 측정법으로 정밀하게 저항을 측정할 수 있는 장치입니다. 저항 R_1, R_2, R_3의 값은 알고 있고, R_x의 값은 모른다고 합시다. $R_1R_2 = R_3R_x$일 때, R_x의 값을 구하는 식을 써 봅시다.

column 방정식의 강점과 약점

만약 방정식이 면접에서 "당신의 강점은 무엇입니까?" 또는 "당신의 약점은 무엇입니까?"라고 질문을 받으면 방정식은 어떻게 답해야 할까요?

면접관: 당신의 강점은 무엇입니까?

방정식: 저는 실생활에서 폭넓게 쓰입니다. 조건만 주어진다면 저를 통해서 찾고자 하는 값을 모두 구할 수 있습니다. 기차의 길이뿐 아니라 전류의 크기, 유전율과 같이 눈에 보이지 않는 양들도 알아낼 수 있습니다!

면접관: 오, 그렇다면 당신의 약점은 무엇입니까?

방정식: 음... 조건을 잘못 이해하거나 틀린 식을 세우면 문제를 해결할 수 없다는 점인 것 같습니다.

면접관: 그렇다면 당신을 채용하면 우리 회사에는 어떤 이점이 있을까요?

방정식: 면접관님께서 알고 싶은 그 점을 미지수로 놓고 저의 강점을 조건으로 해서 식으로 세우면 답이 나올 것입니다.

면접관: ......

피타고라스가 '만물의 근원은 수이다'라고 했지만 실제로 세상에 있는 모든 것들을 수로 표현하는 것은 쉽지 않은 일입니다. 채용 여부를 결정해야 하는 면접관도 방정식의 마지막 답변에 난감할 것 같네요.

제4장

연립방정식과 행렬

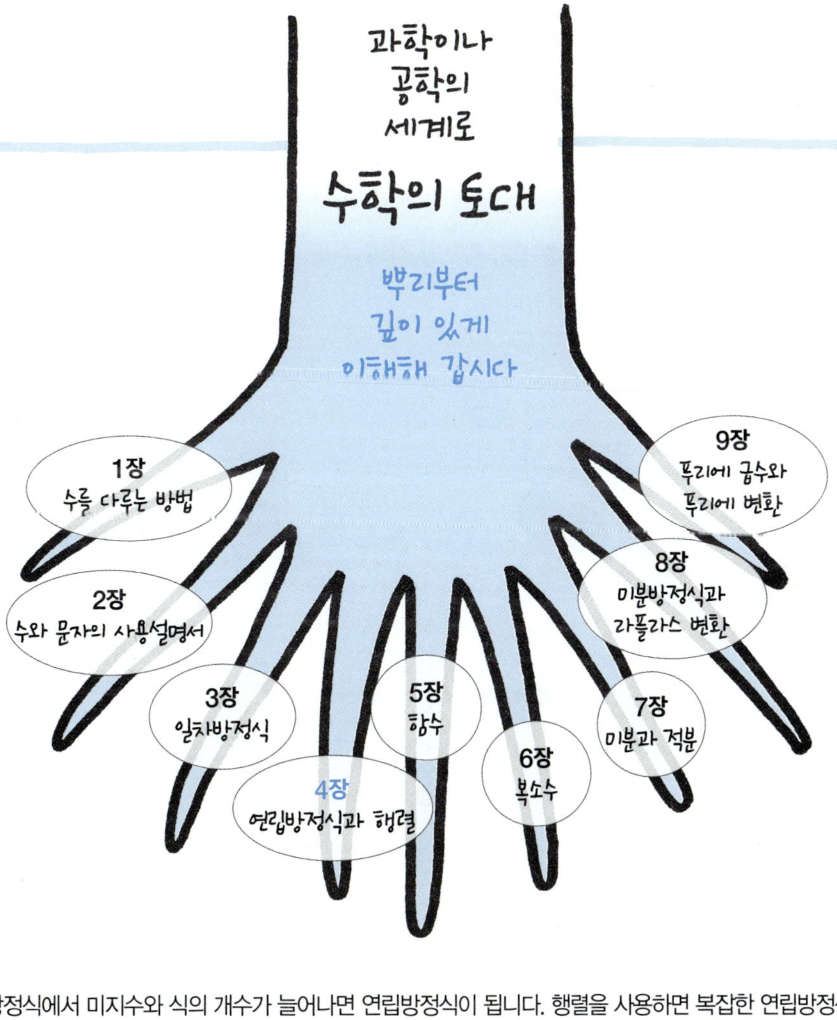

일차방정식에서 미지수와 식의 개수가 늘어나면 연립방정식이 됩니다. 행렬을 사용하면 복잡한 연립방정식을 풀 수 있습니다. 쉽지 않지만 하나씩 차근차근 풀어 가다 보면 식과 행렬에 대해 모두 이해할 수 있을 것입니다.

4-1 연립방정식 ① : 그게 뭐야?

식의 개수가 늘었을 뿐

난이도 ★★☆☆☆

'연'달아 '입'증하는 '방정식'이라는 의미로 **연립방정식**이라고도 할 수 있겠지만, 실제로는 방정식이 여러 개 묶여 있는 것을 말합니다. 연립방정식에서 미지수의 차수가 모두 1이면 **연립일차방정식**이라고 합니다. 일반적으로 연립일차방정식을 줄여서 연립방정식이라고 말합니다. 그림 4.1은 연립방정식의 예를 나타낸 것입니다.

여기에 나무 상자와 금속 상자가 있습니다. 이때 좌변과 우변의 사과 수가 같도록 하려 합니다. 그 전에 두 종류의 상자 안에 사과가 각각 몇 개씩 들어 있는지 알아봅시다. 나무 상자 안 사과 수를 미지수 x로, 금속 상자 안 사과 수를 미지수 y로 나타내겠습니다. x와 y 값은 두 조건 (가), (나)에 의해 정해집니다.

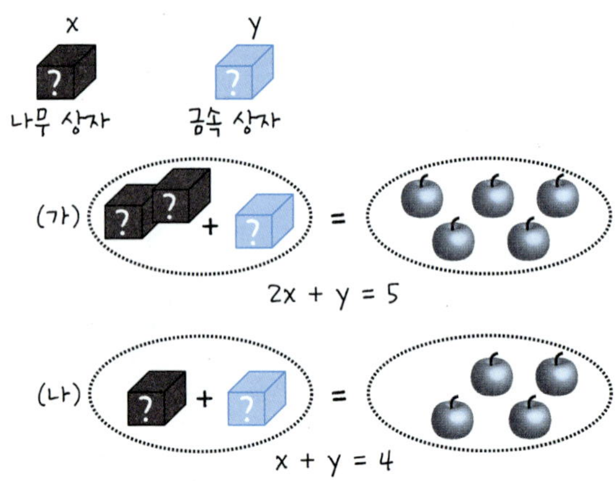

그림 4.1 연립방정식의 예

조건 (가)는 '나무 상자 2개에 든 사과 수'와 '금속 상자 1개에 든 사과 수'를 합하면 5가 된다는 것입니다. 조건 (나)는 '나무 상자 1개에 든 사과 수'와 '금속 상자 1개에 든 사과 수'를 합하면 4가 된다는 것입니다. 이를 수식으로 나타내면 다음과 같습니다.

$$2x + y = 5 \quad ......(가)$$
$$x + y = 4 \quad ......(나)$$

4-9절에서 설명하겠지만, 연립방정식에서 식과 미지수의 개수가 같으면 모든 미지수의 값, 즉 해[1]를 구할 수 있습니다.

해를 구하는 방법은 나중에 살펴보도록 하고, 먼저 이 방정식의 해를 구해봅시다.

구한 값이 연립방정식의 해인지 확인하기 위해 그림 4.2와 같이 방정식에 값을 넣어 보겠습니다. 접시의 왼쪽(좌변)에 각 상자 속 사과 수를 넣어 보면(대입) 양쪽 접시(양변)에 있는 사과 수가 같음을 확인할 수 있습니다. 3장에서 공부한 방정식과 같은 방법으로 연립방정식도 이렇게 **검산**할 수 있습니다. 모든 방정식을 동시에 만족하는 미지수의 값이 바로 **연립방정식의 해**입니다.

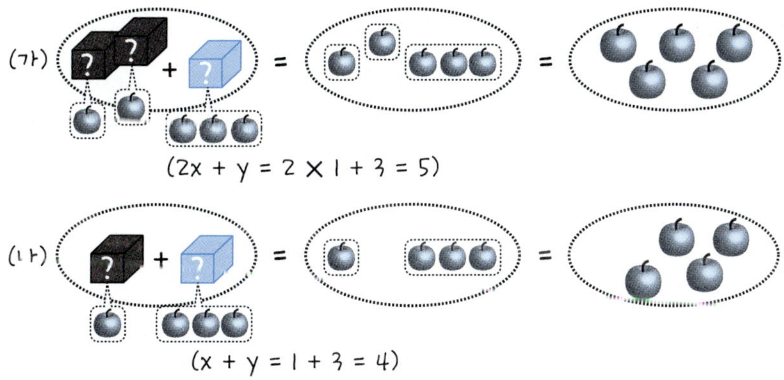

그림 4.2 연립방정식의 해($x=1$, $y=3$)를 대입

문제 4-1 정답은 p. 317

연립방정식 $\begin{cases} 7x+5y=290 \\ 4x+3y=170 \end{cases}$의 해가 $x=20$, $y=30$이 맞는지 확인해 봅시다(검산해 봅시다).

1 해가 무수히 많거나 해가 없는 연립방정식도 있는데, 이에 대해서는 뒤에서 설명하겠습니다.

4-2 연립방정식 ② : 문자의 단위

다른 단위끼리는 더할 수 없다

난이도 ★★★★☆

이 절에서는 여러 개의 문자를 다루는 방정식에 대해 이야기하겠습니다. 특히 전기전자공학도가 여러 문자를 다룰 때 실수하기 쉬운 내용입니다. 다시 말해, 수학에서는 그다지 신경 쓰지 않는 부분일 수도 있지만, 전기전자공학에서는 반드시 알아야 하는 개념입니다. 이 개념을 이해하면 연립방정식을 세웠을 때, 그 식의 의미를 더 잘 알 수 있게 될 것입니다.

두 종류 이상의 문자를 더하기 위해서는[2] 이 문자들이 반드시 동일한 단위를 가져야 합니다. 1–5절과 1–6절에서도 설명했지만 이 원칙은 연립방정식에서도 지켜져야 합니다. 연립방정식의 해를 검산할 때 서로 단위가 다른 두 값이 더해지는 상황이라면 해를 잘못 구한 것입니다.

예를 들어 그림 4.1의 해 $x=1$, $y=3$에서 x와 y의 단위는 둘 다 사과 수였습니다. 하지만 이 해의 단위를 괄호 [ ] 안에 명시해서

$$\begin{cases} x=1 & [\text{포도 수}] \\ y=3 & [\text{사과 수}] \end{cases}$$

와 같이 x와 y가 서로 다른 단위라고 가정하면 그림 4.3과 같이 조건 (가)의 양쪽 접시가 같지 않게 됩니다. 수만 생각해서 계산하면 해가 될 수도 있지만 왼쪽 '포도 2송이, 사과 3개'와 오른쪽 '사과 5개'는 같다고 할 수 없습니다. 이와 같이 여러 개의 문자를 다룰 때 **서로 다른 단위를 가진 값끼리는 더할 수 없다는 점**에 주의해야 합니다. 단위가 있는 문자의 값을 특히 주의해야 합니다.

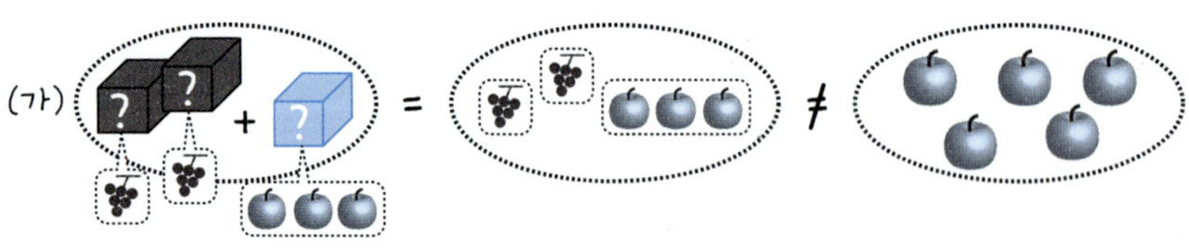

그림 4.3 연립방정식의 해에서 단위를 잘못 쓰면...

2 뺄 때도 마찬가지입니다. 빼는 것은 음수를 더하는 것과 마찬가지이기 때문입니다.

단위가 없는 상수와의 곱셈[3], 그리고 덧셈으로 이루어진 식에서는 모든 문자의 단위가 같아야 합니다. 이번에는 단위가 있는 미지수의 값을 살펴봅시다. 예를 들어, 그림 4.2와 같은 연립방정식이지만, 두 미지수의 단위가 서로 다르다고 생각해 봅시다. 사과 1개가 사과 주스 2통에 해당한다 가정하고

로 나타냅니다. 그리고 나무 상자 로 표현된 미지수 x의 단위는 사과 수, 금속 상자 로 표현된 미지수 y의 단위는 사과 주스의 통 수[통]으로 합니다. 그림으로 나타내면 그림 4.4와 같습니다.

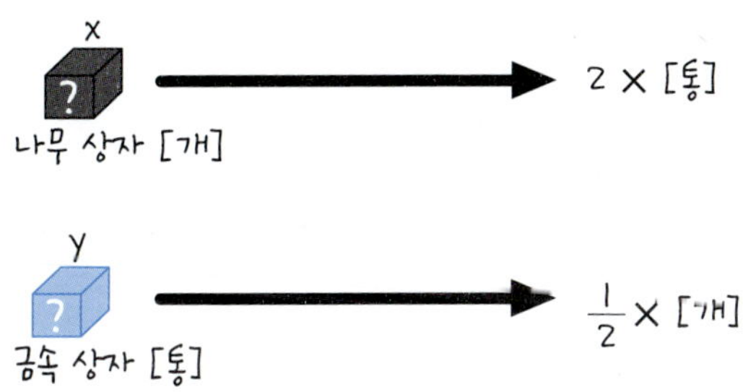

그림 4.4 사과 1개가 사과 주스 2통, 사과 주스 1통이 사과 $\frac{1}{2}$개

여기서 조건 (가)는 사과 주스의 통 수, 조건 (나)는 사과 수라고 합시다. 식의 표현이나 외형은 같더라도 **그림 4.5와 같이 이 문제는 그림 4.2에서의 문제와는 내용이 완전히 다릅니다**.

그림 4.5의 조건 (가)는 나무 상자 1개와 금속 상자 1개를 합치면 [사과 주스의 통 수]임을, 조건 (나)는 나무 상자 1개와 금속 상자 2개를 합치면 [사과 수]임을 뜻합니다. 나무 상자 와 금속 상자 는 서로 단위가 다르기 때문에 식을 세울 때에는 단위를

와 같은 관계에 따라 환산해야 합니다. 나무 상자 는 사과 수이기 때문에 사과 주스의 통 수는 (나무 상자 ×2) [통]으로 나타낼 수 있습니다. 여기서 '×2'는 사과 1개를 사과 주스 2통으로

3 단위가 없는 상수를 곱해도 원래 단위는 바뀌지 않습니다. (예) $3 \times (5\text{cm}) = 15\text{cm}$

환산한다는 의미이므로 나무 상자를 2[통/개]로 표현할 수 있습니다.

마찬가지로 금속 상자는 사과 주스의 통 수이기 때문에 사과 수는 (금속 상자 $\times \frac{1}{2}$) [개]입니다. 여기서 '$\times \frac{1}{2}$'은 사과 주스 1통을 사과 $\frac{1}{2}$개로 환산한다는 의미이므로 금속 상자를 $\frac{1}{2}$[개/통]으로 표현할 수 있습니다.

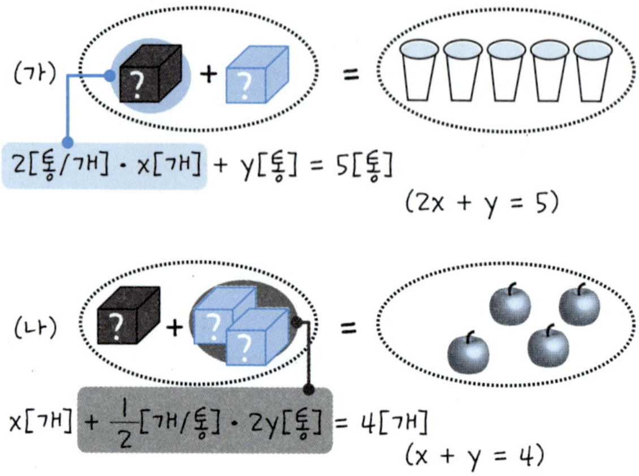

그림 4.5 그림 4.2와 연립방정식 형태는 같아도 문제의 의미는 전혀 다르다.

조건 (가)와 조건 (나)를 연립방정식으로 나타내면

$$2x + y = 5 \quad ......(\text{가})$$
$$x + \frac{1}{2} \cdot 2y = 4 \quad ......(\text{나})$$

가 되고 식의 형태는 그림 4.2와 같으므로 답도

$$x = 1, \ \ y = 3$$

으로 같습니다. 하지만 단위는 다르다는 점에 주의하세요. x는 사과 수, y는 사과 주스의 통 수이므로, 이를 그림으로 그려보면 다른 문제임을 알 수 있습니다.

그림 4.6처럼 나무 상자에 사과 1개를 대입($x = 1$), 금속 상자에 사과 주스 3통을 대입($y = 3$)하고 사과 1개를 사과 주스 2통으로 환산하면 해가 맞는지 확인할 수 있습니다. 문자에 단위가 있기 때문에 단위가 다른 문자끼리 곱할 때엔 단위 환산을 잘 해야 합니다. 이렇게 연립방정식을 세울 때 덧셈에서 단위를 맞춰야 하는데 이 과정을 '**차원**을 맞춘다'고 합니다.

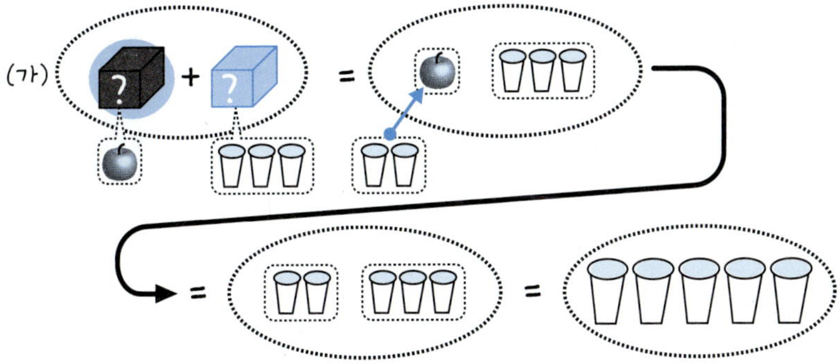

$$2[\text{통}/\text{개}]\cdot x[\text{개}] + y[\text{통}]$$
$$= 2\cdot 1 + 3 = 5[\text{통}]$$

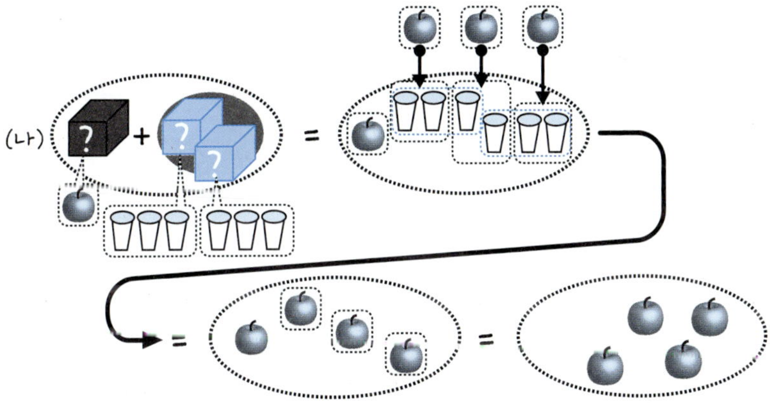

$$x[\text{개}] + \frac{1}{2}[\text{개}/\text{통}]\cdot 2y[\text{통}]$$
$$= 1 + \frac{1}{2}\cdot 2\cdot 3 = 1 + 3 = 4[\text{개}]$$

그림 4.6 미지수의 계수로 단위를 검산하고 있는 모습

4-3 연립방정식 ③ : 여러 가지 해법

의지만 있으면 풀 수 있다!

난이도 ★★☆☆☆

이 절에서는 연립방정식을 푸는 방법을 소개해 보겠습니다. 의지만 있다면 연립방정식은 어떻게든 풀 수 있습니다. 이제 여러분도 연필을 들고 같이 연립방정식을 풀어 봅시다.

> **가감법**
>
> 더하거나 뺐을 때 미지수의 계수가 0이 되도록 정리한다.

연립방정식의 해법의 기본은 미지수의 수를 줄여야 한다는 것입니다. 다음 연립방정식을 풀어 봅시다.

$$\begin{cases} 2x+3y=5 & \text{......(가)} \\ \quad x+y=4 & \text{......(나)} \end{cases}$$

연립방정식의 해법 중 하나인 **가감법**은 두 식을 더하거나 빼서 두 미지수 중 하나를 소거하는 방법입니다. 예를 들어, (가)와 (나)에서 미지수 x의 계수가 2로 같아지도록 해 봅시다. (나)의 양변을 각각 2배 하면 x의 계수는 2가 되어 두 식의 x의 계수가 같습니다. 즉,

$$\begin{cases} 2x+3y=5 & \text{......(가)} \\ 2x+2y=8 & \text{......(나)} \times 2 \end{cases}$$

가 됩니다. x를 소거하기 위해 (가) − (나) × 2를 하면,

$$\begin{array}{rll} & 2x+3y=5 & \text{......(가)} \\ -) & 2x+2y=8 & \text{......(나)} \times 2 \\ \hline & 0+1\cdot y=-3 & \text{......(가)} - \text{(나)} \times 2 \end{array}$$

이고 따라서 다음과 같이 됩니다.

$$y=-3$$

이 값을 (나)에 대입[4]하면

$$x + (-3) = 4 \qquad \therefore x = 4 - (-3) = 4 + 3 = 7$$

이 됩니다. 따라서 위 연립방정식의 해는 $\begin{cases} x = 7 \\ y = -3 \end{cases}$ 입니다.

> **대입법**
>
> **한 방정식을 다른 방정식에 대입한다.**

이번에는 연립방정식의 해법 중 다른 하나인 **대입법**으로 풀어 보겠습니다. 대입법은 한 방정식을 변형해서 나머지 방정식에 대입하는 방법입니다. 예를 들어, 위 연립방정식에서 y를 소거하기로 하고, (나)를

$$y = 4 - x$$

와 같이 y에 대하여 나타냅니다. 이를 (가)에 대입하면

$$2x + 3(4 - x) = 5$$

가 되어 미지수가 x 하나만 있는 일반적인 일차방정식이 됩니다. 방정식을 풀면

$$2x + 12 - 3x = 5,\ -x = 5 - 12 \qquad \therefore x = 7$$

이 나옵니다. 이 값을 (가) 또는 (나)에 대입하면 $y = -3$도 쉽게 구할 수 있습니다.

문제 4-2 정답은 p. 317

그림 4.1에서의 연립방정식 $\begin{cases} 2x + y = 5 \text{ ......(가)} \\ x + y = 4 \text{ ......(나)} \end{cases}$ 을 가감법과 대입법으로 풀어 봅시다.

4 (가)에 대입해도 되지만 (나)가 더 간단한 형태이므로 (나)에 대입하는 것이 낫습니다.

4-4 연립방정식 ④ : 어떻게 사용할까?

역시 단위를 조심하자

난이도 ★★★☆☆

고대 중국의 수학책 '손자산경'에는 다음과 같은 문제가 있습니다.

> 우리 안에 꿩과 토끼가 있는데 꿩과 토끼를 합쳐서 총 35마리가 있고 다리 수는 총 94개이다.
> 꿩과 토끼는 각각 몇 마리일까?[5]

3장에서 공부한 것처럼 이 문제를 해결하려면 일단 구하려는 값을 미지수로 놓아야 합니다. 이때 마리 수[마리]와 다리 수[개]는 단위가 다르다는 것에 주의해야 합니다.

먼저, 꿩과 토끼의 수를 각각 x, y로 놓습니다. 그 다음, 두 조건 '총 35마리'와 '다리 수는 총 94개'를 식으로 나타내 봅시다.

꿩과 토끼의 수인 x, y는 마리 수와 단위가 같으므로 둘을 더하면 다음 식이 나옵니다.

$$x + y = 35 \text{ ......(가)}$$

이번에는 다리 수 조건을 이용하기 위해 꿩의 수 x와 토끼의 수 y를 사용하여 다리 수를 나타냅시다. 꿩은 다리가 2개이므로 꿩 x마리의 다리 수는 $2x$[개]입니다. 토끼는 다리가 4개이므로 토끼 y마리의 다리 수는 $4y$[개]입니다. 둘을 더하면 총 다리 수 94개와 같으므로 식으로 정리하면 다음과 같습니다.

$$2x + 4y = 94 \text{ ......(나)}$$

두 식을 정리하면

$$\begin{cases} x + y = 35 & \text{......(가)} \\ 2x + 4y = 94 & \text{......(나)} \end{cases}$$

이 되어 연립방정식을 완성했습니다. 방정식을 풀면

5 중국 '손자산경'에는 '꿩과 토끼 문제'라는 유명한 사칙연산 문제가 실려 있습니다.

$$\begin{cases} x = 23 \\ y = 12 \end{cases}$$

가 됩니다. 따라서 답은 꿩 23마리, 토끼 12마리입니다.

문제 4-3 정답은 p. 317

위 연립방정식을 실제로 풀어 봅시다.

자세한 풀이를 위해 단위에 괄호를 붙여 [단위]와 같이 써 보겠습니다. (가)는 마리 수를 나타내므로 [마리], (나)는 다리 수를 나타내므로 [개]의 단위를 갖습니다. 여기서 x와 y는 둘 다 마리 수이므로 이를 다리 수로 환산하려면 한 마리당 다리 수 단위인 [개/마리]를 곱해야 합니다.

이를 식으로 정리하면

$$\begin{cases} x[\text{마리}] + y[\text{마리}] = 35[\text{마리}] & \text{......(가)} \\ 2\,[\text{개/마리}] \cdot x[\text{마리}] + 4[\text{개/마리}]\, y[\text{마리}] = 94[\text{개}] & \text{......(나)} \end{cases}$$

와 같습니다. (나)에서 '2 [개/마리] • x[마리]' 부분을 문자식과 단위로 나누어 생각하면

$$2[\text{개/마리}] \cdot x[\text{마리}] = 2 \cdot x[(\text{개}/\cancel{\text{마리}}) \cdot \cancel{\text{마리}}] = 2x[\text{개}]$$

가 됩니다. '4[개/마리] • y[마리]' 부분도 마찬가지이므로 (나)의 단위를 통일하면

$$2x[\text{개}] \cdot 4y[\text{개}] = 94[\text{개}] \quad \text{......(나)}$$

와 같습니다. 즉, 모든 항의 단위가 [개]로 통일됐습니다.

이처럼 방정식에 단위를 가진 여러 문자가 있을 때엔 문자끼리 덧셈하기 전에 반드시 단위를 맞춰야 합니다.[6]

---

6 다시 말해, 모든 항의 단위가 같아야 한다는 것입니다.

문제 4-4 정답은 p. 318

* 옴의 법칙과 키르히호프의 법칙을 학습한 분들을 위한 문제이므로, 아직 배우지 않은 분은 넘어 가도 됩니다.

저항이 $R_1 = 4\Omega$, $R_2 = 3\Omega$, $R_3 = 2\Omega$, 전압이 $V_1 = 8\text{V}$, $V_2 = 7\text{V}$인 전기전자회로에 키르히호프의 법칙을 적용해 봅시다. 전류 $I_1[\text{A}]$, $I_2[\text{A}]$에 대한 방정식이 다음과 같을 때, (가), (나), (다)는 각각 어떤 단위로 작성되어 있는지 알아봅시다(1장에서 소개했지만 이렇게 단위가 어떤 것인지 알아보는 것을 **차원해석**이라고 합니다).

$$\begin{cases} V_1 - V_2 = R_1 I_1 - R_2 I_2 & \text{......(가)} \\ \qquad V_2 = R_2 I_2 + R_3 I_3 & \text{......(나)} \\ I_1 + I_2 = I_3 & \text{......(다)} \end{cases}$$

4-5 행렬 ① : 요소와 덧셈/뺄셈

행과 열은 가로와 세로

난이도 ★☆☆☆☆

> **행렬의 요소**
>
> (행, 열) = (가로, 세로)

행렬은 수를 행과 열, 즉 가로와 세로로 정렬한 것입니다. 행렬을 사용하면 많은 식을 한 곳에 모을 수 있습니다. 특히 연립방정식을 매우 간단하게 나타낼 수 있습니다.

우선 행렬을 어떻게 쓰는지 설명하겠습니다. 행렬은 A, B, X, ... 등과 같은 대문자 알파벳으로 이름 붙이는 경우가 많습니다. 그림 4.7과 같이 행렬은 수를 세로와 가로 방향에 맞춰 나란히 표기하고 그 크기를 '(행의 수) × (열의 수)'로 나타냅니다. 즉, 그림 4.7에서 행렬 A는 2×3행렬입니다. 또한

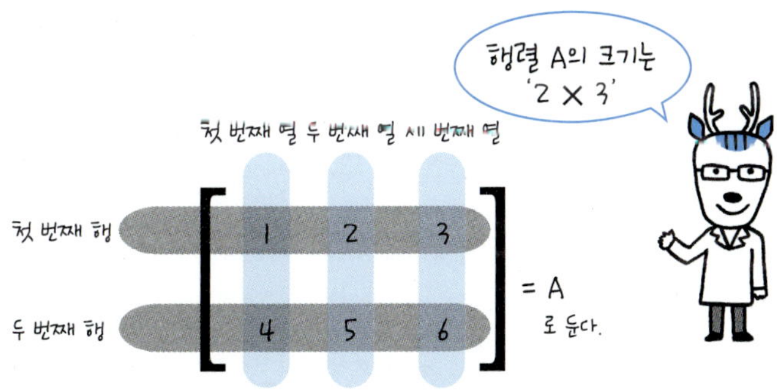

그림 4.7 행렬의 요소

행렬을 구성하는 수들을 성분이라고 합니다. 각 성분의 위치는 (행, 열)로 나타냅니다. 예를 들어, 그림 4.7의 행렬 A의 성분 4는 두 번째 행의 첫 번째 열에 있으므로 행렬 A의 $(2, 1)$ 성분입니다. 모든 성분과 크기가 같은 두 행렬을 서로 같은 행렬이라고 합니다.

예 행렬 $A = \begin{bmatrix} 1 & 2 & 3 \\ 4 & 5 & 6 \\ 7 & 8 & 9 \end{bmatrix}$의 (1, 2) 성분과 (2, 3) 성분을 구해 봅시다.

풀이 (1, 2) 성분 = (첫 번째 행의 두 번째 열) = 2

(2, 3) 성분 = (두 번째 행의 세 번째 열) = 6

행렬의 덧셈 · 뺄셈

각 성분끼리 연산한다.

우선 행렬의 덧셈과 뺄셈을 설명하겠습니다. 방법은 매우 간단합니다. 행렬의 각 성분을 서로 더하거나 빼기만 하면 됩니다.

덧셈 $$\begin{bmatrix} a_1 & b_1 \\ c_1 & d_1 \end{bmatrix} + \begin{bmatrix} a_2 & b_2 \\ c_2 & d_2 \end{bmatrix} = \begin{bmatrix} a_1 + a_2 & b_1 + b_2 \\ c_1 + c_2 & d_1 + d_2 \end{bmatrix}$$

뺄셈 $$\begin{bmatrix} a_1 & b_1 \\ c_1 & d_1 \end{bmatrix} - \begin{bmatrix} a_2 & b_2 \\ c_2 & d_2 \end{bmatrix} = \begin{bmatrix} a_1 - a_2 & b_1 - b_2 \\ c_1 - c_2 & d_1 - d_2 \end{bmatrix}$$

행렬의 상수배

각 성분에 상수를 곱한다.

행렬 A를 a배 한 행렬 aA는 행렬 A의 성분을 모두 a배 한 것입니다.

예 두 행렬 $A = \begin{bmatrix} 1 & 2 \\ 3 & 4 \end{bmatrix}$, $B = \begin{bmatrix} 4 & 3 \\ 2 & 1 \end{bmatrix}$에 대하여 다음을 구해 봅시다.

(1) $A + B$ (2) $A - B$ (3) $3A$

풀이 (1) $A + B = \begin{bmatrix} 1+4 & 2+3 \\ 3+2 & 4+1 \end{bmatrix} = \begin{bmatrix} 5 & 5 \\ 5 & 5 \end{bmatrix}$

(2) $A - B = \begin{bmatrix} 1-4 & 2-3 \\ 3-2 & 4-1 \end{bmatrix} = \begin{bmatrix} -3 & -1 \\ 1 & 3 \end{bmatrix}$

(3) $3A = 3\begin{bmatrix} 1 & 2 \\ 3 & 4 \end{bmatrix} = \begin{bmatrix} 1 \times 3 & 2 \times 3 \\ 3 \times 3 & 4 \times 3 \end{bmatrix} = \begin{bmatrix} 3 & 6 \\ 9 & 12 \end{bmatrix}$

문제 4-5 정답은 p. 318

두 행렬 $A = \begin{bmatrix} 1 & 2 \\ 3 & 4 \end{bmatrix}$, $X = \begin{bmatrix} x & y \\ z & w+1 \end{bmatrix}$이 $A = 3X$을 만족할 때 x, y, z, w의 값을 각각 구해 봅시다.

4-6 행렬 ② : 곱셈

행과 열은 가로와 세로

난이도 ★★☆☆☆

> **행렬의 곱셈**
>
> '→ · ↓' ⇔ '행과 열끼리 곱한다'

크기 조건만 맞으면 행렬끼리 곱셈이 가능하며 곱셈 결과도 행렬이 됩니다. 행렬의 곱셈은 곱하는 방향 '→ · ↓'만 기억하면 됩니다. 그림 4.8에서 2×2행렬의 곱셈을 나타내 보겠습니다.

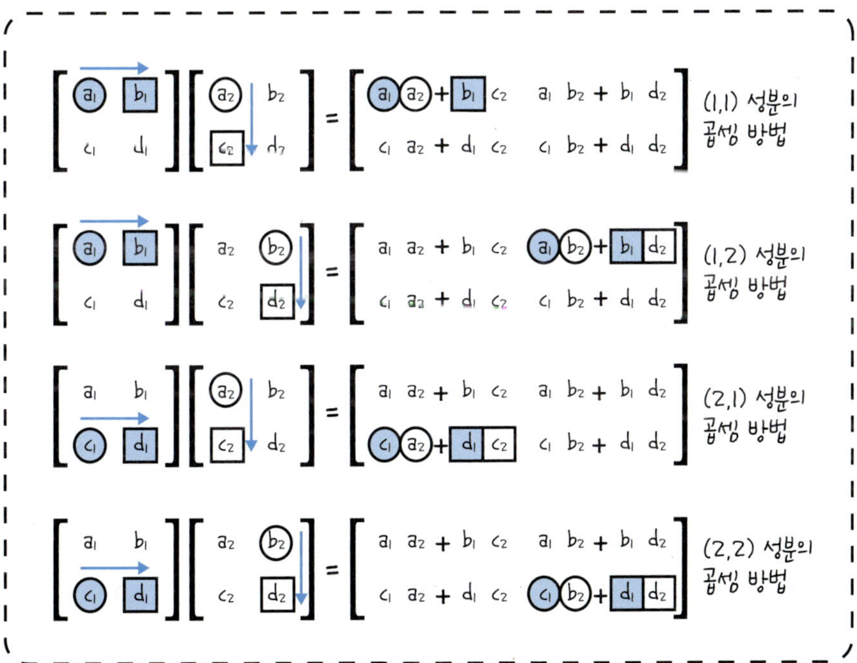

$$\begin{bmatrix} a_1 & b_1 \\ c_1 & d_1 \end{bmatrix}\begin{bmatrix} a_2 & b_2 \\ c_2 & d_2 \end{bmatrix} = \begin{bmatrix} a_1 a_2 + b_1 c_2 & a_1 b_2 + b_1 d_2 \\ c_1 a_2 + d_1 c_2 & c_1 b_2 + d_1 d_2 \end{bmatrix}$$

그림 4.8 행렬의 곱셈(2×2행렬)

즉, 행과 열의 각 성분을 곱한 값을 더하면 됩니다. 이때 행렬의 곱셈이 가능하기 위한 조건이 있습니다. 두 행렬을 곱할 때 왼쪽 행렬의 열과 오른쪽 행렬의 행의 수가 같아야 합니다. 일반적으로 $a \times b$ 행렬과 $b \times c$ 행렬을 곱하면 $a \times c$ 행렬이 만들어 집니다.

예 두 행렬 $A = \begin{bmatrix} 1 & 2 & 3 \\ 4 & 5 & 6 \end{bmatrix}$, $B = \begin{bmatrix} 1 & 2 \\ 3 & 4 \\ 5 & 6 \end{bmatrix}$에 대하여 행렬 AB를 구해 봅시다.

풀이

$$\begin{aligned} AB &= \begin{bmatrix} 1 & 2 & 3 \\ 4 & 5 & 6 \end{bmatrix} \begin{bmatrix} 1 & 2 \\ 3 & 4 \\ 5 & 6 \end{bmatrix} \\ &= \begin{bmatrix} 1 \cdot 1 + 2 \cdot 3 + 3 \cdot 5 & 1 \cdot 2 + 2 \cdot 4 + 3 \cdot 6 \\ 4 \cdot 1 + 5 \cdot 3 + 6 \cdot 5 & 4 \cdot 2 + 5 \cdot 4 + 6 \cdot 6 \end{bmatrix} \\ &= \begin{bmatrix} 22 & 28 \\ 49 & 64 \end{bmatrix} \end{aligned}$$

행렬 A의 크기는 2×3, 행렬 B의 크기는 3×2이므로, 행렬 AB의 크기는 2×2가 됩니다.

예 두 행렬 $X = \begin{bmatrix} x \\ y \end{bmatrix}$, $A = \begin{bmatrix} 2 & -3 \\ 4 & 5 \end{bmatrix}$에 대하여 행렬 AX를 구해 봅시다.

풀이 $$AX = \begin{bmatrix} 2 & -3 \\ 4 & 5 \end{bmatrix} \begin{bmatrix} x \\ y \end{bmatrix} = \begin{bmatrix} 2x - 3y \\ 4x + 5y \end{bmatrix}$$

문제 4-6 정답은 p. 318

두 행렬 $A = \begin{bmatrix} 1 & 2 \\ 3 & 4 \end{bmatrix}$, $B = \begin{bmatrix} 4 & 3 \\ 2 & 1 \end{bmatrix}$에 대하여 행렬 AB와 행렬 BA를 구해 봅시다.

그리고 행렬 AB와 행렬 BA가 같지 않음($AB \neq BA$)을 확인해 봅시다.

4-7 행렬 ③ : 행렬로 얻는 것들

연립방정식을 간단하게!

난이도 ★★☆☆☆

> **행렬을 이용하면**
> 연립방정식을 일반화할 수 있다.

행렬을 이용하면 미지수가 많은 연립방정식도 매우 간단하게 나타낼 수 있습니다. 미지수가 n개인 연립방정식을 **n원 연립방정식**이라고 합니다.

다음과 같이 미지수가 3개인 3원 연립방정식을 살펴봅시다.

$$\begin{cases} 3x+2y+\ \ z=0 \\ -x+5y+2z=3 \\ 2x+\qquad 3z=2 \end{cases}$$

미지수는 x, y, z입니다. 이 미지수들의 계수는 다음과 같습니다.

x의 계수	y의 계수	z의 계수
3	2	1
−1	5	2
2	0	3

계수를 성분으로 한 3×3 행렬 A와 행렬 $X=\begin{bmatrix} x \\ y \\ z \end{bmatrix}$를 곱하면

$$AX=\begin{bmatrix} 3 & 2 & 1 \\ -1 & 5 & 2 \\ 2 & 0 & 3 \end{bmatrix}\begin{bmatrix} x \\ y \\ z \end{bmatrix}=\begin{bmatrix} 3x+2y+z \\ -x+5y+2z \\ 2x+3z \end{bmatrix}$$

가 되고, 이 행렬의 세 성분은 각각 세 방정식을 나타내는 것을 확인할 수 있습니다.

3원 연립방정식의 우변을 모아 행렬 $B=\begin{bmatrix}0\\3\\2\end{bmatrix}$로 정리하면

$$AX=B \iff \begin{bmatrix}3 & 2 & 1\\-1 & 5 & 2\\2 & 0 & 3\end{bmatrix}\begin{bmatrix}x\\y\\z\end{bmatrix}=\begin{bmatrix}0\\3\\2\end{bmatrix} \iff \begin{bmatrix}3x+2y+z\\-x+5y+2z\\2x+3z\end{bmatrix}=\begin{bmatrix}0\\3\\2\end{bmatrix}$$

가 됩니다. 행렬로 나타낸 등식 $AX=B$가 위 연립방정식과 같은 의미임을 알 수 있습니다.

이와 같이 행렬로 연립방정식을 나타내면 미지수나 식의 수가 많은 연립방정식도 얼마든지 간단하게 나타낼 수 있습니다.

이번에는 미지수가 x_1, x_2, x_3, ..., x_n 인 n원 연립방정식을 행렬로 써 봅시다. 일단 연립방정식은

$$\begin{cases}a_{11}x_1+a_{12}x_2+a_{13}x_3+a_{14}x_4+\cdots\cdots+a_{1n}x_n=b_1\\a_{21}x_1+a_{22}x_2+a_{23}x_3+a_{24}x_4+\cdots\cdots+a_{2n}x_n=b_2\\a_{31}x_1+a_{32}x_2+a_{33}x_3+a_{34}x_4+\cdots\cdots+a_{3n}x_n=b_3\\\quad\vdots\qquad\quad\vdots\qquad\quad\vdots\qquad\quad\vdots\qquad\qquad\qquad\vdots\qquad\vdots\\a_{n1}x_1+a_{n2}x_2+a_{n3}x_3+a_{n4}x_4+\cdots\cdots+a_{nn}x_n=b_n\end{cases}$$

와 같이 쓸 수 있습니다. 다음과 같이 세 행렬 A, X, B를 정의하면

$$A=\begin{bmatrix}a_{11} & a_{12} & a_{13} & a_{14}\cdots\cdots a_{1n}\\a_{21} & a_{22} & a_{23} & a_{24}\cdots\cdots a_{2n}\\a_{31} & a_{32} & a_{33} & a_{34}\cdots\cdots a_{3n}\\\vdots & \vdots & \vdots & \vdots\quad\vdots\quad\vdots\\a_{n1} & a_{n2} & a_{n3} & a_{n4}\cdots\cdots a_{nn}\end{bmatrix},\ X=\begin{bmatrix}x_1\\x_2\\x_3\\\vdots\\x_n\end{bmatrix},\ B=\begin{bmatrix}b_1\\b_2\\b_3\\\vdots\\b_n\end{bmatrix}$$

$AX=B$는 n원 연립방정식을 표현한 것임을 알 수 있습니다. 이때 행렬 A를 **계수행렬**이라고 합니다.

문제 4-7 정답은 p. 319

세 행렬 A, X, B를 이용하여 연립방정식 $\begin{cases} 7x+5y+z-w=290 \\ 2x-3y+z+w=9 \\ 4x+2y+w=190 \\ 2y-z+3w=32 \end{cases}$ 를 $AX=B$로 나타내 봅시다.

이때 4×4행렬 A, 4×1행렬 X, 4×1행렬 B를 어떻게 정의하면 좋을까요?

4-8 행렬 ④ : 행렬과 연립방정식

소거하자!

난이도 ★★☆☆☆

행렬로 연립방정식을 나타내면 일반화된 해법을 쓸 수 있어 매우 편리합니다. 그 해법 중 하나가 바로 **가우스 소거법**입니다.

> **가우스 소거법**
>
> 대각 성분(행의 수와 열의 수가 같은 성분)을 1로, 나머지 성분은 모두 0으로 만든다.

다음 연립방정식을 가우스 소거법으로 풀어 보겠습니다.

$$\begin{cases} 2x + 3y = 5 \\ x + \quad y = 4 \end{cases}$$

위 연립방정식을 행렬로 쓰면

$$\begin{bmatrix} 2 & 3 \\ 1 & 1 \end{bmatrix}\begin{bmatrix} x \\ y \end{bmatrix} = \begin{bmatrix} 5 \\ 4 \end{bmatrix}$$

입니다. 이때, 좌변을 나타낸 행렬의 오른쪽에 우변의 값을 덧붙인 행렬

$$\left[\begin{array}{cc|c} 2 & 3 & 5 \\ 1 & 1 & 4 \end{array}\right]$$

를 **첨가행렬**이라고 합니다. 이 행렬을 이용하면 미지수 없이 수만 계산하면 되기 때문에 매우 유용합니다.

이 절에서는 첨가행렬을 변형할 때 쓰는 기본 행 연산을 소개합니다. 행 연산을 다시 하면 연산하기 전의 원래 행렬로 되돌릴 수도 있습니다.

○ 기본 행 연산

가 한 행의 모든 성분에 0이 아닌 상수를 곱한다.

나 한 행과 다른 행의 상수배를 합한다.

다 두 행을 서로 바꾼다.

행렬로 연립방정식을 풀려면 일단 첨가행렬에서 계수행렬 부분을 기본 행 연산으로 대각 성분은 1, 나머지 성분은 모두 0인 행렬로 변형해야 합니다. 이때 대각 성분은 행의 수와 열의 수가 같은 성분으로서 행렬의 대각선에 위치합니다. 이렇게 첨가행렬을 변형하여 연립방정식을 푸는 해법을 **가우스 소거법**이라고 합니다.

다음 내용은 위에서 예로 든 연립방정식(왼쪽)과 첨가행렬(오른쪽)을 각각 기본 행 연산하는 과정을 비교한 것입니다. (1)은 첫 번째 방정식, (2)는 두 번째 방정식을 뜻합니다.

【연립일차방정식】		【첨가행렬】
$\begin{cases} 2x + 3y = 5 \\ x + y = 4 \end{cases}$		$\left[\begin{array}{cc:c} 2 & 3 & 5 \\ 1 & 1 & 4 \end{array}\right]$
$\begin{cases} 2x + 3y = 5 \\ 3x + 3y = 12 \end{cases}$	가 $(2)\times 3$	$\left[\begin{array}{cc:c} 2 & 3 & 5 \\ 3 & 3 & 12 \end{array}\right]$
$\begin{cases} 2x + 3y = 5 \\ x + = 7 \end{cases}$	나 $(2)-(1)$	$\left[\begin{array}{cc:c} 2 & 3 & 5 \\ 1 & 0 & 7 \end{array}\right]$
$\begin{cases} + 3y = -9 \\ x + = 7 \end{cases}$	나 $(1)-(2)\times 2$	$\left[\begin{array}{cc:c} 0 & 3 & -9 \\ 1 & 0 & 7 \end{array}\right]$
$\begin{cases} + y = -3 \\ x + = 7 \end{cases}$	가 $(1)\times \frac{1}{3}$	$\left[\begin{array}{cc:c} 0 & 1 & -3 \\ 1 & 0 & 7 \end{array}\right]$
$\begin{cases} x + = 7 \\ + y = -3 \end{cases}$	다 식을 서로 바꾼다.	$\left[\begin{array}{cc:c} 1 & 0 & 7 \\ 0 & 1 & -3 \end{array}\right]$

대각 성분 = 1, 나머지는 모두 0

왼쪽처럼 연립방정식을 모두 쓰면서 푸는 것보다 오른쪽처럼 첨가행렬의 성분을 계산하는 것이 더 쉬워 보입니다. 이처럼 기본 행 연산을 반복해서 계수행렬 부분을 '대각 성분은 1, 나머지 성분은 0'인 행렬로 변형했을 때 맨 오른쪽 열에 있는 값들이 연립방정식의 해가 됩니다.

문제 4-8

정답은 p. 319

연립방정식 $\begin{cases} x + y = 35 \\ 2x + 4y = 94 \end{cases}$ 의 첨가행렬을 구하고, 가우스 소거법으로 해를 구해 봅시다.

4-9 행렬 ⑤ : 연립방정식의 해

해는 세 가지 형태

난이도 ★★★☆☆

연립방정식에서 방정식과 미지수의 수가 같으면 해를 구할 수 있습니다. 그 이유에 대한 자세한 설명은 4-9절과 4-10절에서 소개하겠습니다.

식과 미지수의 수가 같은 연립방정식만 있는 것이 아닙니다. 해의 형태에 따라 연립방정식을 세 가지로 분류할 수 있습니다.

① 제대로 소거될 때 : 해를 구할 수 있다.

다음 연립방정식을 가우스 소거법으로 풀어 봅시다.

$$\begin{cases} 2x+3y-z=-3 \\ -x+2y+2z=1 \\ x+y-z=-2 \end{cases}$$

$$\begin{array}{rrr|rl}
\hline
2 & 3 & -1 & -3 & \\
-1 & 2 & 2 & 1 & \\
1 & 1 & -1 & -2 & \\
\hline\hline
0 & 1 & 1 & 1 & (1)+(3)\times(-2) \\
0 & 3 & 1 & -1 & (2)+(3) \\
1 & 1 & -1 & -2 & \\
\hline\hline
1 & 1 & -1 & -2 & \\
0 & 3 & 1 & -1 & (1)\text{과 }(3)\text{을 서로 바꾼다} \\
0 & 1 & 1 & 1 & \\
\hline\hline
1 & 0 & -2 & -3 & (1)+(3)\times(-1) \\
0 & 0 & -2 & -4 & (2)+(3)\times(-3) \\
0 & 1 & 1 & 1 & \\
\hline\hline
1 & 0 & -2 & -3 & \\
0 & 0 & 1 & 2 & (2)\times(-\frac{1}{2}) \\
0 & 1 & 1 & 1 & \\
\hline\hline
1 & 0 & -2 & -3 & \\
0 & 1 & 1 & 1 & (2)\text{와 }(3)\text{을 서로 바꾼다} \\
0 & 0 & 1 & 2 & \\
\hline
\end{array}$$

$$\begin{array}{ccc|c} 1 & 0 & 0 & 1 \\ 0 & 1 & 0 & -1 \\ 0 & 0 & 1 & 2 \end{array} \quad \begin{array}{l} (1)+(3)\times 2 \\ (2)+(3)\times(-1) \\ \end{array}$$

※ 행렬의 괄호 기호 '[ ]'는 생략했습니다.

여기서 바로 연립방정식의 해 $\begin{cases} x=1 \\ y=-1 \\ z=2 \end{cases}$가 나옵니다. 이렇게 기본 행 연산을 반복해서 계수행렬 부분을 '대각 성분은 1, 나머지 성분은 0'인 행렬로 만들 수 있다면 연립방정식의 유일한 해를 구할 수 있습니다. 이 경우 연립방정식의 해는 유일합니다.

② 너무 많이 소거될 때 : 해가 없다.

다음 연립방정식을 가우스 소거법으로 풀어 봅시다. 이 경우 미지수의 수(2개)보다 식의 수(3개)가 더 많습니다.

$$\begin{cases} x+y=10 \\ x-2y=-20 \\ 3x+y=50 \end{cases}$$

$$\begin{array}{cc|c} 1 & 1 & 10 \\ 1 & -2 & -20 \\ 3 & 1 & 50 \end{array}$$

$$\begin{array}{cc|c} 1 & 1 & 10 \\ 0 & -3 & -30 \\ 0 & -2 & 20 \end{array} \quad \begin{array}{l} \\ (2)-(1) \\ (3)-(1)\times 3 \end{array}$$

$$\begin{array}{cc|c} 1 & 1 & 10 \\ 0 & 1 & 10 \\ 0 & 1 & -10 \end{array} \quad \begin{array}{l} \\ (2)\times(-\frac{1}{3}) \\ (3)\times(-\frac{1}{2}) \end{array}$$

$$\begin{array}{cc|c} 1 & 0 & 0 \\ 0 & 1 & 10 \\ 0 & 0 & -20 \end{array} \quad \begin{array}{l} (1)-(2) \\ \\ (3)-(2) \end{array}$$

$$\begin{array}{cc|c} 1 & 0 & 0 \\ 0 & 1 & 10 \\ 0 & 0 & 1 \end{array} \quad \begin{array}{l} \\ \\ (3)\times(-\frac{1}{20}) \end{array}$$

위 첨가행렬과 같이 모든 성분이 0인 행이 생기면 그 행은 맨 밑으로 옮겨 써야 합니다. 이 3번째 행을 식으로 나타내면

$$0x+0y=1$$

입니다. 실제로 이 식을 만족하는 x와 y의 값은 없습니다. 즉, 이 연립방정식은 해가 없습니다. 이와 같이 해가 없는 방정식을 '불능'이라고 합니다.

③ 소거가 다 되지는 않을 때 : 무수히 많은 해가 있다.

다음 연립방정식을 가우스 소거법으로 풀어 봅시다. 이번에는 식의 수(2개)보다 미지수의 수(3개)가 더 많습니다.

$$\begin{cases} x+\ \ y+z=\ 2 \\ 2x+3y+z=\ 3 \end{cases}$$

1	1	1	2	
2	3	1	3	
1	1	1	2	
0	1	−1	−1	(2)−(1)×2
1	0	2	3	(1)−(2)
0	1	−1	−1	

마지막 첨가행렬을 식으로 나타내면 다음과 같습니다.

$$\begin{cases} x \quad\quad + 2z = 3 \\ \quad\ y - \ z = -1 \end{cases}$$

이 경우 미지수 x, y, z의 값을 하나로 정할 수 없습니다. 미지수는 3개인데 식이 2개이기 때문입니다. 다만 해의 형태는 나타낼 수 있습니다. 예를 들어 z의 값을 임의의 상수 $c(z=c)$라고 가정하고 x와 y의 값을 c로 나타내면

$$\begin{cases} x=3-2c \\ y=-1+c \\ z=c \end{cases}$$

와 같습니다. 미지수 z의 값 c만 정하면 나머지 미지수 x와 y의 값은 하나로 정해집니다.

이와 같이 미지수가 식보다 많으면 해를 특정할 수 없습니다. 이와 같이 해를 특정할 수 없는 방정식을 '부정'이라고 합니다. '부정'이란 부족한 식의 수(미지수의 수 – 식의 수)만큼 미지수를 정할 수 없다는 사실에서 나온 말입니다. 방정식이 '부정'이면 해는 무수히 많지만 위와 같이 해의 형태를 식으로 나타내는 것은 가능합니다.

4-10 행렬 ⑥ : 행렬의 계수와 연립방정식

제대로 소거될 때

난이도 ★★★☆☆

이 절에서는 연립방정식의 해의 형태를 알려주는 행렬의 **계수**를 소개하겠습니다. 행렬 A의 계수를 $\text{rank}(A)$로 쓰고 그 뜻은 다음과 같습니다.

$\text{rank}(A)$ = 행렬 A의 대각 성분을 1로, 나머지 성분을 0으로 만들었을 때, 0이 아닌 성분이 하나 이상인 행의 수

행렬의 계수는 연립방정식의 해와 관련되어 있습니다. 4-9절에서 다룬 ①, ②, ③의 문제에서 계수행렬 A와 첨가행렬 $[A|B]$의 계수를 구하면 다음과 같습니다.

(1) $\text{rank}(A)=3$, $\text{rank}[A|B]=3$

1	0	0	1개
0	1	0	2개
0	0	1	3개

1	0	0	1	1개
0	1	0	−1	2개
0	0	1	2	3개

(2) $\text{rank}(A)=2$, $\text{rank}[A|B]=3$

1	0	1개
0	1	2개
0	0	

1	0	0	1개
0	1	10	2개
0	0	1	3개

(3) $\text{rank}(A)=2$, $\text{rank}[A|B]=2$

1	0	2	1개
0	1	−1	2개

1	0	2	3	1개
0	1	−1	−1	2개

위 (3)의 계수행렬은 형태가 약간 다릅니다. 대각 성분 외에 2, −1 같은 0이 아닌 성분이 있기 때문입니다. 이 행렬로도 행렬 A의 계수를 구할 수 있습니다. 기본 행 연산을 해서 나머지 두 성분을 0으로 만들 수 있기 때문입니다.

(3)의 계수행렬이나 행렬 $\begin{bmatrix} 1 & 4 & -3 & 7 \\ 0 & 1 & 6 & 3 \\ 0 & 0 & 1 & 5 \end{bmatrix}$처럼 변형한 행렬이 '대각 성분이 1이고 그 아래에 있는 성분이 모두 0'이면 이 행렬로 원래 행렬의 계수를 구할 수 있습니다.

4-9절의 세 가지 예를 바탕으로 n원 연립방정식의 해에 따라 행렬의 **계수**는 어떤 형태를 가지는지 알아봅시다.

> ① 제대로 소거될 때
>
> **<해는 유일하다>**
>
> $\text{rank}[A|B] = \text{rank}(A) = n$

해가 유일하게 정해진다는 것은 기본 행 연산으로 계수행렬을 '대각 성분이 1, 나머지 성분은 모두 0'인 행렬로 만들 수 있다는 걸 의미합니다. 즉, 행렬의 계수와 미지수의 수가 같아야 합니다. 식으로 나타내면

$$\text{rank}(A) = n$$

이 됩니다. 이때 첨가행렬의 계수 $\text{rank}[A|B]$도 n이라는 것은 4-9절 ①의 결과에서 알 수 있습니다. 이와 같이 해가 유일하게 정해지면 $\text{rank}[A|B] = \text{rank}(A)$가 성립합니다.

> ② 너무 많이 소거될 때
>
> **<해가 없다>**
>
> $\text{rank}(A) < \text{rank}[A|B]$

이 경우 4-9절 ②와 같이 기본 행 연산이 끝나면 첨가행렬의 맨 밑에 있는 행은 모두 0이 됩니다. 즉, 어떠한 해도 가질 수 없기 때문에 그 방정식은 '불능'입니다. 이때 A의 계수 2보다 $[A|B]$의 계수 3이 더 크므로 $\text{rank}(A) < \text{rank}[A|B]$입니다.

> ③ 소거가 다 되지는 않을 때
>
> **<해가 무수히 많다>**
>
> $\text{rank}(A) < n$

방정식의 수가 미지수의 수보다 작으면 해를 하나로 정할 수 없습니다.

4-9절 ③은 $\text{rank}[A|B] = \text{rank}(A)$이지만 기본 행 연산이 끝난 후의 첨가행렬에서 대각 성분 1의 개수 2가 미지수의 수 3보다 작기 때문에 모든 미지수의 값을 하나로 정할 수 없습니다. 이를 계수의 관계로 나타내면 $\text{rank}(A) < n$입니다.

위 내용을 바탕으로 연립방정식의 해를 유일하게 정할 수 있는 조건을 계수로 나타내면 다음과 같습니다.

> **요약 : 연립방정식이 풀린다는 것**
>
> n원 연립방정식 $AX = B$가 풀린다. $\Leftrightarrow \text{rank}(A) = n$

계수와 연립방정식의 관계에 대해 다소 길게 설명한 감이 있지만, 이 내용을 잘 이해한다면 아무리 미지수가 많은 연립방정식이더라도 큰 무리 없이 풀 수 있을 것입니다. 이렇듯 행렬은 다양한 문제를 일반화하는 능력이 있어서 전기전자공학에서도 강력한 무기로 사용됩니다. 예를 들어, 회로이론에서 세운 복잡한 연립방정식을 컴퓨터 시뮬레이션으로 풀어야 할 때가 있는데, 이때 행렬에 대해 잘 알아야 쉽게 풀 수 있습니다.

문제 4-9 정답은 p. 320

다음 연립방정식의 해를 구해 봅시다. 또한 계수 행렬의 계수도 구해 봅시다.

(1) $\begin{bmatrix} 1 & 1 \\ 1 & -2 \\ 2 & 1 \end{bmatrix}\begin{bmatrix} x_1 \\ x_2 \end{bmatrix} = \begin{bmatrix} 50 \\ -20 \\ 20 \end{bmatrix}$

(2) $\begin{bmatrix} 1 & 2 & 3 \\ 5 & 6 & 7 \end{bmatrix}\begin{bmatrix} x_1 \\ x_2 \\ x_3 \end{bmatrix} = \begin{bmatrix} 4 \\ 8 \end{bmatrix}$

4-11 행렬 ⑦ : 행렬의 응용 ①

선형대수와의 가교 역할 : 행렬식

난이도 ★★★★☆

행렬식

행렬이나 연립방정식의 해를 구할 수 있는 실마리

행렬식은 연립방정식이 해를 가지는지 판정하는 매우 중요한 역할을 합니다. 행과 열의 수가 같은 **정사각행렬**[7]에 대해서 행렬식을 구할 수 있는데 이때 행렬식은 실수입니다. 이전까지 연립방정식의 해의 형태를 정하는 것은 다소 번거로웠습니다. 이 절에서는 행렬식으로 해의 형태를 간단하게 알 수 있는 방법을 소개하겠습니다. 이 절만으로는 행렬식이 어떻게 이용되는지 이해하기 어려울 수 있으니 반드시 4-12절도 살펴보기 바랍니다. 먼저 행렬 표기법을 하나 도입해 봅시다. $n \times n$ 정사각행렬 A를 같이 써 봅시다.

$$A = \begin{bmatrix} a_{11} & a_{12} & a_{13} & a_{14} \cdots\cdots a_{1n} \\ a_{21} & a_{22} & a_{23} & a_{24} \cdots\cdots a_{2n} \\ a_{31} & a_{32} & a_{33} & a_{34} \cdots\cdots a_{3n} \\ \vdots & \vdots & \vdots & \vdots \quad \ddots \quad \vdots \\ a_{n1} & a_{n2} & a_{n3} & a_{n4} \cdots\cdots a_{nn} \end{bmatrix}$$

두 번째 행과 세 번째 열(파란색 부분)을 제거한 행렬을 A_{23}이라 하면

$$A_{23} = \begin{bmatrix} a_{11} & a_{12} & a_{14} \cdots\cdots a_{1n} \\ a_{31} & a_{32} & a_{34} \cdots\cdots a_{3n} \\ \vdots & \vdots & \vdots \quad \ddots \quad \vdots \\ a_{n1} & a_{n2} & a_{n4} \cdots\cdots a_{nn} \end{bmatrix}$$

이 됩니다. 다른 행과 열에 대해서도 마찬가지로 행렬 A에서 i번째 행과 j번째 열을 제거한 행렬을 A_{ij}로 나타냅시다. 이 표기법으로 행렬식을 정의하겠습니다.

7 (감수자) 정방행렬(square matrix)이라고도 합니다.

○ 행렬식의 정의

$n \times n$ 정사각행렬 A에 대하여 행렬식을 $\det(A)$ 또는 $|A|$라고 쓰고,

$n=1$일 때 :

$$|A| = a_{11}$$

$n=2$일 때 :

$$\begin{aligned}|A| = &(-1)^{1+1} a_{11} |A_{11}| \\ &+(-1)^{2+1} a_{21} |A_{21}|\end{aligned}$$

$n=3$일 때 :

$$\begin{aligned}|A| = &(-1)^{1+1} a_{11} |A_{11}| \\ &+(-1)^{2+1} a_{21} |A_{21}| \\ &+(-1)^{3+1} a_{31} |A_{31}|\end{aligned}$$

$n=4$일 때 :

$$\begin{aligned}|A| = &(-1)^{1+1} a_{11} |A_{11}| \\ &+(-1)^{2+1} a_{21} |A_{21}| \\ &+(-1)^{3+1} a_{31} |A_{31}| \\ &+(-1)^{4+1} a_{41} |A_{41}|\end{aligned}$$

-------------- (중간 과정 생략) --------------

n일 때 :

$$\begin{aligned}|A| = &(-1)^{1+1} a_{11} |A_{11}| \\ &+(-1)^{2+1} a_{21} |A_{21}| \\ &+(-1)^{3+1} a_{31} |A_{31}| \\ &+(-1)^{4+1} a_{41} |A_{41}| \\ &+ \cdots\cdots \\ &+(-1)^{n+1} a_{n1} |A_{n1}|\end{aligned}$$

로 정합니다. $n=1, 2, 3, 4$일 때 행렬 A의 행렬식을 구해 봅시다.

$n=2$일 때 :

$$\begin{aligned}|A| &= (-1)^{1+1}a_{11}|A_{11}| + (-1)^{2+1}a_{21}|A_{21}| \\ &= 1 \cdot a_{11}|[a_{22}]| + (-1) \cdot a_{21}|[a_{12}]| \\ &= a_{11}a_{22} - a_{21}a_{12}\end{aligned}$$

$n=3$일 때 :

$$\begin{aligned}|A| &= (-1)^{1+1}a_{11}|A_{11}| + (-1)^{2+1}a_{21}|A_{21}| + (-1)^{3+1}a_{31}|A_{31}| \\ &= 1 \cdot a_{11}\left|\begin{bmatrix} a_{22} & a_{23} \\ a_{32} & a_{33}\end{bmatrix}\right| + (-1) \cdot a_{21}\left|\begin{bmatrix} a_{12} & a_{13} \\ a_{32} & a_{33}\end{bmatrix}\right| + 1 \cdot a_{31}\left|\begin{bmatrix} a_{12} & a_{13} \\ a_{22} & a_{23}\end{bmatrix}\right| \\ &= a_{11}(a_{22}a_{33} - a_{23}a_{32}) - a_{21}(a_{12}a_{33} - a_{13}a_{32}) + a_{31}(a_{12}a_{23} - a_{13}a_{22}) \\ &= a_{11}a_{22}a_{33} - a_{11}a_{23}a_{32} - a_{21}a_{12}a_{33} + a_{21}a_{13}a_{32} + a_{31}a_{12}a_{23} - a_{31}a_{13}a_{22}\end{aligned}$$

$n=4$일 때 :

$$\begin{aligned}|A| &= (-1)^{1+1}a_{11}|A_{11}| + (-1)^{2+1}a_{21}|A_{21}| \\ &\quad + (-1)^{3+1}a_{31}|A_{31}| + (-1)^{4+1}a_{41}|A_{41}| \\ &= 1 \cdot a_{11}\left|\begin{bmatrix} a_{22} & a_{23} & a_{24} \\ a_{32} & a_{33} & a_{34} \\ a_{42} & a_{43} & a_{44}\end{bmatrix}\right| + (-1) \cdot a_{21}\left|\begin{bmatrix} a_{12} & a_{13} & a_{14} \\ a_{32} & a_{33} & a_{34} \\ a_{42} & a_{43} & a_{44}\end{bmatrix}\right| \\ &\quad + 1 \cdot a_{31}\left|\begin{bmatrix} a_{12} & a_{13} & a_{14} \\ a_{22} & a_{23} & a_{24} \\ a_{42} & a_{43} & a_{44}\end{bmatrix}\right| + (-1) \cdot a_{41}\left|\begin{bmatrix} a_{12} & a_{13} & a_{14} \\ a_{22} & a_{23} & a_{24} \\ a_{32} & a_{33} & a_{34}\end{bmatrix}\right|\end{aligned}$$

이처럼 행렬식은 $n=1$일 때의 값을 기준으로 n을 1씩 늘려서 그 값을 도출할 수 있습니다(이러한 결정 방법을 귀납적 정의라고 합니다). 4-13절까지 공부하면 행렬식이 어떤 의미를 가지는지 구체적으로 알 수 있을 것입니다.

예 행렬 $A=\begin{vmatrix} 1 & 3 \\ 2 & 4\end{vmatrix}$의 행렬식을 구해 봅시다.

풀이 $|A|=\begin{vmatrix} 1 & 3 \\ 2 & 4\end{vmatrix}=1 \cdot 4-3 \cdot 2=-2$

위 예의 풀이에서 $\left|\begin{bmatrix} 1 & 3 \\ 2 & 4\end{bmatrix}\right|$를 $\begin{vmatrix} 1 & 3 \\ 2 & 4\end{vmatrix}$로 나타냈습니다. 이 편이 더 쉬운 표기 방법이므로 앞으로도 이렇게 쓰도록 하겠습니다.

○ 행렬식의 기본 성질

행렬식의 의미에 대한 설명은 뒤로 미루고, 행렬식의 흥미로운 성질을 먼저 소개하겠습니다. 행렬의 성분을 모두 쓰기는 번거로우므로

$$\mathbf{a}_1 = \begin{bmatrix} a_{11} \\ a_{21} \\ \vdots \\ a_{n1} \end{bmatrix}, \mathbf{a}_2 = \begin{bmatrix} a_{12} \\ a_{22} \\ \vdots \\ a_{n2} \end{bmatrix}, \mathbf{a}_n = \begin{bmatrix} a_{1n} \\ a_{2n} \\ \vdots \\ a_{nn} \end{bmatrix}$$

와 같이 행렬의 열 성분만을 따로 씁니다. 이 행렬을 **열벡터**라고 합니다. 이때 행렬 A는 $A = [\mathbf{a}_1, \mathbf{a}_2, \cdots, \mathbf{a}_n]$라고 표기할 수 있습니다. 대각 성분이 모두 1이고 나머지 성분은 모두 0인 정사각행렬을 **단위행렬**이라고 하며,

$$I = \begin{bmatrix} 1 & 0 & 0 \cdots\cdots & 0 \\ 0 & 1 & 0 \cdots\cdots & 0 \\ 0 & 0 & 1 \cdots\cdots & 0 \\ 0 & 0 & 0 \cdots\cdots & 0 \\ \vdots & \vdots & \vdots \quad \ddots & \vdots \\ 0 & 0 & 0 \cdots\cdots & 1 \end{bmatrix}$$

로 나타냅니다. 단위행렬 I는 $AI = IA = A$처럼 임의의 행렬 A와 곱해도 원래 행렬 A가 나오게 합니다. 즉, 실수와 비교했을 때 1과 같은 역할을 합니다. 행렬 A의 행과 열을 바꾼 행렬을 A의 **전치행렬**이라고 하고 A^T라고 표기합니다.[8]

> **행렬식**
>
> 정사각행렬 $A = [\mathbf{a}_1, \mathbf{a}_2, \cdots, \mathbf{a}_n]$에 대하여
>
> ① 한 행을 k배 하면 행렬식도 k배 된다.
>
> $|\mathbf{a}_1, \mathbf{a}_2, \cdots\cdots, k\mathbf{a}_i, \cdots\cdots, \mathbf{a}_n| = k|A|$
>
> ② 2개의 열을 서로 바꾸면 부호가 바뀐다.
>
> $|\mathbf{a}_1, \mathbf{a}_2, \cdots\cdots, \mathbf{a}_j, \mathbf{a}_{j+1}, \cdots\cdots, \mathbf{a}_n|$
> $= -|\mathbf{a}_1, \mathbf{a}_2, \cdots\cdots, \mathbf{a}_{j+1}, \mathbf{a}_j, \cdots\cdots, \mathbf{a}_n|$
>
> ③ 단위행렬의 행렬식 : $|I| = 1$
>
> ④ 전치행렬의 행렬식 : $|A^T| = |A|$
>
> ①과 ②는 행에 대해서도 마찬가지로 성립합니다.

8 (감수자) 전치행렬에는 두 상수 a, b에 대하여 $(A^T)^T = A$, $(AB)^T = B^T A^T$의 관계가 성립합니다. 정사각행렬 A에 대하여 A와 A^T의 행렬식은 서로 같습니다.

4-12 행렬 ⑧ : 행렬의 응용 ②

선형대수와의 가교 역할 : 역행렬

난이도 ★★★★★

이 절에서 다루는 내용은 4-11절을 학습하고 살펴봐야 이해할 수 있으니 불안하다면 이전 내용을 충분히 복습하고 오길 바랍니다.

> **어라? 행렬의 나눗셈은?**
>
> 없다.

지금까지 행렬의 덧셈, 뺄셈, 곱셈을 소개했지만 나눗셈은 하지 않았습니다. 뺄셈이 덧셈의 역연산인 것처럼 나눗셈은 곱셈의 역연산입니다. 행렬의 경우 항상 곱셈의 역연산이 가능하지는 않기 때문에 일반적으로 수의 연산에서 말하는 '나눗셈'이라는 개념이 없습니다. 대신 나눗셈과 매우 비슷한 역할을 하는 **역행렬**이라는 것이 있습니다.

우선, $n \times n$ 행렬 A의 역행렬은

$$AB = BA = I$$

를 만족하는 행렬 B를 말하며, A^{-1}라고 표기합니다. 역행렬을 찾으면 연립방정식의 해는 쉽게 구할 수 있습니다. $\mathbf{x} = \begin{bmatrix} x_1 \\ x_2 \\ \vdots \\ x_n \end{bmatrix}$, $\mathbf{b} = \begin{bmatrix} b_1 \\ b_2 \\ \vdots \\ b_n \end{bmatrix}$라 하고 연립방정식 $A\mathbf{x} = \mathbf{b}$에서 계수행렬 A의 역행렬 A^{-1}을 찾았다고 가정합시다. 양변의 왼쪽에 A^{-1}를 곱하면[9]

$$\begin{aligned} A^{-1}A\mathbf{x} &= A^{-1}\mathbf{b} \\ I\mathbf{x} &= A^{-1}\mathbf{b} \\ \mathbf{x} &= A^{-1}\mathbf{b} \end{aligned}$$

으로 해를 간단하게 구할 수 있습니다.

9 일반적으로 행렬 X, Y에 대해 XY와 YX는 같지 않습니다. 곱셈 방향에 주의하세요.

> **역행렬을 구하는 방법**
>
> **rank$(A)=n$일 때 $[A|I]$를 기본 행 연산하여 $[I|A^{-1}]$으로 변형할 수 있다.**

rank$(A)=n$일 때, 즉 $[A|I]$를 기본 행 연산해서 계수행렬 부분을 단위행렬로 바꿀 수 있다면 $[I|A^{-1}]$가 됩니다. 이는 **역행렬이 존재할 조건이 rank$(A)=n$임**을 뜻합니다. 다음 예에서 역행렬을 구해 봅시다.

예 $A=\begin{bmatrix}1&2&1\\2&3&1\\1&2&2\end{bmatrix}$의 역행렬을 구해 봅시다.

풀이 가우스 소거법으로 첨가행렬의 계수행렬 부분을 단위행렬로 변형해 봅시다.

$$\begin{array}{ccc|ccc}
1&2&1&1&0&0\\
2&3&1&0&1&0\\
1&2&2&0&0&1\\
\hline\hline
1&2&1&1&0&0\\
0&-1&-1&-2&1&0\\
0&0&1&-1&0&1\\
\hline\hline
1&2&0&2&0&-1\\
0&-1&0&-3&1&1\\
0&0&1&-1&0&1\\
\hline\hline
1&2&0&2&0&-1\\
0&1&0&3&-1&-1\\
0&0&1&-1&0&1\\
\hline\hline
1&0&0&-4&2&1\\
0&1&0&3&-1&-1\\
0&0&1&-1&0&1
\end{array}
\quad
\begin{array}{l}
\\ \\ \\ \\
(2)+(1)\cdot(-2)\\
(3)+(1)\cdot(-1)\\
(1)+(3)\cdot(-1)\\
(2)+(3)\\
\\ \\
(2)\cdot(-1)\\
\\
(1)+(2)\cdot(-2)\\
\\ \\
\end{array}$$

$$\therefore\ A^{-1}=\begin{bmatrix}-4&2&1\\3&-1&-1\\-1&0&1\end{bmatrix}$$

문제 4-10 정답은 p. 321

예의 결과를 이용하여 연립방정식 $\begin{bmatrix}1&2&1\\2&3&1\\1&2&2\end{bmatrix}\begin{bmatrix}x_1\\x_2\\x_3\end{bmatrix}=\begin{bmatrix}1\\2\\3\end{bmatrix}$을 풀어 봅시다.

길잡이 ▶ **역행렬만 알고 있으면 $\mathbf{x}=A^{-1}\mathbf{b}$로 계산할 수 있어요.**

4-13 행렬 ⑨ : 행렬의 응용 ③

선형대수와의 가교 역할 : 역행렬과 크래머 법칙

난이도 ★★★★★

이 절에서는 일반적인 연립방정식의 해를 공식으로 나타낼 것입니다. 이 과정에서 행렬식을 왜 공부해야 하는지 이해할 수 있습니다.

> **행렬식과 연립방정식의 해**
>
> 다음은 모두 같은 의미이다.
>
> $A\mathbf{x}=\mathbf{b}$의 해가 유일하다.
>
> $\Leftrightarrow |A| \neq 0$
>
> $\Leftrightarrow \operatorname{rank}(A)=n$

이 성질을 이용하여 일차방정식의 해를 해석하면 다음과 같습니다.

> **일차방정식의 해**
>
> **일차방정식**
>
> 일차방정식 $ax=b$는 $a \neq 0$일 때 유일한 해를 가지며, 그 해는 $x=\frac{b}{a}=a^{-1}b$이다.
>
> **n원 연립방정식**
>
> n원 연립방정식 $A\mathbf{x}=\mathbf{b}$는 $|A| \neq 0$일 때 유일한 해를 가지며, 그 해는 $\mathbf{x}=A^{-1}\mathbf{b}$이다.

수학의 편리한 점 중 하나가 바로 이러한 '일반성'입니다. 3장에서 미지수가 1개인 일차방정식의 해법을 공부했습니다. 여기까지 잘 따라 온 분이라면 미지수가 n개인 연립방정식의 해법과 해를 가지는 조건까지 이해할 것입니다.

n원 연립방정식은 미지수가 1개인 일차방정식을 일반화한 것입니다. 행렬식을 도입하면 미지수가 1개인 일차방정식과 행렬로 작성된 n원 연립방정식을 같은 방법으로 해를 구할 수 있습니다. 이는 수학이 가지는 놀라운 강점입니다.

크래머 법칙

n원 연립방정식 $A\mathbf{x} = \mathbf{b}$를 열벡터로

$$[\mathbf{a}_1, \mathbf{a}_2, \cdots\cdots, \mathbf{a}_n]\begin{bmatrix} x_1 \\ x_2 \\ \vdots \\ x_n \end{bmatrix} = \begin{bmatrix} b_1 \\ b_2 \\ \vdots \\ b_n \end{bmatrix}$$

과 같이 쓰면 해는 다음과 같다.

$$\mathbf{x}_i = \frac{\overset{(1)(2)\qquad\quad (i)\qquad\quad (n)}{|\mathbf{a}_1, \mathbf{a}_2, \cdots\cdots, \mathbf{b}, \cdots\cdots, \mathbf{a}_n|}}{|A|}$$

( ) 안의 숫자는 열의 수를 나타낸다. 이때 $|A| \neq 0$이어야 한다.

즉, i번째 미지수의 값은 계수행렬의 i번째 열을 $\mathbf{b}$로 치환한 행렬의 행렬식을 계수행렬의 행렬식으로 나눈 값이 된다.

연립방정식을 풀 때엔 4-8절에서 소개한 가우스 소거법이 더 실용적이지만, 크래머 법칙은 아무리 복잡한 연립방정식의 해도 식으로 나타낼 수 있다는 점에서 중요한 의미를 갖습니다.

예 4-8절에서 예로 든 연립방정식을 크래머 법칙으로 풀어 봅시다.

$$\begin{bmatrix} 2 & 3 \\ 1 & 1 \end{bmatrix}\begin{bmatrix} x \\ y \end{bmatrix} = \begin{bmatrix} 5 \\ 4 \end{bmatrix}$$

풀이 알아보기 쉽도록 우변의 값은 파란색으로 썼습니다. 우선 계수행렬의 행렬식을 구합시다.

$$\begin{bmatrix} 2 & 3 \\ 1 & 1 \end{bmatrix} = 2 \cdot 1 - 3 \cdot 1 = -1$$

크래머 법칙으로

$$x = \frac{\begin{vmatrix} 5 & 3 \\ 4 & 1 \end{vmatrix}}{\begin{vmatrix} 2 & 3 \\ 1 & 1 \end{vmatrix}} = \frac{5 \cdot 1 - 3 \cdot 4}{-1} = 7, \quad y = \frac{\begin{vmatrix} 2 & 5 \\ 1 & 4 \end{vmatrix}}{\begin{vmatrix} 2 & 3 \\ 1 & 1 \end{vmatrix}} = \frac{2 \cdot 4 - 5 \cdot 1}{-1} = -3$$

과 같이 해를 구할 수 있습니다. 가우스 소거법을 이용한 풀이와 비교해 보세요!

column 행렬식의 성질과 연립방정식의 풀이법

행렬을 공부할 때 '행렬식의 성질'과 '연립방정식의 해법(가우스 소거법)'을 혼동하기 쉽습니다. 왜 그런지 생각해 봅시다. n원 연립방정식을 $A\mathbf{x} = \mathbf{b}$로 쓰고 행렬 A를 기본 행 연산해서 변형한 결과 B가 되었다고 해 봅시다. 이때, $A\mathbf{x} = \mathbf{b}$와 $B\mathbf{x} = \mathbf{b}$는 같은 해를 가진다는 것은 4-8절에서 공부했습니다. 또한, 기본 행 연산의 세 가지 규칙과 4-11절에서 공부한 행렬식의 성질을 대조해 보면 비슷한 부분이 있지만 다른 부분도 있습니다. 예를 들어, 두 행을 서로 바꾸는 행 연산을 해도 방정식의 해는 변함없지만, 행렬식은 두 번째 성질에 의해 부호가 바뀝니다.

정사각행렬 A에 대하여 행렬 A의 행렬식은 오직 하나의 실수 $|A|$로 정해집니다. 행렬식 $|A|$를 구하면 연립방정식 $A\mathbf{x} = \mathbf{b}$의 해가 유일한지 알 수 있을 뿐 행렬식만으로 해를 구할 수는 없습니다. 연립방정식의 해를 구하려면 행렬식이 아닌 '가우스 소거법'이나 '크래머 법칙' 등을 이용해야 한다는 걸 잊지 맙시다.

column 선형대수와의 가교 역할

4장은 '선형대수'와 연결되는 내용이 많습니다. 전기전자공학에서 쓰는 대부분의 수학 책은 3×3 행렬의 행렬식과 역행렬의 계산 방법까지 다룹니다. 이 책은 $n \times n$ 행렬의 역행렬까지 어려움 없이 구할 수 있도록 구성했습니다. 전기전자수학을 공부해서 자격증 취득과 같은 별도의 목적이 있다면 굳이 $n \times n$ 행렬까지 공부하지 않아도 됩니다. 하지만 3×3 행렬까지 공부하면 행렬식이나 역행렬을 구하는 방법이 어떻게 나왔는지 모르고 넘어가게 됩니다. 보다 넓은 관점에서 바라본 일반적인 연립방정식에 대해 알 기회를 놓치는 것이죠.

단순히 수학을 수단으로만 생각하지 말고 그 안에 담긴 의미를 고민하며 공부해 봅시다. 이렇게 공부한다면 전공 공부를 할 때 일반 선형 회로망이나 다상교류, 이산 푸리에 변환 등에서 더 복잡한 선형대수 내용이 필요해졌을 때 이번 장에서 공부한 내용이 도움이 될 것입니다.

수학은 공학에서 나무의 뿌리와 같은 토대 역할을 합니다. 수학이라는 견고한 토대 덕분에 전기전자공학은 물론 다양한 공학과 자연과학이 발전했다고 해도 과언이 아닙니다. 이 책을 사전처럼 오래 활용해 주셨으면 하는 바람에서 뒷내용을 통해 선형대수까지 자연스럽게 공부할 수 있도록 구성했습니다.

제5장

함수

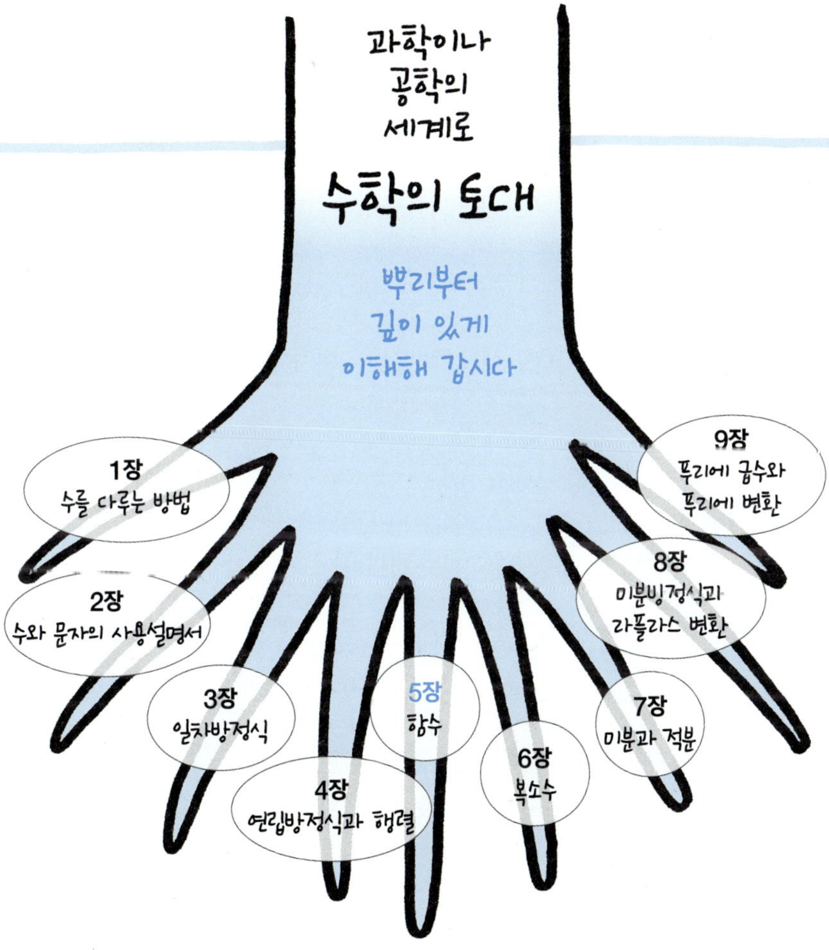

함수는 눈에 보이지 않는 현상을 식으로 나타내어서 우리에게 그 의미를 구체적으로 전달합니다. 지금까지 수학자는 매우 많은 함수를 만들었습니다. 함수를 적절히 이용하면 전기전자공학에서 나오는 현상을 보다 정확히 표현하고 이해할 수 있습니다. 함수는 일차함수, 삼각함수, 로그함수 등 여러 종류로 나눌 수 있지만, 이 책에서는 전기전자공학에서 자주 사용하는 함수를 중심으로 공부해 봅시다.

5-1 함수란?

함수 ①

난이도 ★☆☆☆☆

함수라는 단어가 다소 거창해 보이지만 그 개념은 매우 간단합니다. **함수**란 입력값이 정해지면 어떤 규칙에 따라 출력값이 오직 하나씩 정해지는 대응 관계를 말합니다. 즉, 함수는 입력값에 출력값을 하나씩 짝지어주는 규칙이라고 할 수 있습니다.

그림 5.1에 '1,2,3,4,5'를 각각 'a,b,c,d,e'로 바꾸는 함수 f를 나타냈습니다. 이때 입력값의 집합 '1,2,3,4,5'를 **정의역**이라 하고, 출력값의 집합 'a,b,c,d,e'를 **치역**이라고 합니다. '1,2,3,4,5'에서 'a,b,c,d,e'로의 함수 f를 수식으로 나타내면 다음과 같습니다.

$$f : \text{'1,2,3,4,5'} \rightarrow \text{'a,b,c,d,e'}$$

특정한 입력값에 대한 출력값을 나타낼 때, 예를 들어 숫자 '1'을 'a'로, 변환하는 것을 다음과 같이 적습니다.

$$f(1) = a$$

여기서 $f(1)$을 함수 f의 '1'에서의 함숫값이라고 합니다.

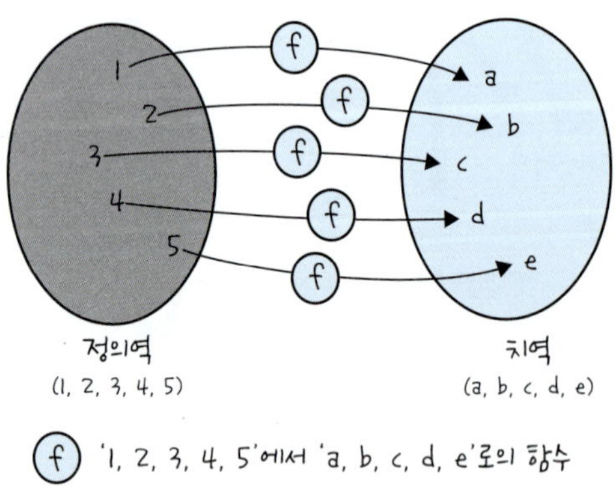

그림 5.1 함수 f는 '12345'를 각각 'abcde'로 바꾼다.

그림 5.1에 나타낸 함수 f의 함숫값을 모두 나타내면 다음과 같습니다.

$$f(1)=a,\ f(2)=b,\ f(3)=c,\ f(4)=d,\ f(5)=e$$

이 규칙은 항상 지켜져야 합니다. 예를 들어 오늘은 $f(1)=a$라고 적다가 내일은 $f(1)=A$라고 쓰면 안 됩니다. 즉, f가 일정한 규칙을 갖지 않으면 f를 함수라고 할 수 없습니다.

문제 5-1 정답은 p. 321

그림 5.1의 함수 f에서 $f(5)$를 구해 봅시다.

함수

입력값에 출력값을 하나씩 짝지어주는 규칙

함수 f의 정의역과 치역이 서로 바뀌고 입력값과 출력값이 짝지어진 관계는 그대로인 함수를 함수 f의 역함수라 하고, f^{-1}라고 씁니다.[1] 그림 5.1의 역함수는 그림 5.2처럼 'abcde'에서 '12345'로 변환됩니다. 이처럼 함수의 입력값과 출력값의 대응 관계를 거꾸로 해서 만든 함수를 **역함수**라고 합니다.

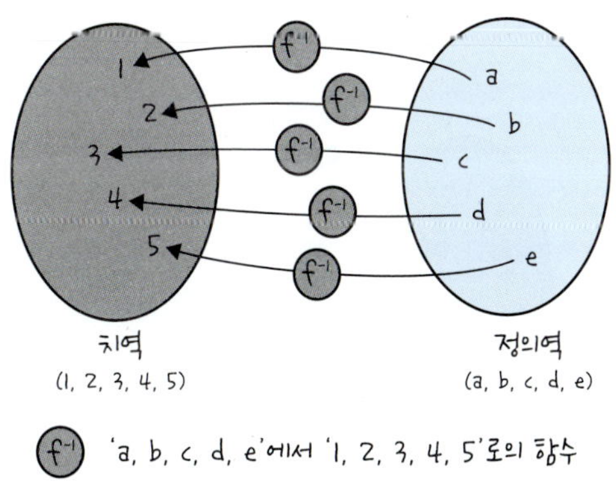

그림 5.2 함수 f의 반대는 역함수 f^{-1}

문제 5-2 정답은 p. 321

그림 5.2의 역함수 f^{-1}에서 $f^{-1}(c)$를 구해 봅시다.

1 f의 역함수 f^{-1}은 $\frac{1}{f}$이 아님에 유의합시다.

5-2 간단한 함수들

함수 ②

난이도 ★☆☆☆☆

일차함수

일차식에 의해 입력값이 출력값에 대응하는 함수

이 절에서는 몇 가지 간단한 함수를 다루어 봅시다. 함수 중에서도 가장 간단한 함수는 **일차함수**로서 일차식[2]으로 나타낸 함수를 의미합니다. 그림 5.3은 입력값을 두 배한 후 출력하는 일차함수 f를 나타낸 것이고 이를 수식으로 표현하면 다음과 같습니다.

$$f(x) = 2x$$

함수 f의 정의역과 치역은 둘 다 실수 전체의 집합입니다. 이때 실수 전체의 집합은 R이라는 기호로 표기할 수 있습니다.

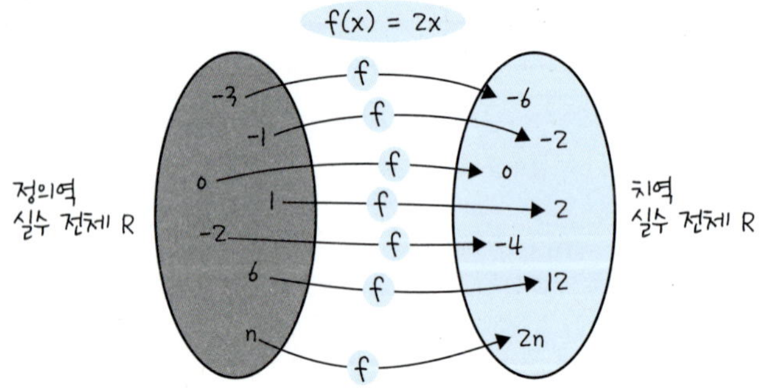

그림 5.3 일차함수 $f(x) = 2x$

이차함수

이차식에 의해 입력값이 출력값에 대응하는 함수

2 식의 차수에 대해서는 3-2절과 3-4절을 참고하세요.

이차식에 의해 입력값이 출력값에 대응하는 함수를 **이차함수**라고 합니다.
예를 들어, $f(x)=2x^2+1$은 입력값 x에 대한 이차식이므로 이차함수입니다.

예 이차함수 $f(x)=x^2-1$에서 $f(1)$의 값을 구해 봅시다.

풀이 $f(x)$에 $x=1$을 대입하면 $f(1)=1^2-1=0$

이제 차수가 더 높은 함수들을 살펴봅시다. 일차함수와 이차함수는 고유명사처럼 한글로 차수를 표기하지만, 3차 이상의 함수는 차수를 숫자로 표기합니다.

일차함수 $f(x)=a_1x+a_0$

이차함수 $f(x)=a_2x^2+a_1x+a_0$

3차함수 $f(x)=a_3x^3+a_2x^2+a_1x+a_0$

$\vdots$

n차함수 $f(x)=a_nx^n+a_{n-1}x^{n-1}+\cdots+a_2x^2+a_1x+a_0$

문제 5-3 정답은 p. 321

다음 그림은 함수 $f(x)=3x+1$을 나타낸 것입니다. 빈칸 가, 나, 다, 라에 알맞은 수를 각각 구해 봅시다.

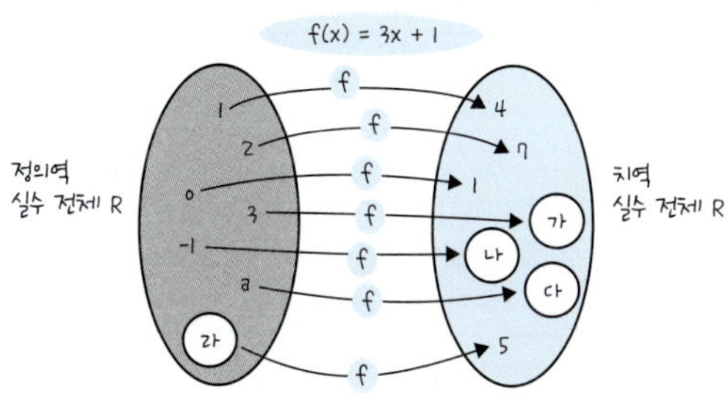

문제 5-4 정답은 p. 322

이차함수 $f(x)=x^2-x+1$에서 다음 함숫값을 구해 봅시다.

(1) $f(1)$ (2) $f(2)$ (3) $f(-1)$ (4) $f(a)$

5-3 함수의 그래프 ①

입력값과 출력값의 관계를 그림으로 나타내 보자 : 좌표 그리는 법

난이도 ★★☆☆☆

지금까지 살펴본 것처럼 함수의 의미는 매우 간단합니다. 함수는 전기전자공학은 물론 자연과학에서도 중요하게 쓰이는 개념입니다.

예를 들어, 온도나 전류 등을 입력값으로 하고 부피나 전압 등을 출력값으로 둔다고 합시다. 이때 입력값과 출력값을 서로 연관 지을 수 있으며, 이 관계는 함수로 나타낼 수 있습니다. 또한 함수를 그래프로 나타내면 이 함수의 물리적인 의미를 더 쉽게 이해할 수 있습니다.

이 절에서는 그래프를 그리기 위해 필요한 개념인 '직교좌표'에 대해 설명하고, 5–4절에서는 그래프를 그리는 방법과 함수를 그래프로 나타내는 방법을 설명하겠습니다.

> **직교좌표**
>
> 2개의 축을 직교시켜 그린다.

함수를 2차원의 평면 그래프로 그리려면 입력값과 출력값을 나타내는 수직선[3]이 두 개 필요합니다. 그림 5.4와 같은 수직선 두 개를 직교시킨 것을 **직교좌표**[4]라고 하고 이 좌표를 나타내는 평면을 **좌표평면**이라고 하며, 이는 그림 5.5와 같습니다. 일반적으로 가로축을 입력값 x, 세로축을 출력값 y로 하지만, 다른 문자를 사용해도 상관없습니다.

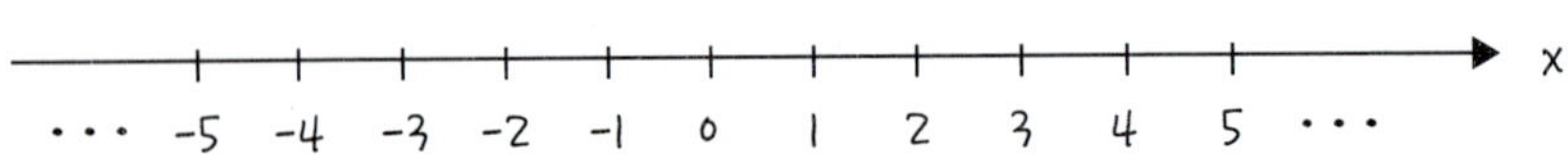

그림 5.4 축이 1개인 수직선

x와 y의 값이 정해지면, 좌표평면 위의 위치는 오직 1개로 결정됩니다. 따라서 x의 값(x좌표)과 y의 값(y좌표)을 (x, y)로 표기한 후, 이를 좌표평면 위에 점으로 나타낼 수 있습니다. 예를 들어 그림 5.5에서는 $(-4, -2)$, $(-2, 1)$, $(3, -2)$, $(4, 5)$와 같이 4개의 점이 표시되어 있습니다. 이

3 수직선에 대해서는 2–5절을 참고하세요.

4 (감수자) x와 y는 좌표계의 변수라 하고, 직교좌표는 변수가 서로 직교하는 좌표계를 의미합니다.

중 $(-4, -2)$는 x좌표가 -4, y좌표가 -2인 점입니다. 또한 직교좌표에서 $(0, 0)$인 점을 **원점**이라고 하고, 알파벳 O로 표기[5]합니다.

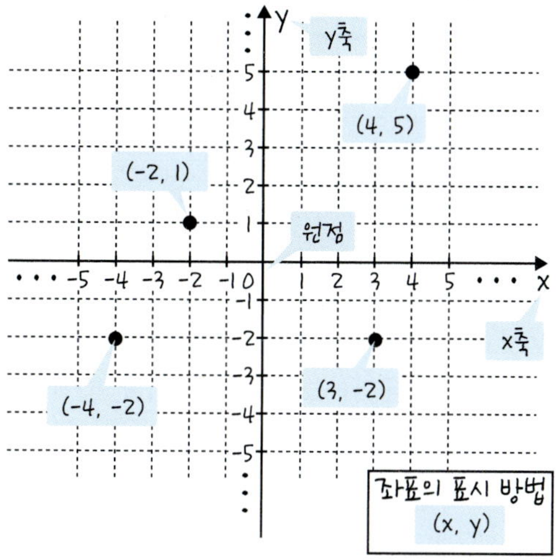

그림 5.5 2개의 수직선을 직교시킨 직교좌표

문제 5-5

정답은 p. 322

다음 좌표평면 위에 점 $(1, 2)$, $(3, -2)$, $(5, 0)$, $(-2, 4)$, $(0, 3)$의 위치를 표시해 봅시다.

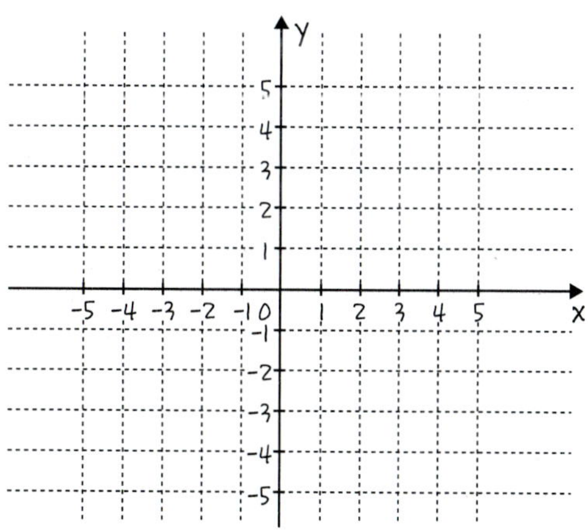

5 원점을 영어로 하면 Origin이기 때문입니다.

5-4 함수의 그래프 ②

입력값과 출력값의 관계를 그림으로 나타내 보자 : 그래프 그리는 법

난이도 ★★☆☆☆

함수 $y = f(x)$의 그래프를 좌표평면 위에 나타내 봅시다. 우선 x의 값에 따른 y의 값을 구해야 합니다.

예를 들어, 일차함수 $f(x) = 2x + 1$에서 $x = -2$일 때 $f(-2) = 2 \times (-2) + 1 = -3$입니다. 따라서 $y = -3$이므로 이를 좌표로 나타내면 $(-2, -3)$이 됩니다. 이처럼 x와 y의 관계를 계산하면 다음 표와 같고, 이 점들을 선으로 연결하면 그림 5.6[6]과 같습니다.

x	−4	−3	−2	−1	0	1	2	3	4
y	−7	−5	−3	−1	1	3	5	7	9

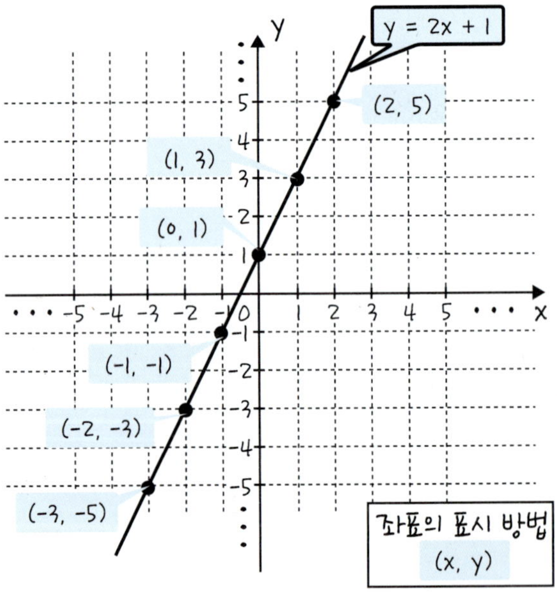

그림 5.6 좌표평면에서의 일차함수 $y = 2x + 1$

6 표에는 x가 −4부터 4까지 있지만, $x = -4, +3, +4$일 때의 y의 값은 그래프를 벗어나므로 이때의 점은 생략하였습니다.

그림 5.6처럼 함수 $f(x)$를 그래프로 나타내려면 x와 y의 관계를 어느 정도 계산하여 표로 만든 다음, 구한 점들을 좌표평면에 표시하면 됩니다. 컴퓨터로 그래프를 그릴 때에는 점들이 선으로 보일 정도로 x의 값의 간격을 매우 좁게 설정해 그래프를 그립니다. 손으로 직접 그래프를 그리는 여러 가지 방법은 7-7절에서 설명하겠습니다.

> **함수의 그래프**
>
> **표를 만들면 어떻게든 그릴 수 있다.**

문제 5-6 정답은 p. 322

다음 좌표평면 위에 함수 $f(x) = x^2 + 1$의 그래프를 나타내 봅시다.

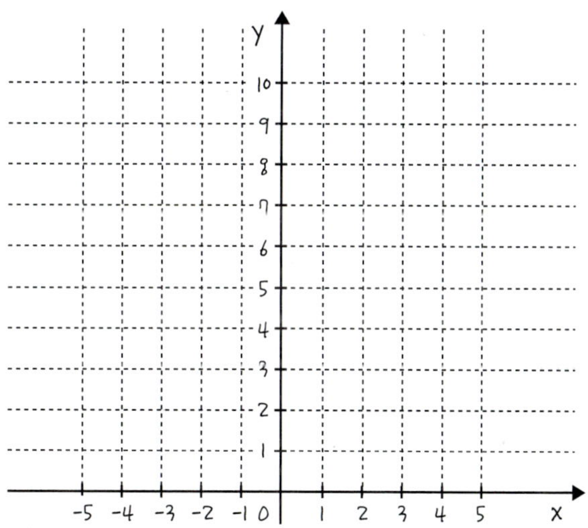

길잡이 ▶ 다음 표를 채운 다음, 점을 선으로 매끄럽게 연결해 봅시다. 선이 꺾이지 않게 주의하세요.

x	−4	−3	−2	−1	0	1	2	3	4
y									

5-5 삼각비

직각삼각형의 변의 비율

난이도 ★★☆☆☆

삼각함수를 어렵게 생각했더라도 이제부터 그 개념을 이해한다면 삼각함수가 조금 더 가깝게 느껴질 것입니다. 삼각함수를 공부하기 전에 일단 **삼각비**에 대해 알아봅시다. 삼각비는 직각삼각형의 세 변 중 두 변의 비를 말합니다.

> **삼각비**
>
> 직각삼각형의 두 변의 비를 의미한다.

먼저 그림 5.7과 같은 직각삼각형에서 직각이 아닌 한 각에 따른 변의 이름을 소개하겠습니다. 가장 긴 변을 '빗변', θ와 마주보고 있는 변을 '높이', θ를 끼고 있는 변 중 빗변이 아닌 변을 '밑변'이라고 부릅니다.

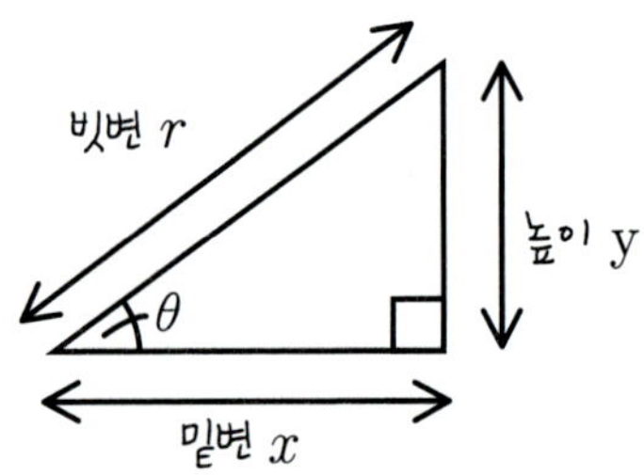

그림 5.7 직각삼각형의 빗변, 높이, 밑변

삼각형의 세 변 중 두 개를 골라 비를 구하면, 다음과 같이 여섯 가지 비를 생각할 수 있습니다.

$$\frac{\text{높이}}{\text{빗변}} \quad \frac{\text{밑변}}{\text{빗변}} \quad \frac{\text{높이}}{\text{밑변}} \quad \frac{\text{빗변}}{\text{높이}} \quad \frac{\text{빗변}}{\text{밑변}} \quad \frac{\text{밑변}}{\text{높이}}$$

높이를 y, 밑변을 x, 빗변을 r이라고 하여 각 비를 식으로 나타내면 다음과 같습니다.

$$\frac{y}{r} \quad \frac{x}{r} \quad \frac{y}{x} \quad \frac{r}{y} \quad \frac{r}{x} \quad \frac{x}{y}$$

이 여섯 가지 비가 바로 **삼각비**입니다. 각 삼각비를 구분하기 위해 다음과 같이 세 개의 알파벳과 θ로 삼각비를 표기합니다.

$$\underset{\text{사인}}{\sin\theta = \frac{y}{r}}, \quad \underset{\text{코사인}}{\cos\theta = \frac{x}{r}}, \quad \underset{\text{탄젠트}}{\tan\theta = \frac{y}{x}}$$

$$\csc\theta = \frac{r}{y}, \quad \sec\theta = \frac{r}{x}, \quad \cot\theta = \frac{x}{y}$$

코시컨트 시컨트 코탄젠트

일반적인 수식은 이탤릭체(s, i, n)로 쓰는 반면, 삼각비를 나타내는 세 개의 알파벳은 로마체(s, i, n)로 씁니다. 만일 삼각비 $\sin\theta$를 이탤릭체로 쓰면, $sin\,\theta$와 같이 되어 $s \cdot i \cdot n \cdot \theta$($s$, i, n과 θ의 곱)와 그 값을 구분하기 어려워지기 때문입니다. 삼각비를 모두 외우기는 힘들지만 적어도 sin, cos, tan가 어떤 변의 비율을 의미하는지는 외워야 합니다.[7] 그림 5.8과 같이 그림으로 기억하면 쉽게 외울 수 있습니다. 직각삼각형을 따라 s, c, t의 필기체를 덧그리면, 정확히 각 비율에 대응하는 변을 지납니다.

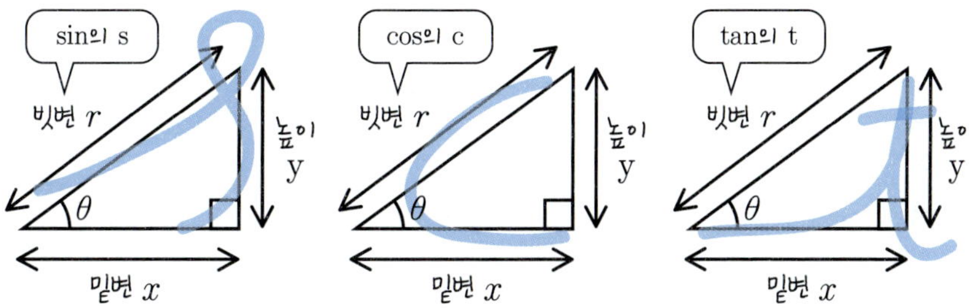

그림 5.8 삼각비를 외우는 방법

예 $\sin 30°$는 얼마인가요?.

풀이 오른쪽 그림처럼 한 내각이 30°인 직각삼각형에서 빗변의 길이를 2라고 하면(다른 값으로 해도 괜찮습니다), 이 직각삼각형의 변은 높이 : 빗변 : 밑변 = $1 : 2 : \sqrt{3}$의 관계이기 때문에 밑변 = $\sqrt{3}$, 높이 = 1이 됩니다. 따라서, $\sin 30° = \frac{\text{높이}}{\text{빗변}} = \frac{1}{2}$이 됩니다.

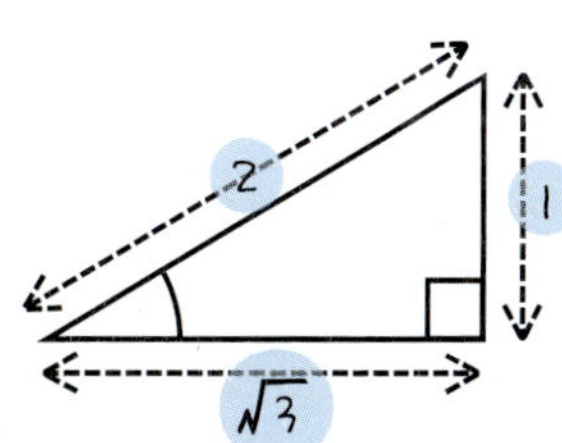

문제 5-7 정답은 p. 323

$\cos 30°$, $\tan 30°$, $\csc 30°$, $\sec 30°$, $\cot 30°$의 값을 각각 구해 봅시다.

7 csc, sec, cot는 각각 sin, cos, tan의 역수로 기억하면 됩니다.

5-6 삼각함수 시작하기

어떤 각도라도 OK

난이도 ★★☆☆☆

직각삼각형에서 직각이 아닌 내각은 그 크기가 0°보다 크고 90°보다 작을 수밖에 없습니다.[8] 따라서 함수로 삼각비를 나타내려면 모든 실수를 입력값으로 할 수 있도록 삼각비의 개념을 확장해야 합니다. 이처럼 어떤 각도(0°보다 작거나 90°보다 큰 각도 등)가 입력값이 돼도 상관없도록 삼각비를 확장한 것이 바로 **삼각함수**입니다.

> **삼각함수**
>
> **몇 도(°)를 입력해도 괜찮아!**

삼각비는 직각삼각형의 변의 길이로 정의했기 때문에 θ가 0°에서 90°사이여야만 했습니다. 이 개념을 확장하려면 그림 5.9처럼 θ가 몇 도가 되더라도 상관없도록(예를 들어 150°, 420°, −200° 등) 반지름이 r인 원 위의 점 (x, y)를 이용해 삼각함수를 정의합니다. 각 θ를 이루는 두 반직선 중 하나를 x축의 양의 방향이라고 할 때, 나머지 한 반직선과 원이 만나는 점이 바로 (x, y)입니다.

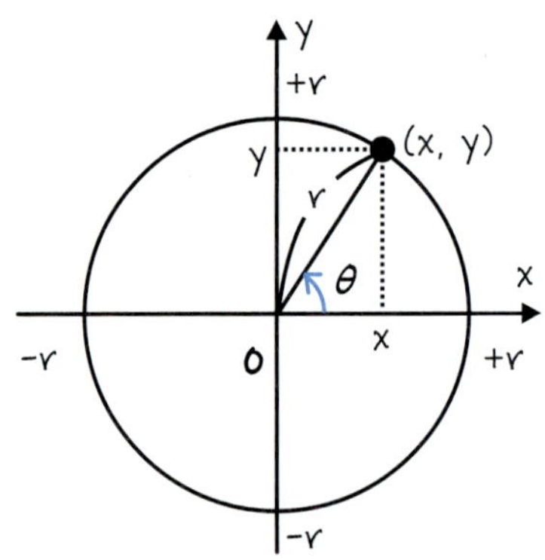

그림 5.9 삼각함수의 정의

삼각함수를 그림 5.7에서 정한 삼각비에 대응하여 다음과 같이 정의할 수 있습니다.

$$\sin\theta = \frac{y}{r},\ \cos\theta = \frac{x}{r},\ \tan\theta = \frac{y}{x}$$

$$\csc\theta = \frac{r}{y},\ \sec\theta = \frac{r}{x},\ \cot\theta = \frac{x}{y}$$

이는 삼각비를 다른 각도로 확장해서 적용할 수 있음을 의미합니다. 삼각함수는 어떤 각도를 입

8 삼각형의 내각의 합은 180°이므로, 직각이 아닌 두 내각의 합은 90°입니다. 따라서 직각이 아닌 내각은 모두 0°에서 90°사이입니다.

력하더라도 원 위의 점의 좌표에 대응하는 실수를 출력하는 함수가 됩니다. 이를 그림으로 나타내면 그림 5.10과 같습니다.

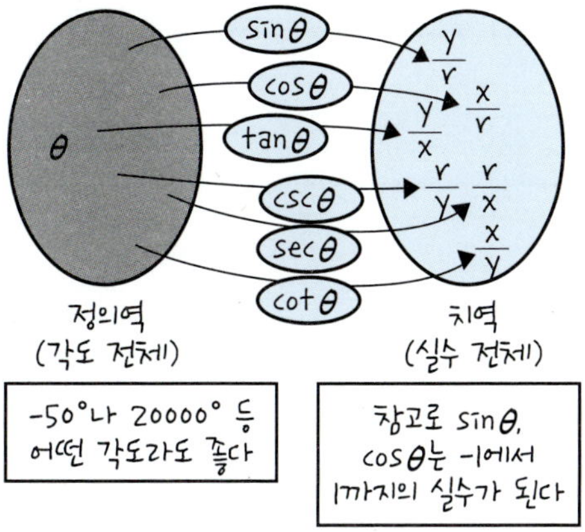

그림 5.10 삼각함수

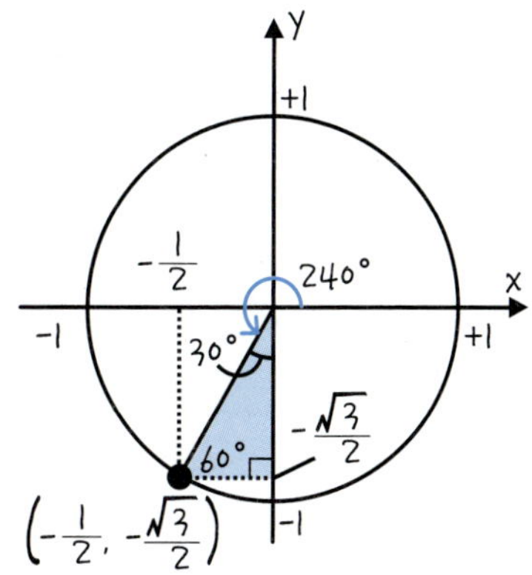

그림 5.11 240°의 삼각함수를 구해 보자

이제 240°에서의 삼각함수 값을 구해 봅시다.

먼저 그림 5.11에서 $\theta = 240°$에 해당하는 원 위의 점의 좌표를 구해야 합니다. 원의 반지름 $r = 1$이라 하고[9] 색칠된 직각삼각형에 주목해 봅시다. 두 내각이 30°와 60°인 직각삼각형은 변의 길이의 비율이 $1 : 2 : \sqrt{3}$입니다. 이를 이용하여 점의 좌표를 구하면 $\left(-\frac{1}{2}, -\frac{\sqrt{3}}{2}\right)$입니다.[10] 마찬가지로 다음과 같이 $\theta = 240°$에 대한 여섯 종류의 삼각함수 값을 알 수 있습니다.

$$\sin 240° = \frac{y}{r} = \frac{-\frac{\sqrt{3}}{2}}{1} = -\frac{\sqrt{3}}{2}, \qquad \cos 240° = \frac{x}{r} = \frac{-\frac{1}{2}}{1} = -\frac{1}{2}$$

$$\tan 240° = \frac{y}{x} = \frac{-\frac{\sqrt{3}}{2}}{-\frac{1}{2}} = \sqrt{3}, \qquad \csc 240° = \frac{r}{y} = \frac{1}{-\frac{\sqrt{3}}{2}} = -\frac{2}{\sqrt{3}}$$

$$\sec 240° = \frac{r}{x} = \frac{1}{-\frac{1}{2}} = -2, \qquad \cot 240° = \frac{x}{y} = \frac{-\frac{1}{2}}{-\frac{\sqrt{3}}{2}} = \frac{1}{\sqrt{3}}$$

9 물론 다른 값으로 해도 상관없지만, 여기에서는 간단하게 계산할 수 있도록 1로 정했습니다.

10 자세한 방법은 5-9절을 참고하세요.

5-7 호도법과 일반각

한 바퀴 : 육십분법은 360°, 호도법은 2π

난이도 ★★☆☆☆

> **호도법**
>
> 각도는 호의 길이를 이용해 측정하자.

일상적으로 각도를 나타낼 때에는 30°나 240°와 같이 육십분법을 씁니다. **육십분법**은 360°를 한 바퀴로 정한 각도 표기법입니다. 360을 나누었을 때, 나누어 떨어지게 하는 수가 매우 많아서 육십분법은 여러 각도로 나누는 데 매우 편리한 기법입니다.

반면 수식으로 나타낼 때에는 360이 너무 커서 계산하기 어려운 면이 있습니다. 이에 호의 길이로 각도를 정하자는 발상에서 생겨난 표기법이 바로 **호도법**입니다. 원 한 바퀴를 2π, 즉 반지름이 1인 원의 둘레(원주)로 정해서 각도를 측정하는 방법입니다.

그림 5.12에 몇 가지 각도를 호도법과 육십분법으로 나타냈습니다. 360°가 2π이므로, 180°는 π, 90°는 $\frac{\pi}{2}$가 됩니다. 육십분법의 단위는 '°'이지만, 호도법의 단위는 rad라 쓰고 '라디안'이라고 읽습니다.

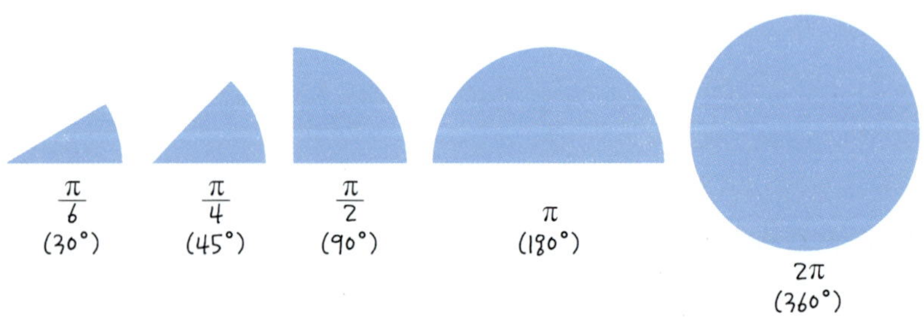

그림 5.12 호도법의 개념

예 20°는 몇 rad인가요?

풀이 360°가 2π[rad]이므로, 20°는 $2\pi \times \frac{20}{360} = \frac{\pi}{9}$[rad]

전기전자공학에서는 호도법으로 각도를 나타낼 때 2π[rad]과 같이 단위 rad을 붙여서 표기하지만, 수학에서는 호도법을 쓸 때 특별한 경우를 제외하고 보통 단위 rad을 쓰지 않습니다.

> **일반각**
>
> **인생이 2π 바뀌면 안 바뀐 것이나 마찬가지이다.**

삶이 180° 바뀐다면 정반대 방향을 향하게 되기 때문에 전혀 다른 인생이 될 것입니다. 그런데 360° 또는 2π[rad] 만큼 바뀌면 처음과 같은 방향으로 되돌아옵니다. 즉, 어떤 각도 θ에 360°를 몇 번 더하더라도 같은 위치를 가리키게 됩니다. 이를 식으로 나타내면 n을 정수($\cdots, -2, -1, 0, 1, 2, \cdots$)라고 할 때

$$\theta + 360^\circ \times n \cdots \text{(가)}$$

는 그림 5.13과 같이 같은 위치를 가리키게 됩니다.

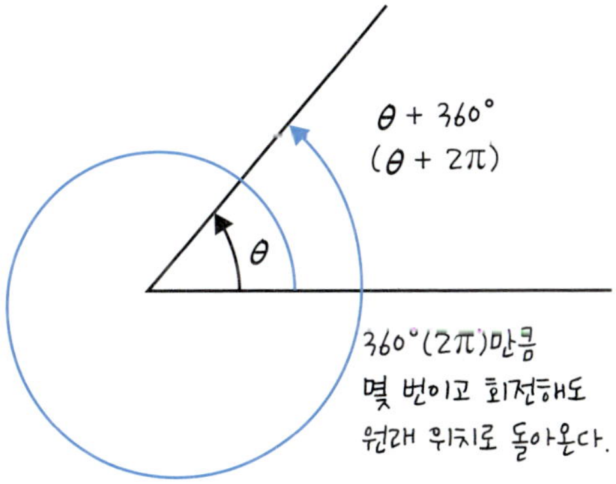

그림 5.13 일반각의 개념

호도법으로 표현하면,

$$\theta + 2\pi n \cdots \text{(나)}$$

입니다. 이처럼 평면에서 어떤 한 각도에 360° $(= 2\pi)$의 배수를 더하거나 빼도 결국 같은 위치를 가리키게 됩니다. 이것을 일반화하여 (가) 또는 (나)와 같이 표현한 각을 **일반각**이라고 합니다. 일반각으로 표기된 각도는 n에 어떤 값을 대입해도 모두 같은 위치를 가리키므로 삼각함수도 같은 값을 가집니다. 식으로 나타내면 다음과 같습니다.

$$
\begin{aligned}
\sin(\theta+2\pi n) &= \sin\theta, & \csc(\theta+2\pi n) &= \csc\theta \\
\cos(\theta+2\pi n) &= \cos\theta, & \sec(\theta+2\pi n) &= \sec\theta \\
\tan(\theta+2\pi n) &= \tan\theta, & \cot(\theta+2\pi n) &= \cot\theta
\end{aligned}
$$

문제 5-8 정답은 p. 323

$\sin 390°$와 $\cos\dfrac{19\pi}{6}$의 값을 구해 봅시다.

길잡이 ▶ 각도에 $360°$ 또는 2π를 더하거나 빼더라도 삼각함수의 값은 같습니다.

5-8 피타고라스 정리

삼각함수에서 없어서는 안 될 정리

난이도 ★★☆☆☆

피타고라스 정리는 중학교 수학에도 나올 정도로 중요한 개념입니다. 삼각함수와 절대 뗄 수 없는 관계이기도 합니다. 피타고라스 정리는 일반적으로 '함수'가 아닌 '도형'이나 '기하학'에서 다루어지지만, 이 책에서는 삼각함수와 연관 지어 소개하겠습니다.

> **피타고라스 정리**
>
> 직각삼각형에서
> (빗변)^2 = (높이)^2 + (밑변)^2 , 즉 $c^2 = a^2 + b^2$ 이 성립한다.

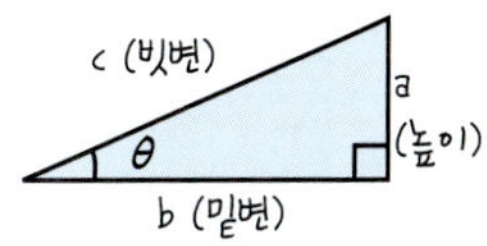

● 증명

피타고라스 정리를 증명하는 방법은 수백 가지 정도가 알려져 있으나, 그림으로 이해하기 쉬운 한 가지 방법만 소개하겠습니다. 이 증명은 중국의 가장 오래된 수학서인 '주비산경(周髀算経)'[11]의 내용을 토대로 한 것입니다. 그림 5.14처럼 높이가 a, 밑변이 b, 빗변이 c인 직각삼각형 4개를 한 바퀴 빙 둘러 배치합니다. 그럼 안쪽에 한 변의 길이가 c인 정사각형, 바깥쪽에 한 변의 길이가 $a+b$인 정사각형이 생깁니다.

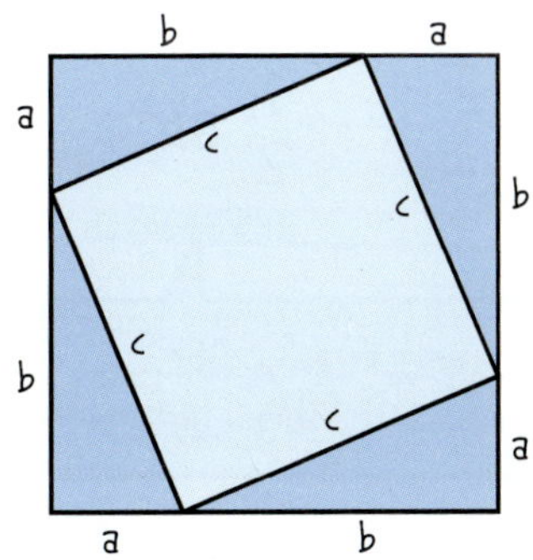

그림 5.14 주비산경 내용을 토대로 그린 그림

11 BC300년 ~ AC200년 사이에 지어진 책이라고 합니다. 옛날 사람들은 참 현명했군요!

그림 5.15에서 큰 정사각형의 넓이를 두 가지 방법으로 구했습니다. 좌변은 큰 정사각형의 한 변 길이를, 우변은 4개의 직각삼각형과 안쪽 작은 정사각형을 이용한 것입니다. 한 변의 길이가 $a+b$인 정사각형의 넓이는 $(a+b)^2$입니다. 높이가 a, 밑변이 b인 직각삼각형의 넓이는 '(밑변) · (높이) ÷ 2', 즉 $\frac{ab}{2}$이고, 한 변의 길이가 c인 정사각형의 넓이는 c^2입니다. 지금까지 구한 넓이를 토대로 다음 식이 성립합니다.

$$(a+b)^2 = 4 \cdot \frac{ab}{2} + c^2$$

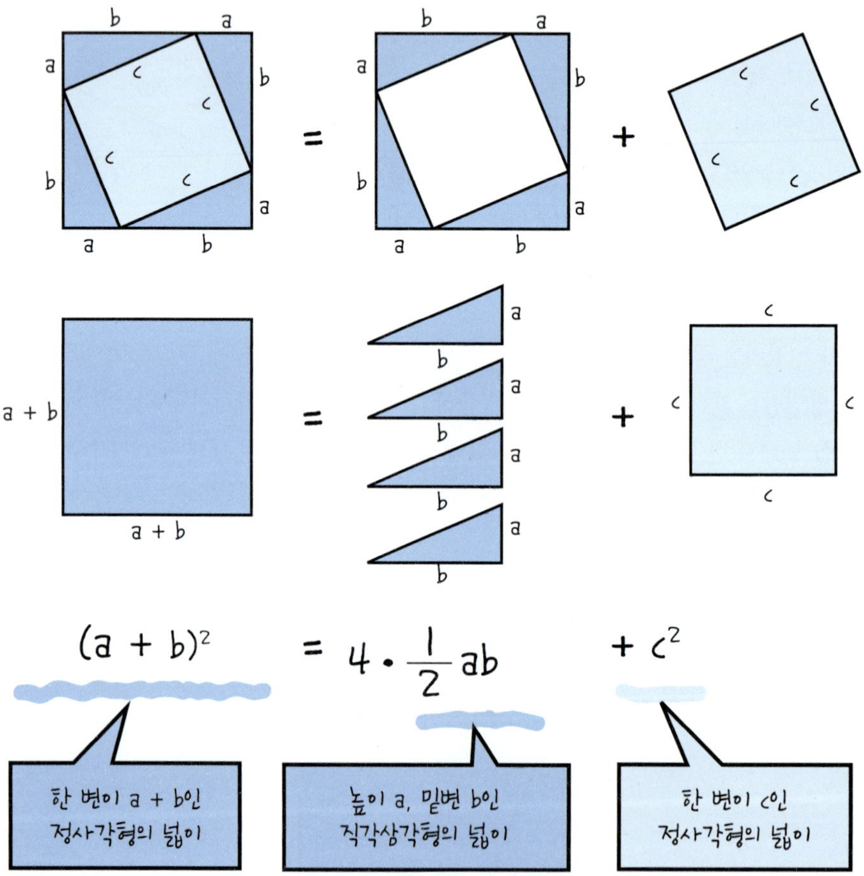

그림 5.15 피타고라스 정리 증명

$(a+b)^2 = a^2 + 2ab + b^2$[12]을 이용하면,

$$a^2 + 2ab + b^2 = 2ab + c^2$$

이고 양변에서 $2ab$를 빼면,

$$a^2 + b^2 = c^2$$

이 되어 피타고라스 정리가 성립함을 알 수 있습니다(증명 완료).

예) 오른쪽 그림의 직각삼각형에서 높이를 구해 봅시다.

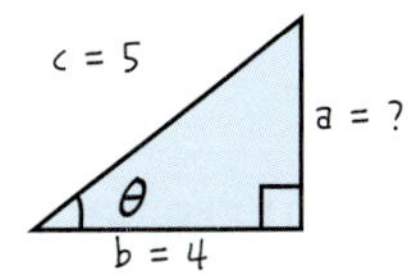

풀이 피타고라스 정리에서

$a^2 + b^2 = c^2$, 즉 $a^2 = c^2 - b^2$

양변의 제곱근을 없애면,

$\sqrt{a^2} = \pm\sqrt{c^2 - b^2}$에서 a는 양수이므로 $a = \sqrt{c^2 - b^2}$입니다.

여기에 각 변의 길이를 대입하면,

$a = \sqrt{5^2 - 4^2} = \sqrt{25 - 16} = \sqrt{9} = \sqrt{3^2} = 3$

● 특수한 직각삼각형의 비율

삼각자에는 세 내각의 크기가 45°, 45°, 90°인 것과 30°, 60°, 90°인 것의 두 종류가 있습니다. 두 직각삼각형의 변의 비율은 매우 중요합니다. 피타고라스 정리를 이용하여 구해 봅시다.

○ 세 내각의 크기가 45°, 45°, 90°인 직각삼각형의 변의 비율

그림 5.16처럼 정사각형을 대각선으로 나누면 세 내각의 크기가 45°, 45°, 90°인 직각삼각형이 생깁니다. 정사각형의 길이가 1이면 직각삼각형의 밑변의 길이와 높이는 둘 다 1이 됩니다. 빗변의 길이를 피타고라스 정리를 이용해 구하면,

12 $(a+b)^2 = (a+b)(a+b) = (a+b)a + (a+b)b = a^2 + ba + ab + b^2 = a^2 + 2ab + b^2$

$$c = \sqrt{1^2 + 1^2} = \sqrt{1+1} = \sqrt{2}$$

가 됩니다. 즉, 세 내각의 크기가 45°, 45°, 90°인 직각삼각형의 변의 비율은 $1 : 1 : \sqrt{2}$가 됩니다.

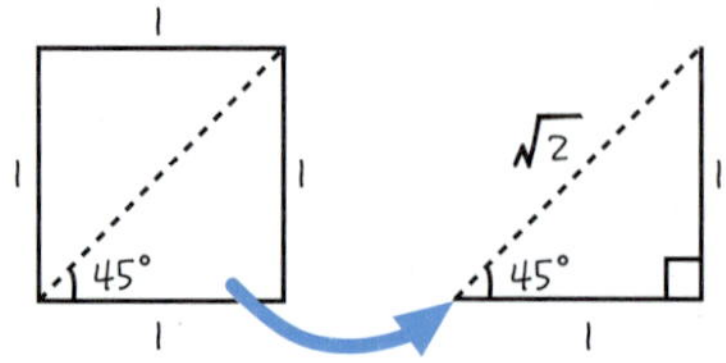

그림 5.16 세 내각의 크기가 45°, 45°, 90°인 직각삼각형의 변의 비율

○ 세 내각의 크기가 30°, 60°, 90° 인 직각삼각형의 변의 비율

그림 5.17처럼 정삼각형의 내각의 크기는 모두 60°이므로, 한 점에서 밑변을 향해 수직선을 그리면, 이 점에서의 내각은 각각 30°로 나뉩니다. 이렇게 분할이 되면 세 내각의 크기가 30°, 60°, 90°인 직각삼각형이 생깁니다. 정삼각형의 한 변의 길이가 2이면 직각삼각형의 밑변의 길이는 정삼각형의 한 변의 길이의 절반인 1이 됩니다. 높이는 피타고라스 정리를 이용해서

$$a = \sqrt{c^2 - b^2} = \sqrt{2^2 - 1^2} = \sqrt{4-1} = \sqrt{3}$$

으로 구할 수 있습니다. 즉, 세 내각의 크기가 30°, 60°, 90°인 직각삼각형의 변의 비율은 $1 : 2 : \sqrt{3}$ 입니다.

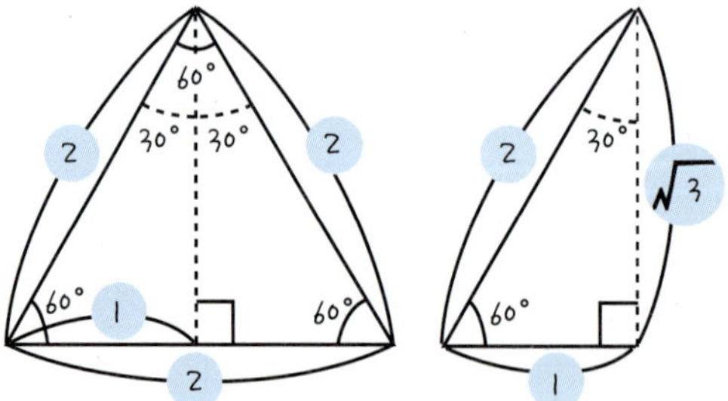

그림 5.17 세 내각의 크기가 30°, 60°, 90°인 직각삼각형의 변의 비율

위 내용을 토대로 한 내각의 크기가 각각 30°, 45°, 60°인 세 직각삼각형의 변의 비율을 그림 5.18에 정리해 보았습니다. 세 경우 모두 삼각함수의 계산을 쉽게 하기 위하여 빗변의 길이를 1로 조정하였습니다. 즉, 한 내각의 크기가 30°와 60°인 직각삼각형은 변의 길이를 2로 나누고, 한 내각의 크기가 45°인 직각삼각형은 변의 길이를 $\sqrt{2}$로 나누어 정리하였습니다.

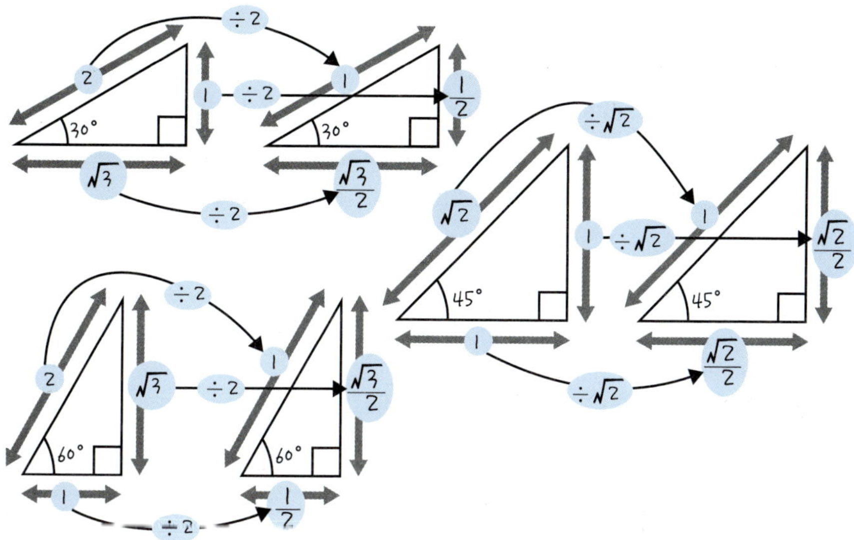

그림 5.18 특수한 직각삼각형의 변의 비율

5-9 삼각함수의 그래프 ①

우선은 조금씩 표를 채워 봅시다

난이도 ★★☆☆☆

5-6절에서 삼각함수가 무엇인지 소개했고, 입력값이 240°일 때 삼각함수 값을 구해 보았습니다. 이 절에서는 그래프를 그리기 위해 삼각함수 값을 많이 구해 볼 것입니다. 내용이 길어지겠지만, 규칙을 알면 삼각함수 값을 구하는 것이 매우 간단해지므로 꼭 정복해 봅시다.

> **삼각함수의 그래프**
>
> 표를 채우면 어떻게든 그릴 수 있다.

삼각함수 값을 구하기 쉬운 입력값은 무엇일까요? 바로 5-8절에서 소개한 30°, 45°, 60°의 배수인 경우입니다. 여기에서도 그 배수 단위로 삼각함수 값을 구해 보겠습니다. 우선 삼각함수 값을 구해야 할 각도의 위치를 그림 5.19에 그려 보았습니다.

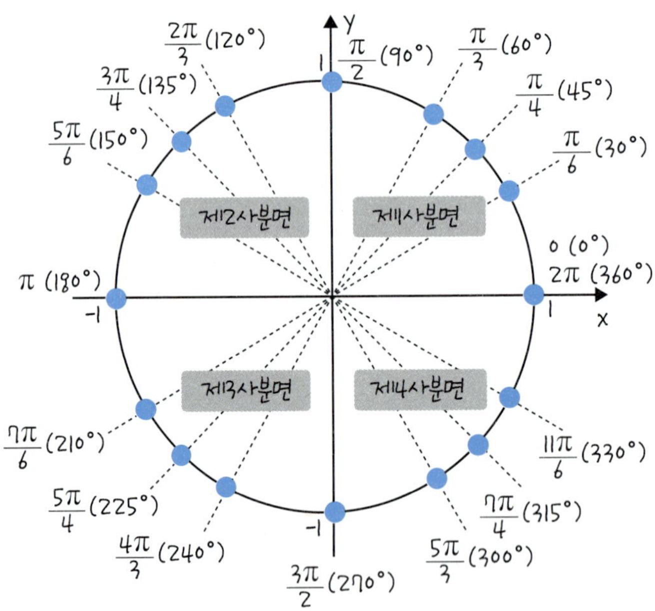

그림 5.19 삼각함수 값을 구해야 하는 각도의 위치

지금부터 그림 5.19에 나와 있는 모든 위치에서 $\sin\theta$와 $\cos\theta$ 값을 구해 보겠습니다.[13] 일단 그림 5.18의 빗변의 길이가 1인 직각삼각형을 그대로 이용할 수 있도록 원의 반지름은 1로 하겠습니다(이를 **단위원**이라고 합니다). 그림 5.19에서 제시한 사분면별로 $\sin\theta$, $\cos\theta$ 값을 차근차근 구하겠습니다. 이때 제1사분면은 $0° < \theta < 90°$, 제2사분면은 $90° < \theta < 180°$, 제3사분면은 $180° < \theta < 270°$, 제4사분면은 $270° < \theta < 360°$인 영역을 말합니다.[14]

○ x축, y축[$\theta = 0°, 90°$]

우선, x축과 y축 위에 있을 때, 즉 $\theta = 0(0°)$, $\theta = \frac{\pi}{2}(90°)$에서의 삼각함수 값을 구해 봅시다.

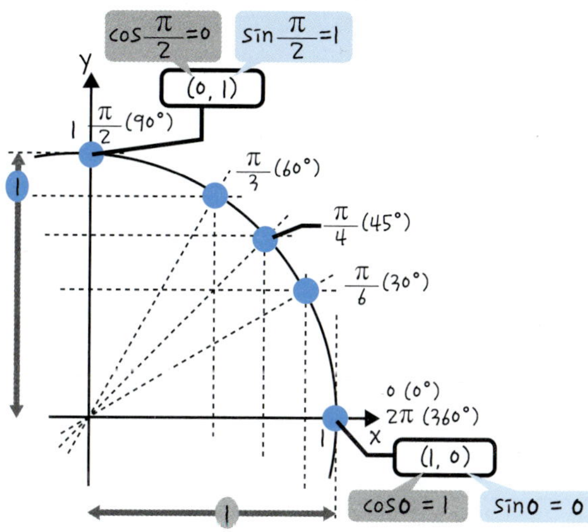

그림 5.20 $\theta = 0(0°)$, $\theta = \frac{\pi}{2}(90°)$에서의 삼각함수 값

그림 5.20처럼 $\theta = 0(0°)$일 때 단위원 위 점의 좌표는 (1, 0)이고, $\theta = \pi(90°)$일 때 단위원 위 점의 좌표는 (0, 1)입니다. 반지름이 1이므로 삼각함수의 정의에서

$$\sin\theta = \frac{y}{\underbrace{r}_{r=1}} = y, \ \cos\theta = \frac{x}{\underbrace{r}_{r=1}} = x$$

13 삼각함수 중에서 $\sin\theta$와 $\cos\theta$ 값만 구하는 이유는 5-6절에서 $\tan\theta = \frac{y}{x}$로 정의한 것과 관련있습니다. $\tan\theta = \frac{y}{x}$의 분모와 분자를 r로 나누면 $\tan\theta = \frac{y/r}{x/r} = \frac{\sin\theta}{\cos\theta}$가 되므로 $\sin\theta$와 $\cos\theta$ 값으로 $\tan\theta$ 값을 구할 수 있기 때문입니다. 또, $\sec\theta = \frac{r}{x} = \frac{1}{\cos\theta}$, $\csc\theta = \frac{r}{y} = \frac{1}{\sin\theta}$, $\cos\theta = \frac{x}{y} = \frac{1}{\tan\theta}$이므로 이들 값도 $\sin\theta$와 $\cos\theta$를 알면 구할 수 있습니다.

14 참고로 x축과 y축 그리고 원점은 포함하지 않습니다.

가 됩니다. 따라서 다음과 같이 구할 수 있습니다.

$$\begin{cases} \sin 0 = 0,\ \sin \dfrac{\pi}{2} = 1 \\ \cos 0 = 1,\ \cos \dfrac{\pi}{2} = 0 \end{cases}$$

○ 제1사분면[$\theta = \dfrac{\pi}{6}(30^\circ)$]

다음으로 $\theta = \dfrac{\pi}{6}(30^\circ)$에서의 삼각함수 값을 구해 보겠습니다. 그림 5.21처럼 $\theta = \dfrac{\pi}{6}(30^\circ)$인 단위원 위 점의 좌표는 $\left(\dfrac{\sqrt{3}}{2}, \dfrac{1}{2}\right)$입니다. 한 내각이 30°인 직각삼각형의 빗변의 길이를 1로 하면 밑변과 높이는 각각 $\dfrac{\sqrt{3}}{2}, \dfrac{1}{2}$이기 때문입니다.

위 점의 좌표 $\left(\dfrac{\sqrt{3}}{2}, \dfrac{1}{2}\right)$로부터 삼각함수 값을 다음과 같이 구할 수 있습니다.

$$\sin \frac{\pi}{6} = y = \frac{1}{2},\ \cos \frac{\pi}{6} = x = \frac{\sqrt{3}}{2}$$

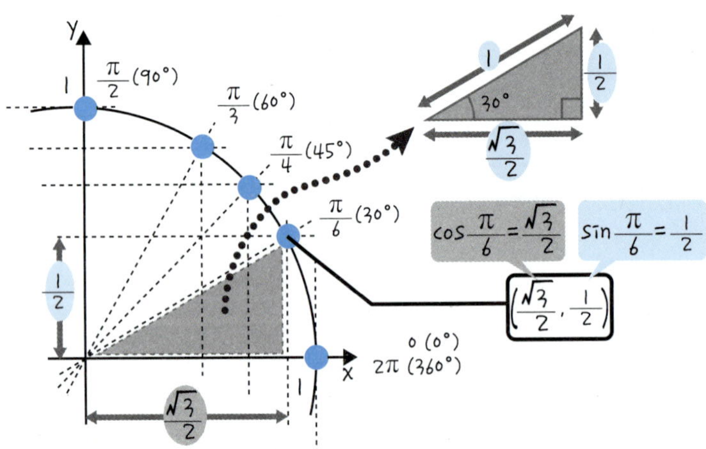

그림 5.21 $\theta = \dfrac{\pi}{6}(30^\circ)$에서의 삼각함수 값

○ 제1사분면[$\theta = \dfrac{\pi}{4}(45^\circ)$]

$\theta = \dfrac{\pi}{4}(45^\circ)$에서의 삼각함수 값을 구하는 방법을 그림 5.22에 나타냈습니다. $\theta = \dfrac{\pi}{4}(45^\circ)$인 단위원 위 점의 좌표는 $\left(\dfrac{\sqrt{2}}{2}, \dfrac{\sqrt{2}}{2}\right)$입니다. 한 내각이 45°인 직각삼각형의 빗변의 길이를 1로 하면 밑변과 높이는 모두 $\dfrac{\sqrt{2}}{2}$이기 때문입니다.

위 점의 좌표$\left(\frac{\sqrt{2}}{2}, \frac{\sqrt{2}}{2}\right)$로부터 삼각함수 값을 다음과 같이 구할 수 있습니다.

$$\sin\frac{\pi}{4} = y = \frac{\sqrt{2}}{2},\ \cos\frac{\pi}{4} = x = \frac{\sqrt{2}}{2}$$

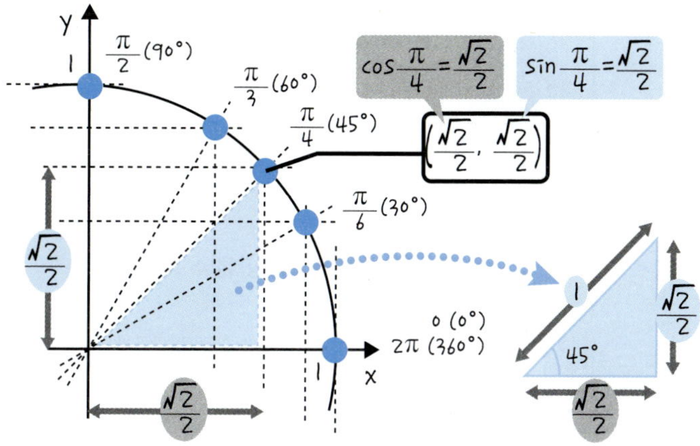

그림 5.22 $\theta = \frac{\pi}{4}(45^\circ)$에서의 삼각함수 값

○ 제1사분면$[\theta = \frac{\pi}{3}(60^\circ)]$

$\theta = \frac{\pi}{3}(60^\circ)$에서의 삼각함수 값을 구하는 방법을 그림 5.23에 나타냈습니다. $\theta = \frac{\pi}{3}(60^\circ)$인 단위원 위 점의 좌표는$\left(\frac{1}{2}, \frac{\sqrt{3}}{2}\right)$입니다. 한 내각이 60°인 직각삼각형의 빗변의 길이를 1로 하면 밑변과 높이가 각각 $\frac{1}{2}$, $\frac{\sqrt{3}}{2}$이기 때문입니다.

위 점의 좌표$\left(\frac{1}{2}, \frac{\sqrt{3}}{2}\right)$으로부터 삼각함수 값을 다음과 같이 구할 수 있습니다.

$$\sin\frac{\pi}{3} = y = \frac{\sqrt{3}}{2},\ \cos\frac{\pi}{3} = x = \frac{1}{2}$$

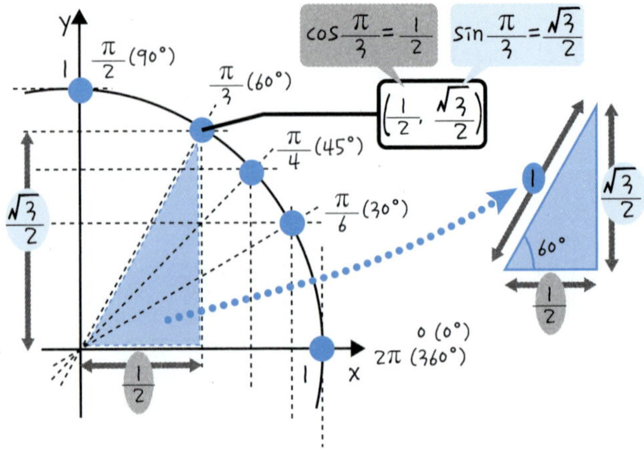

그림 5.23 $\theta = \frac{\pi}{3}(60^\circ)$에서의 삼각함수 값

지금까지 제1사분면 근처에서 삼각함수의 값을 구할 때 그린 그림을 그림 5.24에 정리했습니다. 지금까지 구한 삼각함수 값은 표 5.1에 정리해 놓았습니다.

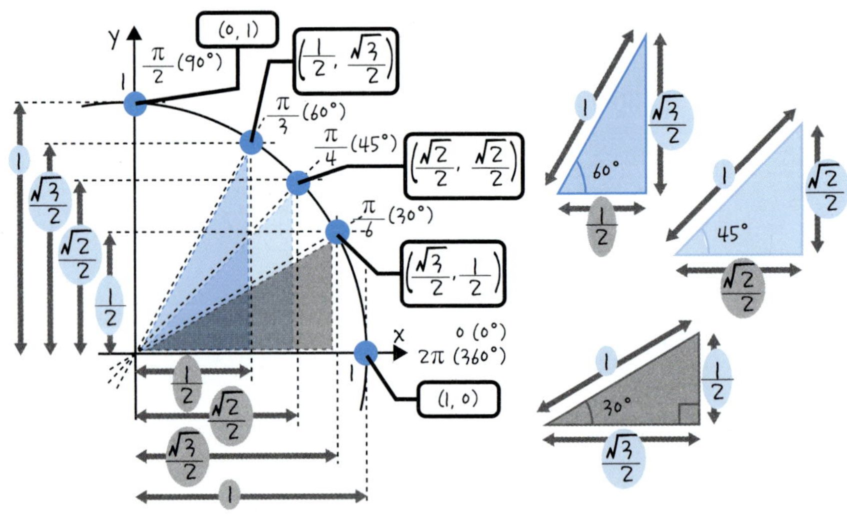

그림 5.24 제1사분면에서 구한 삼각함수 값

○ 제2사분면

제2사분면부터는 제1사분면에서 삼각함수 값을 구할 때 그린 그림으로 쉽게 구할 수 있습니다. 그림 5.25에서 $\frac{2\pi}{3}(120^\circ)$일 때 점의 좌표를 찾아보면, y좌표는 $\frac{\pi}{3}(60^\circ)$일 때와 같은 높이이므로 $\frac{\sqrt{3}}{2}$입니다. x좌표는 $\frac{\pi}{3}(60^\circ)$일 때 좌표를 정확히 원점에 대하여 대칭이동한 곳에 있으므로 $-\frac{1}{2}$입니다. 따라서 $\frac{2\pi}{3}(120^\circ)$일 때 점의 좌표는 $\left(-\frac{1}{2}, \frac{\sqrt{3}}{2}\right)$이 되어 삼각함수 값을 다음과 같이 구할 수 있습니다.

$$\sin\frac{2\pi}{3} = \frac{\sqrt{3}}{2},\ \cos\frac{2\pi}{3} = -\frac{1}{2}$$

$\frac{3\pi}{4}(135^\circ)$일 때 점의 좌표도 마찬가지로, $\frac{\pi}{4}(45^\circ)$일 때 점의 좌표와 비교하여 구하면 $\left(-\frac{\sqrt{2}}{2}, \frac{\sqrt{2}}{2}\right)$가 되어 삼각함수 값을 다음과 같이 구할 수 있습니다.

$$\sin\frac{3\pi}{4} = \frac{\sqrt{2}}{2},\ \cos\frac{3\pi}{4} = -\frac{\sqrt{2}}{2}$$

$\frac{5\pi}{6}(150^\circ)$일 때 점의 좌표도 마찬가지로, $\frac{\pi}{6}(30^\circ)$일 때 점의 좌표와 비교하여 구하면 $\left(-\frac{\sqrt{3}}{2}, \frac{1}{2}\right)$이 되어 삼각함수 값을 다음과 같이 구할 수 있습니다.

$$\sin\frac{5\pi}{6} = \frac{1}{2},\ \cos\frac{5\pi}{6} = -\frac{\sqrt{3}}{2}$$

마지막으로 x축 위의 점인 $\pi(180^\circ)$에서 점의 좌표는 그림을 통해 $(-1, 0)$임을 알 수 있으므로 삼각함수 값을 구하면

$$\sin\pi = 0,\ \cos\pi = -1$$

입니다. 지금까지 제2사분면 근처에서 구한 삼각함수 값을 표 5.1에 정리해 놓았습니다.

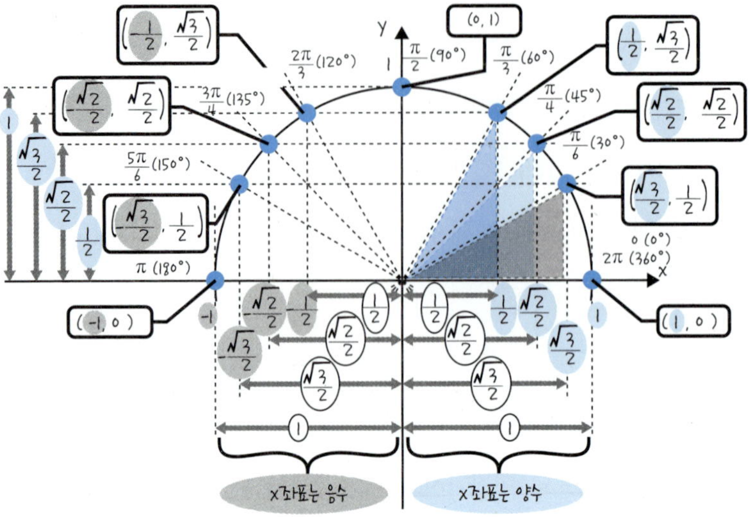

그림 5.25 제2사분면에서 구한 삼각함수 값

ㅇ 제3사분면

제3사분면에서도 제2사분면의 좌표를 잘 활용해 삼각함수 값을 구해 봅시다. 그림 5.26에 제3사분면에서 삼각함수 값을 구하는 과정을 나타냈습니다.

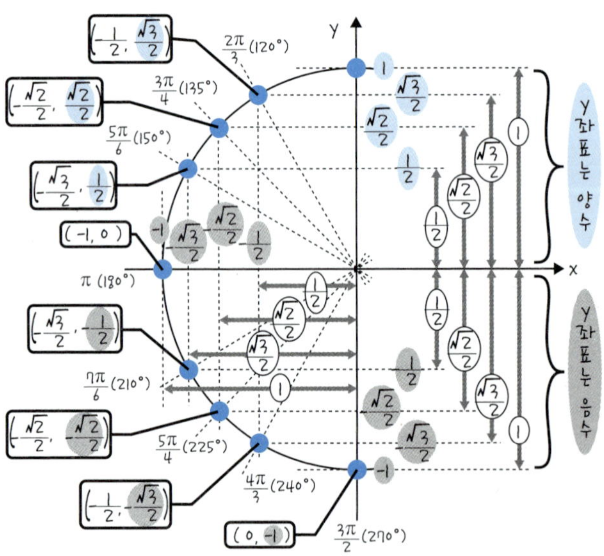

그림 5.26 제3사분면에서 구한 삼각함수 값

$\frac{7\pi}{6}$(210°)일 때 점의 좌표는 $\frac{5\pi}{6}$(150°)일 때 점과 x좌표는 같고 y좌표는 부호가 반대입니다. 따라서 $\frac{7\pi}{6}$(210°)일 때 점의 좌표는$\left(-\frac{\sqrt{3}}{2}, -\frac{1}{2}\right)$입니다. 여기서 삼각함수 값은

$$\sin = \frac{7\pi}{6} = -\frac{1}{2},\ \cos = \frac{7\pi}{6} = -\frac{\sqrt{3}}{2}$$

이 됩니다.

$\frac{5\pi}{4}$(225°)일 때 점의 좌표도 마찬가지로, $\frac{3\pi}{4}$(135°)일 때 점과 x좌표는 같고 y좌표는 부호가 반대입니다. 따라서 $\frac{5\pi}{4}$(225°)일 때 점의 좌표는$\left(-\frac{\sqrt{2}}{2}, -\frac{\sqrt{2}}{2}\right)$입니다. 여기서 삼각함수 값은

$$\sin\frac{5\pi}{4} = -\frac{\sqrt{2}}{2},\ \cos\frac{5\pi}{4} = -\frac{\sqrt{2}}{2}$$

가 됩니다.

$\frac{4\pi}{3}$(240°)일 때 점의 좌표도 마찬가지로 $\frac{2\pi}{3}$(120°)일 때 점과 x좌표는 같고 y좌표는 부호가 반대입니다. 따라서 $\frac{4\pi}{3}$(240°)일 때 점의 좌표는$\left(-\frac{1}{2}, -\frac{\sqrt{3}}{2}\right)$입니다. 여기서 삼각함수 값은

$$\sin\frac{4\pi}{3} = -\frac{\sqrt{3}}{2},\ \cos\frac{4\pi}{3} = -\frac{1}{2}$$

이 됩니다. 지금까지 제3사분면에서 구한 삼각함수 값을 표 5.1에 정리해 놓았습니다.

○ 제4사분면

제4사분면에서도 제3사분면의 좌표를 잘 활용해 삼각함수 값을 구해 봅시다. 그림 5.27에 제4사분면에서 삼각함수 값을 구하는 과정을 나타냈습니다.

$\frac{5\pi}{3}$(300°)일 때 점의 좌표는 $\frac{4\pi}{3}$(240°)일 때 점의 좌표와 y좌표는 같고 x좌표는 부호가 반대입니다. 따라서 $\frac{5\pi}{3}$(300°)일 때 점의 좌표는$\left(\frac{1}{2}, -\frac{\sqrt{3}}{2}\right)$입니다. 여기서 삼각함수 값을 다음과 같이 구할 수 있습니다.

$$\sin\frac{5\pi}{3}=-\frac{\sqrt{3}}{2},\ \cos\frac{5\pi}{3}=\frac{1}{2}$$

$\frac{7\pi}{4}(315°)$일 때 점의 좌표도 마찬가지로, $\frac{5\pi}{4}(225°)$일 때 점의 좌표와 y좌표는 같고 x좌표는 부호가 반대입니다. 따라서 $\frac{7\pi}{4}(315°)$일 때 점의 좌표는 $\left(\frac{\sqrt{2}}{2}, -\frac{\sqrt{2}}{2}\right)$입니다. 여기서 삼각함수 값을 다음과 같이 구할 수 있습니다.

$$\sin\frac{7\pi}{4}=-\frac{\sqrt{2}}{2},\ \cos\frac{7\pi}{4}=\frac{\sqrt{2}}{2}$$

$\frac{11\pi}{6}(330°)$일 때 점의 좌표도 마찬가지로, $\frac{7\pi}{6}(210°)$일 때 점의 좌표와 y좌표는 같고 x좌표는 부호가 반대입니다. 따라서 $\frac{11\pi}{6}(330°)$일 때 점의 좌표는 $\left(\frac{\sqrt{3}}{2}, -\frac{1}{2}\right)$입니다. 여기서 삼각함수 값은

$$\sin\frac{11\pi}{6}=-\frac{1}{2},\ \cos\frac{11\pi}{6}=\frac{\sqrt{3}}{2}$$

이 됩니다. 지금까지 제4사분면에서 구한 삼각함수 값을 표 5.1에 정리해 놓았습니다.

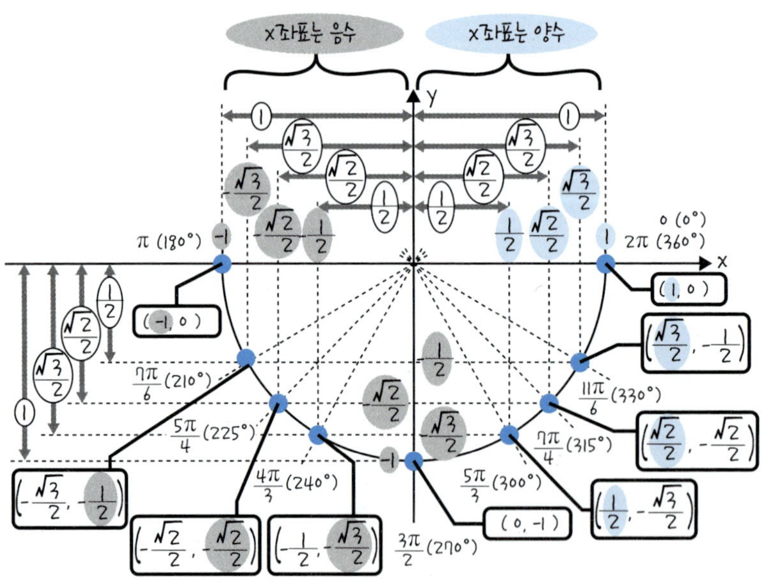

그림 5.27 제4사분면에서 구한 삼각함수 값

제1사분면에서 제4사분면까지 30°, 45°, 60° 간격으로 삼각함수 값을 구해 보았습니다. 표 5.1에 그 모든 내용을 정리해 놓았습니다. 이 값들로 $\tan\theta = \dfrac{\sin\theta}{\cos\theta}$의 값도 구할 수 있습니다.

예를 들어,

$$\tan\frac{\pi}{6} = \frac{\sin\frac{\pi}{6}}{\cos\frac{\pi}{6}} = \frac{\frac{1}{2}}{\frac{\sqrt{3}}{2}} = \frac{1}{2} \div \frac{\sqrt{3}}{2} = \frac{1}{2} \cdot \frac{2}{\sqrt{3}} = \frac{1}{\sqrt{3}}$$

$$\tan\frac{5\pi}{3} = \frac{\sin\frac{5\pi}{3}}{\cos\frac{5\pi}{3}} = \frac{-\frac{\sqrt{3}}{2}}{\frac{1}{2}} = -\frac{\sqrt{3}}{2} \div \frac{1}{2} = -\frac{\sqrt{3}}{2} \cdot \frac{2}{1} = -\sqrt{3}$$

이 됩니다. 또한 $\theta = \frac{\pi}{2}(90°)$, $\frac{3\pi}{2}(270°)$일 때는 $\cos\theta = 0$이 되어, $\tan\theta = \dfrac{\sin\theta}{\cos\theta}$의 분모가 0이 되어 버립니다. 나눗셈의 의미를 생각할 때, 분모가 0일 때의 값은 있을 수 없기 때문에 $\theta = \frac{\pi}{2}(90°)$, $\theta = \frac{3\pi}{2}(270°)$일 경우에 $\tan\theta$의 값은 '없음'이 됩니다.[15]

문제 5-9 정답은 p. 324

$\tan\theta$의 값이 표 5.1과 같은지 직접 구해서 확인해 봅시다.

표 5.1 삼각함수표($0 \sim 2\pi$)

		제1 사분면				제2사분면			
$\theta(°)$	0	30°	45°	60°	90°	120°	135°	150°	180°
θ[rad]	0	$\frac{\pi}{6}$	$\frac{\pi}{4}$	$\frac{\pi}{3}$	$\frac{\pi}{2}$	$\frac{2\pi}{3}$	$\frac{3\pi}{4}$	$\frac{5\pi}{6}$	π
$\sin\theta$	0	$\frac{1}{2}$	$\frac{\sqrt{2}}{2}$	$\frac{\sqrt{3}}{2}$	1	$\frac{\sqrt{3}}{2}$	$\frac{\sqrt{2}}{2}$	$\frac{1}{2}$	0
$\cos\theta$	1	$\frac{\sqrt{3}}{2}$	$\frac{\sqrt{2}}{2}$	$\frac{1}{2}$	0	$-\frac{1}{2}$	$-\frac{\sqrt{2}}{2}$	$-\frac{\sqrt{3}}{2}$	-1
$\tan\theta$	0	$\frac{1}{\sqrt{3}}$	1	$\sqrt{3}$	없음	$-\sqrt{3}$	-1	$-\frac{1}{\sqrt{3}}$	0

15 그래프를 그려 보면 알 수 있듯이 $\theta = \frac{\pi}{2}(90°)$, $\frac{3\pi}{2}(270°)$에서 $\tan\theta$의 값은 $\pm\infty$에 가까워집니다. 무한대에 대한 자세한 내용은 7장에서 설명합니다.

		제3사분면				제4사분면			
$\theta(^\circ)$	180°	210°	225°	240°	270°	300°	315°	330°	360°
$\theta[\mathrm{rad}]$	π	$\frac{7\pi}{6}$	$\frac{5\pi}{4}$	$\frac{4\pi}{3}$	$\frac{3\pi}{2}$	$\frac{5\pi}{3}$	$\frac{7\pi}{4}$	$\frac{11\pi}{6}$	2π
$\sin\theta$	0	$-\frac{1}{2}$	$-\frac{\sqrt{2}}{2}$	$-\frac{\sqrt{3}}{2}$	-1	$-\frac{\sqrt{3}}{2}$	$-\frac{\sqrt{2}}{2}$	$-\frac{1}{2}$	0
$\cos\theta$	-1	$-\frac{\sqrt{3}}{2}$	$-\frac{\sqrt{2}}{2}$	$-\frac{1}{2}$	0	$\frac{1}{2}$	$\frac{\sqrt{2}}{2}$	$\frac{\sqrt{3}}{2}$	1
$\tan\theta$	0	$\frac{1}{\sqrt{3}}$	1	$\sqrt{3}$	없음	$-\sqrt{3}$	-1	$-\frac{1}{\sqrt{3}}$	0

또한, $\theta < 0$이거나 $\theta > 2\pi$일 때에는 일반각[16]의 개념을 이용해 삼각함수 값을 구할 수 있습니다. $2\pi\,(360^\circ)$를 더하거나 빼더라도 삼각함수 값은 변하지 않기 때문에, $0 < \theta < 2\pi$ $(0^\circ < \theta < 360^\circ)$일 때 삼각함수 값을 이용해서 구하면 됩니다. 예를 들어, $\cos(-120^\circ)$나 $\sin\frac{13\pi}{6}$는 다음과 같이 구할 수 있습니다.

$$\cos(-120^\circ) = \cos(-120^\circ + 360^\circ) = \cos(240^\circ) = -\frac{1}{2}$$

$$\sin\frac{13\pi}{6} = \sin\left(\frac{13\pi}{6} - 2\pi\right) = \sin\left(\frac{13\pi}{6} - \frac{12\pi}{6}\right) = \sin\frac{\pi}{6} = \frac{1}{2}$$

16 자세한 내용은 5-7절을 참고하세요.

5-10 삼각함수의 그래프 ②

조금 더 편하게 삼각함수 표를 채워 보자♪ 삼각함수의 상호관계

난이도 ★★☆☆☆

> **삼각함수 사이의 관계**
>
> $\tan\theta = \dfrac{\sin\theta}{\cos\theta}$, $\sin^2\theta + \cos^2\theta = 1$

사실 $\sin\theta$, $\cos\theta$, $\tan\theta$의 세 값 중 하나만 알아도 나머지 두 값을 알 수 있습니다. '$\tan\theta = \dfrac{\sin\theta}{\cos\theta}$' 외에 또다른 관계식 '$\sin^2\theta + \cos^2\theta = 1$'을 소개합니다. 이는 피타고라스 정리[17]를 삼각함수에 적용한 것뿐입니다. 그림 5.28으로 설명해 보겠습니다.

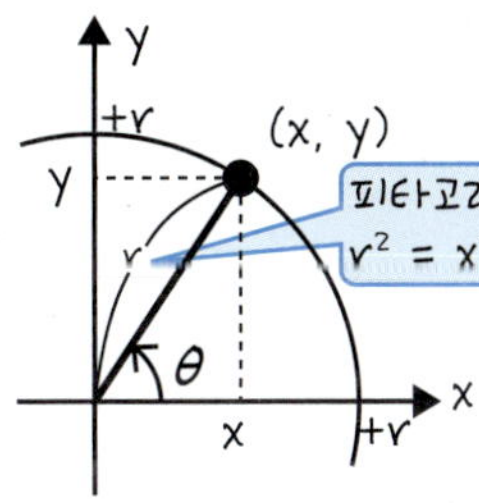

그림 5.28 삼각함수와 피타고라스 정리

먼저 그림 5.28과 같이 각 θ를 이루는 두 반직선 중 x축이 아닌 반직선과 반지름이 r인 원이 만나는 점을 (x, y)라고 할 때, 삼각함수의 정의[18]에 의하여 $\sin\theta$와 $\cos\theta$는

$$\sin\theta = \frac{y}{r},\ \cos\theta = \frac{x}{r}$$

입니다. 위 관계식의 좌변을 만들기 위해 $\sin^2\theta$[19]와 $\cos^2\theta$를 구하면

17 자세한 내용은 5-8절을 참고하세요.

18 자세한 내용은 5-6절을 참고하세요.

19 $\sin^2\theta$은 $(\sin\theta)^2$이라는 의미입니다. $\sin(\theta^2)$이 아님에 주의합시다. $\cos^2\theta$나 $\tan^2\theta$ 등 다른 삼각함수에서도 같은 표기 원칙을 지켜야 합니다.

$$\sin^2\theta = \left(\frac{y}{r}\right)^2 = \frac{y^2}{r^2},\ \cos^2\theta = \left(\frac{x}{r}\right)^2 = \frac{x^2}{r^2}$$

이므로, 두 식을 더한 후 피타고라스 정리 '$r^2 = x^2 + y^2$'을 적용하면 다음과 같이 됩니다.

$$\sin^2\theta + \cos^2\theta = \frac{y^2}{r^2} + \frac{x^2}{r^2} = \frac{x^2+y^2}{r^2} = \frac{r^2}{r^2} = 1$$

예 $\cos\frac{7\pi}{4} = \frac{\sqrt{2}}{2}$인 것과 삼각함수 사이의 관계를 이용해서 $\sin\frac{7\pi}{4}$와 $\tan\frac{7\pi}{4}$의 값을 구해 봅시다.

풀이 먼저, $\sin\frac{7\pi}{4}$의 값을 구해 봅시다. $\sin^2\theta + \cos^2\theta = 1$에서 $\sin^2\theta = 1 - \cos^2\theta$이므로 $\theta = \frac{7\pi}{4}$을 대입하면 다음과 같습니다.

$$\sin^2\frac{7\pi}{4} = 1 - \cos^2\frac{7\pi}{4} = 1 - \left(\frac{\sqrt{2}}{2}\right)^2 = 1 - \frac{2}{4} = \frac{1}{2}$$

양변에 제곱근을 씌우면 $\sin\frac{7\pi}{4} = \pm\sqrt{\frac{1}{2}} = \pm\frac{\sqrt{2}}{2}$가 됩니다.[20] $\theta = \frac{7\pi}{4}$에서 y좌표는 음수이므로 $\sin\frac{7\pi}{4} = -\frac{\sqrt{2}}{2}$ 각의 위치에 따라 삼각함수 값의 부호가 달라짐에 주의합시다.

이번에는 $\tan\frac{7\pi}{4}$의 값을 구해 봅시다. $\tan\theta = \frac{\sin\theta}{\cos\theta}$에 $\theta = \frac{7\pi}{4}$를 대입하면 다음과 같습니다.

$$\tan\frac{7\pi}{4} = \frac{\sin\frac{7\pi}{4}}{\cos\frac{7\pi}{4}} = \frac{-\frac{\sqrt{2}}{2}}{\frac{\sqrt{2}}{2}} = \frac{-\sqrt{2}}{2} \div \frac{\sqrt{2}}{2} = \frac{-\sqrt{2}}{2} \times \frac{2}{\sqrt{2}} = -1$$

예 $\frac{\pi}{2} < \theta < \pi$인 (제2사분면)에서 $\cos\theta = -0.8$일 때, 삼각함수 사이의 관계를 이용하여 $\sin\theta$의 값을 구해 봅시다.

풀이 주어진 $\cos\theta$의 값으로 $\sin^2\theta + \cos^2\theta = 1$임을 이용하여, $\sin\theta$의 값을 구할 수 있습니다.

$$\begin{aligned}\sin^2\theta &= 1 - \cos^2\theta \\ &= 1 - (-0.8)^2 \\ &= 1 - 0.64 \\ &= 0.36\end{aligned}$$

20 $x^2 = a$이면 $x = \sqrt{a}$ 또는 $x = -\sqrt{a}$입니다. 이 두 값을 한 번에 $x = \pm\sqrt{a}$라고 씁니다.

다음 그림과 같이 $\cos\theta = -0.8$인 θ는 두 곳이 있습니다. 문제에서 θ의 범위는 $\frac{\pi}{2} < \theta < \pi$(제2사분면)이므로 $\sin\theta = +\sqrt{0.36} = 0.6$입니다.

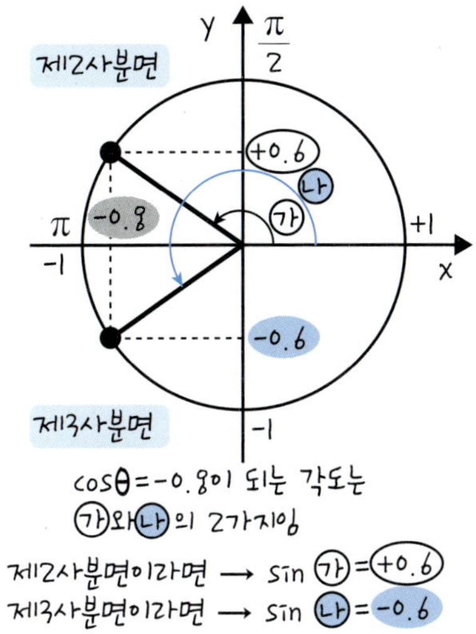

문제 5-10 정답은 p. 324

$0 < \theta < \frac{\pi}{2}$에서 $\sin\theta = 0.6$일 때, $\cos\theta$와 $\tan\theta$의 값을 구해 봅시다.

5-11 삼각함수의 그래프 ③

표에 있는 값으로 그래프를 그려보자

난이도 ★★☆☆☆

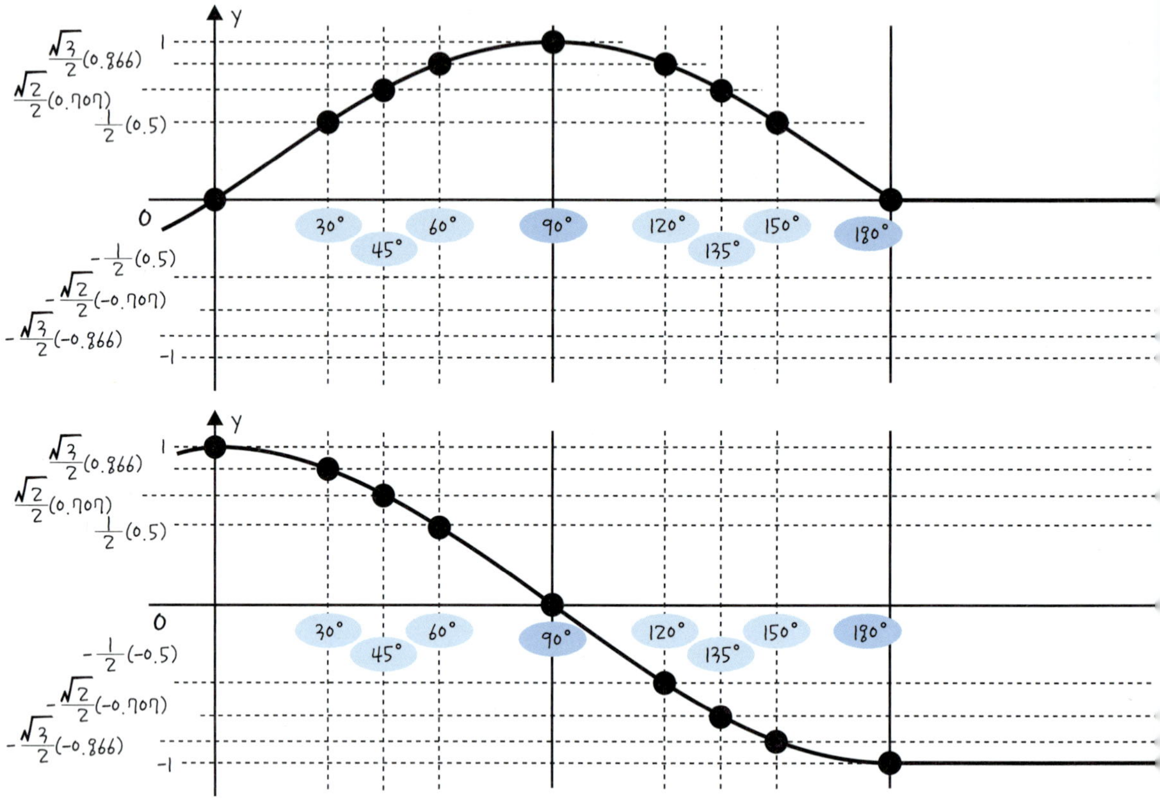

그림 5.29 $y = \sin x$ (위), $y = \cos x$ (아래)의 그래프

표 5.2 $\theta = 0$ 에서 $\theta = 2\pi$ 까지의 삼각함수 값

$\theta(^\circ)$	0	30°	45°	60°	90°	120°	135°	150°	180°	
θ[rad]	0	$\frac{\pi}{6}$	$\frac{\pi}{4}$	$\frac{\pi}{3}$	$\frac{\pi}{2}$	$\frac{2\pi}{3}$	$\frac{3\pi}{4}$	$\frac{5\pi}{6}$	π	
$\sin\theta$	0	$\frac{1}{2}$	$\frac{\sqrt{2}}{2}$	$\frac{\sqrt{3}}{2}$	1	$\frac{\sqrt{3}}{2}$	$\frac{\sqrt{2}}{2}$	$\frac{1}{2}$	0	
$\cos\theta$	1	$\frac{\sqrt{3}}{2}$	$\frac{\sqrt{2}}{2}$	$\frac{1}{2}$	0	$-\frac{1}{2}$	$-\frac{\sqrt{2}}{2}$	$-\frac{\sqrt{3}}{2}$	-1	
$\tan\theta$	0	$\frac{1}{\sqrt{3}}$	1	$\sqrt{3}$	없음	$-\sqrt{3}$	-1	$-\frac{1}{\sqrt{3}}$	0	

이제 삼각함수의 그래프를 그려 봅시다. 가로축은 x, 세로축은 y로 하여 그림 5.29와 같이 $y=\sin x$와 $y=\cos x$의 그래프를 각각 그렸습니다. 표 5.2에 있는 값으로 그래프를 그린 것입니다. 전기전자수학에서는 매우 중요한 그래프이니까 반드시 이해하고 넘어갑시다.

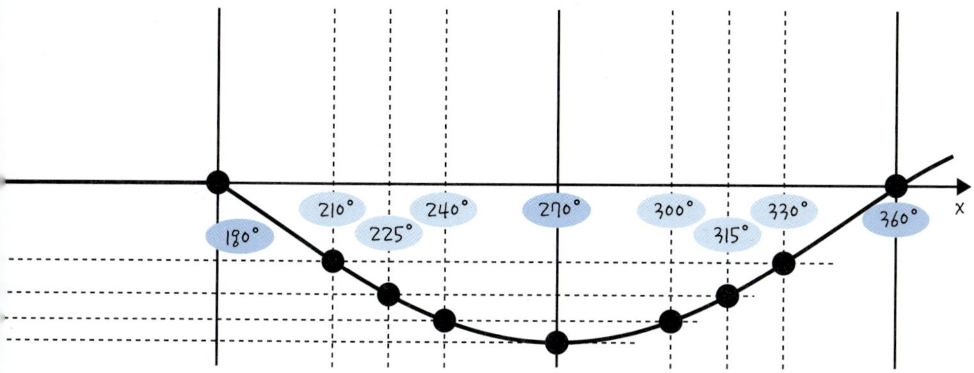

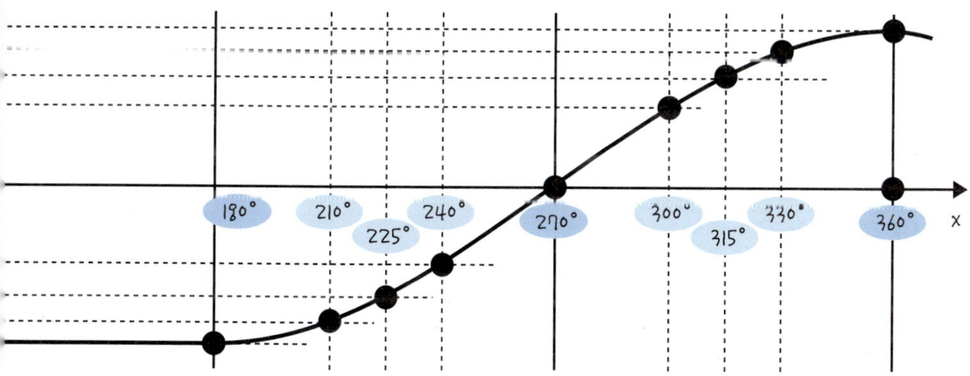

$\theta(^\circ)$	210°	225°	240°	270°	300°	315°	330°	360°
θ[rad]	$\frac{7\pi}{6}$	$\frac{5\pi}{4}$	$\frac{4\pi}{3}$	$\frac{3\pi}{2}$	$\frac{5\pi}{3}$	$\frac{7\pi}{4}$	$\frac{11\pi}{6}$	2π
$\sin\theta$	$-\frac{1}{2}$	$-\frac{\sqrt{2}}{2}$	$-\frac{\sqrt{3}}{2}$	-1	$-\frac{\sqrt{3}}{2}$	$-\frac{\sqrt{2}}{2}$	$-\frac{1}{2}$	0
$\cos\theta$	$-\frac{\sqrt{3}}{2}$	$-\frac{\sqrt{2}}{2}$	$-\frac{1}{2}$	0	$\frac{1}{2}$	$\frac{\sqrt{2}}{2}$	$\frac{\sqrt{3}}{2}$	1
$\tan\theta$	$\frac{1}{\sqrt{3}}$	1	$\sqrt{3}$	없음	$-\sqrt{3}$	-1	$-\frac{1}{\sqrt{3}}$	0

5-12 삼각함수의 그래프 ④

진폭 · 주기 · 파장 · 위상을 구분하자

난이도 ★★☆☆☆

그림 5.30에 파동의 모양을 결정짓는 진폭, 주기, 파장, 위상을 나타냈습니다.

진폭은 파동의 높이를 나타내는 양으로서 세로축의 0에서부터 가장 높은 수치(**최댓값**)까지의 크기를 말합니다. **주기**와 **파장**은 파동의 길이를 나타내는 양으로서 특정 지점에서 원래 상태로 되돌아오기까지의 길이를 뜻합니다. 가로축이 시간일 때엔 주기, 길이일 때엔 파장이라고 부릅니다. **위상**은 파동의 공간적 위치와 시간적 위치의 상태를 나타내는 양으로서 주기적인 진동이나 운동을 하는 것이 공간적 · 시간적으로 어떤 위치에 있는지를 나타내며, 위상 중 초기 시각이나 원점에서의 값을 **초기 위상**이라고 합니다.

그림 5.30에 주기와 파장처럼 위상도 화살표로 표시했습니다. 주기나 파장은 각각 시간과 길이의 단위로 표시하는데 비해 위상은 각도로 표시합니다.

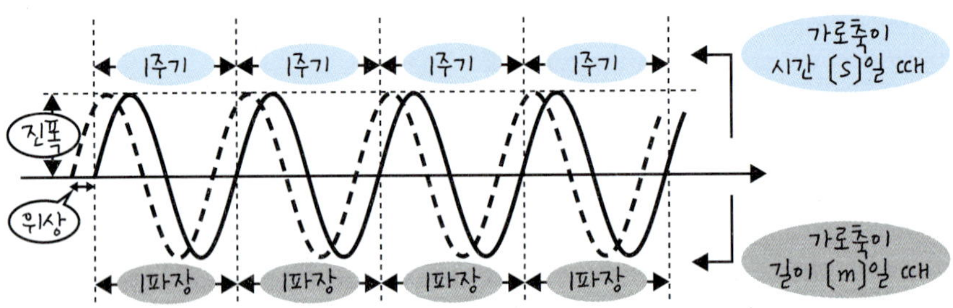

그림 5.30 진폭, 주기, 파장, 위상

삼각함수의 일반적인 형태를 식으로 나타내면 식 (★)과 같습니다. 이때 A를 진폭, B를 각주파수 또는 각파수, C를 초기 위상, $Bx+C$를 위상이라고 합니다. 만약 x가 시간 [s]일 때엔 B는 각주파수 ω[rad/s], x가 길이 [m]일 때엔 B는 각파수 k[rad/m]가 됩니다. 차원해석[21]을 하면, ωx는 [(rad/s) · s] = [rad], kx는 [(rad/m) · m] = [rad]이 되어, 위상 $Bx+C$의 [rad]과 차원이 같음을 알 수 있습니다.

21 자세한 내용은 1-6절과 4-4절을 참고하세요.

$$y = A\sin(Bx + C) \qquad (\bigstar)$$

○ 진폭

삼각함수 전체를 상수배 하면 진폭이 바뀝니다. 그림 5.31은 $y = \sin x$ 와 $y = 5\sin x$ 의 그래프를 그린 것으로, 표와 그래프에서 계수인 5가 진폭임을 알 수 있습니다. 즉, $\sin x$ 의 값은 -1과 $+1$ 사이를 움직이므로, 이를 A배 한 $A\sin x$ 의 값은 $-A$와 $+A$ 사이를 움직입니다.

x	···	0°	30°	45°	60°	90°	120°	135°	150°	180°	···
y = sin x	···	0	$\frac{1}{2}$	$\frac{\sqrt{2}}{2}$	$\frac{\sqrt{3}}{2}$	1	$\frac{\sqrt{3}}{2}$	$\frac{\sqrt{2}}{2}$	$\frac{1}{2}$	0	···
y = 5 sin x	···	0	$5\cdot\frac{1}{2}$	$5\cdot\frac{\sqrt{2}}{2}$	$5\cdot\frac{\sqrt{3}}{2}$	5	$5\cdot\frac{\sqrt{3}}{2}$	$5\cdot\frac{\sqrt{2}}{2}$	$5\cdot\frac{1}{2}$	0	···

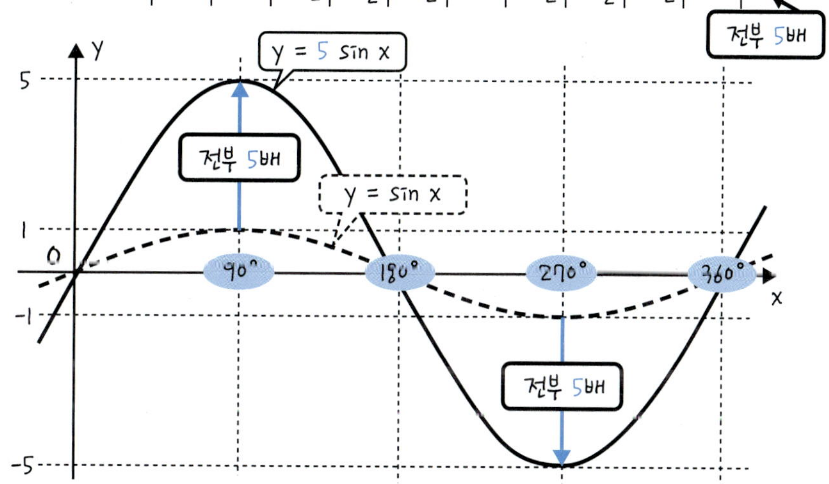

그림 5.31 $y = 5\sin x$ 는 $y = \sin x$ 의 진폭을 바꾼 것

○ 주기 · 파장

삼각함수의 변수를 상수배 하면 주기와 파장이 바뀝니다. 예를 들어 그림 5.32는 $y = \sin x$ 와 $y = \sin 2x$ 의 그래프를 그린 것으로, 삼각함수의 변수를 2배 하면 파동의 길이는 절반이 됩니다. 즉, 주기와 파장은 $\frac{1}{2}$ 이 됩니다.

1초 동안 몇 번 진동하는지 나타내는 수를 **주파수**[Hz](헤르츠)라고 하고, 1초 동안 파동이 몇 라디안만큼 진행하는지 나타내는 수를 **각주파수**[rad/s]라고 합니다. 예를 들어, 주기가 0.2s 이면 5주기는 0.2s · 5 = 1s 입니다. 즉, 1s에 파동이 5번 반복하기 때문에, 주파수는 5Hz 입니다.

1주기에서 삼각함수의 파동은 1회전(2π, 360°) 하므로, 1초 동안 $2\pi \cdot 5 = 10\pi$[rad]만큼 회전하게 되어 이 경우 각주파수는 10π[rad/s]가 됩니다.

x	…	0°	30°	45°	60°	90°	120°	135°	150°	180°	…
y = sin x	…	0	$\frac{1}{2}$	$\frac{\sqrt{2}}{2}$	$\frac{\sqrt{3}}{2}$	1	$\frac{\sqrt{3}}{2}$	$\frac{\sqrt{2}}{2}$	$\frac{1}{2}$	0	…
y = sin 2x	…	0	$\frac{\sqrt{3}}{2}$	1	$\frac{\sqrt{3}}{2}$	0	$-\frac{\sqrt{3}}{2}$	-1	$-\frac{\sqrt{3}}{2}$	0	…
2x	…	0°	60°	90°	120°	180°	240°	270°	300°	360°	…

2배 빠름

전부 2배

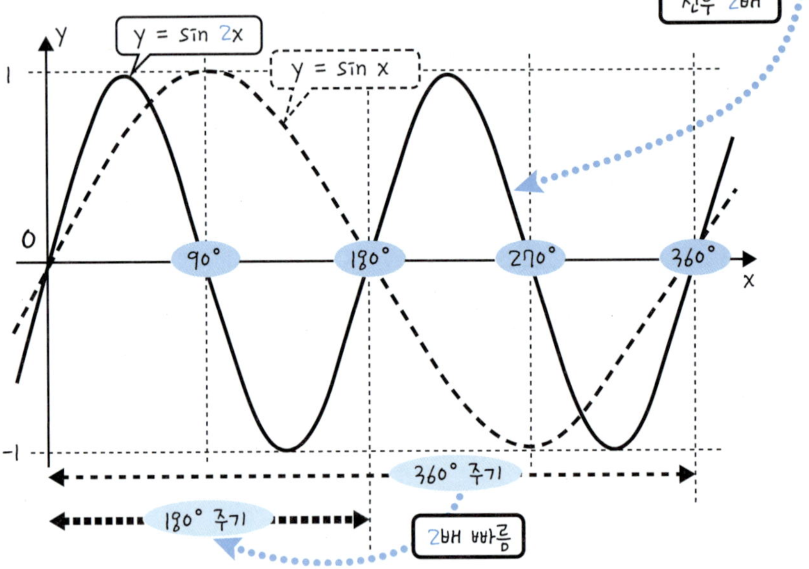

그림 5.32 $y = \sin 2x$ 는 $y = \sin x$ 의 주기와 파장을 바꾼 것

일반적으로 주기 T[s], 주파수 f[Hz], 각주파수 ω[rad/s] 사이에 다음 관계가 성립합니다.

$$Tf = 1,\ \omega = 2\pi f$$

지금까지 시간을 변수로 했을 때 파동의 양을 살펴보았습니다. 마찬가지로 길이를 변수로 했을 때 파동의 양에서 쓰는 용어가 있습니다. 1m에 파동이 몇 번 일어나는지 나타내는 수를 **파수**[m^{-1}]라 하고, 1m에 몇 rad의 파동이 진행되는지 나타내는 수를 **각파수**[rad/m]라고 합니다. 예를 들어, 파장이 0.2m이면 5파장은 $0.2m \cdot 5 = 1m$가 됩니다. 즉, 1m에 파동이 5번 반복되므로 파수는 5[m^{-1}]입니다. 1파장에서 삼각함수의 파동은 1회전(2π, 360°) 하므로, 그 사이에

$2\pi \cdot 5 = 10\pi[\text{rad}]$ 회전하게 됩니다. 즉, 각주파수는 $10\pi[\text{rad}/\text{m}]$입니다. 일반적으로 파장 $\lambda[\text{m}]$, 파수 $k[\text{m}^{-1}]$, 각파수 $k[\text{rad}/\text{m}]$ 사이에 다음 관계가 성립합니다.

$$\lambda k = 1,\ k = 2\pi k$$

○ 위상

삼각함수의 변수에 특정한 값을 더하거나 빼면 위상이 달라집니다. 예를 들어 그림 5.33은 $y = \sin x$와 $y = \sin(x - 30°)$의 그래프를 그린 것입니다. 변수 x에서 30°를 빼면 sin을 취한 값이 x의 모든 위치에서 30° 씩 늦게 오기 때문에, 그래프는 오른쪽으로 30° 만큼 이동하게 됩니다. 이처럼 그래프가 오른쪽으로 θ만큼 이동한 $(x - \theta)$을 '위상이 늦다'고 하고, 그래프가 왼쪽으로 θ만큼 이동한 $(x + \theta)$을 '위상이 빠르다'라고 합니다.

x	…	0°	30°	60°	90°	120°	150°	180°	…
x − 30°	…	−30°	0°	30°	60°	90°	120°	150°	…
y = sin x	…	0	$\frac{1}{2}$	$\frac{\sqrt{3}}{2}$	1	$\frac{\sqrt{3}}{2}$	$\frac{1}{2}$	0	…
y = sin (x − 30°)	…	$-\frac{1}{2}$	0	$\frac{1}{2}$	$\frac{\sqrt{3}}{2}$	1	$\frac{\sqrt{3}}{2}$	$\frac{1}{2}$	…

전부 − 30°

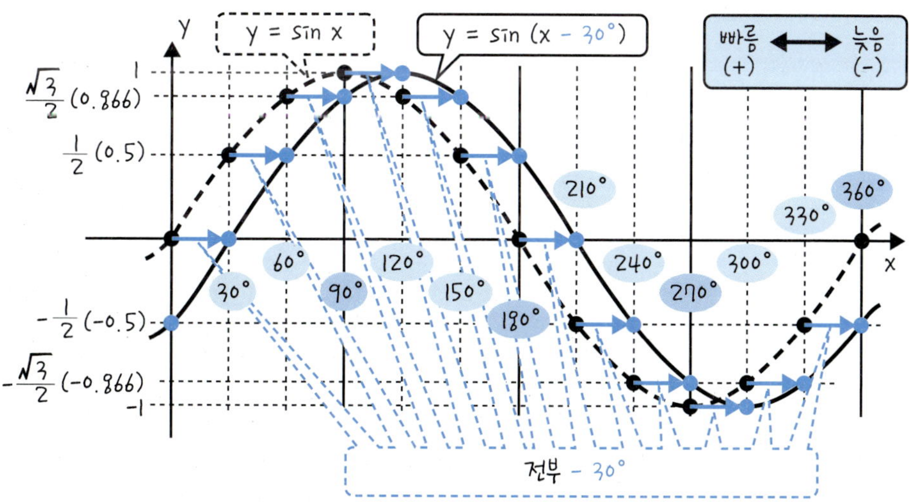

그림 5.33 $y = \sin(x - 30°)$는 $y = \sin x$ 의 위상을 바꾼 것

진폭, 주기, 파장, 위상

$$y = \underbrace{A}_{\text{진폭}} \sin(\overbrace{B\,x + \underbrace{C}_{\text{초기 위상}}}^{\text{위상}})$$

B:
- 각주파수 (x가 시간이라면) 주기 $= \dfrac{2\pi}{\text{각주파수}} = \dfrac{1}{\text{주파수}}$
- 각파수 (x가 길이라면) 파장 $= \dfrac{2\pi}{\text{각파수}} = \dfrac{1}{\text{파수}}$

5-13 삼각함수의 덧셈정리

삼각함수 값의 계산에서 자주 사용한다

난이도 ★★★☆☆

삼각함수의 입력값이 각의 덧셈, 뺄셈으로 표시될 때 다음과 같이 삼각함수의 **덧셈정리**를 이용하여 삼각함수 값을 구할 수 있습니다.

$$\sin(A+B) = \sin A\cos B + \cos A\sin B$$
$$\sin(A-B) = \sin A\cos B - \cos A\sin B$$
$$\cos(A+B) = \cos A\cos B - \sin A\sin B$$
$$\cos(A-B) = \cos A\cos B + \sin A\sin B$$

위 식을 보고 있으니 갑자기 눈이 피곤해지는 분들도 있을 것 같습니다. 삼각함수의 덧셈정리를 증명하는 것은 꽤 오래 걸려서 생략하지만, 쉽게 외우는 방법을 다음과 같이 소개하겠습니다.[22]

덧셈정리를 외우는 방법

sin : 사 · 코 · 코 · 사

cos : 코 · 코 · 사 · 사

사 고 고 시

$$\sin(A \pm B) = \sin A\cos B \pm \cos A\sin B$$

코 코 사 사

$$\cos(A \pm B) = \cos A\cos B \mp \sin A\sin B$$

A와 B를 나열해 사인함수의 덧셈정리는 '사 · 코 · 코 · 사', 코사인함수의 덧셈정리는 '코 · 코 · 사 · 사'의 순으로 sin과 cos를 나열합니다.

삼각함수 값을 계산할 때 덧셈정리는 매우 유용합니다. 이번에는 덧셈정리를 이용하여 여러 각도에서의 삼각함수 값을 구해 봅시다. 30°, 45°, 60°에서 삼각함수 값은 삼각비에서 구했으므

22 덧셈정리에서 ±와 ∓의 부호는 **복부호 동순**입니다. 즉 sin의 덧셈정리에서는 좌변이 +일 때 우변도 +, 좌변이 −일 때 우변도 −부호가 되지만 cos의 덧셈정리에서는 좌변이 +일 때 우변은 −, 좌변이 −일 때 우변은 + 부호가 됩니다.

로 덧셈정리를 이용하면 $15° = 45° - 30°$ 나 $75° = 30° + 45°$ 에서의 삼각함수 값도 구할 수 있습니다.

예 삼각함수의 덧셈정리로 다음 삼각함수 값을 구해 봅시다.

(1) $\sin 15°$ (2) $\cos\frac{\pi}{12}$

풀이 (1) $15° = 45° - 30°$ 이므로 삼각함수의 덧셈정리를 이용하면 다음과 같이 계산할 수 있습니다.

$$\begin{aligned}\sin 15° &= \sin(45° - 30°) = \sin 45° \cos 30° - \cos 45° \sin 30° \\ &= \frac{\sqrt{2}}{2}\frac{\sqrt{3}}{2} - \frac{\sqrt{2}}{2}\frac{1}{2} = \frac{\sqrt{6}}{4} - \frac{\sqrt{2}}{4} = \frac{\sqrt{6}-\sqrt{2}}{4}\end{aligned}$$

(2) $\frac{\pi}{12} = \frac{\pi}{3} - \frac{\pi}{4}$ 이므로 삼각함수의 덧셈정리를 이용하면 다음과 같이 계산할 수 있습니다.

$$\begin{aligned}\cos\frac{\pi}{12} &= \cos\left(\frac{\pi}{3} - \frac{\pi}{4}\right) = \cos\frac{\pi}{3}\cos\frac{\pi}{4} + \sin\frac{\pi}{3}\sin\frac{\pi}{4} \\ &= \frac{1}{2}\frac{\sqrt{2}}{2} + \frac{\sqrt{3}}{2}\frac{\sqrt{2}}{2} = \frac{\sqrt{2}}{4} + \frac{\sqrt{6}}{4} = \frac{\sqrt{2}+\sqrt{6}}{4}\end{aligned}$$

문제 5-11 정답은 p. 324

삼각함수의 덧셈정리를 이용해 다음 삼각함수 값을 구해 봅시다.

(1) $\sin 75°$ (2) $\cos\frac{5\pi}{12}$ (3) $\sin(-75)°$

길잡이 ▶ (3)은 $\sin(0° - 75°) = \sin 0° \cos 75° - \cos 0° \sin 75° = 0 \cdot \cos 75° - 1 \cdot \sin 75° = -\sin 75°$ **로 (1)의 답을 사용하여 계산할 수 있다.**

문제 5-12 정답은 p. 325

사인함수의 덧셈정리 $\sin(A+B) = \sin A \cos B + \cos A \sin B$ 에서 $A = B = \theta$ 로 두어 $\sin(2\theta)$ 를 구해 봅시다. 같은 방법으로 $\cos(2\theta)$ 도 구해 봅시다(이 두 식을 **배각 공식**이라고 합니다).

5-14 지수

지수와 거듭제곱근에 대해 알아보자

난이도 ★★☆☆☆

지금부터 **지수**의 성질에 대해 설명하겠습니다. 예를 들어 2^5 은

$$2^5 = \underbrace{2 \cdot 2 \cdot 2 \cdot 2 \cdot 2}_{5\text{개}} = 32$$

와 같이 2를 지수의 수만큼 다섯 번 거듭해서 곱한 것입니다. 이 경우, 5를 **지수**라고 부르며 2는 **밑**이라고 합니다. 이때 실수인 지수에 대하여 다음과 같이 **지수법칙**이 성립합니다.

지수법칙

① $A^n \cdot A^m = A^{n+m}$	곱셈은 덧셈
② $\dfrac{A^n}{A^m} = A^{n-m}$	나눗셈은 뺄셈
③ $(A^n)^m = A^{nm}$	거듭제곱[23]은 곱셈

간단히 증명해 봅시다.

① $A^n \cdot A^m = \underbrace{A \cdot A \cdots A}_{n\text{개}} \cdot \underbrace{A \cdot A \cdots A}_{m\text{개}} = \underbrace{A \cdot A \cdots A}_{n+m\text{개}} = A^{n+m}$

② $\dfrac{A^n}{A^m} = \dfrac{\overbrace{A \cdot A \cdots A}^{n\text{개}}}{\underbrace{A \cdot A \cdots A}_{m\text{개}}} = \underbrace{A \cdot A \cdots A}_{n-m\text{개}} = A^{n-m}$

③ $(A^n)^m = (\underbrace{A \cdot A \cdots A}_{n\text{개}})^m = \underbrace{\underbrace{A \cdot A \cdots A}_{n\text{개}} \cdot \underbrace{A \cdot A \cdots A}_{n\text{개}} \cdot \underbrace{A \cdot A \cdots A}_{n\text{개}}}_{m\text{개}}$

$= \underbrace{A \cdot A \cdots A}_{n \cdot m\text{개}} = A^{nm}$

그렇다면 이건 어떨까요?

$2^{1.5}$

---

23 여기서 거듭제곱이란 거듭제곱을 거듭제곱한다는 의미이므로 거듭제곱의 거듭제곱이라고 이해하면 됩니다.

지수에 정수가 아닌 유리수(소수, 분수)나 무리수가 있을 때, 지수만큼 거듭제곱한 수는 어떤 값을 가지게 될지 생각해 봅시다. 우선 예로 든 $2^{1.5}$ 의 값을 알아봅시다.

$x = 2^{1.5}$ 로 놓고 양변을 제곱합니다.

$$x^2 = (2^{1.5})^2$$

지수법칙 ③을 이용하면,

$$x^2 = (2^{1.5})^2 = 2^3 = 8 \text{에서 } x = \sqrt{8} = 2\sqrt{2} \quad \text{즉, } 2^{1.5} = 2\sqrt{2}$$

가 됩니다.[24] 이처럼 지수에 어떤 수가 오더라도 그 값은 실수가 되고, 지수법칙도 항상 성립합니다. 그럼, 이건 어떨까요?

$$2^{\frac{1}{3}}$$

$x = 2^{\frac{1}{3}}$ 으로 두고 양변을 세제곱하면, $x^3 = (2^{\frac{1}{3}})^3 = 2^{\frac{1}{3} \cdot 3} = 2^1 = 2$ 이므로 x는 $x^3 = 2$를 만족하는 실수입니다.

세제곱해서 2가 되는 수를 '2의 세제곱근'이라 하며, $x = \sqrt[3]{2}$ 이라고 씁니다. 마찬가지로 $x^n = A$가 되는 x를 'A의 **n제곱근**'이라 하며, $x = \sqrt[n]{A}$ 이라고 씁니다. 지수로 나타내면 다음과 같습니다.

$$x = \sqrt[n]{A} = A^{\frac{1}{n}}$$

참고로, 제곱근은 $n = 2$ 일 때입니다. 즉, 근호 왼쪽에 아무것도 없이 $\sqrt{\ }$ 만 있다면 $n = 2$ 인 것입니다.

---

24 $x = -2\sqrt{2}$ 일 수는 없습니다. $2^1 < 2^{1.5} < 2^2$에서 $x = 2^{1.5} > 2$ 이기 때문입니다.

5-15 지수함수란?

지수함수 값은 반드시 양수!

난이도 ★★☆☆☆

5−14절에서 실수인 지수에 대하여 공부했습니다. 이 절에서는 밑 A에 대하여 A^x의 지수 x를 입력값으로 하는 함수인 **지수함수**를 알아보겠습니다.

> **지수에는 어떤 실수가 와도 괜찮다**
>
> **지수함수 : $f(x) = A^x$**
>
> **이때 x는 실수이며, $A > 0$[25]이다.**

지수함수의 성질을 몇 가지 소개하겠습니다. 지수함수 $f(x) = A^x$에 대하여 다음이 성립합니다.

① $f(0) = 1$

② $f(x) > 0$

③ $f(x+y) = f(x)f(y)$

④ $f(x-y) = \dfrac{f(x)}{f(y)}$

③과 ④는 5−14절에서 소개한 지수법칙과 동일하므로, 성질 ①과 ②에 대해 설명하겠습니다. ①은 지수가 0일 경우 그 결과는 반드시 1이라는 것을 의미하며, 지수법칙으로 나타내면 다음과 같습니다.

$$A^0 = A^{n-n} = \frac{A^n}{A^n} = 1$$

②는 지수함수의 결과는 항상 양수임을 의미합니다. 삼각함수 $\sin\theta$나 $\cos\theta$의 치역[26]이 −1 이상 1 이하인 것처럼 지수함수의 치역은 0보다 큰 실수입니다.

---

25 밑인 A가 양수가 아니면, x의 값에 따라 함숫값의 부호가 계속 바뀌어 그래프를 그릴 수 없습니다. 이는 함수의 '연속성'이라는 성질 때문인데 다소 어려운 내용이므로 이 책에서는 다루지 않습니다.

26 치역에 대해서는 5−1절을 참고하세요.

예 $f(x) = 3^x$일 때, 다음 함숫값을 구해 봅시다.

(1) $f(2)$　　(2) $f(0)$　　(3) $f(-3)$　　(4) $f\left(\frac{3}{4}\right)$

풀이 (1) $f(2) = 3^2 = 9$

(2) $f(0) = 3^0 = 1$

(3) $f(-3) = 3^{-3} = 3^{0-3} = \frac{3^0}{3^3}$[27] $= \frac{1}{27}$

(4) $f\left(\frac{3}{4}\right) = 3^{\frac{3}{4}} = (3^{\frac{1}{4}})^3 = (\sqrt[4]{3})^3$

예 지수함수의 성질 ③, ④의 우변과 좌변을 각각 구해서 식이 올바른지 확인해 봅시다.

풀이 ③ (좌변) $= f(x+y) = A^{x+y} = A^x A^y$

(우변) $= f(x)f(y) = A^x A^y$

④ (좌변) $= f(x-y) = A^{x-y} = \frac{A^x}{A^y}$

(우변) $= \frac{f(x)}{f(y)} = \frac{A^x}{A^y}$

모두 (좌변) = (우변)이 됩니다.

문제 5-13 정답은 p. 325

$f(x) = 3^x$, $g(x) = \left(\frac{1}{3}\right)^x$ 일 때, 다음 물음에 답해 봅시다.

(1) 두 함숫값 $f(1)$과 $f(2)$ 중 어느 값이 더 클까요?

(2) 두 함숫값 $g(1)$과 $g(2)$ 중 어느 값이 더 클까요?

(3) (1)과 (2)의 결과를 토대로 밑과 함숫값의 크기의 관계에 대하여 알 수 있는 것이 무엇인가요?

27 지수함수의 성질 ④를 이용한 것입니다.

5-16 지수함수의 그래프

그래프의 기본이 되는 것은 표

난이도 ★★☆☆☆

지수함수의 그래프

- 점 (0, 1)을 지난다.
- 밑이 1보다 클 때 : 점점 커진다(단조증가).
- 밑이 1보다 작을 때 : 점점 작아진다(단조감소).

그림 5.34는 $y = 2^x$ 의 그래프와 $y = \left(\frac{1}{2}\right)^x$ 의 그래프를 나타낸 것입니다. 그래프가 지나는 점의 x 좌표와 y 좌표를 각 그래프의 아래에 표로 정리해 놓았습니다.

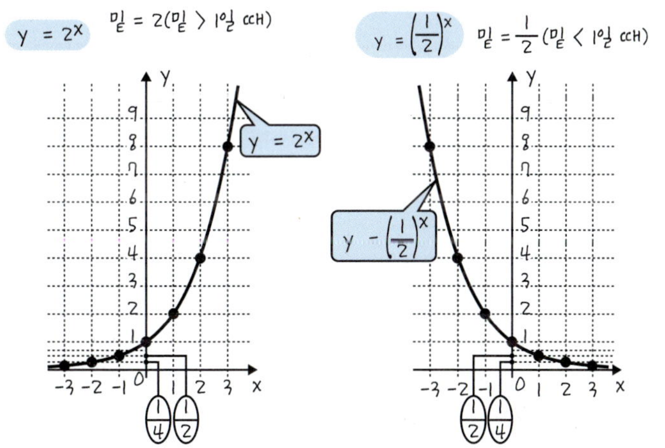

x	…	-2	-1	0	1	2	3	…
y	…	$\frac{1}{4}$	$\frac{1}{2}$	1	2	4	8	…

x	…	-3	-2	-1	0	1	2	…
y	…	8	4	2	1	$\frac{1}{2}$	$\frac{1}{4}$	…

그림 5.34 지수함수의 그래프

그림 5.34를 보면 알 수 있듯이 지수함수의 밑이 1보다 크면 지수 x가 커질수록 함숫값 y도 커져서 그래프가 우상향이 됩니다. 이렇게 그래프에서 어떤 범위를 잡아도 항상 우상향이 되는 것을 **단조증가**라고 하며, 단조증가하는 함수를 **단조증가함수**라고 합니다.

반대로 지수함수의 밑이 0보다 크고 1보다 작으면 지수 x가 커질수록 함숫값 y는 작아져서 그래프가 우하향이 됩니다. 그래프에서 어떤 범위를 잡아도 항상 우하향이 되는 것을 **단조감소**라고 하며, 단조감소하는 함수를 **단조감소함수**라고 합니다.

또, $A^0 = 1$이므로 지수함수는 밑이 어떤 수든지 $x = 0$일 때 항상 $y = 1$입니다. 즉, 지수함수의 그래프는 반드시 점 $(0, 1)$을 지납니다.

○ 보충: 왜 지수함수의 그래프를 매끄러운 곡선으로 그리는가?

지수함수의 그래프를 그릴 때 왜 매끄러운 곡선으로 그릴까요? 그 이유를 알려드리겠습니다. 그림 5.35는 지수함수 $y = 2^x$의 그래프입니다. 또 그래프 위의 두 점 $(2, 4)$와 $(3, 8)$을 직선으로 연결하여 점선으로 나타냈습니다.

이때 $x = 2$와 $x = 3$ 사이에 있는 $x = 2.5$일 때의 점을 나타내봅시다. $x = 2.5$일 때의 y값은 $y = 2^{2.5} = 4\sqrt{2}$로 그 값은 약 5.66입니다. 점 $(2.5, 4\sqrt{2})$를 좌표평면 위에 나타내면 이 점은 점선 위에 있지 않습니다. 이처럼 지수함수 위의 두 점을 직선으로 연결했을 때, 그 사이의 함숫값은 직선 위에 있지 않습니다.

물론 점들을 직선으로 이어 그래프를 그릴 수 있는 함수도 있습니다. 하지만 지수함수처럼 그래프의 모양이 직선이 아닌 함수는 **점과 점 사이는 이렇게 움직일 것이다**라고 유추하여 매끄러운 곡선으로 그리는 것이 일반적입니다.

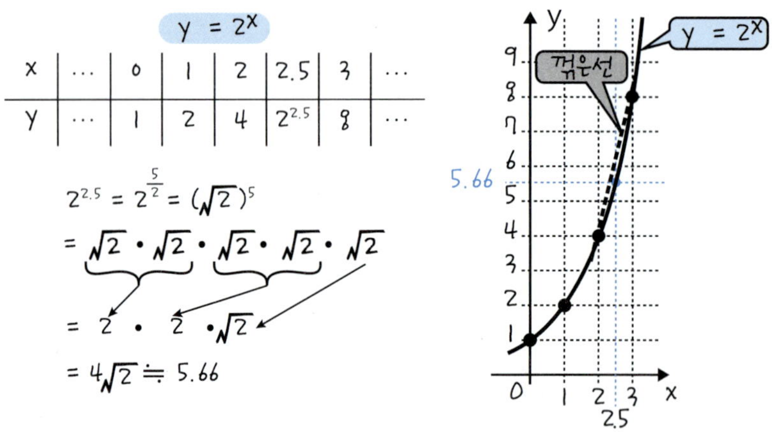

그림 5.35 지수함수의 그래프

5-17 로그

지수의 반대는 로그

난이도 ★★☆☆☆

로그는 '대(對, 쌍을 이루는)'의 '수(數)'라는 의미로 대수라고 하기도 합니다. 그렇다면 로그는 무엇과 쌍을 이루는 걸까요? 로그는 앞에서 공부한 '지수'와 쌍을 이룹니다. 예를 들어, 그림 5.36과 같이 2^3 은

$$2^3 = \underbrace{2 \cdot 2 \cdot 2}_{3개} = 8$$

로 계산하며, 이때 지수인 3은 밑인 2를 몇 번 곱하는가(이 경우 세 번)를 의미합니다. 이와는 반대로 '8은 2를 몇 번 곱하면 되는가'를 의미하는 값을 **로그**라고 하며, **log**(로그)라는 기호를 사용해 $\log_2 8 = 3$ 이라고 씁니다. 이때 2를 **밑**, 8을 **진수**라고 합니다.

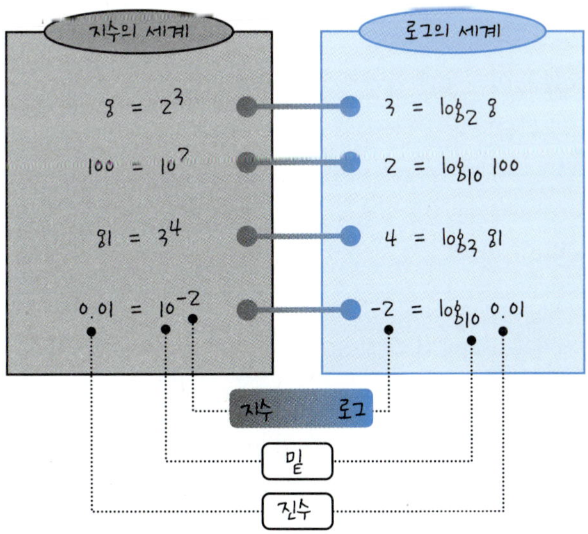

그림 5.36 지수의 세계와 로그의 세계

지수와 로그의 표기 방법을 그림 5.37에 나타냈습니다. 지수와 로그는 양수이거나 음수여도 상관없지만, 밑과 진수는 반드시 양수이어야 합니다. 진수가 반드시 양수여야 한다는 것을 특별히 **진수조건**이라고 합니다.

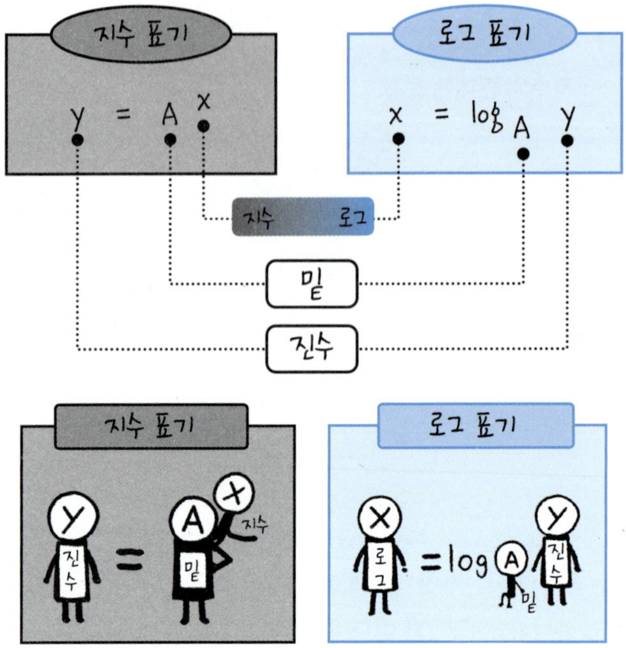

그림 5.37 지수와 로그

'지수'는 항상 밑의 오른쪽 어깨 위에 올라가 있습니다. 반면 '로그'에서는 그림 5.37과 같이 지수가 아래로 내려온 것과 같습니다.

> **로그**
>
> 지수가 내려오면 로그

1-2절에서 소개한 것처럼 공학에서 수를 표기할 때 매우 큰 수나 작은 수를 10의 거듭제곱으로 나타냅니다. 이러한 이유로 로그의 밑이 10일 때 편리한 경우가 많기 때문에, 밑이 10인 로그는 **상용로그**라고 특별히 이름붙이고 밑 10을 생략하여 $\log M$ 과 같이 나타냅니다. 예를 들어 증폭기의 이득 'dB(데시벨)' 등과 같은 수치는 상용로그로 나타냅니다.

> **상용로그**
>
> 밑이 10인 로그

5-18 로그함수란?

로그함수와 지수함수는 역의 관계

난이도 ★★☆☆☆

> **로그함수**
>
> 로그함수는 지수함수의 역함수

지수함수의 역함수[28]를 **로그함수**라고 합니다. 그림으로 나타내면, 그림 5.38처럼 지수함수의 반대가 로그함수가 됩니다.[29]

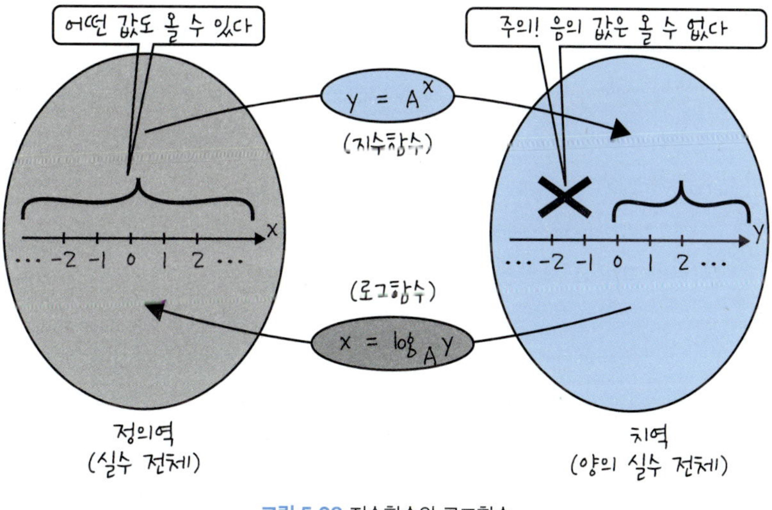

그림 5.38 지수함수와 로그함수

이때 주목해야 할 점은 '지수함수는 반드시 양수를 출력한다'는 것입니다. 이것은 '로그함수는 반드시 양수만을 입력해야 한다'는 것을 의미합니다.[30] 즉, 로그함수의 정의역[31]은 양의 실수 전체

28 역함수에 대한 자세한 내용은 5-1절을 참고하세요.

29 (감수자) 로그함수는 지수함수의 역함수이며, 대수함수라고도 합니다.

30 (감수자) 위의 그림에서 지수함수의 결과인 y는 양의 값만을 취하며 x는 모든 값을 취할 수 있습니다. 즉 로그함수의 결과인 x는 0 또는 음수가 될 수도 있습니다.

31 정의역, 치역에 대한 자세한 내용은 5-1절을 참고하세요.

의 집합이 됩니다. 출력값은 어떤 실수도 될 수 있기 때문에 로그함수의 치역은 실수 전체의 집합입니다. 식으로 나타내면 다음과 같습니다.

$$f(x) = \log_A x \text{에서 } f: (\text{양의 실수 전체의 집합}) \to (\text{실수 전체의 집합 } (R))$$

예 다음 로그의 값을 구해 봅시다.

(1) $\log_2 32$ (2) $\log_{10} 0.1$ (3) $\log_5 1$

풀이 로그는 '밑을 몇 번 곱하면 진수가 되는가'이므로,

(1) $\log_2 32$의 밑은 2, 진수는 32입니다. 따라서 $32 = 2^5$이므로

$\log_2 32 = \log_2 2^5 = 5$

입니다. 이로부터 $\log_A A^c = c$임을 알 수 있습니다.

(2) (1)과 마찬가지로 $0.1 = 10^{-1}$이므로

$\log_{10} 0.1 = \log_{10} 10^{-1} = -1$

(3) 모든 양수 a에 대하여 $a^0 = 1$이므로 밑 5에 맞춰서 $1 = 5^0$임을 이용하면

$\log_5 1 = \log_5 5^0 = 0$

위 예의 (2)나 (3)처럼 로그의 값은 0 또는 음수가 되기도 합니다.

문제 5-14 정답은 p. 326

다음 로그의 값을 구해 봅시다.

(1) $\log_3 27$ (2) $\log_2 0.5$ (3) $\log_{1.5} 1$

예 증폭률 A_v의 이득 G는 상용로그에 의해 $G = 20\log A_v\,[\mathrm{dB}]$로 계산합니다. 다음 증폭률에 대하여 이득을 구해 봅시다.

(1) $A_v = 10$　　(2) $A_v = 1$　　(3) $A_v = 0.1$

풀이

(1) $G = 20\log A_v = 20\log 10 = 20 \cdot 1 = 20\mathrm{dB}$

(2) $G = 20\log A_v = 20\log 1 = 20 \cdot 0 = 0\mathrm{dB}$

(3) $G = 20\log A_v = 20\log 0.1 = 20 \cdot (-1) = -20\mathrm{dB}$

이로부터 증폭률이 1보다 클 때의 이득은 양수, 증폭률이 1일 때의 이득은 0, 증폭률이 1보다 작을 때의 이득은 음수임을 알 수 있습니다.

문제 5-15 정답은 p. 326

증폭률이 10배가 되면 이득은 얼마나 증가하는지 구해 봅시다.

5-19 로그함수의 성질

곱셈은 덧셈, 나눗셈은 뺄셈으로! 밑의 범위에 주의

난이도 ★★☆☆☆

로그함수의 성질

① 곱셈은 덧셈이다 : $\log_A(NM) = \log_A N + \log_A M$

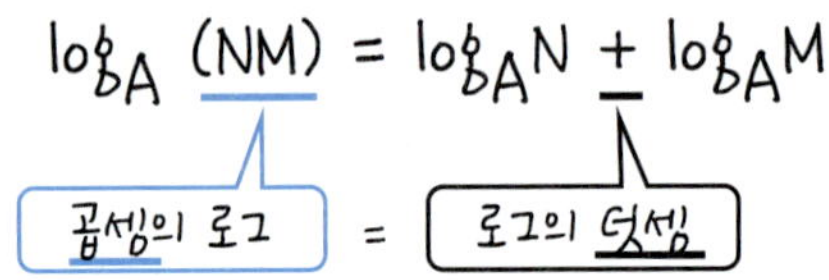

①' 지수는 내린다 : $\log_A N^n = n\log_A N$

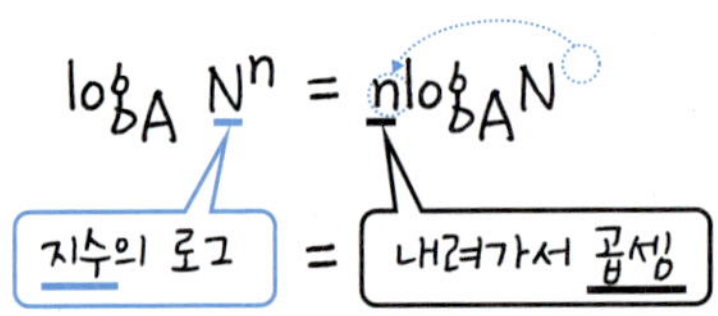

② 나눗셈은 뺄셈이다 : $\log_A\left(\dfrac{N}{M}\right) = \log_A N - \log_A M$

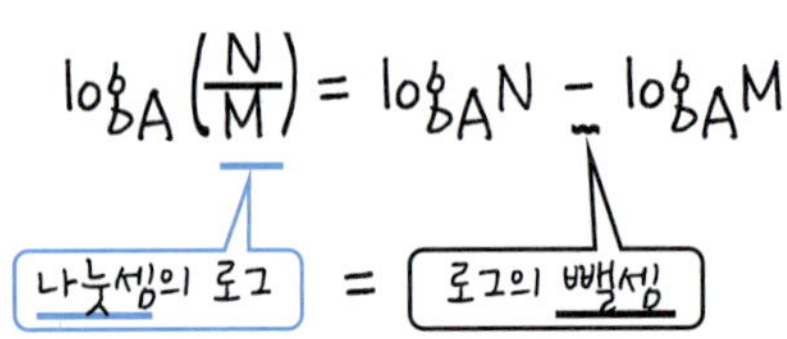

③ 밑의 변환 : $\log_A N = \dfrac{\log_B N}{\log_B A}$

밑이 A인 로그를 밑이 B인 로그의 나눗셈으로 변환할 수 있다!

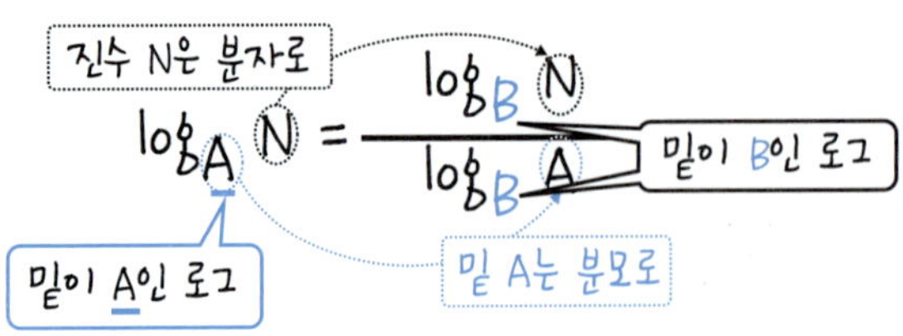

로그의 기본적인 성질은 모두 지수의 성질을 기반으로 합니다. 각 성질을 살펴봅시다.

① 곱셈은 덧셈이다

$\underbrace{\log_A(NM)}_{=a} = \underbrace{\log_A N}_{=b} + \underbrace{\log_A M}_{=c}$ 로 하고, 이 식을 지수로 표현하면

$$A^a = NM \quad (\text{가}) \qquad A^b = N \quad (\text{나}) \qquad A^c = M \quad (\text{다})$$

가 됩니다. (가)에서 $NM = A^a$, (나)와 (다)에서 $NM = A^b A^c = A^{b+c}$ (지수법칙)이므로, 이 두 식으로부터

$$A^a = A^{b+c} \qquad \therefore\ a = b + c$$

임을 알 수 있습니다. 이때 $a = \log_A(NM)$, $b = \log_A N$, $c = \log_A M$ 이므로, 이를 다시 대입하면 ①이 나옵니다.

①' 지수는 내린다

이 성질은 성질 ①을 여러 번 적용한 결과입니다. $N^n = \underbrace{N \cdot N \cdots N}_{n\text{개}}$ 이므로 다음이 성립합니다.

$$\log_A N^n = \underbrace{\log_A N + \log_A N + \cdots + \log_A N}_{n\text{개}} = n \cdot \log_A N$$

② 나눗셈은 뺄셈이다

$\underbrace{\log_A\left(\frac{N}{M}\right)}_{=a} = \underbrace{\log_A N}_{=b} - \underbrace{\log_A M}_{=c}$ 로 하고, 이 식을 지수로 표현하면

$$A^a = \frac{N}{M} \quad (\text{가}) \qquad A^b = N \quad (\text{나}) \qquad A^c = M \quad (\text{다})$$

가 됩니다. (가)에서 $\frac{N}{M} = A^a$, (나)와 (다)에서 $\frac{N}{M} = \frac{A^b}{A^c} = A^{b-c}$ (지수법칙)이므로 두 식으로부터

$$A^a = A^{b-c} \qquad \therefore\ a = b - c$$

임을 알 수 있습니다. 이때 $a = \log_A\left(\frac{N}{M}\right)$, $b = \log_A N$, $c = \log_A M$ 이므로, 이를 다시 대입하면 ②가 됩니다.

③ 밑의 변환

밑이 A인 로그 '$\log_A N$'을 밑이 B인 로그 '$\log_B$' 꼴로 나타내고 싶을 때 유용한 성질입니다.
$\log_A N = x$라 하면 $A^x = N$입니다. 양변에 $\log_B$를 취하면

$$\log_B A^x = \log_B N$$

이고 ①'에서 $\log_B A^x = x\log_B A$이므로

$$x\log_B A = \log_B N$$

이 식에 $x = \log_A N$을 대입하면

$$(\log_A N)(\log_B A) = \log_B N$$

이므로

$$\log_A N = \frac{\log_B N}{\log_B A}$$

이 됩니다. 따라서 좌변에는 밑이 A, 우변에는 밑이 B인 로그만 있는 식으로 바뀝니다. 이처럼 밑의 변환은 계산이 어려운 밑이 있는 로그를 상용로그와 같이 자주 사용하는 로그로 변환할 때 사용합니다.

예 다음을 구해 봅시다.

(1) $\log_3 21 + \log_3 \frac{1}{7}$　　(2) $\log_2 4^{10}$　　(3) $\log_{\sqrt{2}} 8$　　(4) $\log_3 162 - \log_3 6$

풀이 (1) ①을 이용하여 '로그의 덧셈'을 '곱셈이 포함된 로그'로 바꿔 봅시다.

$$\log_3 21 + \log_3 \frac{1}{7}$$
$$= \log_3\left(21 \cdot \frac{1}{7}\right) \quad \Leftarrow \boxed{①}$$
$$= \log_3 3 = 1 \quad \Leftarrow \boxed{\log_3 3 = \log_3 3^1}$$

(2) ①'를 이용해서 지수를 아래로 내리면 풀기 쉬워집니다.

$$\log_2 4^{10}$$
$$= 10\log_2 4 \quad \Leftarrow \boxed{①'}$$
$$= 10\log_2 2^2$$
$$= 10 \cdot 2 = 20$$

(3) 밑이 $\sqrt{2}$ 일 경우 계산하기 복잡하고 까다롭습니다. 진수 8에 대해 계산하기 쉽도록 밑을 2로 변환해 봅시다. 즉, ③에서 $A = \sqrt{2}$, $B = 2$라고 생각하면 됩니다.

$$\log_{\sqrt{2}} 8$$
$$= \frac{\log_2 8}{\log_2 \sqrt{2}} \quad \Leftarrow \boxed{③}$$
$$= \frac{\log_2 2^3}{\log_2 2^{\frac{1}{2}}} \quad \Leftarrow \boxed{\text{분모와 분자의 로그를 각각 계산}}$$
$$= \frac{3}{\frac{1}{2}} = 3 \cdot \frac{2}{1} = 6$$

(4) ②를 이용하면, 뺄셈을 나눗셈으로 변환할 수 있습니다.

$$\log_3 162 - \log_3 6$$
$$- \log_3 \frac{162}{6} \quad \Leftarrow \boxed{②}$$
$$= \log_3 27$$
$$= \log_3 3^3 = 3$$

문제 5-16 정답은 p. 326

다음을 구해 봅시다.

(1) $\log_2 24 + \log_2 \frac{1}{3}$ (2) $\log_2 8^5$ (3) $\log_{\sqrt{3}} 9$ (4) $\log_{\sqrt{3}} 162 - \log_{\sqrt{3}} 6$

5-20 로그함수의 그래프

그래프의 기본은 역시 표

난이도 ★★☆☆☆

로그함수를 그래프로 그려서 로그에 대해 더 자세히 알아봅시다. 지수함수와 마찬가지로 일단 표를 만들면 어떻게든 그릴 수 있습니다.

로그함수의 그래프

- 점 (1, 0)을 지난다
- 밑이 1보다 클 때 : 우상향(단조증가)
- 밑이 1보다 작을 때 : 우하향(단조감소)

그림 5.39는 $y = \log_2 x$ 인 그래프, 그림 5.40은 $y = \log_{\frac{1}{2}} x$ 인 그래프입니다. 각 그래프 아래에는 그래프 위의 x, y 값을 정리하여 표로 나타냈습니다. 이 값들을 점으로 나타낸 후 연결하면 다음과 같은 그래프가 됩니다.

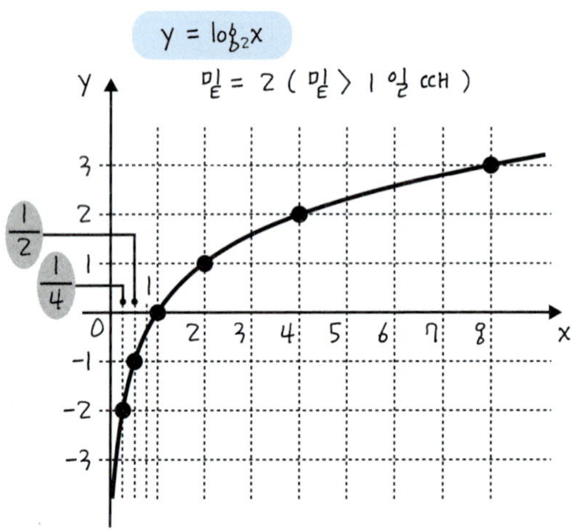

x	…	$\frac{1}{4}$	$\frac{1}{2}$	1	2	4	8	…
y	…	-2	-1	0	1	2	3	…

그림 5.39 로그함수 $y = \log_2 x$ 의 그래프

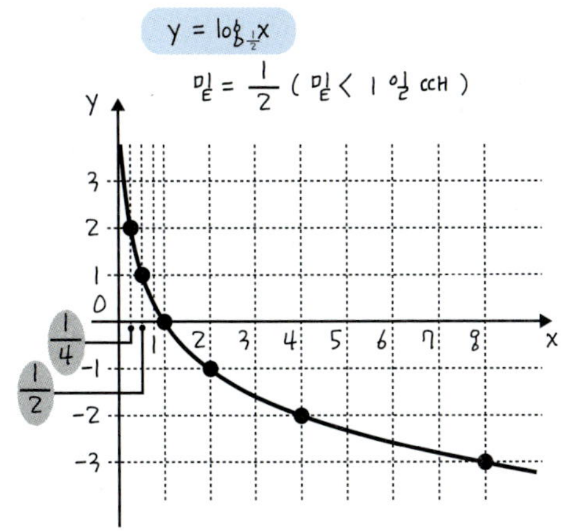

x	…	$\frac{1}{4}$	$\frac{1}{2}$	1	2	4	8	…
y	…	2	1	0	-1	-2	-3	…

그림 5.40 로그함수 $y = \log_{\frac{1}{2}}x$ 의 그래프

로그함수의 그래프를 그릴 때는 진수조건에 주의해야 합니다. 진수는 반드시 양수이어야 하기 때문에, $y = \log_2 x$ 인 그래프와 $y = \log_{\frac{1}{2}}x$ 인 그래프 모두 $x > 0$ 의 범위에서 그립니다.

그림 5.39는 밑이 2로서 1보다 큽니다. 밑이 1보다 크면 그래프는 항상 우상향이 되므로 이때 지수함수는 단조증가함수[32]라고 할 수 있습니다. 그림 5.40은 밑이 $\frac{1}{2}$ 로서 0보다 크고 1보다 작습니다. 밑이 0보다 크고 1보다 작으면 그래프는 항상 우하향이 되기 때문에 이때 지수함수는 단조감소함수[33]라고 할 수 있습니다.

5–16절에 나온 지수함수 $y = 2^x$ 과 $y = \left(\frac{1}{2}\right)^x$ 를 비교하면 $y = 2^x$ 과 $y = \log_2 x$, $y = \left(\frac{1}{2}\right)^x$ 과 $y = \log_{\frac{1}{2}}x$ 는 각각 x와 y를 서로 바꾼 것입니다. 그래프도 x축과 y축을 서로 바꿔서 그린 형태입니다. 이것은 지수함수와 로그함수가 서로 역함수 관계이기 때문입니다.

문제 5–17 정답은 p. 327

5–16절의 지수함수의 그래프(그림 5.34)를 x축과 y축을 서로 바꿔서 그리면 그림 5.39 또는 그림 5.40이 된다는 것을 직접 확인해 봅시다.

---

32 단조증가함수에 대한 설명은 5–16절을 참고하세요.

33 단조감소함수에 대한 설명은 5–16절을 참고하세요.

5-21 편대수 그래프와 양대수 그래프

Wide Range!

난이도 ★★☆☆☆

눈금에 로그를 취하면

'Wide Range' = '광범위'하게 그래프를 그릴 수 있다

정밀하게 측정한 데이터를 그래프로 나타낼 때 로그가 도움이 될 수 있습니다. 그래프의 눈금에 로그를 취하면 광범위한 데이터를 한정된 범위 내에 나타낼 수 있습니다.

그림 5.41을 살펴봅시다. 왼쪽 그림은 일반적인 모눈종이에 데이터를 그래프로 그린 것이고, 가운데 그림은 세로축에 상용로그[34]를 취한 그래프이며, 오른쪽 그림은 세로축과 가로축에 모두 상용로그를 취한 그래프입니다. 이때 세 그래프의 데이터는 모두 동일합니다. 가운데 그림과 같이 눈금의 한 쪽에만 로그를 취한 그래프를 **편대수 그래프**(semi-log), 오른쪽 그림과 같이 양쪽

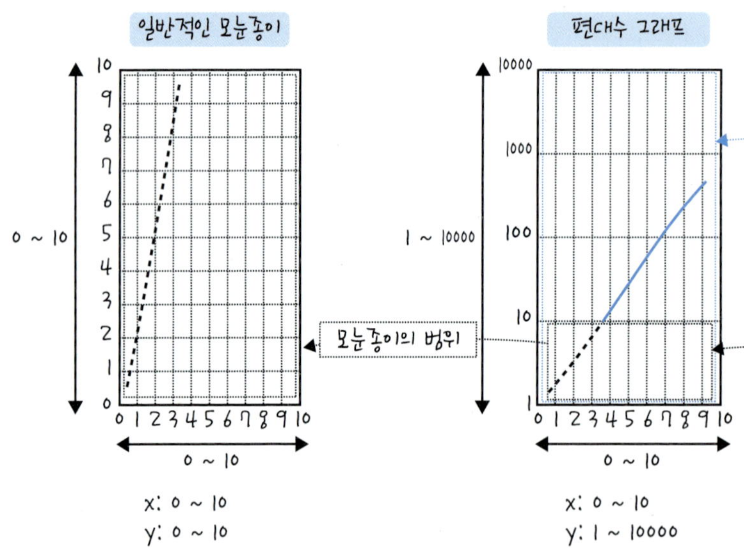

그림 5.41 일반적인 모눈종이·편대수·양대수 그래프

34 상용로그에 대한 자세한 설명은 5-17절을 참고하세요.

눈금에 모두 로그를 취한 그래프를 **양대수**(log−log) **그래프**라고 합니다.

축을 로그로 표현해서 그래프를 그리면 매우 광범위하게 데이터를 나타낼 수 있습니다. 예를 들어 양대수 그래프로 나타낸 데이터를 편대수 그래프로 바꾸어 나타내면 가로축의 데이터를 모두 나타낼 수는 없습니다. 같은 원리로 편대수 그래프로 나타낸 데이터도 일반적인 모눈종이에 나타낸다면 편대수 그래프의 세로축 데이터를 모두 나타낼 수 없습니다. 이처럼 그래프 눈금에 로그를 취한다면, 광범위한 데이터를 한 장의 그래프로 나타낼 수 있습니다.

○ 모눈종이를 활용

일차함수로 표현되는 데이터를 해석할 때, 모눈종이는 큰 위력을 발휘합니다. 데이터가

$$y = ax + b$$

와 같은 일차함수일 때, 그래프에서 a와 b의 값을 찾을 수 있습니다. 만약 $x = 0$일 때 y의 값을 안다면

$$y = a \cdot 0 + b = b$$

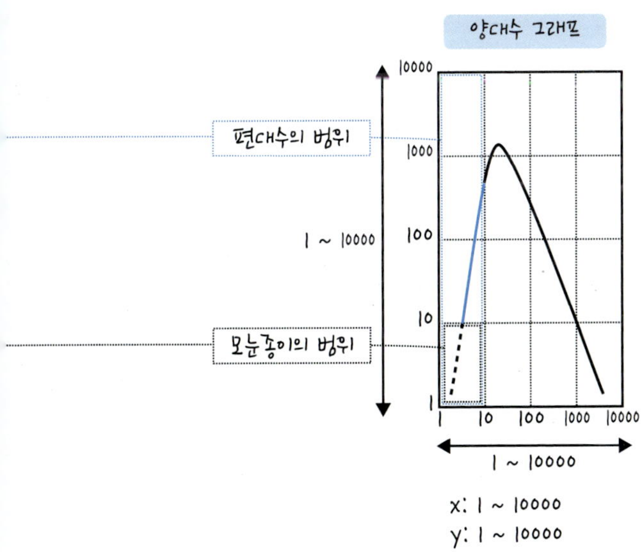

이므로, b의 값을 알 수 있습니다. 이때 b를 **y절편**이라고 합니다.

또한 $x=0$ 에서 1만큼 증가하여 $x=1$ 일 때

$$y=a\cdot 1+b=a+b$$

와 같이 y의 값은 $x=0$ 일 때보다 a만큼 증가함을 알 수 있습니다. 따라서 x의 값이 1만큼 증가했을 때 y의 값은 얼마나 늘어났는지 안다면 a의 값을 알 수 있습니다. 이때 a는 그래프의 경사를 의미하며 **기울기**라고 부릅니다.

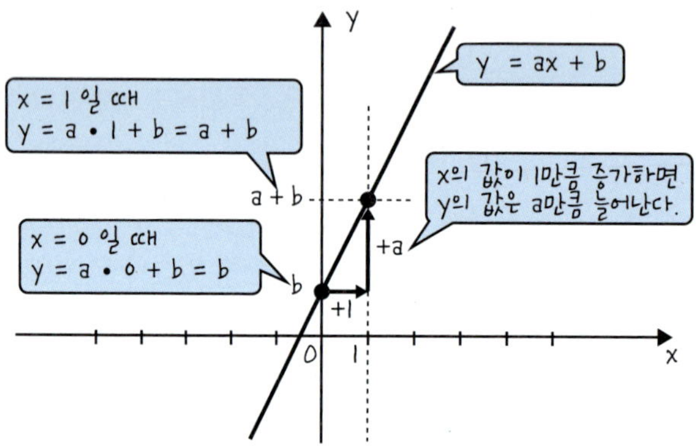

그림 5.42 모눈종이와 일차함수

○ 편대수 그래프의 이용

지수함수로 표현되는 데이터를 해석할 때, 편대수 그래프는 큰 위력을 발휘합니다. 데이터가

$$y=A^{ax+b}$$

인 지수함수라고 할 때 편대수 그래프에서 A, a, b의 값을 찾을 수 있습니다. 식의 양변에 상용로그를 취하면

$$\log y=\log A^{ax+b}=(ax+b)\log A=(a\log A)x+(b\log A)$$

로 나타낼 수 있습니다. $\log y=Y$ 라 놓고 양변에 상용로그를 취하면

$$Y=(a\log A)x+(b\log A)$$

가 되어, Y는 x에 대한 일차함수가 됩니다. 즉, 지수함수를 편대수 그래프로 그리면 직선으로 나타납니다. 따라서 직선의 기울기로부터 $a\log A$의 값을, y절편으로부터 $b\log A$의 값을 구할 수 있습니다.

$$a\log A = (\text{기울기}),\ \ b\log A = (\text{절편})$$

이때 그래프가 점 $(0, y_0)$을 지난다면 $y_0 = A^{a\cdot 0+b} = A^b$에서 $b = \log_A y_0$이므로

$$\log A = \frac{(y\text{절편})}{b}$$

로부터 A, a, b의 값을 정할 수 있습니다.

$$a = \frac{(\text{기울기})}{\log A} = \frac{(\text{기울기})}{(y\ \text{절편})/b} = \frac{(\text{기울기})}{(y\ \text{절편})}b = \frac{(\text{기울기})}{(y\ \text{절편})}\log_A y_0$$

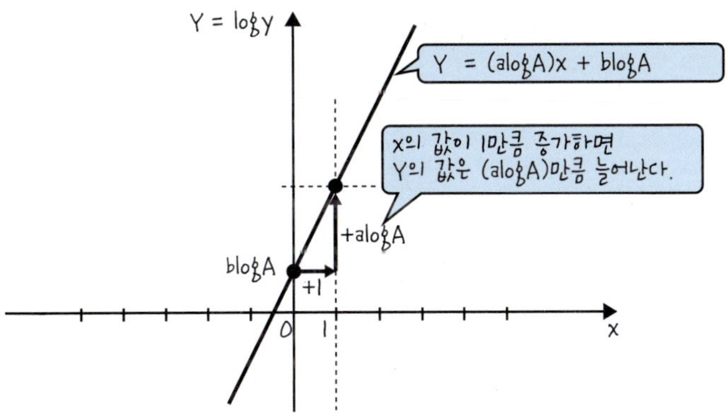

그림 5.43 편대수 그래프와 지수함수

○ 양대수 그래프의 이용

n차 함수로 표현되는 데이터를 해석할 때, 양대수 그래프는 큰 위력을 발휘합니다. 데이터가

$$y = ax^n$$

인 n차 함수라고 할 때 양대수 그래프에서 a, n의 값을 찾을 수 있습니다. 양변에 상용로그를 취하면

$$\log y = \log(ax^n) = \log a + \log(x^n) = \log a + n\log x$$
$$= n\log x + \log a$$

가 됩니다. $Y = \log y$, $X = \log x$ 라고 할 때

$$Y = nX + \log a$$

가 되고, n차함수를 양대수 그래프로 그리면 기울기가 n, y절편이 $\log a$ 인 일차함수의 그래프가 됨을 알 수 있습니다. 즉, **n차 함수를 양대수 그래프로 그리면 직선이 됩니다**. 편대수 그래프와 마찬가지로 기울기와 절편으로부터 a, n의 값을 정할 수 있습니다.

$$n = (\text{기울기}) \qquad a = 10^{(y\text{ 절편})}$$

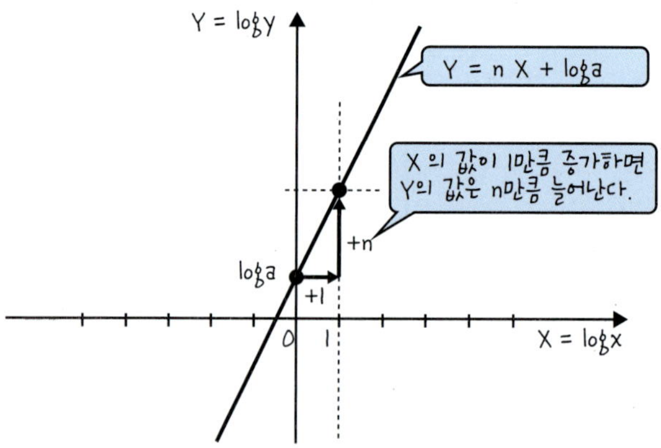

그림 5.44 양대수 그래프와 n차함수

column 파리와 직교좌표

5-3절에서 직교좌표에 대해 설명했는데, 이것은 데카르트라는 사람이 고안한 것으로서 데카르트 좌표라고도 합니다.

데카르트(1596-1650)는 'Cogito ergo sum' (나는 생각한다, 고로 존재한다)로 유명한 '방법서설'의 저자로서 근대 철학의 시조로 유명합니다만, 수학자로서도 많은 업적을 남겼습니다. 데카르트가 왕의 가정교사인 시절에, 유독 아침잠이 많아 아침에 침대에서 일어나는 것을 매우 힘들어했다고 합니다. 어느 날, 데카르트가 아침 일찍 침대에서 누워 자고 있는데 창문으로 파리가 들어왔습니다. 평범한 사람이라면 '시끄럽네~' 하고 말았을 테지만, 데카르트는 달랐습니다. '이 파리의 위치를 나타내려면 어떻게 하면 좋을까...'라고 생각했답니다. 그러자 '아! 직교하는 축 3개 x, y, z를 마련하면 그 변수의 조합을 통해 파리의 위치를 나타낼 수 있지 않을까'라는 생각이 떠올랐다고 합니다. 참 대단하지요?

오늘날 함수를 좌표평면 위에 그래프로 나타낼 수 있는 것은 데카르트 덕분인데요, 파리도 조금은 이에 공헌한 건지도 모르겠습니다.

제6장
복소수

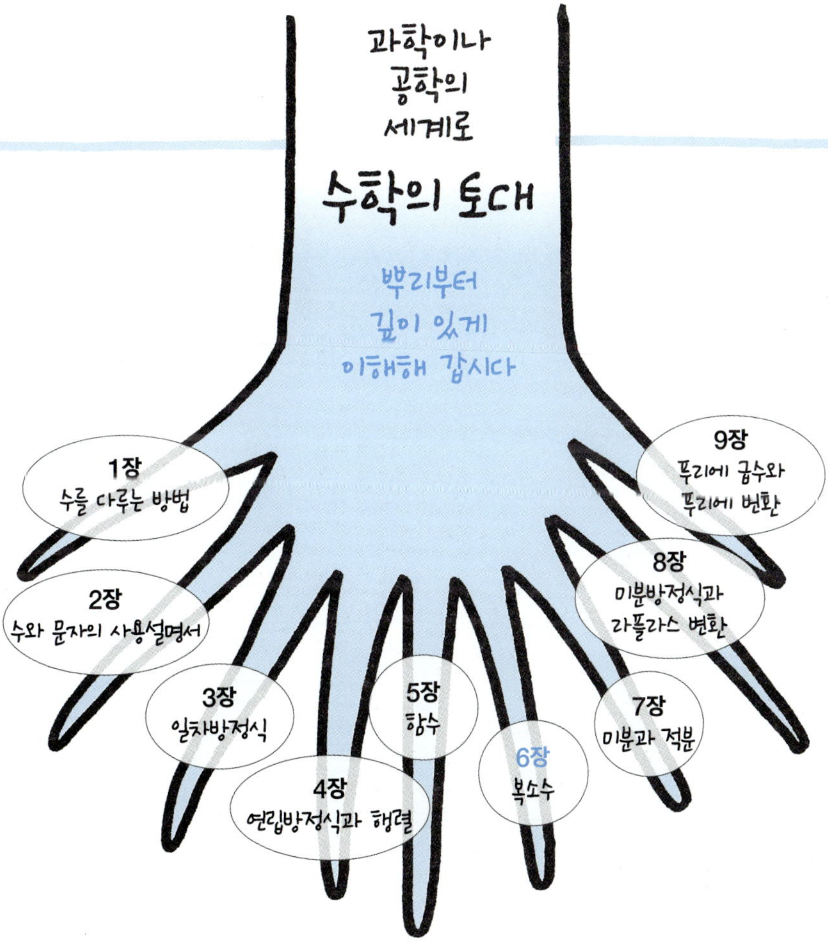

'복소수'는 2개(複: 복)의 수가 바탕(素: 소)이 되는 수를 말합니다. 복소수는 특히 전기전자공학에서 자주 사용합니다. 이 장에서는 복소수란 무엇인지 살펴보고, 복소수를 활용하는 방법에 대해 알아봅시다.

6-1 복소수란?

'실수+허수' = '좌표평면 위의 점'

난이도 ★☆☆☆☆

> **복소수**
>
> '실수'와 '허수'로 구성된 수

복소수란 글자 그대로 복수의 수가 바탕이 된 수입니다. 2개의 실수[1]를 **실수부**와 **허수부**로 나누고, 기호 j로 나타내는 허수단위를 허수부 앞에 붙여 나타냅니다.[2]

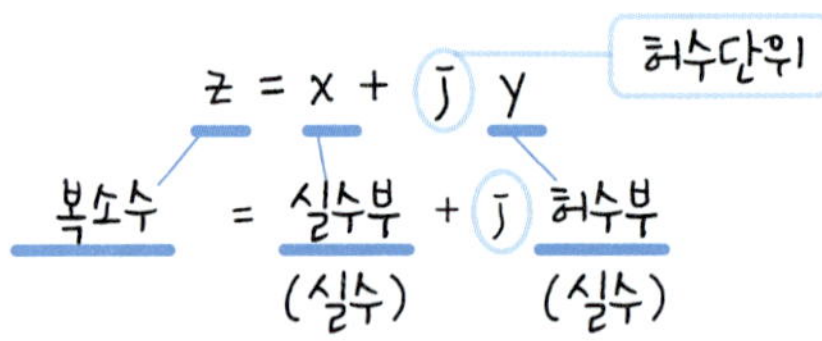

실수부와 허수부로 구성되는 '복소수'를 수로써 분류해 보면, 그림 6.1과 같이 지금까지 배운 수를 포함하는 것을 알 수 있습니다. 복소수 중 실수부가 0이고 허수부만 존재하는 것을 **순허수**라고 합니다.

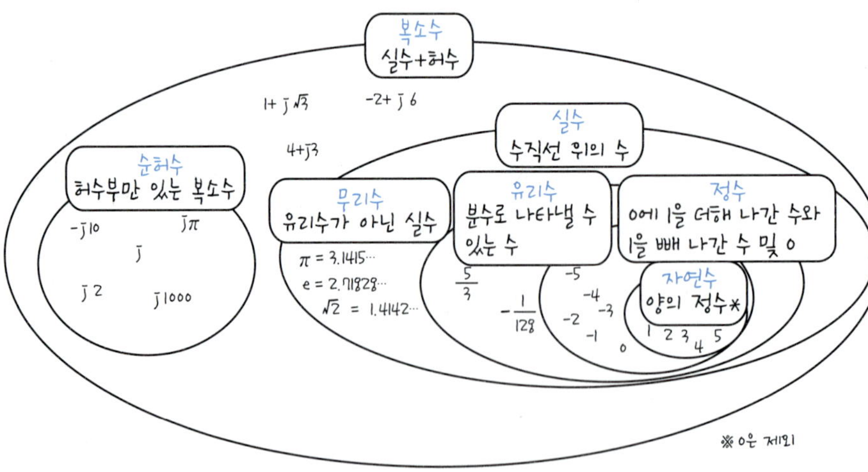

그림 6.1 복소수를 포함한 수 체계

수학에서는 복소수를 z로 쓰지만, 전기전자공학에서는 도트 '•' 기호를 붙여 $\dot{z}$로 표시하기도 하고 진하게 $\mathbf{z}$로 나타내기도 합니다. 이 책에서는 수학에서와 같이 복소수를 z로 쓰겠습니다.

복소수는 실수부와 허수부로 나눌 수 있으며, 이를 **직교좌표** 위의 점으로 나타낼 수 있습니다. 즉, **복소수는 좌표평면 위에서 점으로 표현합니다**. 가로축은 실수부, 세로축은 허수부인 좌표평면을 **복소평면**이라고 합니다. 실수부인 가로축은 **실수축**, 허수부인 세로축은 **허수축**이라고 부릅니다.

그림 6.2에서 복소평면 위에 여러 복소수를 표시해 보았습니다. 예를 들어 $z_1 = 7 + j5$에서 실수부는 7, 허수부는 5이므로 z_1을 복소평면 위에 나타내면 가로축 좌표가 7, 세로축 좌표가 5인 점이 됩니다.

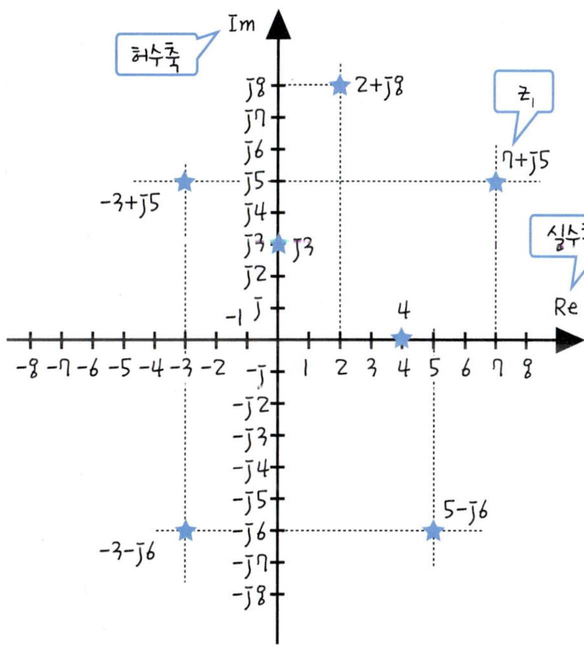

그림 6.2 복소평면

1 실수에 대해서는 2-5절을 참고하세요.

2 전기전자공학에서는 허수단위를 j로 쓰지만 수학에서는 i로 씁니다. 원래 수학에서는 허수의 영어 표현 imaginary number의 머리글자 i를 사용하고 있었는데, 전기전자공학에서도 허수단위를 i로 쓸 경우 전류의 양기호인 i와 혼동하기 쉽습니다. 따라서 전기전자공학에서는 허수단위를 j로 쓰는 것이 관례가 되었습니다.

6-2 허수단위의 비밀

왜 $j^2 = -1$일까?

난이도 ★☆☆☆☆

> **$j^2 = -1$인 이유**
>
> **빙그르 돌리면 $j^2 = -1$**

6-1절에서 복소수의 실수부와 허수부를 구분하는 허수단위 기호 j를 소개했습니다. 이번 절에서는 허수단위 j에 대해 자세히 알아보겠습니다.

복소수의 실수부와 허수부는 허수단위 j로 구분하므로, 복소수끼리 덧셈이나 뺄셈을 할 때에는 실수부는 실수부끼리, 허수부는 허수부끼리 연산하면 됩니다. 6-5절에서 자세히 설명하겠지만, $1+j2$와 $4+j3$을 더하면 다음과 같습니다.

$$(1+j2)+(4+j3)=(1+4)+j(2+3)=5+j5$$

한편 두 복소수를 곱하면 허수단위 j가 두 번 곱해져서 j^2이 생깁니다. 이때 j^2의 값을 어떻게 정해야 할지 생각해 봅시다. 그림 6.3은 실수 1에 j를 거듭해서 곱했을 때, 복소평면 위에서 점의 움직임을 나타낸 것입니다.

① $1 \times j = j$

어떤 수에 1을 몇 번을 곱하더라도 결과는 원래 수가 됩니다. 1은 $1 = 1 + j0$이므로 복소평면 위에 표시하면 가로축 좌표가 1, 세로축 좌표가 0인 점이 됩니다. 또 허수단위 j는 $j = 0 + j$이므로 가로축 좌표가 0, 세로축 좌표가 1인 점이 됩니다. 이제 $1 \times j$가 복소평면 위에서 어떻게 나타나는지 그림 6.3과 함께 살펴봅시다. 1을 나타내는 점은 원점 O를 기준으로 반시계 방향으로 $90^\circ\left(\frac{\pi}{2}\right)$(90°)만큼 회전해서 j를 나타내는 점으로 이동하는 것을 알 수 있습니다.

② $j \times j = -1$

①에서 1에 j를 곱하면 복소평면 위에서 점이 반시계 방향으로 $90^\circ\left(\frac{\pi}{2}\right)$(90°)만큼 회전한다는 것을 알았습니다. 이번에는 j에 또 j를 곱해 봅시다.

①에서와 마찬가지로 j를 나타내는 점을 반시계 방향으로 $90°\left(\frac{\pi}{2}\right)$(90°)만큼 회전하면 그림 6.3과 같이 −1을 나타내는 점으로 이동합니다. 이로부터 $j \times j = -1$, 즉 $j^2 = -1$이 됩니다.

③ $(-1) \times j = -j$

위 식은 문자식의 일반적인 계산과 같습니다.

④ $(-j) \times j = 1$

$j \times j = -1$을 이용하면 다음과 같이 위 식이 성립함을 보일 수 있습니다.

$$(-j) \times j = -(j \times j) = -(-1) = 1$$

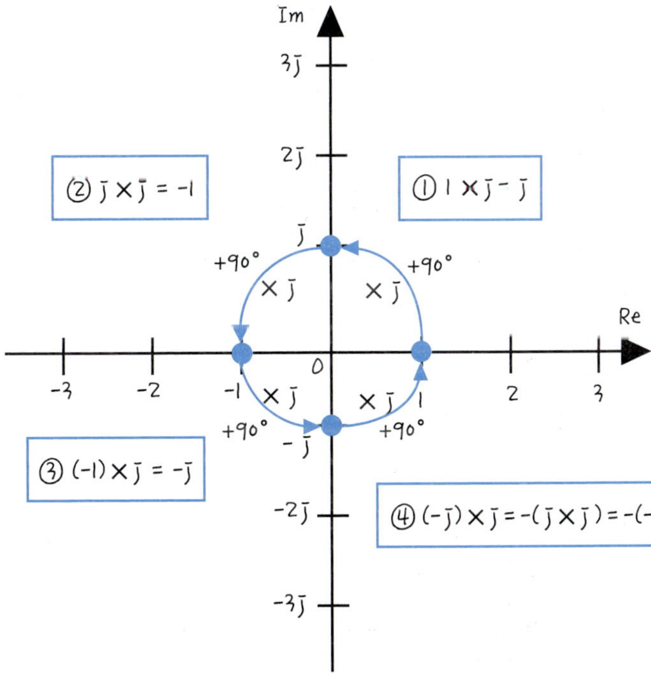

그림 6.3 허수단위 j의 거듭제곱

지금까지 허수단위 j를 거듭해서 곱할 때마다 복소평면에서 점이 반시계 방향으로 $90°\left(\frac{\pi}{2}\right)$(90°)만큼 회전한다는 것을 알아봤습니다. $j^2 = -1$이어야만 어떤 복소수에 허수단위 j를 곱했을 때, 복소평면에서 이 복소수를 나타내는 점이 반시계 방향으로 $90°\left(\frac{\pi}{2}\right)$(90°)만큼 회전하게 된다는 것입니다. 이와 같은 일련의 규칙성을 위해 $j^2 = -1$이 됐다고 할 수 있습니다.

6-3 직교좌표와 극좌표

직교좌표와 극좌표에 도시의 위치를 표시해 보자

난이도 ★☆☆☆☆

직교좌표와 극좌표

직교좌표 : 서로 직교하는 세로축과 가로축의 값으로 좌표를 나타낸다.

극좌표 : 중심으로부터의 '길이'와 '각도' 값으로 좌표를 나타낸다.

직교좌표는 2개의 축을 서로 직교시켜서 축 위에 있는 두 개의 값으로 좌표를 결정합니다. 좌표를 나타내는 또다른 방법으로 **극좌표**를 소개하겠습니다. 직교좌표와 극좌표는 도시의 특정 위치를 나타내는 데 유용하게 이용할 수 있습니다.

만약 도시의 구조가 바둑판의 눈금처럼 되어 있다면 직교좌표로 도시에 있는 모든 장소의 위치를 나타낼 수 있습니다. 즉, 그림 6.4와 같이 세로축과 가로축에 거리의 번호나 이름을 정해서 표시할 수 있습니다. 미국에서 남북으로 뻗은 길을 avenue, 동서로 뻗은 길을 street으로 나타내는 것과 같습니다. 즉, 어떤 장소의 위치를 점 $P(x, y)$라 하면, x는 세로 길의 번호·거리명이 되고, y는 가로 길의 번호·거리명이 됩니다.[3]

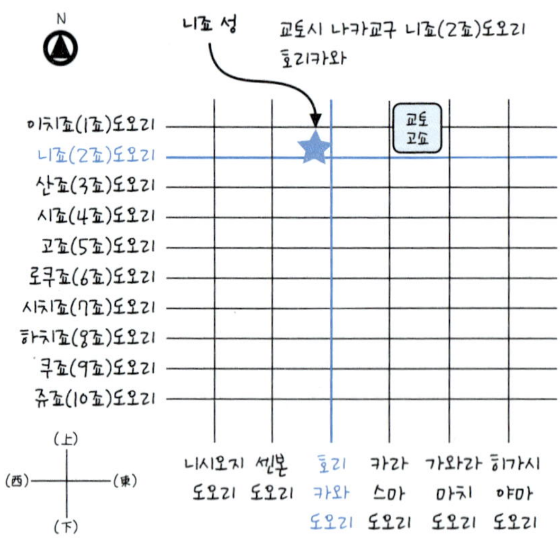

그림 6.4 교토의 대략적인 지도 : 직교좌표의 예

예 그림 6.5의 직교좌표에서 점 A의 x좌표가 7, y좌표가 5이므로 $\mathrm{A}(7, 5)$가 됩니다. 이때 직교좌표를 복소평면(가로축이 실수축, 세로축이 허수축)으로 그린 것이라면, 점 A는 복소수 $7 + j5$를 표시한 것입니다.

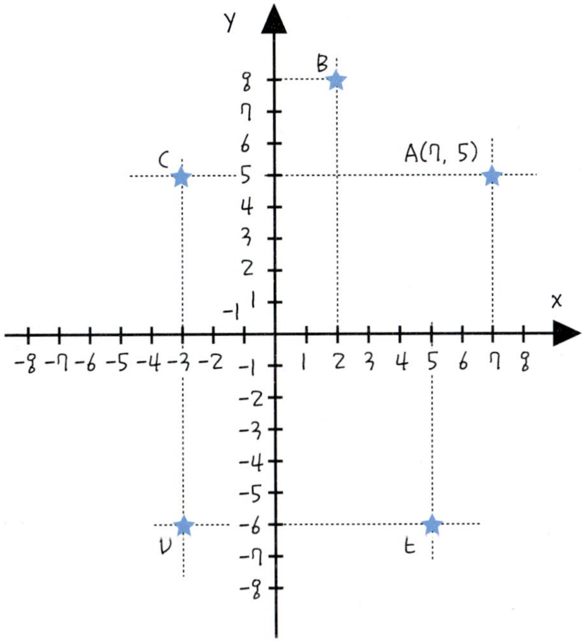

그림 6.5 직교좌표로 나타낸 좌표

문제 6-1 정답은 p. 327

그림 6.5에서 네 점 B, C, D, E의 좌표를 구해 봅시다.

반면, 그림 6.6과 같이 특정한 기념비나 건물을 중심으로 해서 방사상으로 형성된 일본의 도쿄나 유럽의 오래된 도시의 경우, 위치를 나타낼 때 극좌표를 쓰면 매우 편리합니다. 안쪽에서부터 동심원에 각각 도로 이름을 정하고, 동심원과 수직인 직선에도 각각 도로 이름을 정합니다. 그 다음 동심원의 중심으로부터의 거리와 가로축을 기준으로 했을 때의 각도를 이용해 좌표를 나타냅니다. 이 과정이 바로 극좌표를 이용해서 좌표를 나타내는 것입니다.

3 예를 들어 그림 6.4의 니조 성의 위치를 점 $P(x, y)$라 하면, x = 니조(2조)도오리, y = 호리카와 도오리이므로 (니조 도오리, 호리오카 도오리)의 좌표를 기초로 하여 니조 성의 위치를 나타낼 수 있습니다.

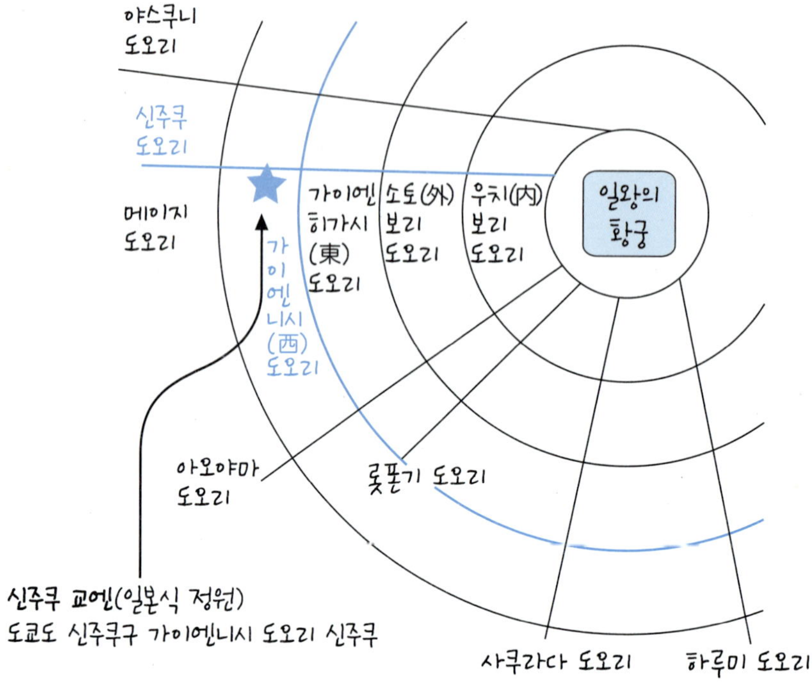

그림 6.6 도쿄의 대략적인 지도 : 극좌표의 예

그림 6.7과 같이 가로축과 세로축이 각각 x축, y축인 직교좌표에 나타낸 점 (x, y)를 생각해 봅시다. 이 점을 극좌표로 나타내려면 점과 원점 사이의 거리와, x축의 양의 방향과 반시계 방향으로 이루는 각도를 알아야 합니다.

만약 점과 원점 O 사이의 거리가 r이고 x축의 양의 방향과 반시계 방향으로 이루는 각도가 θ라면, 이 점을 극좌표 $r\angle\theta$로 나타낼 수 있습니다. 이때 각 θ는 호도법과 육십분법 중 어떤 것으로 표시해도 상관없습니다. r과 θ의 값을 조절하면 좌표평면 위에 있는 어떤 점도 나타낼 수 있습니다. 도쿄의 지도에 대입해서 말하자면 r은 동심원 모양에 붙인 거리 이름, θ는 동심원에 수직인 직선에 붙인 거리 이름에 해당됩니다. 즉 그림 6.6의 경우 신주쿠 교엔은 $r=$가이엔니시 도오리, $\theta=$신주쿠 도오리를 나타내며, 이들이 교차하는 지점을 기초하여 신주쿠 교엔의 주소를 표기하고 있습니다.

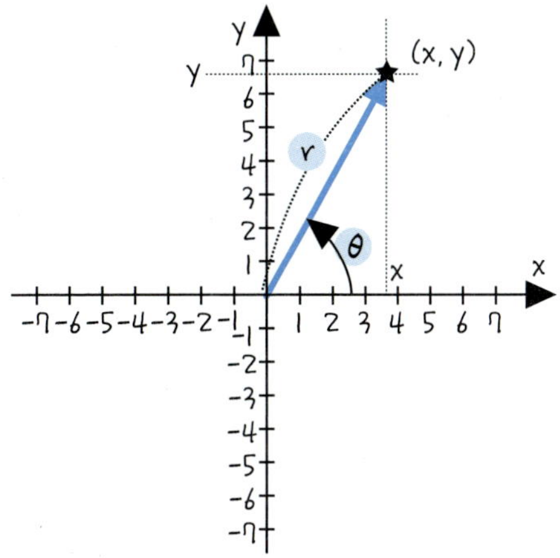

그림 6.7 직교좌표와 극좌표

> 예 그림 6.8의 극좌표에서 점 A는 중심과의 거리 r이 40, x축의 양의 방향과 이루는 각도가 $\frac{2\pi}{3}(120°)$이므로 좌표는 $40\angle\frac{2\pi}{3}$입니다.

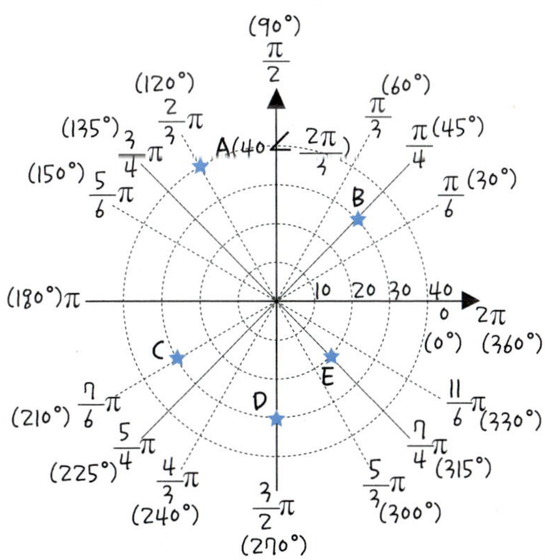

그림 6.8 극좌표로 표시한 좌표

문제 6-2

정답은 p. 328

그림 6.8에서 네 점 B, C, D, E의 좌표를 구해 봅시다.

6-4 좌표계 변환

삼각함수의 대활약

난이도 ★★★☆☆

이 절에서는 동일한 점을 직교좌표와 극좌표로 모두 나타낼 수 있도록 두 좌표계를 서로 변환하는 방법을 살펴봅시다. 극좌표에서는 회전각을 사용하여 나타내므로 직교좌표로 변환할 때에는 삼각함수[4]를 이용해야 합니다. 예를 들어 그림 6.9에 나타낸 점 ★을 직교좌표와 극좌표로 표시하면 다음과 같습니다.

$$\text{직교좌표: } (x, y), \quad \text{극좌표: } r\angle\theta$$

참고로 좌표가 2차원 평면에서 표현되는 경우 직교좌표 (x, y)는 복소수 $x+jy$로 나타낼 수 있습니다.[5]

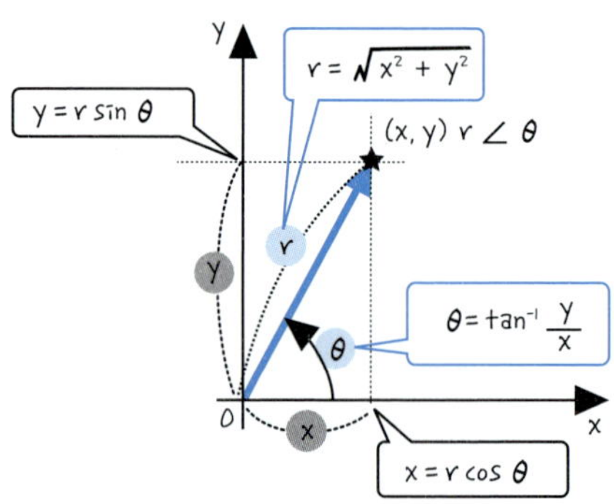

그림 6.9 직교좌표와 극좌표의 변환

○ 극좌표 → 직교좌표

점 ★을 극좌표로 표현하면 $r\angle\theta$입니다. 이를 직교좌표로 변환해 봅시다. 삼각함수의 정의에 의해

4 삼각함수에 대해서는 5-5절 ~ 5-13절을 참고하세요.

5 3차원 이상이 되면 복소수로 좌표평면 위의 점을 나타낼 수 없습니다. 단, 직교좌표와 극좌표 모두 3차원 이상의 일반 차원에서 좌표를 다룰 수 있습니다.

$$\cos\theta = \frac{x}{r},\ \sin\theta = \frac{y}{r}$$

가 됩니다. 양변에 r을 곱한 후, 좌변과 우변을 서로 바꾸면 다음과 같은 변환 공식이 나옵니다.

$$x = r\cos\theta,\ y = r\sin\theta$$

지금까지 공부한 내용을 정리하면 다음과 같습니다.

$$r\angle\theta = (r\cos\theta, r\sin\theta) = r\cos\theta + jr\sin\theta$$

○ 직교좌표 → 극좌표

점 ★을 직교좌표로 표현하면 $(x, y) = x + jy$입니다. 이를 극좌표로 변환해 봅시다. 점 ★과 원점을 이은 선분을 빗변으로 하는 직각삼각형에서 피타고라스 정리를 이용하면

$$r = \sqrt{x^2 + y^2}$$

이고, 삼각함수의 정의에서

$$\tan\theta = \frac{y}{x}$$

입니다. 이때 **역삼각함수**를 이용해서 θ를 구합니다. 역삼각함수는 삼각함수의 역함수[6]로서, 삼각함수는 각도로부터 원 위의 점의 x좌표와 y좌표의 비를 계산하지만 역삼각함수는 원 위의 점의 x좌표와 y좌표의 비로부터 각도를 계산해내는 것입니다. 삼각함수의 정의

$$\sin\theta = \frac{y}{r},\ \cos\theta = \frac{x}{r},\ \tan\theta = \frac{y}{x}$$

로부터 역삼각함수를 구하면 다음과 같습니다.

$$\overset{\text{아크사인}}{\sin^{-1}}\frac{y}{r} = \theta,\ \overset{\text{아크코사인}}{\cos^{-1}}\frac{x}{r} = \theta,\ \overset{\text{아크탄젠트}}{\tan^{-1}}\frac{y}{x} = \theta$$

θ의 값을 구할 때 $\sin^{-1}$, $\cos^{-1}$, $\tan^{-1}$ 중 어느 것을 사용해도 상관없습니다. 다만, r이 포함된 $\sin^{-1}$,

6 역함수에 대해서는 5-1절을 참고하세요.

$\cos^{-1}$ 식은 $r=\sqrt{x^2+y^2}$의 관계로부터 r을 구해야 하지만, $\tan^{-1}$은 x와 y의 값만으로 θ의 값을 구할 수 있습니다. 때문에 θ는 일반적으로 $\tan^{-1}$로 나타냅니다. 이를 정리하면 다음과 같습니다.

$$(x, y) = x + jy = \sqrt{x^2+y^2} \angle \tan^{-1}\frac{y}{x}$$

좌표계 변환 공식

극좌표 → 직교좌표 : $r\angle\theta = (r\cos\theta, r\sin\theta) = r\cos\theta + jr\sin\theta$

직교좌표 → 극좌표 : $(x, y) = x + jy = \sqrt{x^2+y^2} \angle \tan^{-1}\frac{y}{x}$

복소수에서 사용하는 기호

복소수 z에 대하여 $|z|$, $\arg(z)$, $\mathrm{Re}(z)$, $\mathrm{Im}(z)$와 같은 기호를 사용합니다. 하나씩 그 의미를 살펴봅시다.

먼저, 복소수 $z=x+jy$를 나타내는 점과 원점 사이의 거리는 $|z|$로 표기하고, 이를 복소수의 **절댓값**이라고 합니다.[7] 그림 6.9에서 $z=x+jy$이므로 $|z|=r=\sqrt{x^2+y^2}$입니다.

원점 O와 복소수 z를 나타내는 점을 이은 선분과, x축의 양의 방향이 이루는 각도를 **편각**이라고 하며 $\arg(z)$이라고 표기합니다. 기호 arg는 편각의 영어 표현 argument에서 온 것입니다. 그림 6.9의 $z=x+jy$에 대하여 $\arg(z)=\theta=\tan^{-1}\frac{y}{x}$가 됩니다.

위 기호를 사용하면 $z=x+jy$로 표시되는 직교좌표를 다음과 같이 간략하게 쓸 수 있습니다.

$$z = x + jy = \sqrt{x^2+y^2} \angle \tan^{-1}\frac{y}{x} = |z| \angle \arg(z)$$

또한 복소수 $z=x+jy$의 실수부 x를 $\mathrm{Re}(z)$, 허수부 y를 $\mathrm{Im}(z)$로 표기하면

$$|z| = \sqrt{x^2+y^2} = \sqrt{\{\mathrm{Re}(z)\}^2 + \{\mathrm{Im}(z)\}^2},\ \arg(z) = \tan^{-1}\frac{y}{x} = \tan^{-1}\frac{\mathrm{Im}(z)}{\mathrm{Re}(z)}$$

로 나타낼 수 있습니다. 즉, 복소수의 실수부와 허수부 x, y를 쓰지 않고 복소수 z라는 기호만으로 다양한 표기가 가능함을 알 수 있습니다.

7 복소수뿐 아니라 모든 수에 대하여 절댓값은 원점과의 거리를 의미합니다.

예 그림 6.10의 점 A가 직교좌표 $(3, 3\sqrt{3})$으로 주어졌을 때, 이것을 극좌표로 변환하면

$r = \sqrt{x^2 + y^2} = \sqrt{3^2 + (3\sqrt{3})^2} = \sqrt{9 + 9 \cdot 3} = \sqrt{36} = 6$

$$\theta = \tan^{-1}\frac{y}{x} = \tan^{-1}\frac{3\sqrt{3}}{3} = \tan^{-1}\sqrt{3} = \frac{\pi}{3}$$

가 됩니다. 정리하면

$$r\angle\theta = 6\angle\frac{\pi}{3}$$

입니다. 여기에서 역삼각함수 $\tan^{-1}\sqrt{3}$의 값은 삼각함수의 표 5.1 등을 토대로 $\tan\theta = \sqrt{3}$이 되는 각도 θ를 제1사분면에서 찾으면 $\theta = \frac{\pi}{3}(60°)$임을 알 수 있습니다. 만일 표로 θ의 값을 알 수 없을 때엔 공학용 계산기로 유사한 값을 계산할 수 있습니다.

예 반대로 점 A가 극좌표 $6\angle\frac{\pi}{3}$로 주어졌을 때, 이것을 직교좌표로 변환하면

$$x = r\cos\theta = 6\cos\frac{\pi}{3} = 6 \cdot \frac{1}{2} = 3$$

$$y = r\sin\theta = 6\sin\frac{\pi}{3} = 6 \cdot \frac{\sqrt{3}}{2} = 3\sqrt{3}$$

이 됩니다. 정리하면 $x + jy = 3 + j3\sqrt{3}$ 입니다.

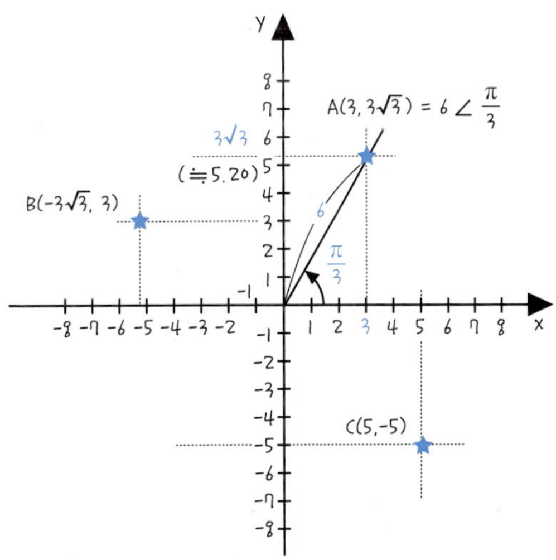

그림 6.10 직교좌표와 극좌표의 상호 변환

문제 6-3 정답은 p. 328

그림 6.10에서 직교좌표로 표시된 두 점 B, C의 좌표를 극좌표로 변환해 봅시다.

6-5 복소수의 계산 ① : 직교좌표

마지막에 $j^2 = -1$을 대입

난이도 ★☆☆☆☆

복소수의 계산

일반적인 문자식과 같은 방법으로 계산하며, 마지막에 $j^2 = -1$을 대입한다.

이 절에서 공부할 내용은 무엇보다 많은 문제를 풀어 익숙해지는 것이 중요합니다. 두 복소수 $z_1 = 6 + j8$, $z_2 = 3 - j4$에 대하여 사칙연산을 해 봅시다.

① 덧셈

$$\begin{aligned} z_1 + z_2 &= (6 + j8) + (3 - j4) \\ &= (6 + 3) + j(8 - 4) = 9 + j4 \end{aligned}$$

j를 그냥 문자라고 생각하여 계산하고 앞에는 실수부, 뒤에는 허수부가 오도록 정리합니다.

② 뺄셈

$$\begin{aligned} z_1 - z_2 &= (6 + j8) - (3 - j4) \\ &= (6 + j8) - 3 + j4 \\ &= (6 - 3) + j(8 + 4) \\ &= 3 + j12 \end{aligned}$$

①과 거의 같지만 괄호를 풀 때 부호에 주의합시다.

③ 곱셈

$$\begin{aligned} z_1 z_2 &= (6 + j8)(3 - j4) \\ &= 6 \cdot 3 + 6 \cdot (-j4) + j8 \cdot 3 + j8 \cdot (-j4)^{8} \\ &= 18 - j24 + j24 - j^2 32 \\ &= 18 + j(-24 + 24) - (-1) \cdot 32^{(\star)} \\ &= 18 + 32 = 50 \end{aligned}$$

8 전개 공식 $(A+B)(C+D) = A(C+D) + B(C+D) = AC + AD + BC + BD$를 사용하였습니다. 이 식은 오른쪽 그림의 직사각형 넓이를 각 변의 길이의 곱 $(A+B)(C+D)$로 구한 것이 좌변, 작은 사각형 4개 넓이의 합 $AC + AD + BC + BD$로 구한 것이 우변이 됩니다.

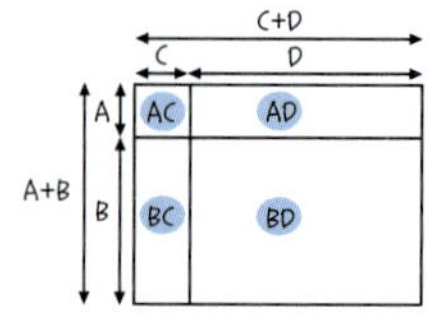

(★)에서 j가 붙어 있는 허수부끼리 정리하고 $j^2 = -1$을 대입하였습니다. 그 후 실수부는 실수부끼리 허수부는 허수부끼리 정리하면 됩니다.

③' 복소공액의 곱셈

복소수 $z = x + jy$에서 허수부의 부호를 바꾼 $\overline{z} = x - jy$를 z의 **복소공액(켤레복소수)**이라고 합니다. 복소수에 복소공액을 곱한 $z\overline{z}$는 다음과 같으며, 이는 나눗셈을 할 때 유용합니다.

$$\begin{aligned} z\overline{z} &= (x + jy)(x - jy) \\ &= x^2 - (jy)^2 \text{[9]} = x^2 - j^2y^2 \\ &= x^2 - (-1)y^2 = x^2 + y^2 = |z|^2 \end{aligned}$$

즉, 복소수와 그 복소공액의 곱셈은 원래 복소수의 절댓값의 제곱입니다. 또 절댓값은 원점과의 거리[10]이므로 그 값은 양수가 됩니다.

④ 나눗셈

복소수의 나눗셈에서는 분수의 분모와 분자에, 분모의 복소공액을 곱해서 분모를 실수로 만듭니다.

$$\begin{aligned} \frac{z_1}{z_2} &= \frac{6 + j8}{3 - j4} = \frac{(6 + j8)(3 + j4)}{(3 - j4)(3 + j4)} \\ &= \frac{6 \cdot 3 + 6 \cdot j4 + j8 \cdot 3 + j8 \cdot j4}{3^2 + 4^2} = \frac{-14 + j48}{25} = \frac{-14}{25} + j\frac{48}{25} \end{aligned}$$

(점선 상자)에서 분모인 $3 - j4$의 복소공액인 $3 + j4$를 분모와 분자에 곱하고 있습니다. 이때 분모가 실수화되어 '실수부$\left(\frac{-14}{25}\right) + j$ 허수부$\left(\frac{48}{25}\right)$' 꼴이 됩니다.

문제 6-4 정답은 p. 329

$z_1 = -6 + j8$, $z_2 = 3 + j4$일 때 다음을 구해 봅시다.

(1) $z_1 + z_2$ (2) $z_1 - z_2$ (3) $z_1 z_2$ (4) $z_2\overline{z_2}$ (5) $\frac{z_1}{z_2}$

9 전개 공식 $(A + B)(A - B) = A^2 - B^2$에 $A = x$, $B = jy$를 대입한 것입니다.

10 자세한 내용은 6-4절을 참고하세요.

6-6 복소수의 계산 ② : 극좌표

지수의 계산과 같아요

난이도 ★★☆☆☆

극좌표의 곱셈과 나눗셈

① **곱셈 :** 길이는 곱셈, 각도는 덧셈

$$(r_1 \angle \theta_1)(r_2 \angle \theta_2) = r_1 r_2 \angle (\theta_1 + \theta_2)$$

② **나눗셈 :** 길이는 나눗셈, 각도는 뺄셈

$$\frac{r_1 \angle \theta_1}{r_2 \angle \theta_2} = \frac{r_1}{r_2} \angle (\theta_1 - \theta_2)$$

극좌표의 곱셈과 나눗셈은 지수법칙과 계산 방식이 매우 비슷합니다. 그 이유는 6-7절에서 설명하겠습니다.

$$A^a A^b = A^{a+b} \text{ (곱셈은 지수의 덧셈)}$$
$$\frac{A^a}{A^b} = A^{a-b} \text{ (나눗셈은 지수의 뺄셈)}$$

예 $z_1 = 6 \angle \frac{\pi}{6}$, $z_2 = 2 \angle \left(-\frac{\pi}{3}\right)$일 때,

$$z_1 z_2 = \left(6 \angle \frac{\pi}{6}\right)\left\{2 \angle \left(-\frac{\pi}{3}\right)\right\} = 6 \cdot 2 \angle \left\{\frac{\pi}{6} + \left(-\frac{\pi}{3}\right)\right\} = 12 \angle \left(-\frac{\pi}{6}\right)$$

$$\frac{z_1}{z_2} = \frac{6 \angle \frac{\pi}{6}}{2 \angle \left(-\frac{\pi}{3}\right)} = \frac{6}{2} \angle \left\{\frac{\pi}{6} - \left(-\frac{\pi}{3}\right)\right\} = 3 \angle \left(\frac{\pi}{2}\right)$$

가 됩니다. 이렇듯 복소수를 극좌표로 표시하면 곱셈과 나눗셈이 편리해집니다. 반면 극좌표로 주어진 복소수의 덧셈과 뺄셈은 직교좌표로 변환해서 계산하는 것이 더 쉽습니다. 따라서 극좌표는 곱셈, 나눗셈에 편리한 표시 방법이고 직교좌표는 덧셈, 뺄셈을 하기에 편리한 표시 방법이라고 할 수 있습니다.

문제 6-5 정답은 p. 329

$z_1 = 10 \angle 60°$, $z_2 = 5 \angle 30°$일 때 다음을 구해 봅시다.

(1) $z_1 z_2$ (2) $\frac{z_1}{z_2}$ (3) $z_1 + z_2$ (4) $z_1 - z_2$

① 곱셈에 대한 증명 : 극좌표를 직교좌표로 변환하여 계산해 봅시다.

$$
\begin{aligned}
&(r_1\angle\theta_1)(r_2\angle\theta_2)\\
&\quad=(r_1\cos\theta_1+jr_1\sin\theta_1)(r_2\cos\theta_2+jr_2\sin\theta_2)\\
&\quad=r_1\cos\theta_1\cdot r_2\cos\theta_2+r_1\cos\theta_1\cdot jr_2\sin\theta_2\\
&\qquad+jr_1\sin\theta_1\cdot r_2\cos\theta_2+jr_1\sin\theta_1\cdot jr_2\sin\theta_2\\
&\quad=\underbrace{r_1r_2(\cos\theta_1\cos\theta_2-\sin\theta_1\sin\theta_2)}_{\text{실수부}}\\
&\quad=+\underbrace{jr_1r_2(\sin\theta_1\cos\theta_2+\cos\theta_1\sin\theta_2)}_{\text{허수부}}
\end{aligned}
$$

여기에서 삼각함수의 덧셈정리[11]

$$
\begin{aligned}
\sin(A+B)&=\sin A\cos B+\cos A\sin B\\
\cos(A+B)&=\cos A\cos B-\sin A\sin B
\end{aligned}
$$

에 따르면

$$
\begin{aligned}
(\text{실수부})&=r_1r_2\cos(\theta_1+\theta_2)\\
(\text{허수부})&=r_1r_2\sin(\theta_1+\theta_2)
\end{aligned}
$$

가 됩니다. 즉, 두 복소수 $r_1\angle\theta_1$과 $r_2\angle\theta_2$를 곱하면 다음과 같이 길이가 r_1r_2, 편각이 $(\theta_1+\theta_2)$인 복소수가 된다는 것을 알 수 있습니다.

$$(r_1\angle\theta_1)(r_2\angle\theta_2)=r_1r_2\angle(\theta_1+\theta_2)$$

문제 6-6 정답은 p. 330

극좌표의 나눗셈 공식(②)이 성립하는지 증명해 보세요.

길잡이 ▶ 분모의 복소공액을 분모와 분자에 곱한 후 삼각함수의 덧셈정리를 이용한다.

$$
\begin{aligned}
\sin(A-B)&=\sin A\cos B-\cos A\sin B\\
\cos(A-B)&=\cos A\cos B+\sin A\sin B
\end{aligned}
$$

---

11 자세한 내용은 5-13절을 참고하세요. 덧셈정리에서 $A=\theta_1$, $B=\theta_2$를 대입한 결과입니다.

6-7 오일러 공식

지수함수와 삼각함수의 만남

난이도 ★★★★☆

> **오일러 공식**
>
> $e^{j\theta} = \cos\theta + j\sin\theta$

오일러 공식에서 e는 **자연로그의 밑** 또는 **네이피어의 수** 등으로 불리는 상수로서 그 값은

$$e = \underbrace{\left(1 + \frac{1}{n}\right)^n}_{\text{이 식에서 } n\text{을 무한대로 크게 한다.}} = 2.7182818284\cdots$$

와 같습니다. 'n을 무한대로 크게 한다'는 개념은 7장에서 '극한'을 소개할 때 자세히 설명하겠습니다. 여기에서 e는 값이 2.7182818284…인 상수이고, 원주율 $\pi = 3.1415926535\cdots$처럼 매우 중요한 무리수의 값이라는 점을 알아 두길 바랍니다.

오일러 공식의 좌변은 지수함수, 우변은 삼각함수입니다. 지수함수의 오른쪽 어깨에는 허수 $j\theta$가 올라가 있습니다. 이때 중요한 사실은 **지수함수를 복소수**로 **확장하면 삼각함수와 연결**된다는 것입니다.

오일러 공식을 그림으로 살펴봅시다. 그림 6.11과 같이 $e^{j\theta} = \cos\theta + j\sin\theta$를 복소평면 위에 나타내면 실수축 좌표는 $\cos\theta$, 허수축 좌표는 $\sin\theta$인 점이 $e^{j\theta}$를 나타냅니다. 이를 극좌표로 나타내면 $1\angle\theta$이므로 길이가 1이고 편각이 θ가 됩니다. 이 길이를 r배 하면 복소수 전체를 r배 한 것과 같습니다. 따라서 $re^{j\theta} = r\cos\theta + jr\sin\theta$이고 극좌표로 나타내면 $r\angle\theta$가 됩니다.

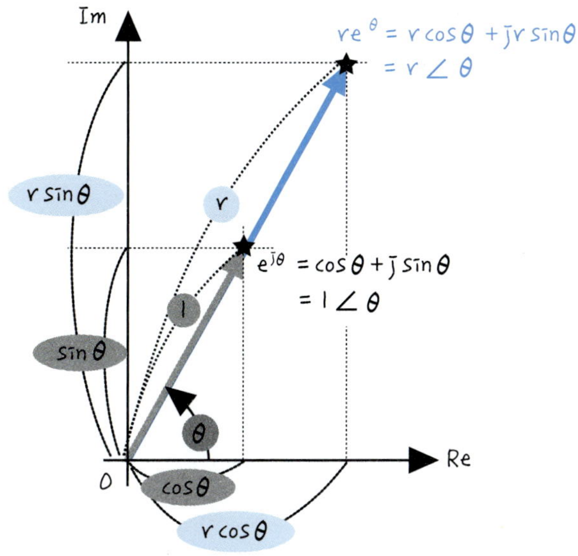

그림 6.11 $e^{j\theta}$와 $re^{j\theta}$의 좌표

지금까지 공부한 내용을 정리하면, 지수로 표시된 복소평면 위의 점 $re^{j\theta}$는 $r\angle\theta$와 같다는 것을 알 수 있습니다.

지금까지 배운 직교좌표, 극좌표, 지수를 이용한 복소수 표시 방법을 정리하면 다음과 같습니다.

> **직교좌표 · 극좌표 · 지수 표시**
>
> **직교좌표 표시 :** $z = x + jy$
>
> **극좌표 표시 :** $z = r\angle\theta$
>
> **지수 표시 :** $z = re^{j\theta}$

지수 표시된 복소수를 살펴보면 극좌표의 곱셈과 나눗셈 방식이 지수법칙과 비슷한 이유를 알 수 있습니다. $z_1 = r_1\angle\theta_1 = r_1 e^{j\theta_1}$, $z_2 = r_2\angle\theta_2 = r_2 e^{j\theta_2}$라고 할 때 오일러 공식으로 지수 표시를 한 후 다음과 같이 지수법칙을 적용하면 6-6절에서 소개한 공식을 간단하게 증명할 수 있습니다.

$$z_1 z_2 = r_1 e^{j\theta_1} r_2 e^{j\theta_2} = r_1 r_2 e^{j\theta_1 + j\theta_2} = r_1 r_2 e^{j(\theta_1+\theta_2)} = r_1 r_2 \angle(\theta_1 + \theta_2)$$

$$\frac{z_1}{z_2} = \frac{r_1 e^{j\theta_1}}{r_2 e^{j\theta_2}} = \frac{r_1}{r_2}\frac{e^{j\theta_1}}{e^{j\theta_2}} = \frac{r_1}{r_2} e^{j(\theta_1-\theta_2)} = \frac{r_1}{r_2}\angle(\theta_1 - \theta_2)$$

column 오일러 등식

오일러 공식 $e^{j\theta} = \cos\theta + j\sin\theta$에서 $\theta = \pi$이면 $e^{j\pi} = \cos\pi + j\sin\pi = -1 + j0 = -1$입니다. −1을 좌변으로 이항하면 $e^{j\pi} + 1 = 0$을 얻을 수 있습니다. 이 식을 **오일러 등식**이라고 합니다. 오일러 자신도 '이 식이 무엇을 의미하는지 모르겠다'고 말했을 정도로 심오하고 아름다운 식입니다.

오일러 등식이 어떤 면에서 심오하고 아름다운 식인 걸까요? 이 식은 수학에서 중요한 다섯 종류의 수를 포함하고 있습니다.

(1) 자연로그의 밑 $e = 2.71828\cdots$

(2) 원주율 $\pi = 3.14159\cdots$

(3) 허수단위 $j = \sqrt{-1}$

(4) 1

(5) 0

(4)의 1은 $a \cdot 1 = 1 \cdot a = a$와 같이 어떤 수와 곱하더라도 원래의 수가 나오게 하는 수입니다. 즉, 곱셈에서 가장 기본이 되는 수입니다. (5)의 0은 $a + 0 = 0 + a = a$와 같이 어떤 수와 더하더라도 원래의 수가 나오게 하는 수입니다. 즉, 덧셈에서 가장 기본이 되는 수입니다.

$$e^{j\pi} + 1 = 0$$

제 7 장

미분과 적분

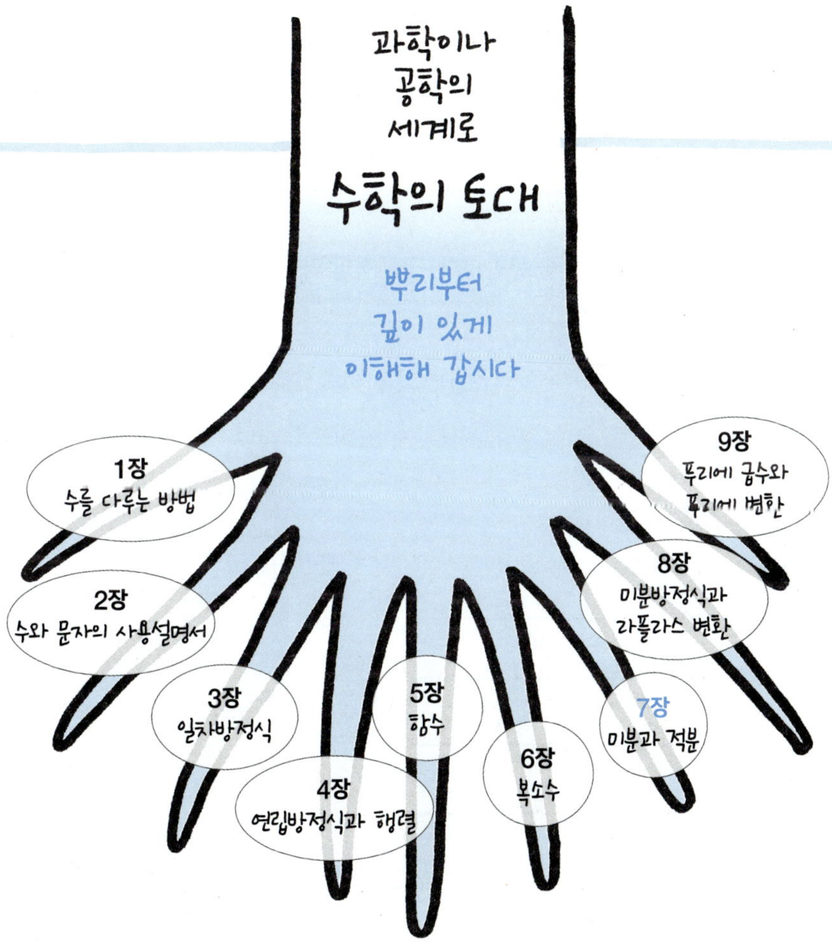

이 장부터는 조금 어려운 내용을 다룰 것입니다. 어려운 내용이니 만큼 숙달하면 얻는 것도 많을 것입니다. 특히, 이번에 공부할 미분과 적분이 현대 과학을 발전시켰다고 해도 과언이 아닙니다. 그만큼 미분과 적분은 전기전자공학의 문제를 해결할 때에도 자주 등장합니다. 미분과 적분을 반드시 정복하겠다는 마음가짐으로 도전해 봅시다!

7-1 미분 ① : 미분의 의미

얼마나 변화했는가?

난이도 ★★☆☆☆

미분이라는 단어만 들어도 어려울 것 같다는 선입견을 가지고 있는 분들이 많습니다. 의외로 미분의 개념은 간단하고 편리하기 때문에 다양한 곳에서 미분이 응용됩니다. 이 절에서는 그림을 그려서 미분이 무엇인지 이해해 보도록 합시다.

> **미분**
>
> **얼마나 변화했는가?**

미분은 글자 그대로 '미'세한 부'분'을 뜻합니다. 구체적인 의미는 미세한 부분이 어느 순간에 얼마나 변하는지 나타내는 양입니다.

그림 7.1과 같이 자동차가 일정한 속도(초당 1m, 1m/s)로 달리고 있다고 가정하고 자동차의 위치가 어떻게 변하는지 살펴봅시다.

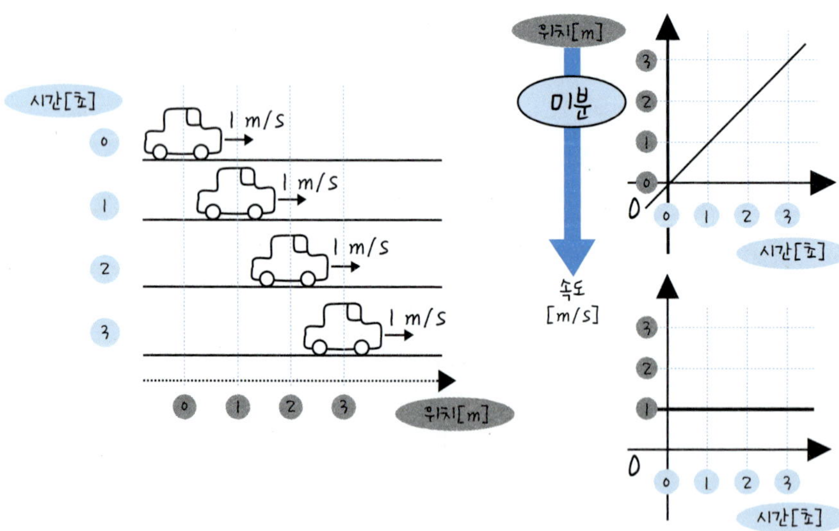

그림 7.1 속도(=위치의 변화율)가 일정한 경우

자동차는 초당 1m씩 앞으로 나아갑니다. 즉, 자동차의 위치는 초당 1m씩 늘어납니다. 시간과 위치의 관계를 그래프로 나타내면 그림 7.1 오른쪽 위와 같습니다. 시간과 함께 위치의 값이 점점 커지는 것을 알 수 있습니다. 한편, 속도는 시간과 관계없이 일정합니다. 시간과 속도의 관계를 그래프로 나타내면 그림 7.1 오른쪽 아래와 같습니다.

이번에는 자동차의 속도가 점점 빨라진다고 가정해 봅시다. 그림 7.2에 속도를 조금씩 올리고 있는 자동차가 있습니다. 처음에 자동차의 속도는 1m/s이며, 1초에 1m/s씩 더 빨라지고 있습니다. 이때 자동차의 위치가 어떻게 변하는지 살펴봅니다.

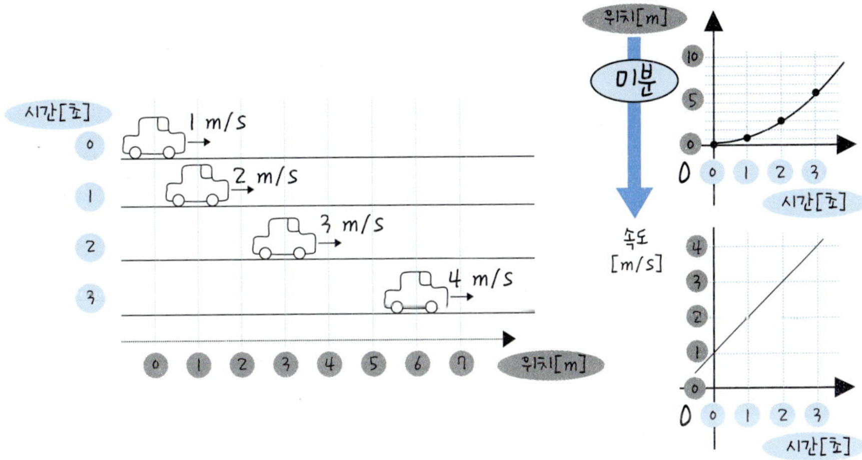

그림 7.2 속도(=위치의 변화율)가 일정한 비율로 증가하는 경우

자동차의 속도(=시간에 대한 위치의 변화율)가 점점 증가하므로, 위치의 변화량도 계속해서 늘어납니다. 시간과 위치의 관계를 그래프로 나타내면 그림 7.2 오른쪽 위와 같이 위치의 변화량이 계속해서 커지는 것을 알 수 있습니다. 한편, 속도는 시간에 대해서 일정한 비율로 늘어나고 있습니다. 시간과 속도의 관계를 그래프로 나타내면 그림 7.2 오른쪽 아래와 같습니다.

지금까지 살펴본 '위치'와 '속도'의 관계를 수학적으로 멋지게 표현해 봅시다. 단위 시간당 '위치'의 변화량이 바로 '속도'입니다. '미분'이란 미세하게 나누어진 양이 매 순간 어느 정도 변하는지 구하는 일입니다. 즉, '위치'라는 양을 '시간'으로 미분하면 '속도'라는 양이 되는 것입니다.

7-2 미분 ② : 미분계수

그 순간의 변화율

난이도 ★★☆☆☆

> **미분 값 : 미분계수**
>
> 어느 순간에서의 변화율

7–1절에서는 '위치'를 시간으로 미분하면 '속도'가 되는 것을 살펴보며 미분의 의미를 공부했습니다. 이 절에서는 그림 7.3과 같이 위치를 시간으로 미분하면 어떻게 속도가 되는지 설명합니다. 주목할 것은 매 순간마다 위치와 속도의 값이 변하고 있다는 점입니다. 즉, 미분되는 양(위치), 미분된 양(속도) 모두 시시각각 변하는 양이라는 것입니다.

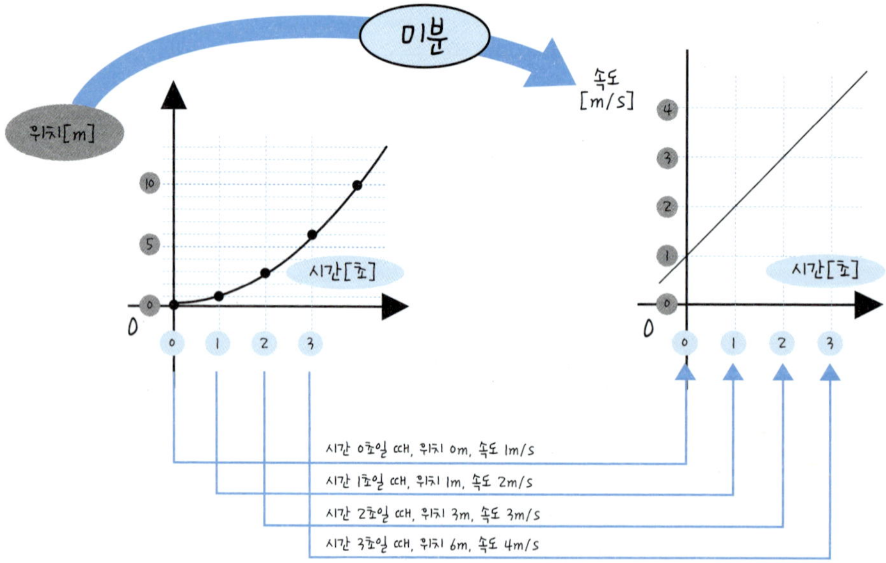

그림 7.3 위치를 시간으로 미분하면 속도가 된다

미분의 개념을 대강 말하자면 '얼마나 변하는지 나타내는 양'입니다. 그렇다면 '위치'와 '속도' 같이 시시각각 변하는 양의 미분은 어떻게 정의해야 할까요? 이렇듯 미분으로 '매 순간에 양이 얼마나 변하는가?'에 대한 답까지 낼 수 있어야 합니다.

순간순간의 변화율을 살펴보기 전에 일단 어느 정도 간격을 두었을 때 생기는 변화율을 먼저 알아볼 것입니다. 그림 7.4와 같이 점 ①과 점 ② 사이의 변화율을 생각해 봅시다. 먼저 맨 왼쪽의 경우

$$[\text{점 ①과 점 ②의 시간 변화량}] = 3\text{s} - 0\text{s} = 3\text{s}$$
$$[\text{점 ①과 점 ②의 위치 변화량}] = 6\text{m} - 0\text{m} = 6\text{m}$$

따라서

$$\frac{[\text{점 ①과 점 ②의 위치 변화량}]}{[\text{점 ①과 점 ②의 시간 변화량}]} = \frac{6\text{m}}{3\text{s}} = 2\text{m/s}$$

가 됩니다. 이 값을 '0초에서 3초까지 변할 때, 위치의 **평균변화율**'이라고 합니다. 평균변화율이란 일정 구간에서의 변화량의 비율입니다.

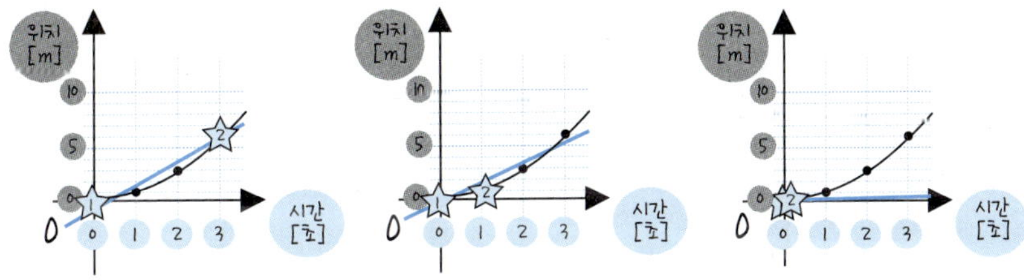

그림 7.4 평균변화율과 미분계수(시간 0초를 기점으로)

이번에는 점 ②가 점 ① 쪽으로 점점 다가가는 상황을 가정해 봅시다. 그러면 점 ②와 점 ①을 지나는 직선은 점 ①에서의 접선에 점점 가까워집니다. 이 접선의 기울기는 점 ①에서의 순간변화율, 즉 미분 값을 의미합니다. 이 값을 점 ①에서의 **미분계수**라고 합니다.

마찬가지로 다른 점에서의 미분계수도 구할 수 있습니다. 그림 7.5는 시각 2초를 기점으로 하여 점 ①에서의 미분계수를 구하는 과정을 나타낸 것입니다.

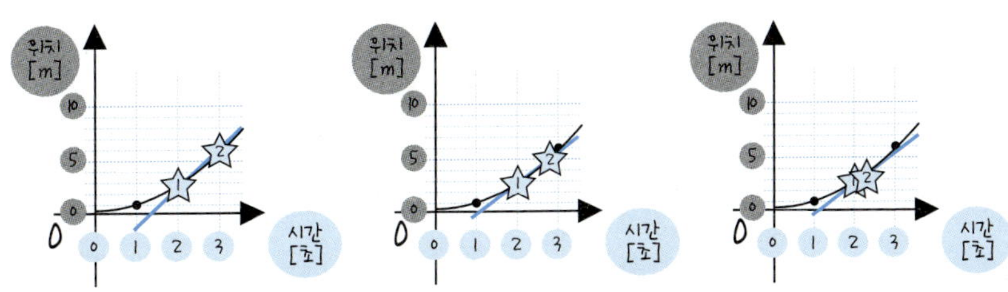

그림 7.5 평균변화율과 미분계수(시간 2초를 기점으로)

7-3 미분 ③ : 미분의 표기

결국은 나눗셈

난이도 ★★☆☆☆

지금까지 그림으로 '미분'에 대해 알아봤습니다. 이 절에서는 미분을 식으로 나타내 봅시다.

> **미분의 표기 : 나눗셈**
>
> **미분하는 변수의 변화량으로 나눈다. 평균변화율의 극한값과 같다.**

시각 t에서의 위치가 $y(t)$일 때, 함수 $y(t)$의 시각 t_A에서의 미분계수는

$$y'(t_A) \qquad \left.\frac{\mathrm{d}y}{\mathrm{d}t}\right|_{t=t_A} \qquad \frac{\mathrm{d}y}{\mathrm{d}t}(t_A) \qquad \dot{y}(t_A)$$

와 같이 표기할 수 있습니다.[1] 이 책에서는 경우에 따라 여러 방식으로 미분계수를 표기하겠습니다. 그림 7.6은 함수 $y = y(t)$의 그래프입니다. $t = t_A$에서의 미분계수를 식으로 써 봅시다. 우선 $t = t_B$에서의 점 ☆와 $t = t_A$에서의 점 ☆을 연결하는 직선의 기울기는

$$\frac{y(t_B) - y(t_A)}{t_B - t_A}$$

이고 이 값을 t_A에서 t_B까지 변할 때 함수 $y(t)$의 **평균변화율**이라 부릅니다. t_B가 t_A 쪽으로 다가가는 것을 $t_B \to t_A$라 쓰고, t_B가 t_A에 한없이 가까워지도록 하는 것을 '**극한**을 취한다'라고 하며 '$\lim\limits_{t_B \to t_A}$'로 씁니다. 이 값을 **극한값**이라고 부릅니다. 기호 lim는 극한의 영어 표현 limit에서 온 것입니다. 이 기호로 미분계수를 나타내면

$$y'(t_A) = \lim_{t_B \to t_A} \frac{y(t_B) - y(t_A)}{t_B - t_A}$$

1 기호 『'』을 보통 '프라임'이라고 읽습니다. 또한, $\frac{\mathrm{d}y}{\mathrm{d}t}$의 'd'는 문자식의 d가 아니라 미분을 나타내는 문자이며 '디 티 분의 디 와이'로 읽습니다. 하지만 수식은 수학적인 의미 전달을 위한 것이므로 읽는 방법은 그다지 중요하지 않습니다. 예를 들어 $\left.\frac{\mathrm{d}y}{\mathrm{d}t}\right|_{t=t_A}$는 '$\frac{\mathrm{d}y}{\mathrm{d}t}$의 $t = t_A$에서의 값', '$\frac{\mathrm{d}y}{\mathrm{d}t}$의 $t = t_A$에서의 미분계수', '$t = t_A$에서의 $\frac{\mathrm{d}y}{\mathrm{d}t}$' 등으로 읽을 수 있습니다. 모든 수식을 통일해서 읽어야 한다는 부담은 갖지 않아도 됩니다.

와 같습니다. 그림 7.6과 같이 $t_B - t_A = \Delta t$라 놓으면 $t_B \to t_A$는 $\Delta t \to 0$이고 $t_B = t_A + \Delta t$이므로

$$y'(t_A) = \lim_{\Delta t \to 0} \frac{y(t_A + \Delta t) - y(t_A)}{\Delta t}$$

로 쓸 수도 있습니다. 그리스문자〔Δ〕(델타)는 문자 앞에 붙어서 그 문자의 '변화량'임을 나타내는 기호입니다. Δ(델타) 자체에 값이 있는 것은 아닙니다.

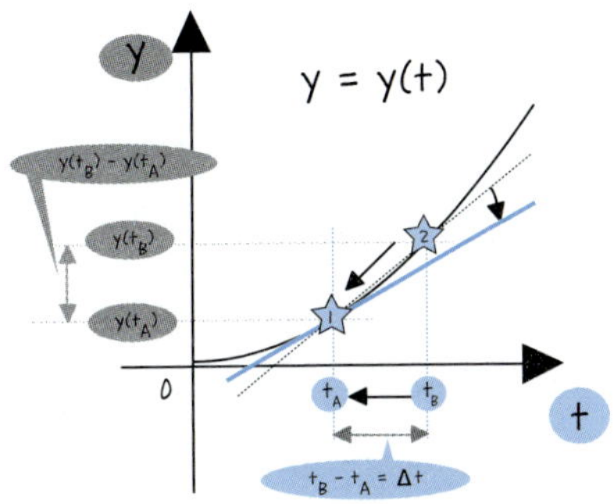

그림 7.6 미분계수를 식으로 나타내기

예 위에서 미분계수를 식으로 표현해 보았습니다. 이번에는 함수 $y(t) = t^2$의 $t = t_A$에서의 미분계수를 구해 봅시다.

풀이

$$\begin{aligned} y'(t_A) &= \lim_{\Delta t \to 0} \frac{y(t_A + \Delta t) - y(t_A)}{\Delta t} = \lim_{\Delta t \to 0} \frac{(t_A + \Delta t)^2 - t_A^2}{\Delta t} \\ &= \lim_{\Delta t \to 0} \frac{t_A^2 + 2t_A \Delta t + (\Delta t)^2 - t_A^2}{\Delta t} = \lim_{\Delta t \to 0} \frac{2t_A \Delta t + (\Delta t)^2}{\Delta t} \\ &= \lim_{\Delta t \to 0} (2t_A + \Delta t) \quad \Leftarrow \text{여기에서 } \Delta t \to 0 \text{으로 한다} \\ &= 2t_A + 0 = 2t_A \end{aligned}$$

문제 7-1 정답은 p. 331

함수 $y = t^3$에 대하여 $y'(t_A)$를 구해 봅시다.

길잡이 ▶ $(X+Y)^3 = X^3 + 3X^2Y + 3XY^2 + Y^3$

7-4 미분의 연산

함수의 미분 결과는 함수

난이도 ★★☆☆☆

> **미분과 미분계수**
>
> 미분계수를 전부 구하는 것이 바로 '미분'이다.

이 절에서는 '미분계수'와 '미분'의 차이를 알아보겠습니다. 예를 들어 함수 $y = t^2$의 $t = t_A$에서의 미분계수는 7-3절에서 구했듯이 $y'(t_A) = 2t_A$이었습니다. 여기에서 t_A는 특별히 정해진 값이 아니므로 어떤 값을 넣어도 상관없습니다. 즉, t_A 대신 t를 넣어서 $y'(t) = 2t$라고 할 수 있습니다.

이와 같이 함수 $y(t)$에서 임의의 변수 t에서의 미분계수를 표현한 $y'(t)$도 t에 대한 함수가 됩니다. 이때 $y'(t)$는 $y(t)$를 t에 대하여 미분한 것'이라고 합니다. 즉, 7-3절에서 t_A의 값을 정하지 않았기 때문에 어떤 위치에서의 미분계수도 모두 알 수 있고 이로써 모든 점에서의 '미분' 값은 이미 구한 것이나 마찬가지인 것입니다.

식으로 쓰면 다음과 같습니다.

$$y'(t) = \lim_{\Delta t \to 0} \frac{y(t + \Delta t) - y(t)}{\Delta t}$$

$t = t_A$에서의 미분계수 식에서 t_A 대신 t를 넣은 것뿐입니다. 함수 $y(t)$를 t로 미분한다는 것은

$$y'(t) \qquad \frac{dy}{dt} \qquad \frac{dy}{dt}(t) \qquad \dot{y}(t)$$

와 같이 나타낼 수 있습니다. 이처럼 미분된 함수를 **도함수**라고 합니다.

문제 7-2 정답은 p. 331

함수 $y = x^3$의 도함수 y'을 구해 봅시다.

미분은 연산자다

연산자는 함수를 다른 함수로 변환하는 것

$y(t)=t^2$이라는 함수(이차함수)를 t에 대하여 미분하면 $y'(t)=2t$라는 다른 함수(일차함수)가 됩니다. 즉, 어떤 함수를 미분하면 또 다른 함수가 나타납니다. 따라서 미분은 연산자 역할을 한다고 할 수 있습니다. 이를 가장 잘 나타내는 기호는 $\frac{\mathrm{d}y}{\mathrm{d}t}$입니다.

$$y=t^2,\ \frac{\mathrm{d}y}{\mathrm{d}t}=2t$$

이지만 이를 다음과 같이 쓰면 '$\frac{\mathrm{d}}{\mathrm{d}t}$'와 같은 연산자가 y에 작용하여 또 다른 함수 $2t$를 만드는 것처럼 보입니다.

$$\frac{\mathrm{d}y}{\mathrm{d}t}=\frac{\mathrm{d}}{\mathrm{d}t}y=2t$$

5장에서 함수는 어떤 값을 다른 값에 대응시키는 역할을 한다고 설명했습니다. 이와 마찬가지로 어떤 함수를 다른 함수에 대응시키는 역할을 하는 것을 **연산자**, 또는 **작용소**라고 합니다.[2]

○ 고차 미분

반복해서 미분을 한다고 생각해 봅시다. $y(t)$를 t에 대하여 미분한 후, 다시 한 번 t에 대하여 미분하는 것을 **이계 미분**이라고 하며 $y''(t)$, $\frac{\mathrm{d}^2y}{\mathrm{d}t^2}$와 같이 씁니다. 이와 같이 $y(t)$를 t에 대하여 n번 미분한 것을 n계 미분이라고 하며 $\frac{\mathrm{d}^ny}{\mathrm{d}t^n}$, $y^{(n)}(x)$와 같이 씁니다.

예 $y(x)=x^3$일 때, $y'(x)=3x^2$, $y''(x)=(y'(x))'=(3x^2)'=3(x^2)'=3(2x)=6x$

문제 7-3 정답은 p. 331

함수 $y(x)=x^3$에 대하여 $y^{(3)}(x)$를 구해 봅시다.

---

2 물리의 양자역학 분야에서는 연산자라고 부르고 수학 분야에서는 작용소라고 부를 때가 많습니다. 이 책에서는 '연산자'로 쓰겠습니다. 일반적인 의미로 연산자를 '함수에서 함수로의 대응 관계'로 보는 것도 가능합니다.

7-5 여러 가지 함수의 도함수

공식에 익숙해지자

난이도 ★★☆☆☆

이 절에서는 자주 사용하는 함수의 도함수를 소개하겠습니다.

자주 사용하는 함수의 도함수

① 정함수(x의 거듭제곱 x^n)

$$y(x) = x^n \rightarrow \frac{\mathrm{d}}{\mathrm{d}x}y = nx^{n-1}$$

①' 상수함수

$$y(x) = c \rightarrow \frac{\mathrm{d}}{\mathrm{d}x}y = 0$$

② 삼각함수

$$y(x) = \sin x \rightarrow \frac{\mathrm{d}}{\mathrm{d}x}y = \cos x$$

$$y(x) = \cos x \rightarrow \frac{\mathrm{d}}{\mathrm{d}x}y = -\sin x$$

$$y(x) = \tan x \rightarrow \frac{\mathrm{d}}{\mathrm{d}x}y = \frac{1}{\cos^2 x}$$

③ 쌍곡선함수

$$y(x) = \sinh x \rightarrow \frac{\mathrm{d}}{\mathrm{d}x}y = \cosh x$$

$$y(x) = \cosh x \rightarrow \frac{\mathrm{d}}{\mathrm{d}x}y = \sinh x$$

$$y(x) = \tanh x \rightarrow \frac{\mathrm{d}}{\mathrm{d}x}y = 1 - \tanh^2 x = \frac{1}{\cosh^2 x}$$

④ 지수함수 · 로그함수

$$y(x) = e^x \rightarrow \frac{\mathrm{d}}{\mathrm{d}x}y = e^x$$

$$y(x) = \ln x \rightarrow \frac{\mathrm{d}}{\mathrm{d}x}y = \frac{1}{x}$$

각 함수를 미분해서 그 의미를 살펴봅시다. 도함수 식을 증명하는 것도 중요하지만, 각 함수를 미분하는 것에 대한 의미를 이해하는 것도 매우 중요합니다.

① 정함수

정함수의 도함수 공식은 지수 n이 실수일 때에도 성립합니다. 정함수 x^n의 도함수는 지수 n에서 1을 뺀 후(x^{n-1}) 그 결과에 n을 곱한 것(nx^{n-1})과 같습니다. 도함수의 정의를 이용하면 증명할 수 있지만 이 책에서는 생략하겠습니다.

①' 상수함수

①의 특별한 경우입니다. $n=0$이면 $y(x)=x^0=1$이 되어 x의 값에 관계없이 일정한 값을 가지는 함수가 됩니다. 이때 도함수도 $y'(x)=0\cdot x^{0-1}=0$이 되고 이는 ①에서 이미 설명하였습니다. 상수함수의 함숫값은 변수 x와 관계없이 일정하므로 그래프를 그리면 가로축과 평행한 직선이 됩니다. 따라서 모든 접선의 기울기는 0이고 이는 상수함수의 도함수가 0임을 뒷받침하는 것입니다.

② 삼각함수

삼각함수는 공학에서 특히 자주 사용하는 함수입니다. 삼각함수의 성질은 7-7절에서 그래프를 보며 이해하면 좋을 것입니다. 비분 계산을 위해 결과만 알아 둬도 좋습니다. 전기전자공학에서 'sin의 미분은 cos, cos의 미분은 −sin'이라는 걸 모르면 지도 없이 항해를 시작하는 것과 같을 정도로 매우 중요한 공식입니다. 반드시 외우고 갑시다.

③ 쌍곡선함수

하이퍼볼릭 사인

$$\sinh x=\frac{e^x-e^{-x}}{2}$$

하이퍼볼릭 코사인

$$\cosh x=\frac{e^x+e^{-x}}{2}$$

하이퍼볼릭 탄젠트

$$\tanh x=\frac{\sinh x}{\cosh x}$$

위 세 함수를 **쌍곡선함수**라고 합니다. 쌍곡선함수는 공학에서 많이 응용됩니다. 예를 들어 전봇대의 전깃줄처럼 양 끝이 고정돼 있는 케이블의 방정식을 나타낼 때 쌍곡선함수가 쓰입니다. 도함수 형태는 삼각함수와 비슷합니다.

④ 지수함수 · 로그함수

지수함수와 로그함수의 도함수도 자주 씁니다. e는 6-7절에서 소개한 자연로그의 밑(네이피어의 수)입니다. 자연로그의 밑을 취하는 지수함수 e^x을 미분하면 원래 함수인 e^x이 된다는 사실은 매우 중요합니다.

7-6 미분의 성질

다채로운 미분 기법 소개

난이도 ★★★☆☆

이 절에서는 미분의 중요한 성질에 대해 살펴봅시다.

미분의 성질

- $f(x), g(x)$: 미분가능한 함수
- c : 상수

※ 변수 x는 생략하고 f, g와 같이 함수를 나타내는 문자만 쓸 수도 있다.

① **덧셈·뺄셈(선형성)**

덧셈·뺄셈의 미분은 각각의 미분의 덧셈·뺄셈과 같다. 상수배의 미분은 미분의 상수배이다.

$$\{f(x)+g(x)\}'=f'(x)+g'(x),\ \{cf(x)\}'=cf'(x)$$

② **곱** : '한쪽은 미분하고 다른 한쪽은 그대로 곱한 것'의 합이다.

$$(fg)'=f'g+fg'$$

③ **몫** : 뺄셈 순서에 주의해야 한다.

$$\left(\frac{f}{g}\right)'=\frac{f'g-fg'}{g^2}$$

④ **합성함수**

$f(g(x))$와 같이 어떤 함수의 함숫값을 입력값으로 하는 함수.

러시아 인형 마트료시카와 비슷한 구조이다.

$$[f(g(x))]'=f'(g(x))g'(x)$$

$$\frac{df}{dx}=\frac{df}{dg}\cdot\frac{dg}{dx}$$

라고 쓰면 우변의 dg를 약분 가능하여 이해하기 쉽다.

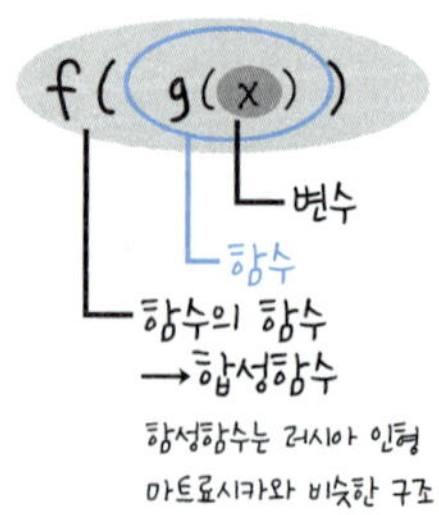

⑤ **역함수** : 함수 $y=f(x)$의 역함수 $y=f^{-1}(x)$의 도함수는 다음과 같다.

$$(f^{-1})'(x)=\frac{1}{f'(y)}\ (\text{단, } f'(y)\neq 0)$$

예 함수 $f(x) = 5\sin x + \sin(2x+\pi)$에 대하여 $f'(x)$를 구해 봅시다.

풀이 우선 ①을 이용하면

$$\begin{aligned} f'(x) &= (5\sin x)' + (\sin(2x+\pi))' \\ &= 5(\sin x)' + (\sin(2x+\pi))' \end{aligned}$$

$(\sin x)' = \cos x$를 이용하여 $5(\sin x)'$을 계산하면 $5\cos x$입니다. $\{\sin(x+2\pi)\}'$에서 $g(h) = \sin h$, $h(x) = 2x+\pi$로 놓으면 $g(h(x)) = g(2x+\pi) = \sin(2x+\pi)$입니다. ④를 이용하면

$$\begin{aligned} g'(h(x)) &= \frac{dg}{dh}\frac{dh}{dx} = (\sin(h))' \cdot \frac{d}{dx}(2x+\pi) \\ &= \cos(h) \cdot [(2x)' + (\pi)'] \\ &= \cos(2x+\pi) \cdot (2+0) \quad \Leftarrow \boxed{(x)' = 1, (c)' = 0} \end{aligned}$$

에서 다음 식이 나옵니다.

$$f'(x) = 5\cos x + 2\cos(2x+\pi)$$

예 함수 $f(x) = x\sin x$에 대하여 $f'(x)$를 구해 봅시다.

풀이 ②를 이용하면

$$\begin{aligned} f'(x) &= (x)'\sin x + x(\sin x)' = 1 \cdot \sin x + x\cos x \\ &= \sin x + x\cos x \end{aligned}$$

예 함수 $f(x) = \frac{\sin x}{x}$에 대하여 $f'(x)$를 구해 봅시다.

풀이 ③을 이용하면

$$\begin{aligned} f'(x) &= \frac{(\sin x)'x - \sin x(x)'}{x^2} = \frac{(\cos x)x - (\sin x) \cdot 1}{x^2} \\ &= \frac{x\cos x - \sin x}{x^2} \end{aligned}$$

문제 7-4 정답은 p. 331

다음 함수의 도함수를 구해 봅시다.

(1) $f_1(x) = 3(2x+1)^4$

(2) $f_2(x) = \sin(x^2)$

(3) $f_3(x) = \sin(kx+\theta)$

(4) $f_4(x) = \frac{x}{\ln x}$

7-7 미분과 그래프

극값에서는 미분계수가 0

난이도 ★★★☆☆

미분계수는 특정한 점에서의 접선의 기울기이므로 미분계수를 구하면 함수의 증가와 감소를 확인할 수 있어서 그래프를 그릴 때 유용합니다. 미분가능한 함수 $f(x)$에 대하여 다음이 성립합니다.

> **미분과 그래프**
>
> $f'(x) < 0$이면 감소
>
> $f'(x) = 0$이면 극대 또는 극소
>
> $f'(x) > 0$이면 증가

그림 7.7에서와 같이 미분계수가 음수$(f'(x) < 0)$이면 접선은 오른쪽 아래로 향하므로 그래프는 감소하는 형태가 됩니다. 반대로 미분계수가 양수$(f'(x) > 0)$이면 접선은 오른쪽 위로 향하므로 그래프는 증가하는 형태가 됩니다.

어떤 점 근처[3]에서 가장 커지거나 가장 작아지는 형태일 때엔 그 점에서의 미분계수가 $0(f'(x) = 0)$이 됩니다.

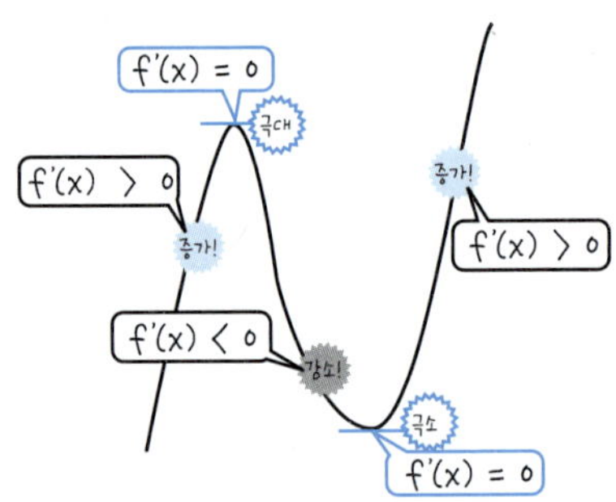

그림 7.7 미분계수와 증감·극대·극소

$f'(a) = 0$이 되는 $x = a$ 근처에서 $f(a)$ 값이 근처에 있는 값들보다 클 때 $f(a)$를 **극댓값**이라고 합니다. 반대로 $f'(b) = 0$가 되는 $x = b$ 근처에서 $f(b)$의 값이 근처에 있는 값보다 작을 때 $f(b)$를 **극솟값**이라고 합니다. 극댓값과 극솟값을 통틀어 **극값**이라고 합니다.

극값은 어디까지나 그 부근에서 가장 크거나 작은 값을 나타내므로 극값을 최댓값이나 최솟값으로 단정하면 안 된다는 점에 주의해 주세요. 그래프에서 극값의 형태는 산봉우리(극댓값)나 계곡의 바닥(극솟값)과 비슷합니다.

3 위상공간론에서는 어려운 말로 근방(neighborhood)이라고 하는데 여기서는 다루지 않겠습니다.

예 함수 $f(x)=x^2$의 증감을 도함수 $f'(x)=2x$의 그래프와 함께 나타내면 그림 7.8과 같습니다.

풀이

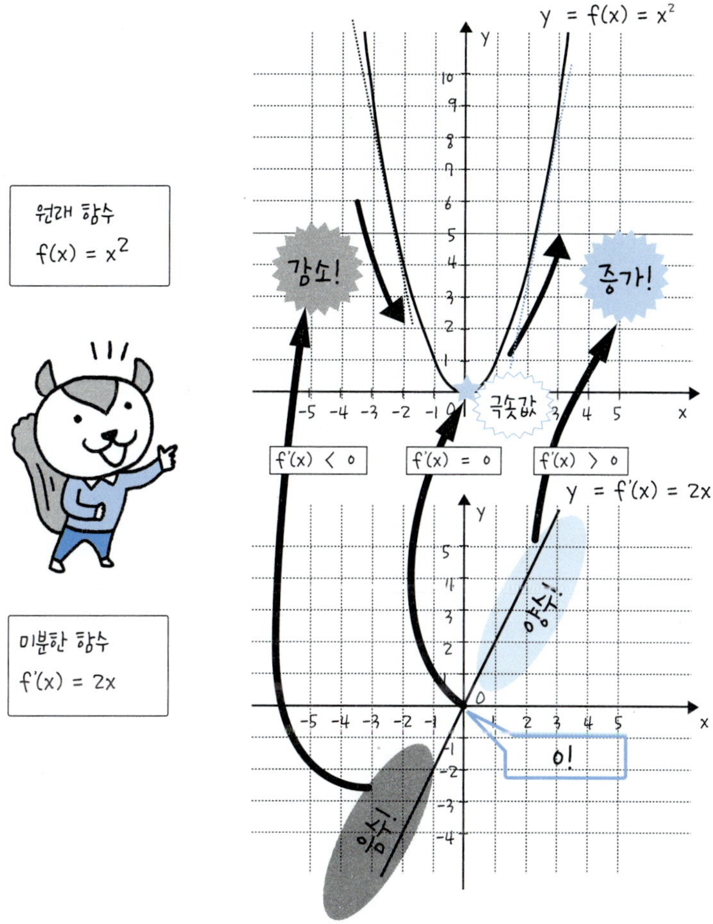

그림 7.8 $f(x)=x^2$의 그래프와 그 도함수

문제 7-5

정답은 p. 332

함수 $f(x)=\sin x$에 대하여 $y=f(x)$와 $y=f'(x)$의 그래프를 그려 증감과 극값을 조사해 봅시다(이 문제는 삼각함수의 성질을 이해하는 데 매우 도움이 됩니다).

7-8 적분이란?

넓이를 의미한다

난이도 ★★☆☆☆

적분을 이용하면

구불구불한 영역의 넓이도 구할 수 있다.

적분이 다소 어렵게 느껴질지도 모르지만, 적분하는 방법은 의외로 간단합니다. 직사각형의 넓이는 '가로 × 세로'로 구할 수 있지만, 원이나 삼각함수의 그래프 같이 구불구불한 영역의 넓이는 따로 정해진 공식이 없어 다른 방식으로 구해야 합니다. 이렇게 다양한 형태의 넓이를 어떻게 구할지 고민하다가 나온 개념이 바로 적분입니다.

넓이는 적분으로 다음과 같이 나타냅니다. 적분 기호는 $\int$ 이며 '인티그럴'이라고 읽습니다.

$$\int_a^b f(x)\mathrm{d}x = \text{'}(x = a\text{와 } x = b \text{ 사이에서}) \ x\text{축과 } f(x)\text{의 그래프로 둘러싼 넓이'}$$

그림 7.9와 같이 x축보다 위에 있는 부분의 넓이를 S_1, x축보다 아래에 있는 부분의 넓이를 S_2라 하고 적분 값을 생각해 봅시다. x축 아랫부분의 적분 값은 음수이므로 이때의 적분 값은 $-S_2$입니다. 따라서 $\int_a^b f(x)\mathrm{d}x$의 값은 $S_1 + (-S_2) = S_1 - S_2$가 됩니다.

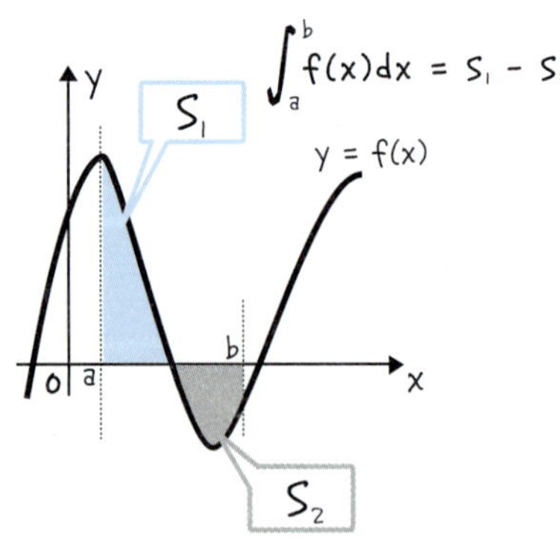

그림 7.9 적분으로 넓이를 구한다

이제 구불구불한 영역의 넓이를 적분으로 구하는 방법에 대해 살펴봅시다. 적분의 기본 원리는 넓이를 구하려는 영역을 무한히 많은 직사각형으로 잘게 쪼갠 후, 이 직사각형의 넓이를 모두 더하는 것입니다.

그림 7.10과 같이 함수 $y = f(x)$의 그래프에서 $x = a$에서 $x = b$까지의 구간을 길이가 Δ인 5개의 구간으로 나눕니다. 이때 분할한 범위에서 함숫값이 가장 큰 것을 **상한**(sup: 스프리멈), 가장 작은 것을 **하한**(inf: 인파이멈)이라고 합니다.[4]

분할한 길이 Δ를 '가로'로 하고 상한을 '세로'로 하는 직사각형의 넓이의 합을 **상합**이라고 하고 S^*라고 씁니다. 이 값은 실제 구하려는 넓이보다 큽니다. 반면, 분할한 길이 Δ를 '가로'로 하고 하한을 '세로'로 하는 직사각형의 넓이의 합을 **하합**이라고 하며 S_*라고 씁니다. 이 값은 실제 구하려는 넓이보다 작습니다. 따라서 이를 수식으로 나타내면 다음과 같습니다.

$$S_* < \int_a^b f(x)\mathrm{d}x < S^* \qquad (☆)$$

또한 상합과 하합은 각각 리만상합, 리만하합이라 하기도 합니다.

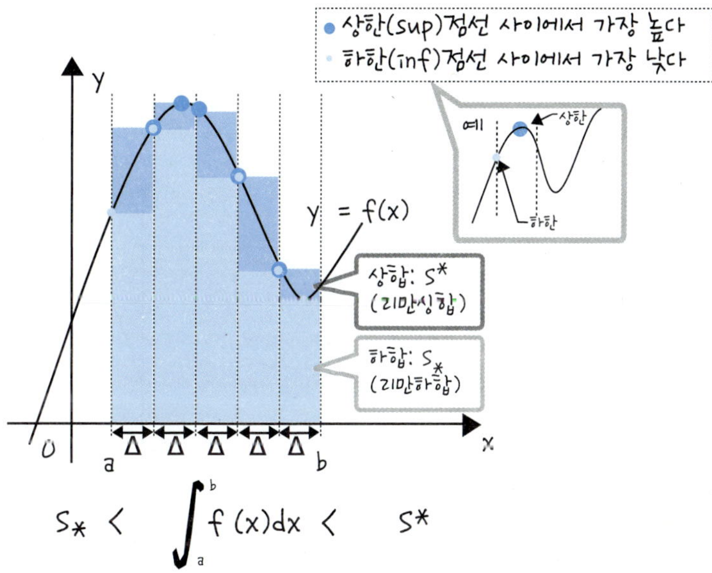

그림 7.10 적분의 개념

여기서 그림 7.11과 같이 분할을 더 많이 하는 상황을 생각해 봅시다. 분할을 많이 할수록 상합과 하합의 차이는 점점 줄어들므로, 상합 또는 하합의 값이 부드러운 곡선과 x축으로 둘러싸인 넓이에 점점 가까워지는 것을 알 수 있습니다. 이렇게 '적분이 가능한' 것을 **적분 가능**[5]이라고 하고 이는 '분할하는 수를 무한히 늘리면 $S_* = S^*$가 성립한다'는 것을 의미합니다.

4 상한을 최소상계(supremum), 하한을 최대하계(infimum)라고도 합니다.

5 엄밀하게는 이 분할에 의한 적분의 경우 리만 적분 가능이라고 할 수 있습니다.

분할하는 수를 무한대로 늘려서 $S_* = S^*$가 되었을 때를 생각해 봅시다. **무한대**는 기호 '∞'로 나타내며 $x \to \infty$는 x가 한없이 커지는 것을 나타냅니다. 분할 수 → ∞ 일 때 $S_* = S^*$가 되면 (☆)은

$$\int_a^b f(x)\mathrm{d}x = S_* = S^*$$

이며, 이 값을 '함수 $f(x)$의 a에서 b까지의 **정적분**'이라고 합니다.

또한 (☆)에서 S_*과 S^*에 극한을 취하면 $S_* = S^*$이 되어 위 식이 성립함을 보일 수도 있습니다. 이는 다음과 같은 **샌드위치 정리**로 증명 가능합니다. 샌드위치 정리는 부등식에서 양쪽 극한 값이 같고 두 값 사이에 끼여 있는 극한 값을 구할 때 유용합니다.

$\lim_{x \to \infty} f(x) = L$, $\lim_{x \to \infty} g(x) = M$이고 $L = M$, $f(x) \le h(x) \le g(x)$이면 $\lim_{x \to \infty} h(x) = L$이다.

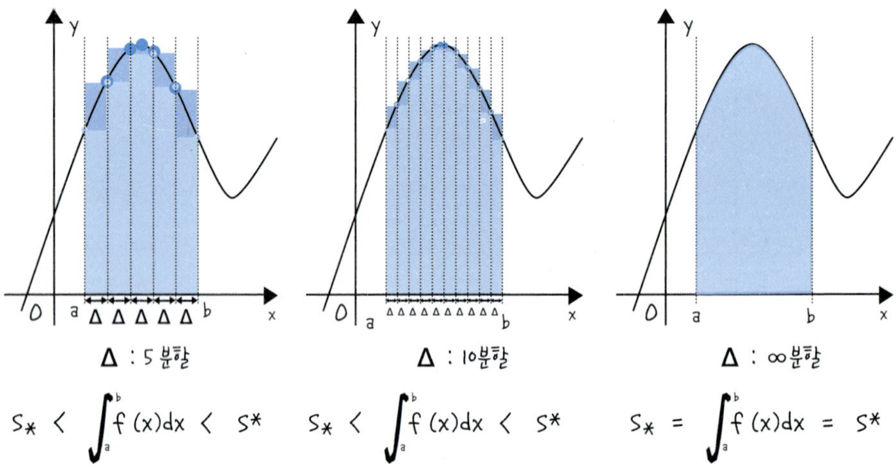

그림 7.11 적분 가능한 경우 $S_* = S^*$

정적분 값을 구하는 것을 '적분한다'라고 합니다. 또한 정적분 값을 '적분 값'이라고 하며, 적분되는 함수(이 경우 $f(x)$)를 **피적분함수**라고 합니다.

이제 적분 값을 구해 봅시다. 구하는 방법 중 하나는 바로 **구분구적법**입니다. 그림 7.11과 같이 상한(sup)과 하한(inf)을 모든 구간에서 파악하는 것은 어렵기 때문에 그림 7.12와 같이 상한과 하한 대신 각 구간의 왼쪽 끝점이나 오른쪽 끝점의 값을 사용하는 방법을 구분구적법이라고 합니다.

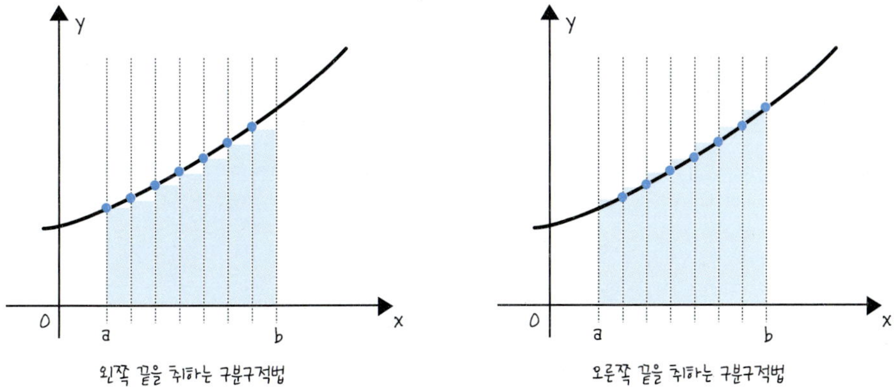

그림 7.12 구분구적법으로 간단하게 계산해 보자

이번에는 구분구적법으로 구한 넓이와 정적분 값이 일치하는지 살펴봅시다.

먼저 구분구적법으로, 함수 $f(x)=x^2$의 그래프와 두 직선 $x=0$, $x=1$로 둘러싸인 도형의 넓이를 구해 봅시다. 구하려는 영역을 그림 7.13과 같이 일정한 두께의 막대로 n등분합니다. 그러면 x좌표는 각각 $0, \frac{1}{n}, \frac{2}{n}, \frac{3}{n}, \cdots \frac{n-1}{n}, \frac{n}{n}(=1)$이 됩니다. 이에 대응하는 y좌표는 각각 $f(0), f\left(\frac{1}{n}\right), f\left(\frac{2}{n}\right), f\left(\frac{3}{n}\right), \cdots f\left(\frac{n-1}{n}\right), f\left(\frac{n}{n}\right)$, 즉 $0^2, \left(\frac{1}{n}\right)^2, \left(\frac{2}{n}\right)^2, \left(\frac{3}{n}\right)^2, \cdots \left(\frac{n-1}{n}\right)^2, \left(\frac{n}{n}\right)^2$이 됩니다. 따라서 그림 7.13에 나타낸 막대 $\boxed{1}, \boxed{2}, \boxed{3}, \cdots, \boxed{n-1}, \boxed{n}$의 가로는 모두 $\frac{1}{n}$이고, 세로는 앞서 구한 y좌표이므로 막대의 넓이는 다음과 같이 구합니다.

$$\boxed{1}=\frac{1}{n}\cdot\left(\frac{1}{n}\right)^2,\ \boxed{2}=\frac{1}{n}\cdot\left(\frac{2}{n}\right)^2,\ \boxed{3}=\frac{1}{n}\cdot\left(\frac{3}{n}\right)^2,\ \cdots$$
$$\boxed{n-1}=\frac{1}{n}\cdot\left(\frac{n-1}{n}\right)^2,\ \boxed{n}=\frac{1}{n}\cdot\left(\frac{n}{n}\right)^2$$

따라서 막대의 넓이의 합 S_n은 다음과 같습니다.

$$\begin{aligned}S_n &= \frac{1}{n}\cdot\left(\frac{1}{n}\right)^2+\frac{1}{n}\cdot\left(\frac{2}{n}\right)^2+\frac{1}{n}\cdot\left(\frac{3}{n}\right)^2\cdots+\frac{1}{n}\cdot\left(\frac{n-1}{n}\right)^2+\frac{1}{n}\cdot\left(\frac{n}{n}\right)^2\\ &= \frac{1^2}{n^3}+\frac{2^2}{n^3}+\frac{3^2}{n^3}\cdots+\frac{(n-1)^2}{n^3}+\frac{n^2}{n^3}\\ &= \frac{1}{n^3}(1^2+2^2+3^2\cdots+(n-1)^2+n^2)\end{aligned}$$

이때 다음 공식

$$1^2 + 2^2 + 3^2 + \cdots + (n-1)^2 + n^2 = \frac{1}{6}n(n+1)(2n+1)$$

을 이용하면

$$S_n = \frac{1}{n^3} \cdot \frac{1}{6}n(n+1)(2n+1)$$

이 됩니다. 여기에서 분할 수를 무한히 늘려서 $\lim_{n \to \infty} S_n$의 값을 구해 봅시다.

$$S_n = \frac{1}{6} \cdot \frac{n}{n} \cdot \frac{(n+1)}{n} \cdot \frac{(2n+1)}{n} = \frac{1}{6} \cdot 1 \cdot \left(1 + \frac{1}{n}\right) \cdot \left(2 + \frac{1}{n}\right)$$

에서 $\lim_{t \to \infty} \frac{a}{t} = 0$임을 이용하면

$$\lim_{n \to \infty} S_n = \lim_{n \to \infty} \frac{1}{6} \cdot 1 \cdot \left(1 + \frac{1}{n}\right) \cdot \left(2 + \frac{1}{n}\right) = \frac{1}{6} \cdot 1 \cdot (1+0) \cdot (2+0) = \frac{1}{6} \cdot 2 = \frac{1}{3}$$

이 됩니다. 이 값은 함수 $f(x) = x^2$의 그래프와 두 직선 $x = 0$, $x = 1$로 둘러싸인 도형의 넓이와 일치하므로 다음과 같습니다.

$$\int_a^b f(x)\mathrm{d}x = \lim_{n \to \infty} S_n = \frac{1}{3}$$

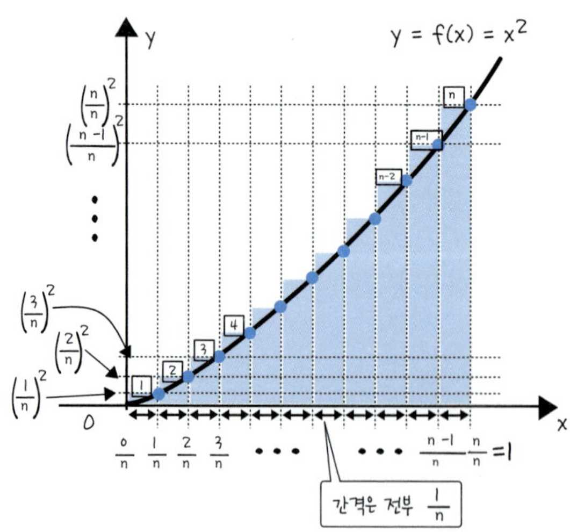

그림 7.13 함수 $y = x^2$의 그래프를 분할

○ 합의 기호 Σ : 시그마

앞에서는 구분구적법으로 직사각형 막대의 넓이 1^2, 2^2, ⋯, n^2을 더해서 적분 값을 구했습니다. 이때 합을 나타내는 기호인 Σ(시그마)를 사용하면 식을 짧고 간단하게 쓸 수 있습니다.

예를 들어 a_1, a_2, ⋯, a_n을 모두 더하고 싶을 때, 합의 기호 Σ로 다음과 같이 쓸 수 있습니다.

$$\sum_{i=1}^{n} a_i = a_1 + a_2 + a_3 + \cdots + a_n$$

이때 a_1, a_2, ⋯, a_n과 같이 자연수를 정의역으로 하는 함수를 수열이라고 합니다. 쉽게 말해, 수열은 일정한 규칙에 따라 원소를 나열한 것입니다.

자주 쓰는 수열의 합을 소개하겠습니다.

① 등차수열의 합

이웃하는 두 항의 차(공차)가 일정한 수열로서 다음과 같이 쓴다.

$$a_i = a + d(i-1) \quad (a\text{: 첫째항, } d\text{: 공차})$$

$$\begin{aligned}\sum_{i=1}^{n}[a + d(i-1)] &= a + (a+d) + (a+2d) + \cdots + \{a + (n-1)d\} \\ &= \frac{1}{2}n[2a + (n-1)d]\end{aligned}$$

② 등비수열의 합

이웃하는 두 항의 비(공비)가 일정한 수열로서 다음과 같이 쓴다.

$$a_i = ar^{i-1} \quad (a\text{: 첫째항, } r\text{: 공비})$$

$$\sum_{i=1}^{n} ar^{i-1} = a\frac{1-r^n}{1-r} \quad (\text{단, } r \neq 1)$$

③ ①에서 $a = 1$, $d = 1$일 때

$$\sum_{i=1}^{n} i = 1 + 2 + 3 + \cdots + n = \frac{1}{2}n(n+1)$$

④ 제곱의 합

$$\sum_{i=1}^{n} i^2 = 1^2 + 2^2 + 3^2 + \cdots + n^2 = \frac{1}{6}n(n+1)(2n+1)$$

⑤ 상수의 합

$$\sum_{i=1}^{n} a = \underbrace{a + a + \cdots + a}_{n\text{개}} = na$$

⑥ 선형성 두 수열 $\{a_i\}$, $\{b_i\}$에 상수 c, d를 각각 곱할 때

$$\sum_{i=1}^{n} (ca_i + db_i) = c\sum_{i=1}^{n} a_i + d\sum_{i=1}^{n} b_i$$

7-9 적분과 미분

신비로운 관계

난이도 ★★☆☆☆

> **미적분학의 기본 정리(의미)**
>
> '미분'과 '적분'은 서로 반대 과정이다.

7–8절에서 살펴본 것처럼 미분에 비해 적분 계산은 쉽지 않습니다. **미적분학의 기본 정리**에서 **미분과 적분은 서로 반대 과정**이라는 것을 이용하면 적분 계산이 수월해집니다. 즉, 적분 값은 미분과 반대로 계산하면 됩니다. 지금부터 미적분학의 기본 정리에 대해 좀 더 자세히 설명하겠습니다.

우선 정적분 결과가 x에 대한 함수가 되도록

$$S(x) = \int_a^x f(u)\mathrm{d}u$$

라고 합시다. $S(x)$는 그림 7.14와 같이 함수 $y = f(x)$의 그래프가 직선 $x = a$에서 x라는 특정 위치까지 x축으로 둘러싸인 영역의 넓이가 됩니다. 적분 식에서 변수를 x가 아닌 u로 놓은 것은 적분 구간의 문자 x와 혼동하지 않기 위한 것일 뿐 특별한 의미는 없습니다.

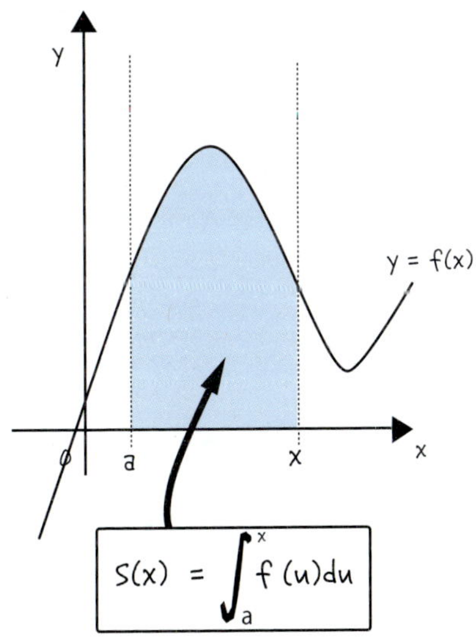

그림 7.14 $S(x)$의 의미

x를 Δx만큼 늘렸을 때의 함숫값 $S(x+\Delta x)$와 $S(x)$의 차

$$S(x+\Delta x) - S(x)$$

에 대하여 생각해 봅시다. 이 넓이를 그림 7.15에 나타냈습니다. $x < u < x+\Delta x$에서 $f(u)$의 상한을 M, 하한을 m이라 합시다. sup와 inf 기호를 사용하여 식으로 쓰면 다음과 같습니다.

$$\sup_{x<u<x+\Delta x} f(u) = M, \quad \inf_{x<u<x+\Delta x} f(u) = m$$

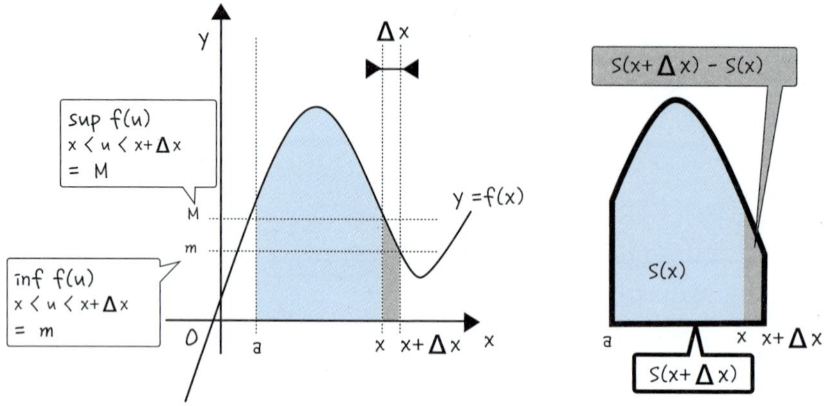

그림 7.15 $S(x+\Delta x)-S(x)$의 의미

그림 7.16은 그림 7.15를 확대한 것입니다. 상한을 기준으로 한 막대의 넓이 $\Delta x \cdot M$과 하한을 기준으로 한 막대의 넓이 $\Delta x \cdot m$, 그리고 $S(x+\Delta x)-S(x)$가 나타내는 영역의 대소 관계는 다음과 같습니다.

$$\Delta x \cdot m < S(x+\Delta x)-S(x) < \Delta x \cdot M$$

위 부등식의 각 항을 Δx로 나누면 다음과 같습니다.

$$m < \frac{S(x+\Delta x)-S(x)}{\Delta x} < M \qquad (☆)$$

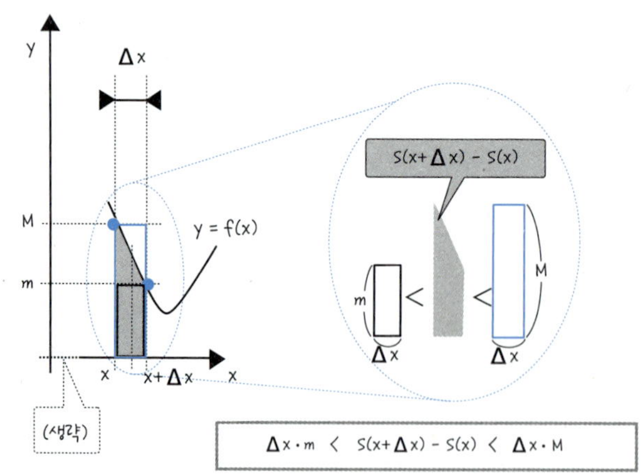

그림 7.16 넓이의 대소 관계

$\Delta x \to 0$일 때의 극한에 대해 생각해 봅시다. 그림 7.17에서와 같이 Δx가 작아지면 상한 M과 하한 m의 값의 차가 점점 작아집니다. 이때의 상한과 하한의 값은 $u = x$일 때의 값 $f(x)$로 한정됩니다(Δx가 무한히 작기 때문에 M과 m 사이에 달리 취할 수 있는 값이 없습니다). 따라서 $\Delta x \to 0$일 때, m의 값과 M의 값 모두 $f(x)$에 가까워집니다.

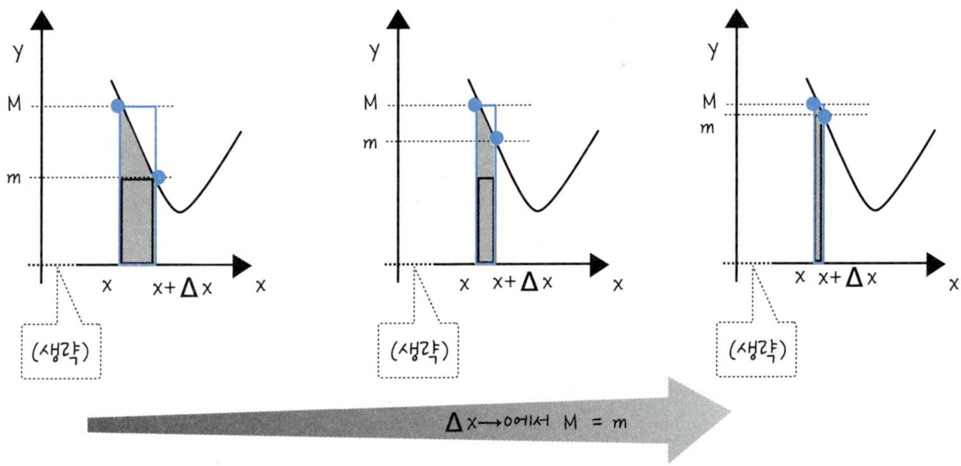

그림 7.17 $\Delta x \to 0$일 때

따라서 (☆)은 샌드위치 정리[6]에 의해

$$\lim_{\Delta x \to 0} \frac{S(x+\Delta x) - S(x)}{\Delta x} = f(x)$$

입니다. 미분의 정의[7]를 이용해 좌변을 다시 쓰면

$$\frac{\mathrm{d}}{\mathrm{d}x} S(x) = f(x)$$

가 됩니다. 위 식에서 $S(x) = \int_a^x f(u)\mathrm{d}u$을 대입하면 다음과 같습니다.

6 자세한 내용은 7-8절을 참고하세요.

7 자세한 내용은 7-3절을 참고하세요.

미적분학의 기본 정리(수식)

$$\frac{\mathrm{d}}{\mathrm{d}x}\int_a^x f(u)\mathrm{d}u = f(x)$$

이 정리는 $f(x)$라는 함수를 적분하고 다시 미분하면 원래 함수 $f(x)$로 되돌아온다는 것을 의미합니다.[8] 즉, **적분한 함수를 미분하면 적분하기 전의 원래 함수로 돌아옵니다. 다시 말해서 미분과 적분은 서로 반대 과정**입니다.

미적분학의 기본 정리로 적분 값을 쉽게 계산할 수 있습니다. $\frac{\mathrm{d}}{\mathrm{d}x}S(x) = f(x)$와 같이 미분했을 때 함수 $f(x)$가 되는 함수 $S(x)$를 함수 $f(x)$의 **원시함수**라고 하며 보통 $F(x)$로 씁니다. 즉,

$$\frac{\mathrm{d}}{\mathrm{d}x}F(x) = f(x)$$

가 되는 $F(x)$를 $f(x)$의 원시함수라고 합니다. 또한 함수 $S(x)$와 같이 정적분의 구간을 변수 x로 했을 때 $\int_a^x f(u)\mathrm{d}u$ 꼴인 함수를 함수 $f(x)$의 **부정적분**이라고 합니다. 일반적으로 원시함수와 부정적분의 의미는 같으므로 이 책에서는 부정적분으로 통일해서 쓰겠습니다. 미적분학의 기본 정리로 함수 $f(x)$의 부정적분을 구해 봅시다.

$$S(x) = F(x) + C \qquad (C\text{는 상수})$$

라 놓고 이 식을 x에 대하여 미분하면

$$\frac{\mathrm{d}}{\mathrm{d}x}S(x) = \frac{\mathrm{d}}{\mathrm{d}x}(F(x)+C) = \frac{\mathrm{d}}{\mathrm{d}x}F(x) + \frac{\mathrm{d}}{\mathrm{d}x}C$$

입니다. 부정적분(원시함수)의 정의에서 $\frac{\mathrm{d}}{\mathrm{d}x}F(x) = f(x)$이고, 상수를 미분하면 $\frac{\mathrm{d}}{\mathrm{d}x}C = 0$이므로

$$\frac{\mathrm{d}}{\mathrm{d}x}S(x) = f(x)$$

8 변수는 u가 아니고 어떤 문자여도 상관없습니다. 예를 들어 두 함수 $f(x) = \sin x$, $f(u) = \sin u$가 함수로서 가지는 의미는 같습니다.

를 만족합니다. 즉, 부정적분 $F(x)$를 다음과 같은 형태로 쓸 수 있습니다.

$$\int_a^x f(u)\mathrm{d}u = F(x) + C$$

일반적으로 부정적분은 정적분의 구간을 생략해서 표기합니다.

$$\int f(x)\mathrm{d}x = F(x) + C$$

위 식에서 상수 C는 부정적분을 구할 때 생기는 임의의 상수로서 **적분상수**라고 합니다.

이번에는 함수 $f(x)$의 부정적분 $F(x)$가 주어졌을 때 정적분 $\int_a^b f(x)\mathrm{d}x$의 값을 구해 보겠습니다. 정적분 $\int_a^b f(x)\mathrm{d}x$는 다음과 같이 분리할 수 있습니다.

$$\int_a^b f(x)\mathrm{d}x = \int_a^x f(u)\mathrm{d}u + \int_x^b f(u)\mathrm{d}u \qquad (♪)$$

그림 7.18처럼 'a에서 b까지'의 넓이를 'a에서 x까지'의 넓이와 'x에서 b까지'의 넓이로 나눈 것뿐입니다.

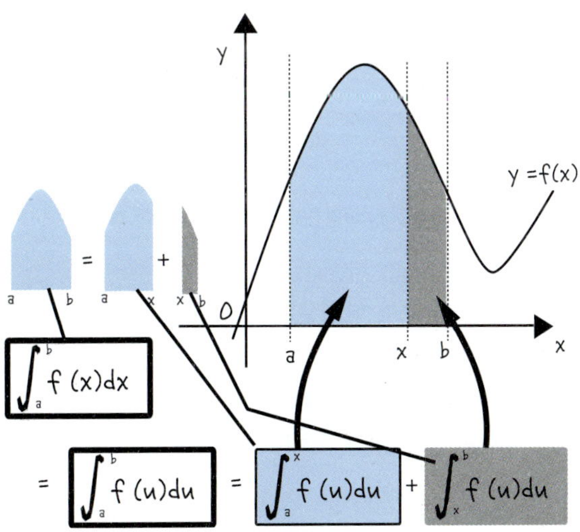

그림 7.18 (♪)을 그림으로 나타내면

적분 구간의 시작과 끝을 바꾸면 다음과 같습니다.

$$\int_A^B f(x)\mathrm{d}x = -\int_B^A f(x)\mathrm{d}x \quad (♪♪)$$

적분 구간이 바뀌면 그림 7.19와 같이 가로 폭의 부호가 바뀝니다. 예를 들어 A에서 B까지 적분할 때, 가로를 5등분한 폭은 $\Delta_{AB} = \dfrac{B-A}{5}$입니다. 반대로 B에서 A까지 적분할 때, 가로를 5등분한 폭은 $\Delta_{BA} = \dfrac{A-B}{5}$이므로 $\Delta_{AB} = -\Delta_{BA}$가 됩니다. 이 결과는 어떠한 경우에도 성립하기 때문에 적분 구간을 서로 바꾸면 적분 값의 부호가 바뀌게 됩니다.

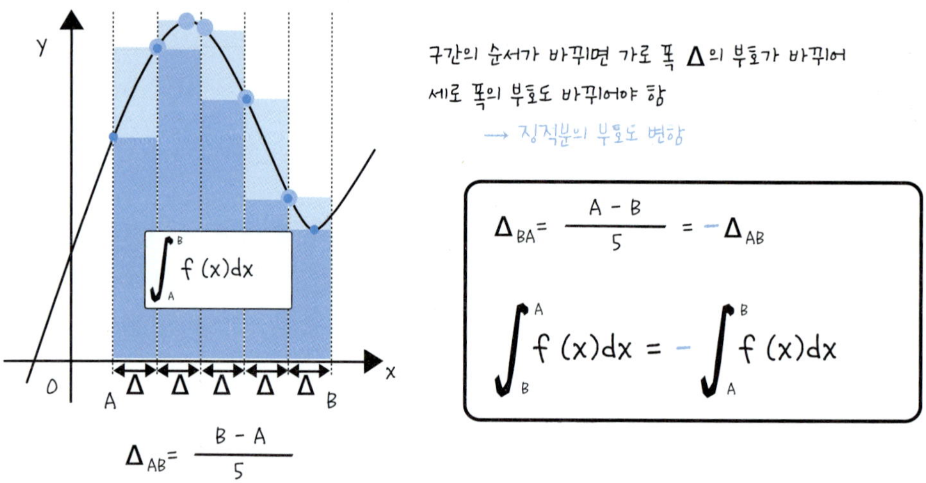

그림 7.19 (♪♪) 설명 : 5개의 막대로 분할한 경우

(♪♪)를 이용하여 (♪)에서 우변 첫 번째 항의 부호를 바꾸면

$$\int_a^b f(x)\mathrm{d}x = -\int_x^a f(u)\mathrm{d}u + \int_x^b f(u)\mathrm{d}u$$

이고 함수 $f(x)$의 부정적분 $F(x)$에 대하여

$$\int_x^a f(u)\mathrm{d}u = F(a)+C,\ \int_x^b f(u)\mathrm{d}u = F(b)+C$$

이므로 이 식을 대입하면

$$\int_a^b f(x)\mathrm{d}x = -(F(a)+C)+(F(b)+C) = F(b)-F(a)$$

가 됩니다. 즉, 함수 $f(x)$의 부정적분 $F(x)$를 안다면, 정적분 값은 $F(b)-F(a)$로 구할 수 있는 것입니다. 이 식을 다음과 같이 간단히 표기합니다.

$$F(b)-F(a) = [f(x)]_a^b$$

예 다음 식을 이용하여 $f(x)=x^n$의 부정적분을 구하면, $n \neq -1$일 때 $F(x)=\frac{1}{n+1}x^{n+1}$입니다.

$$F'(x) = \frac{1}{n+1}(x^{n+1})' = \frac{1}{n+1}(n+1)x^n = x^n = f(x)$$

7-8절에서 구한 $\int_0^1 x^2\mathrm{d}x = \frac{1}{3}$을 위 공식으로 구해서 값이 일치하는지 확인해 봅시다.

풀이

$$\begin{aligned}\int_0^1 x^2\mathrm{d}x &= \left[\frac{1}{3}x^3\right]_0^1 \\ &= \frac{1}{3}[x^3]_0^1 \\ &= \frac{1}{3}(1^3-0^3) \\ &= \frac{1}{3}\end{aligned}$$

7-8절에서처럼 정의를 이용해 구하는 것보다 계산이 훨씬 쉽습니다. 일반적으로 부정적분을 아는 함수의 정적분은 이와 같이 미적분학의 기본 정리로 구합니다.

문제 7-6 정답은 p. 333

$\int_0^1 x^3\mathrm{d}x = \frac{1}{4}$이 맞는지 확인해 봅시다.

대표적인 부정적분을 표 7.1에 정리해 놓았습니다. 이 표에 있는 부정적분이 맞는지 확인하려면 오른쪽 열의 $\int f(x)\mathrm{d}x$를 x에 대하여 미분했을 때 왼쪽 열의 $f(x)$가 나오는지 보면 됩니다.

표 7.1 대표적인 부정적분(적분상수는 생략)

$f(x)$	$\int f(x)\mathrm{d}x$
$x^n (n \neq -1)$	$\frac{1}{n+1}x^{n+1}$
$\frac{1}{x}$	$\ln\lvert x \rvert$
$\sin x$	$-\cos x$
$\cos x$	$\sin x$
e^x	e^x
$\ln x (x > 0)$	$x \ln x - x$
$\sinh x$	$\cosh x$
$\cosh x$	$\sinh x$
$\frac{1}{\sqrt{a^2 - x^2}} \quad (a > 0)$	$\sin^{-1} \frac{x}{a}$
$\frac{a^2}{x^2 + a^2} \quad (a \neq 0)$	$\tan^{-1} \frac{x}{a}$
$\frac{1}{\sqrt{x^2 + a^2}}$	$\sinh^{-1} \frac{x}{a}$

예 표 7.1을 참고하여 $\int_0^{\pi} \sin x \mathrm{d}x$의 값을 구해 봅시다.

풀이 $f(x) = \sin x$의 부정적분은 $F(x) = -\cos x$이므로,

$$\begin{aligned}\int_0^{\pi} \sin x \mathrm{d}x &= [-\cos x]_0^{\pi} \\ &= \{-\cos \pi\} - \{-\cos 0\} \\ &= \{-(-1)\} - (-1) \\ &= +1 + 1 = 2\end{aligned}$$

문제 7-7 정답은 p. 333

표 7.1의 오른쪽 열에 있는 식$\left(\int f(x)\mathrm{d}x\right)$을 미분하면 왼쪽 열에 있는 식$(f(x))$이 나오는지 직접 확인해 봅시다.

7-10 적분 계산

연습으로 적분에 익숙해지자

난이도 ★★★★☆

적분 값을 구할 때 부정적분이 항상 주어지는 것은 아니므로 많은 연습을 통해 적분 계산에 익숙해질 필요가 있습니다. 이 절에서는 적분할 때 반드시 알아야 하는 **부분적분**과 **치환적분**에 대해 설명합니다. 공식은 다음과 같습니다.

부분적분과 치환적분

① 부분적분

$$\int f(x)g'(x)\mathrm{d}x = f(x)g(x) - \int f'(x)g(x)\mathrm{d}x$$

② 치환적분

$$\int f(x)\mathrm{d}x = \int f\{g(u)\}\frac{\mathrm{d}g(u)}{\mathrm{d}u}\mathrm{d}u$$

정적분에서 치환적분을 사용하려면 다음과 같이 적분 구간에 주의해야 합니다!

$g(A)=a,\ g(B)=b$일 때

③ 정적분의 치환적분

$$\int_a^b f(x)\mathrm{d}x = \int_A^B f\{g(u)\}\frac{\mathrm{d}g(u)}{\mathrm{d}u}\mathrm{d}u$$

[①의 증명] 부분적분

7–6절의 식 ②에서 $\{f(x)g(x)\}' = f'(x)g(x) + f(x)g'(x)$가 성립할 때, 양변을 x에 대하여 적분하면

$$\int \{f(x)g(x)\}'\mathrm{d}x = \int f'(x)g(x)\mathrm{d}x + \int f(x)g'(x)\mathrm{d}x$$

가 됩니다. 좌변은 미적분학의 기본 정리에 의해 $\int \{f(x)g(x)\}'\mathrm{d}x = f(x)g(x)$가 되고, 우변 첫 번째 항을 이항하면 ①이 증명됩니다.

○ [②의 증명] 치환적분

함수 $f(x)$의 부정적분이 $F(x)$일 때, $x=g(u)$로 치환한 후 적분하는 방법을 살펴봅시다. 7-6절에서 배운 합성함수의 미분을 사용하면 다음과 같습니다.

$$\frac{\mathrm{d}}{\mathrm{d}u}F(g(u))=\frac{\mathrm{d}F}{\mathrm{d}g}\cdot g'(u)=f(g(u))g'(u)$$

위 식의 양변을 u에 대하여 적분하면 다음과 같습니다.

$$\int\frac{\mathrm{d}}{\mathrm{d}u}F(g(u))\mathrm{d}u=\int f(g(u))g'(u)\mathrm{d}u$$

좌변은 미적분학의 기본 정리에 의해 $\int\frac{\mathrm{d}}{\mathrm{d}u}F(g(u))\mathrm{d}u=F(g(u))=F(x)$이므로,

$$\int f(x)\mathrm{d}x=\int f(g(u))g'(u)\mathrm{d}u$$

입니다. 이로써 ②가 증명됩니다. 이때 우변은 u라는 변수로 **치환**한 것입니다. 즉, $x=g(u)$에서 $\mathrm{d}x=\frac{\mathrm{d}x}{\mathrm{d}u}\mathrm{d}u=\frac{\mathrm{d}g(u)}{\mathrm{d}u}\mathrm{d}u$이므로 $\mathrm{d}x=g'(u)\mathrm{d}u$가 됩니다.

○ [③의 증명] 정적분의 치환적분

$g(A)=a$, $g(B)=b$일 때, ②를 이용하면 다음과 같이 ③이 증명됩니다. 이때 적분 구간에 주의하기 바랍니다.

$$\begin{aligned}\int_a^b f(x)\mathrm{d}x&=F(b)-F(a)\\&=F(\underbrace{g(B)}_{u=B})-F(\underbrace{g(A)}_{u=A})=\int_A^B f[g(u)]g'(u)\mathrm{d}u\end{aligned}$$

예 $\int\ln x\mathrm{d}x$의 값을 구해 봅시다.

풀이 ①에서 $f'(x)=1$, $g(x)=\ln x$로 놓고 대입해 봅시다. 이때 $f(x)=x$는 부정적분을 쉽게 알 수 있으므로

$$\int\ln x\mathrm{d}x=\int 1\cdot\ln x\mathrm{d}x=\int(x)'\ln x\mathrm{d}x$$

라고 할 수 있습니다. 이 식에 부분적분을 적용하면 다음과 같습니다.

$$\begin{aligned}\int (x)'\ln x\,\mathrm{d}x &= x\ln x - \int x(\ln x)'\,\mathrm{d}x \\ &= x\ln x - \int x\frac{1}{x}\,\mathrm{d}x \\ &= x\ln x - \int 1\,\mathrm{d}x = x\ln x - x + C\end{aligned}$$

C는 적분상수

이와 같이 피적분함수에서 일부 식($f'(x)$)의 부정적분($f(x)$)을 알고 있고, 나머지 식($g(x)$)이 미분하기 쉬운 형태($g'(x)$)일 때 부분적분을 적용할 수 있습니다. 문제를 많이 풀며 어느 것을 $f'(x)$로 놓을 것인지 감각을 익혀야 합니다.

문제 7-8 정답은 p. 335

부분적분을 이용하여 $\int x\cos x\,\mathrm{d}x$의 값을 구해 봅시다.

길잡이 ▶ $f'(x) = \cos x$, $g(x) = x$ **로 놓으면** $f(x) = \sin x$ **입니다.**

예 $\int_{1/2}^{5/2} (2x-1)^2\,\mathrm{d}x$의 값을 구해 봅시다.

풀이 $2x-1 = u$로 치환하면 쉽게 적분할 수 있습니다. $f(x) = (2x-1)^2$이라 하면 다음이 성립합니다.

$$f(u) = u^2,\ x = \frac{u+1}{2}$$

적분 식에서 $\mathrm{d}x$를 $\mathrm{d}u$로 나타내기 위해 $\frac{\mathrm{d}x}{\mathrm{d}u}$를 구하면

$$\frac{\mathrm{d}x}{\mathrm{d}u} = \frac{\mathrm{d}}{\mathrm{d}u}\left(\frac{u+1}{2}\right) = \frac{\mathrm{d}}{\mathrm{d}u}\left(\frac{1}{2}u + \frac{1}{2}\right) = \frac{1}{2} + 0 = \frac{1}{2}$$

이 되므로,

$$\mathrm{d}x = \frac{1}{2}\mathrm{d}u$$

입니다. 다음으로 x의 구간을 u의 구간으로 환산해 봅시다. $u = 2x-1$이므로

$$x = \frac{1}{2}\text{이면 } u = 2\cdot\frac{1}{2} - 1 = 0$$
$$x = \frac{5}{2}\text{이면 } u = 2\cdot\frac{5}{2} - 1 = 4$$

입니다. 따라서 다음과 같은 표를 만들 수 있습니다.

x	$\frac{1}{2}$	$\rightarrow$	$\frac{5}{2}$
u	0	$\rightarrow$	4

이 표를 기준으로 식을 변환하면 다음과 같습니다.

$$\int_{1/2}^{5/2}(2x-1)^2\mathrm{d}x = \int_0^4 u^2\frac{1}{2}\mathrm{d}u$$

정적분 값을 계산하면 다음과 같습니다.

$$\begin{aligned}\int_0^4 u^2\frac{1}{2}\mathrm{d}u &= \frac{1}{2}\int_0^4 u^2\mathrm{d}u = \frac{1}{2}\left[\frac{1}{3}u^3\right]_0^4 = [u^3]_0^4 \\ &= \frac{1}{6}[4^3-0^3] = \frac{32}{3}\end{aligned}$$

이와 같이 치환적분은 적분변수를 치환했을 때 피적분함수의 부정적분을 구하기 쉬워지거나 적분 구간이 계산하기 쉬운 값이 될 때 사용하면 편리합니다.

예 한 문제 더 풀어 봅시다. 치환적분으로 $\int_0^1 \frac{1}{3x+1}\mathrm{d}x$의 값을 구해 봅시다.

풀이 피적분함수가 분수함수이므로 부정적분은 로그에 가까운 형태일 것이라고 생각하고, 피적분함수의 분모 $3x+1$을 u로 치환합시다. $f(x)=\frac{1}{3x+1}$이라 하면

$$f(u)=\frac{1}{u},\ x=\frac{1}{3}u-\frac{1}{3}$$

이 됩니다. 적분 식에서 $\mathrm{d}x$를 $\mathrm{d}u$로 나타내기 위해 $\frac{\mathrm{d}x}{\mathrm{d}u}$를 구하면

$$\frac{\mathrm{d}x}{\mathrm{d}u}=\frac{\mathrm{d}}{\mathrm{d}u}\left(\frac{1}{3}u-\frac{1}{3}\right)=\frac{\mathrm{d}}{\mathrm{d}u}\frac{1}{3}u-\frac{\mathrm{d}}{\mathrm{d}u}\frac{1}{3}=\frac{1}{3}-0=\frac{1}{3}$$

이 되어

$$\mathrm{d}x=\frac{1}{3}\mathrm{d}u$$

로 치환하면 된다는 것을 알 수 있습니다. 다음으로 x의 구간을 u의 구간으로 환산해야 합니다. $u=3x+1$이므로

$$x=0\text{이면,}\ \ u=3\cdot 0+1=1$$
$$x=1\text{이면,}\ \ u=3\cdot 1+1=4$$

따라서

x	$0 \to 1$
u	$1 \to 4$

와 같은 표를 만들 수 있습니다. 이로부터

$$\int_0^1 \frac{1}{3x+1}\mathrm{d}x = \int_1^4 \frac{1}{u}\frac{1}{3}\mathrm{d}u$$

이 되고, 7-9절의 표 7.1에서 $\frac{1}{u}$의 부정적분은 $\ln|u|$이므로 정적분 값을 계산하면 다음과 같습니다.

$$\begin{aligned}\int_1^4 \frac{1}{u}\frac{1}{3}\mathrm{d}u &= \frac{1}{3}\int_1^4 \frac{1}{u}\mathrm{d}u = \frac{1}{3}[\ln|u|]_1^4 = \frac{1}{3}(\ln 4 - \ln 1) \\ &= \frac{1}{3}(\ln 2^2 - 0) = \frac{1}{3}\cdot 2\ln 2^{[9]} = \frac{2\ln 2}{3}\end{aligned}$$

문제 7-9 정답은 p. 336

$\int_1^2 x\sqrt{x-1}\,\mathrm{d}x$의 값을 구해 봅시다.

길잡이 ▶ $\sqrt{x-1} = u$ **로 놓으면** $x = u^2 + 1$ **입니다.**

9 자세한 내용은 5-19절을 참고해 주세요 ($\log_A N^n = n\log_A N$).

column 미분과 적분의 역사

역사적으로는 적분이 미분보다 수천 년 먼저 발견되었습니다. 원의 넓이나 원뿔의 부피 등 고대 이집트 시대부터 여러 문제를 구분구적법과 같은 적분 방법으로 풀어 왔습니다. 적분은 수천 년의 유구한 역사를 가지고 있는 것입니다.

한편 미분을 사용하기 시작한 것은 최근 수백 년 전부터입니다. 17세기 수학자인 라이프니츠가 미분법을 발명했으며 도함수 기호 $\frac{dy}{dx}$ 를 처음 쓰기 시작했습니다. 7-9절에서 공부한 '미적분학의 기본 정리'를 발견한 것도 17세기입니다. 아주 작은 넓이를 더해서 구하는 적분과 순간의 변화량을 구하는 미분이 서로 반대 과정이라는 것을 상상하기 어려울 수도 있습니다. 아무튼 수천 년의 역사를 거쳐 서로의 관계가 밝혀졌으니 참 다행스러운 일입니다.

미분과 적분의 만남

미적분학의 기본 정리

$$\frac{d}{dx}\int_a^x f(u)du = f(x)$$

제8장

미분방정식과 라플라스 변환

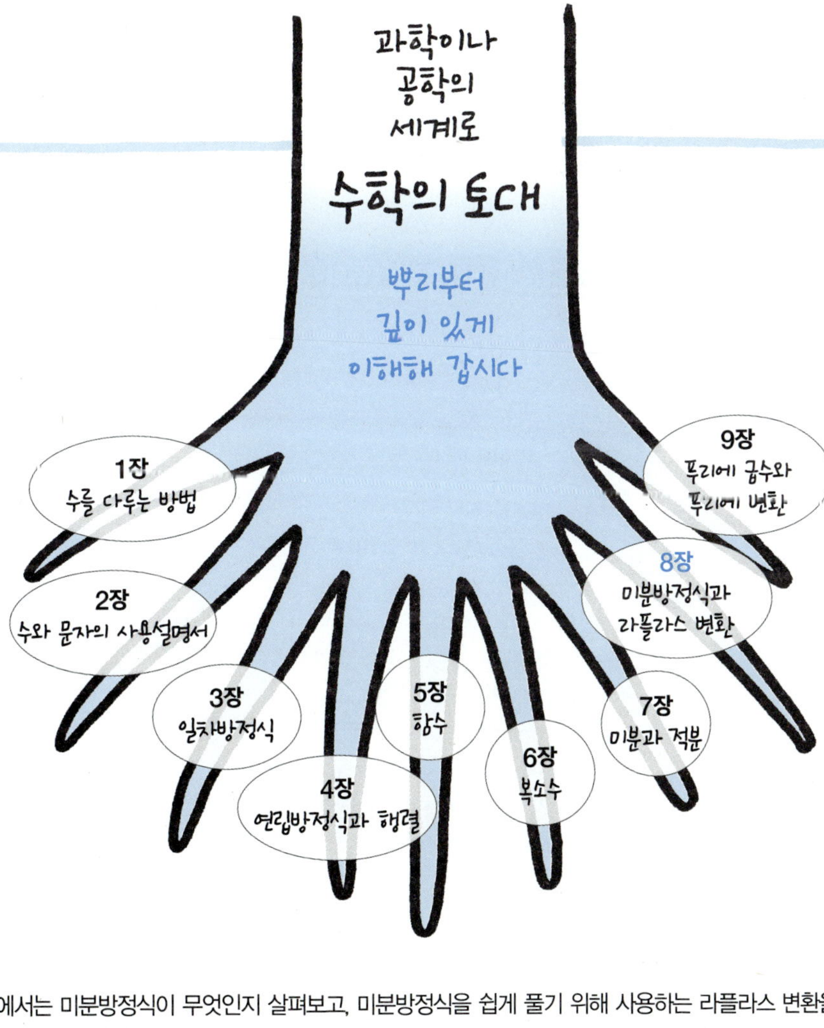

이 장에서는 미분방정식이 무엇인지 살펴보고, 미분방정식을 쉽게 풀기 위해 사용하는 라플라스 변환을 공부합니다. 식 자체는 어려워 보일 수 있지만, 미분방정식을 이용하면 우리 주변에서 벌어지는 현상들을 쉽게 표현할 수 있습니다. 이렇듯 미분방정식은 공학적인 문제를 해결하는 데 널리 쓰이므로 지금부터 미분방정식과 라플라스 변환에 대해 잘 알아봅시다.

8-1 미분방정식이란?

미분방정식의 답은 함수

난이도 ★☆☆☆☆

> **미분방정식**
>
> 도함수를 포함하는 함수의 방정식

미분방정식이라는 단어를 들으면 왠지 어려울 것 같지요? 실제로 조금 어렵긴 합니다. 이 책에서는 미분방정식이 무엇인지 살펴보고 전기전자공학에서 다루는 여러 문제를 소개하는 정도로만 다루겠습니다.

예를 들어, 함수 $f(x) = \sin x$를 미분하면 다음과 같습니다.

$$\frac{\mathrm{d}}{\mathrm{d}x}f(x) = \cos x$$

이를 다시 한 번 미분하면 $(\cos x)' = -\sin x$이므로

$$\frac{\mathrm{d}^2}{\mathrm{d}x^2}f(x) = -\sin x$$

가 됩니다. $f(x) = \sin x$이므로 위 식의 우변은 $-f(x)$입니다. 따라서

$$\frac{\mathrm{d}^2}{\mathrm{d}x^2}f(x) = -f(x)$$

를 만족합니다. $-f(x)$를 좌변으로 이항하여 정리하면 다음과 같습니다.

$$\frac{\mathrm{d}^2}{\mathrm{d}x^2}f(x) + f(x) = 0 \qquad (♪)$$

(♪)와 같이 도함수를 포함하는 식을 **미분방정식**이라고 하며 $f(x) = \sin x$와 같이 미분방정식을 만족하는 함수를 미분방정식의 **해**라고 합니다. 또한 미분방정식의 해를 구하는 것을 미분방정식을 푼다고 합니다. 즉, **미분방정식의 해는 함수**입니다.

예 $f(x) = \cos x$도 (♪)의 해임을 확인해 봅시다.

풀이 $f'(x) = -\sin x$, $f''(x) = -\cos x = -f(x)$이므로 (♪)을 만족합니다.

문제 8-1 정답은 p. 336

세 함수 $f(x) = \sin(x+\theta)$, $f(x) = \cos(x+\theta)$, $f(x) = A\sin(x+\theta) + B\cos(x+\theta)$는 모두 (♪)의 해임을 확인해 봅시다.

column 미분방정식 관련 용어 설명

▪ 미분방정식의 계수와 선형성

미분방정식에서 가장 많이 미분된 도함수 항의 미분 횟수를 그 미분방정식의 **계수**라고 합니다. 예를 들어 $f'(x) + x^2 = f(x)$는 1계 미분방정식, $\frac{d^4}{dx^4}f(x) + \frac{d^2}{dx^2}f(x) = f(x)$는 4계 미분방정식입니다. 또한 도함수가 일차식뿐인 미분방정식을 **선형** 미분방정식이라고 하며, 지금까지 소개한 것은 모두 선형 미분방정식입니다. 그렇지 않은 경우엔 **비선형** 미분방정식이라고 하는데, 예를 들어 $\{f'(x)\}^5 + f(x) = 2x$는 비선형 미분방정식입니다.

▪ 미분방정식의 일반해와 특수해

미분방정식은 일반적으로 해를 하나로 한정할 수 없습니다. 예시에서 확인했듯이, 미분방정식은 해가 여러 개일 수 있습니다. $h(x) = A\sin(x+\theta) + B\cos(x+\theta)$는 A와 B에 어떤 상수를 넣어도 미분방정식 $f''(x) + f(x) = 0$의 해가 됩니다. 이렇게 A와 B같은 임의의 상수를 포함한 해를 **일반해**라고 합니다. 임의의 상수를 포함하지 않는 해는 **특수해**라고 합니다. 일반적으로 n계 미분방정식의 해에서 임의의 상수 n개를 포함하는 해를 일반해라고 합니다.[1]

▪ 미분방정식의 초깃값 문제와 경곗값 문제

미분방정식을 풀 때, 주어진 조건으로 특수해를 구하는 것은 매우 중요합니다. n계 미분방정식에서 특정한 변수의 값 $x = x_0$에 대하여 $\frac{d^k}{dx^k}f(x_0)(k = 0, 1, \cdots\cdots, n-1)$의 n개의 값을 조건으로 특수해를 구하는 문제를 **초깃값 문제**라고 하고, 그 조건을 **초깃값**이라고 합니다. 또한, 함수의 정의역이 $x = a$에서 $x = b$까지일 때, $\frac{d^k}{dx^k}f(a)$, $\frac{d^k}{dx^k}f(b)(k = 0, 1, \cdots\cdots, n-1)$, 즉 정의역의 양쪽 끝(경계) $x = a$와 $x = b$에서의 도함수의 값을 조건으로 특수해를 구하는 문제를 **경곗값 문제**, 그 조건을 **경곗값**이라고 합니다.

1 단, 일반해가 미분방정식의 모든 해를 나타내는 것은 아닙니다. 임의의 상수에 어떤 값을 넣어도 나타낼 수 없는 해가 있기 때문입니다. 이와 같은 해는 **특이해**라고 부르고 있습니다. 예를 들어 1계 비선형 미분방정식 $\{f'(x)\}^2 + \{f(x)\}^2 = 1$에서 $f(x) = \sin(x+c)$는 c를 임의의 상수로 하는 일반해가 됩니다. 이때 $f(x) = 1$이나 $f(x) = -1$도 해이지만 위 일반해의 임의의 상수 c에 어떤 값을 넣어도 1 또는 -1로 만들 수 없습니다.

8-2 미분방정식의 활용

실제 일어나는 현상이나 사건을 미분방정식으로 세워 보자

난이도 ★★☆☆☆

이 절에서는 우리 주변에서 일어나는 여러 가지 문제를 미분방정식으로 표현해 볼 것입니다. 본격적으로 미분방정식을 풀기 전에 일단 여러 현상과 미분방정식을 이미지로 연관시켜 봅시다.

○ 감쇠와 성장

커피의 온도가 y, 시간이 t일 때, 시간이 지남에 따라 커피의 온도 y는 낮아질 것입니다. 즉 y를 t에 대한 함수로 표현할 수 있습니다. 갑사기 이를 식으로 나타내는 것이 쉽지는 않지만 미분의 개념을 이용하면 y에 대한 미분방정식을 유도할 수 있습니다. 이 과정에서 함수 $y(t)$를 구할 수도 있습니다.

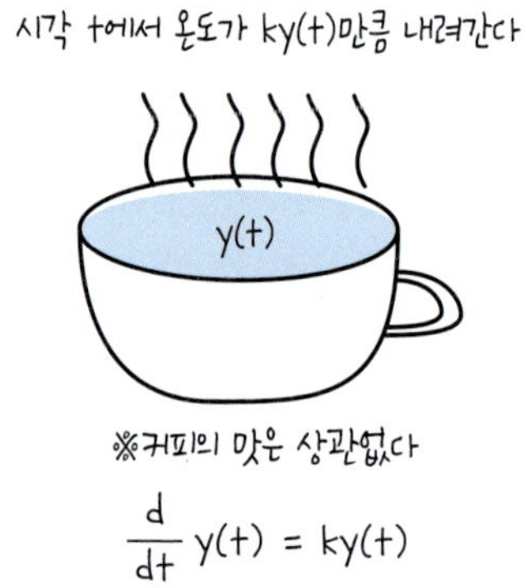

그림 8.1 뜨거운 커피의 온도 $y(t)$에 대한 미분방정식

이때 '어떤 시각 t에서 커피의 온도가 감소하는 양'은 $\frac{d}{dt}y(t)$로 나타낼 수 있습니다. '이 양이 시각 t에서의 커피의 온도 $y(t)$에 y비례한다'는 사실을 안다면 다음과 같은 미분방정식을 세울 수 있습니다.

$$\frac{d}{dt}y(t) = ky(t) \qquad (♪♪)$$

함수 $y(t)$는 점점 감소하므로 도함수 $\frac{d}{dt}y(t)$의 시각 t에서의 값은 음수이고 따라서 $k < 0$이 됩니다.[2]

미분방정식 (♪♪)은 공학에서의 다양한 현상을 나타내는 데 쓸 수 있습니다. 예를 들어 라듐과 우라늄, 플루토늄 등의 방사성 물질이 붕괴되는 현상을 (♪♪)로 표현할 수 있습니다. 이때 시각 t에서의 방사성 물질의 질량은 $y(t)$이며, 상수 $k(k < 0)$는 붕괴상수라고 말합니다. 이때 식의 형태는 (♪♪)과 완전히 똑같습니다.

2 자세한 내용은 열역학이나 통계역학 책을 참고하기를 바랍니다. 절대온도는 양수이므로 $y(t) > 0$입니다.

$k > 0$이면 미분방정식의 해 $y(t)$는 증가하는 함수일 것입니다. 예를 들어, 시각 t에서 미생물의 양이 $y(t)$일 때, 미생물이 번식(증가·성장)하는 비율은 미생물의 양 $y(t)$에 비례합니다(맬서스 법칙). 이때 식의 형태도 (♪ ♪)과 동일합니다.

미분방정식 (♪ ♪)은 전기전자회로에도 적용할 수 있습니다. 저항 R과 코일 L이 연결된 회로, 그림 8.2를 살펴봅시다. 여기에 전압 $v(t)$를 가하고 시각 $t=0$에서 전원을 차단한다고 할 때, 전류 $i(t)$, $i_R(t)$, $i_L(t)$는 각각 어떻게 변할까요?

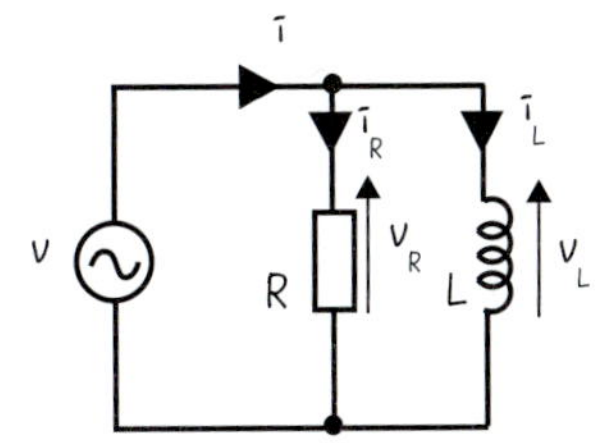

그림 8.2 RL 병렬회로

질문에 답하기 전에, 전기전자회로에서 자주 등장하는 저항, 코일, 콘덴서에서 전압과 전류 사이에는 다음과 같은 관계가 있습니다.[3]

저항 R, 코일 L, 콘덴서 C에서의 전류와 전압의 관계

$$v_R(t) = Ri_R(t)$$
$$v_L(t) = L\frac{\mathrm{d}}{\mathrm{d}t}i_L(t)$$
$$v_C(t) = \frac{1}{C}\int i_C(t)\mathrm{d}t$$

마지막 식은 양변을 미분하여 다음과 같이 나타내도 상관없습니다.

$$\frac{\mathrm{d}}{\mathrm{d}t}v_C(t) = \frac{1}{C}i_C(t)\text{에서 } i_C(t) = C\frac{\mathrm{d}}{\mathrm{d}t}v_C(t)$$

이 관계를 이용하여 그림 8.2의 회로를 분석해 봅시다. 먼저, 저항과 코일에 대해서 다음 식이 성립합니다.

$$v_R(t) = Ri_R(t),\ v_L(t) = L\frac{\mathrm{d}}{\mathrm{d}t}i_L(t)$$

또한 키르히호프의 제1법칙에서 $i(t) = i_R(t) + i_L(t)$이지만, 전원을 차단한 $t=0$ 이후엔 $i(t)=0$이므로 $i_R(t)+i_L(t)=0$이 됩니다.

3 이에 대한 자세한 내용은 '회로이론' 책을 참고하세요. 이 책에서는 전기전자회로에서 사용하는 미분방정식에 대해서만 자세히 다루겠습니다.

양변을 t에 대하여 미분하면 $\frac{\mathrm{d}}{\mathrm{d}t}i_R(t)+\frac{\mathrm{d}}{\mathrm{d}t}i_L(t)=0$이고 이 식에 저항과 코일의 관계식을 대입하면 다음과 같습니다.

$$\frac{\mathrm{d}}{\mathrm{d}t}\frac{v_R(t)}{R}+\frac{v_L(t)}{L}=0$$

병렬회로이므로 $v_R(t)=v_L(t)$이고 이를 위 식에 대입한 후 양변에 R을 곱하면

$$\frac{\mathrm{d}}{\mathrm{d}t}v_R(t)+\frac{R}{L}v_R(t)=0$$

이 됩니다. $k=-\frac{R}{L}$로 두고 변수 $v_R(t)$를 $y(t)$로 치환하면 (♪♪)과 같은 형태가 됩니다. 전기회로에서는 $-k=\frac{R}{L}$의 역수인 $-k^{-1}=\frac{L}{R}$을 **시상수**라고 부릅니다.

문제 8-2 정답은 p. 337

함수 $y(t)=e^{kt}$이 (♪♪)의 해임을 확인해 봅시다.

○ 조화진동

질량이 m[kg]인 물체가 그림 8.3과 같이 스프링에 연결되어 있습니다. 스프링을 당긴 후 놓으면 진동하게 됩니다. 만약 마찰이 없다면, 스프링은 계속 진동할 것입니다.

이 현상도 미분방정식으로 나타낼 수 있습니다. 스프링이 아무 힘을 받지 않았을 때의 위치를 원점 0으로 정한 다음 물체의 위치를 $y(t)$로 나타냅시다.

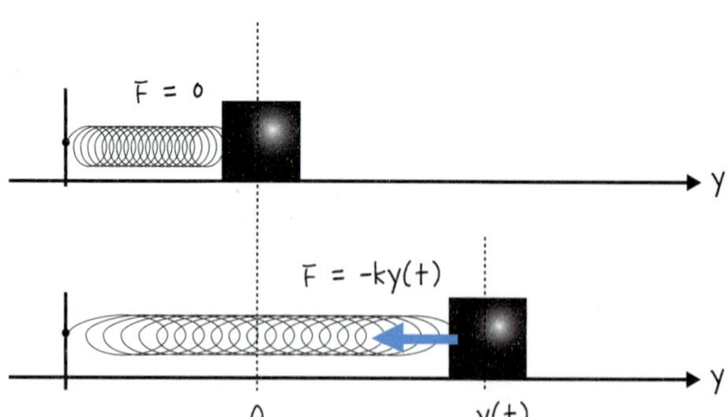

그림 8.3 조화진동

후크의 법칙에 따르면, 스프링의 힘은 늘어난 위치 $y(t)$에 비례합니다. 비례상수가 $k > 0$이면, 스프링의 힘은 이동 방향과 반대이므로 $F = -ky(t)$가 됩니다. 힘은 뉴턴의 운동방정식에 따라 질량 m과 가속도 $\frac{\mathrm{d}^2}{\mathrm{d}t^2}y(t)$의 곱으로 계산하므로 다음과 같습니다.

$$m\frac{\mathrm{d}^2}{\mathrm{d}t^2}y(t) = -ky(t)$$

$-ky(t)$를 좌변으로 이항해서 양변을 m으로 나눈 다음 $\omega = \sqrt{k/m}$를 대입하면

$$\frac{\mathrm{d}^2}{\mathrm{d}t^2}y(t) + \omega^2 y(t) = 0 \qquad (☆)$$

을 얻을 수 있습니다. (☆)은 **조화진동**의 미분방정식으로서 매우 중요한 식입니다.

전기전자회로에서도 (☆)이 나옵니다. 그림 8.4와 같은 LC 병렬회로의 각 소자에서 전압과 전류 사이에는 다음의 관계가 성립합니다.

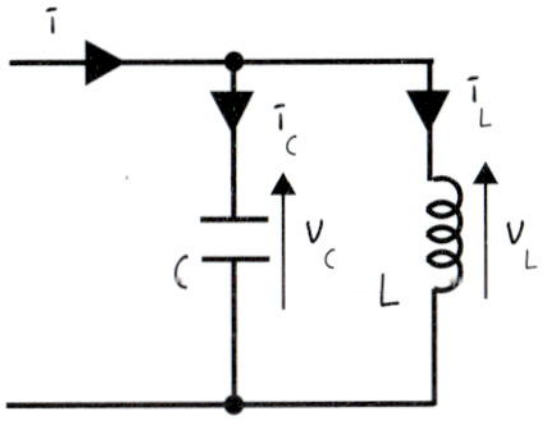

그림 8.4 LC 병렬회로

$$v_L(t) = L\frac{\mathrm{d}}{\mathrm{d}t}i_L(t),\ i_C(t) = C\frac{\mathrm{d}}{\mathrm{d}t}v_C(t)$$

키르히호프의 제1법칙에서 $i(t) = i_C(t) + i_L(t)$이고, 만약 시각 $t = 0$에서 $i(t) = 0$이면, $i_C(t) + i_L(t) = 0$입니다. 이 식의 양변을 t에 대하여 미분하면

$$\frac{\mathrm{d}}{\mathrm{d}t}i_C(t) + \frac{\mathrm{d}}{\mathrm{d}t}i_L(t) = 0$$

이고, 각 소자에서의 전압-전류 관계식을 대입하면

$$\frac{\mathrm{d}}{\mathrm{d}t}\left\{C\frac{\mathrm{d}}{\mathrm{d}t}v_C(t)\right\} + \frac{v_L(t)}{L} = 0$$

이 됩니다. 첫 번째 항을 정리하면 $C\frac{\mathrm{d}^2}{\mathrm{d}t^2}v_C(t)$이 되며, 병렬회로이므로 $v_C(t) = v_L(t)$이고 양변을 C로 나누면 다음과 같습니다.

$$\frac{\mathrm{d}^2}{\mathrm{d}t^2}v_C(t)+\frac{1}{LC}v_C(t)=0$$

$\omega=\sqrt{\frac{1}{LC}}$로 하고 변수 $v_C(t)$를 $y(t)$로 치환하면 (☆)과 같은 형태가 됩니다. 전기전자회로에서는 $\omega=\sqrt{\frac{1}{LC}}=\frac{1}{\sqrt{LC}}$을 **공진 각주파수**, $f=\frac{\omega}{2\pi}=\frac{1}{2\pi\sqrt{LC}}$을 **공진 주파수**라고 합니다.

문제 8-3 정답은 p. 337

$y_1(t)=A\sin(\omega t)$, $y_2(t)=B\cos(\omega t)$, $y_3(t)=y_1(t)+y_2(t)$는 모두 (☆)의 해임을 확인해 봅시다.

○ 감쇠진동

앞에서 다룬 조화진동의 예에서 마찰이 있는 경우를 생각해 봅시다. 그림 8.5에서 마찰력 f는 물체의 이동 방향과 반대입니다. 이때 마찰력의 크기는 물체의 속도 $\frac{\mathrm{d}}{\mathrm{d}t}y(t)$에 비례하므로, 비례상수를 l이라 놓고 방향을 고려하여 수식으로 나타내면 $f=-l\frac{\mathrm{d}}{\mathrm{d}t}y(t)$입니다.

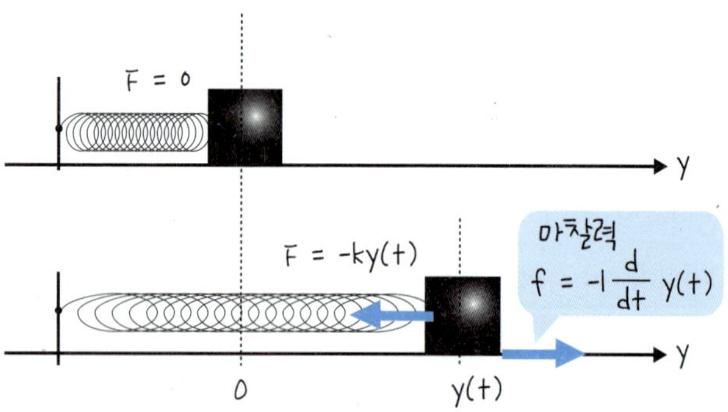

그림 8.5 마찰이 있는 경우의 감쇠진동

물체에는 스프링의 힘 F에 마찰력 f가 더해져서 크기가 $F+f$인 힘이 가해집니다. 뉴턴의 운동방정식 $m\frac{\mathrm{d}^2}{\mathrm{d}t^2}y(t)=F+f$에서 F와 f에 각 식을 대입하면 다음과 같습니다.

$$m\frac{\mathrm{d}^2}{\mathrm{d}t^2}y(t)=-ky(t)-l\frac{\mathrm{d}}{\mathrm{d}t}y(t)$$

우변에 있는 두 항을 좌변으로 모두 이항한 후, 양변을 m으로 나누면

$$\frac{\mathrm{d}^2}{\mathrm{d}t^2}y(t)+\frac{l}{m}\frac{\mathrm{d}}{\mathrm{d}t}y(t)+\frac{k}{m}y(t)=0$$

이 되고, $\lambda=\frac{l}{2m}$, $\omega=\sqrt{\frac{k}{m}}$라고 하면 다음과 같은 감쇠진동의 미분방정식을 얻습니다.

$$\frac{\mathrm{d}^2}{\mathrm{d}t^2}y(t)+2\lambda\frac{\mathrm{d}}{\mathrm{d}t}y(t)+\omega^2y(t)=0 \qquad (\bigstar)$$

전기전자회로에서도 (★)을 씁니다. 그림 8.6은 그림 8.4의 LC 병렬회로에 저항 R을 추가한 RLC 병렬회로이며, 저항 R이 마찰 역할을 합니다. $t=0$일 때 $i(t)=0$이라는 조건을 바탕으로 회로방정식을 세워 봅시다.

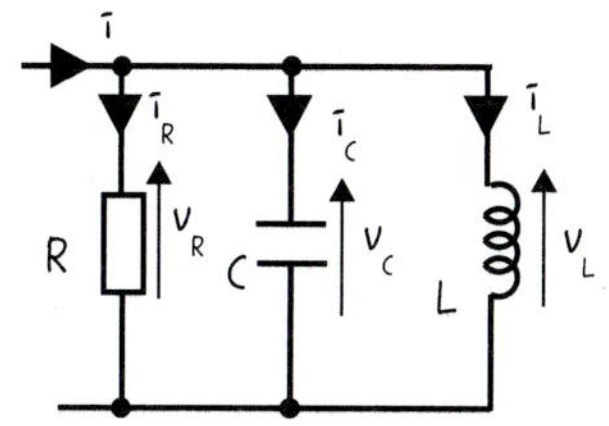

그림 8.6 RLC 병렬회로(전원 없음)

키르히호프의 제1법칙 $i_R(t)+i_L(t)+i_C(t)=0$을 t에 대하여 미분하면 $\frac{\mathrm{d}}{\mathrm{d}t}i_R(t)+\frac{\mathrm{d}}{\mathrm{d}t}i_L(t)+\frac{\mathrm{d}}{\mathrm{d}t}i_C(t)=0$이 됩니다. 여기에

$$v_R(t)=Ri_R(t),\ v_L(t)=L\frac{\mathrm{d}}{\mathrm{d}t}i_L(t),\ i_C(t)=C\frac{\mathrm{d}}{\mathrm{d}t}v_C(t)$$

를 대입하면 다음과 같습니다.

$$\frac{1}{R}\frac{\mathrm{d}}{\mathrm{d}t}v_R(t)+\frac{1}{L}v_L(t)+\frac{\mathrm{d}}{\mathrm{d}t}\left\{C\frac{\mathrm{d}}{\mathrm{d}t}v_C(t)\right\}=0$$
$$C\frac{\mathrm{d}^2}{\mathrm{d}t^2}v_C(t)+\frac{1}{R}\frac{\mathrm{d}}{\mathrm{d}t}v_R(t)+\frac{1}{L}v_L(t)=0$$

양변을 C로 나누고 $v_R(t)=v_L(t)=v_C(t)$를 이용하면

$$\frac{\mathrm{d}^2}{\mathrm{d}t^2}v_R(t)+\frac{1}{CR}\frac{d}{dt}v_R(t)+\frac{1}{LC}v_R(t)=0$$

과 같은 미분방정식이 나옵니다. 이때 $\lambda=\frac{1}{2CR}$, $\omega=\sqrt{\frac{1}{LC}}$이라 하고 $v_R(t)$를 $y(t)$로 치환하면 (★)과 같은 형태가 됩니다.

문제 8-4 정답은 p. 337

$y(t) = Ae^{-\lambda t}\sin(\omega_* t)$, $y(t) = Be^{-\lambda t}\cos(\omega_* t)$는 (★)의 해임을 확인해 봅시다.

단, $\omega_* = \sqrt{\omega^2 - \lambda^2}$ 입니다.

○ 강제진동

마찰을 고려한 진동(감쇠진동)에, 외부에서 힘 $F_e(t)$이 가해지는 경우를 생각해 봅시다. 그림 8.7에서 물체에 가해지는 힘은 $F+f$에 $F_e(t)$가 더해져 $F+f+F_e(t)$가 됩니다. 따라서

$$\frac{\mathrm{d}^2}{\mathrm{d}t^2}y(t) + \frac{l}{m}\frac{\mathrm{d}}{\mathrm{d}t}y(t) + \frac{k}{m}y(t) = \frac{F_e(t)}{m}$$

가 되고, $\lambda = \frac{l}{2m}$, $\omega = \sqrt{\frac{k}{m}}$, $f_e(t) = \frac{F_e(t)}{m}$라고 하면

$$\frac{\mathrm{d}^2}{\mathrm{d}t^2}y(t) + 2\lambda\frac{\mathrm{d}}{\mathrm{d}t}y(t) + \omega^2 y(t) = f_e(t) \qquad (★★)$$

와 같은 미분방정식을 얻습니다.

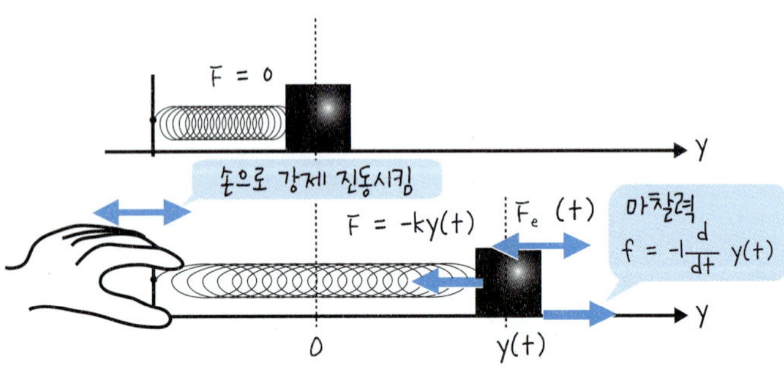

그림 8.7 마찰과 외력이 있는 경우의 진동

전기전자회로에서도 강제진동의 미분방정식을 씁니다. 그림 8.8은 전원이 있는 RLC 병렬회로인데, 그림 8.6의 회로에 외부 전원 $v(t)$가 인가되어 전류 $i(t)$가 흐르는 회로입니다. 이때 전류는 외력 $F_e(t)$에 해당합니다.

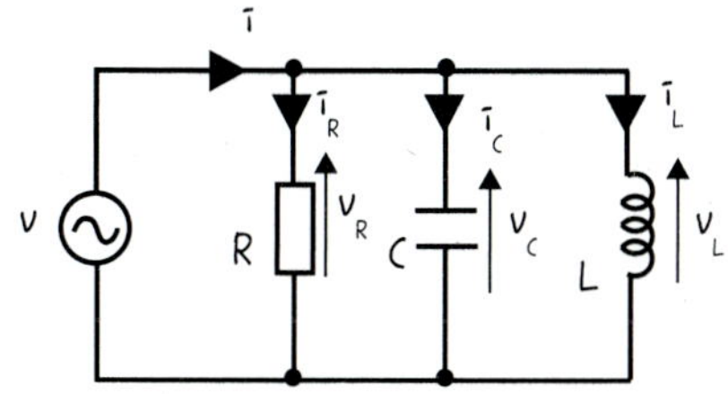

그림 8.8 *RLC* 병렬회로(전원 있음)

키르히호프의 제1법칙 $i(t)=i_R(t)+i_L(t)+i_C(t)$를 t에 대하여 미분하면 $\frac{\mathrm{d}}{\mathrm{d}t}i(t)=\frac{\mathrm{d}}{\mathrm{d}t}i_R(t)+\frac{\mathrm{d}}{\mathrm{d}t}i_L(t)+\frac{\mathrm{d}}{\mathrm{d}t}i_C(t)$이고, R, L, C에 대한 전압과 전류의 관계

$$v_R(t)=Ri_R(t),\ v_L(t)=L\frac{\mathrm{d}}{\mathrm{d}t}i_L(t),\ i_C(t)=C\frac{\mathrm{d}}{\mathrm{d}t}v_C(t)$$

와 $v_R(t)=v_L(t)=v_C(t)$의 조건을 대입하면 다음과 같은 미분방정식을 얻습니다.

$$\frac{\mathrm{d}^2}{\mathrm{d}t^2}v_R(t)+\frac{1}{CR}\frac{\mathrm{d}}{\mathrm{d}t}v_R(t)+\frac{1}{LC}v_R(t)=\frac{1}{C}\frac{\mathrm{d}}{\mathrm{d}t}i(t)$$

이때 $\lambda=\frac{1}{2CR}$, $\omega=\sqrt{\frac{1}{LC}}$, $\frac{1}{C}\frac{\mathrm{d}}{\mathrm{d}t}i(t)=f_e(t)$라 하고 $v_R(t)$를 $y(t)$로 치환하면 (★★)와 같은 형태가 됩니다.

8-3 미분방정식의 해법 ①

변수분리형과 1계 선형 미분방정식

난이도 ★★★☆☆

이 절에서는 미분방정식의 해법을 알아봅니다. 미분방정식의 해법은 다양하지만, 이 책에서는 전기전자공학에서 다루는 대표적인 것만 다루려 합니다. 다양한 해법을 알고 싶다면 미분방정식에 대한 전문서적을 참고하세요.

○ 변수분리형

다음과 같이 변수 x와 함숫값 y 이렇게 두 변수로 분리할 수 있는 미분방정식을 **변수분리형** 미분방정식이라고 합니다.

$$\frac{\mathrm{d}y}{\mathrm{d}x} = f(x)g(y) \qquad (♪)$$

(♪)의 양변을 $g(y)$로 나누면 $\frac{1}{g(y)}\frac{\mathrm{d}y}{\mathrm{d}x} = f(x)$이고, 다시 양변을 x에 대하여 적분하면 다음과 같습니다.

$$\int \frac{1}{g(y)}\frac{\mathrm{d}y}{\mathrm{d}x}\mathrm{d}x = \int f(x)\mathrm{d}x$$

치환적분을 역으로 이용해서 좌변에 있는 항을 나타내면 $\int \frac{1}{g(y)}\frac{\mathrm{d}y}{\mathrm{d}x}\mathrm{d}x = \int \frac{1}{g(y)}\mathrm{d}y$이므로

$$\int \frac{1}{g(y)}\mathrm{d}y = \int f(x)\mathrm{d}x$$

가 됩니다. 이것이 변수분리형 미분방정식의 일반해입니다.[4]

4 전기전자공학 관점으로 설명하면 변수분리형 미분방정식의 일반해 구하는 과정이 좀 더 쉬워집니다. 형식적으로 (♪)을 $\frac{1}{g(y)}\mathrm{d}y = f(x)\mathrm{d}x$로 바꿔 쓸 수 있습니다. 그리고 나서 양변을 적분하면 다음 식이 나옵니다. $\int \frac{1}{g(y)}\mathrm{d}y = \int f(x)\mathrm{d}x$

예 1계 미분방정식 $y'(x) = xy(x)$를 풀어 봅시다.

풀이 변수분리형 미분방정식이므로, 양변을 y로 나누어서 적분하면 다음과 같습니다.

$$\int \frac{1}{y}\mathrm{d}y = \int x\mathrm{d}x \text{에서 } \ln y = \frac{x^2}{2} + C\ (C\text{는 적분상수})$$

로그 식으로부터 다음과 같은 일반해를 구할 수 있습니다. 이때 $C_0 = e^C$으로 놓습니다.

$$y(x) = e^{\frac{x^2}{2}+C} = e^{\frac{x^2}{2}}e^C = C_0 e^{\frac{x^2}{2}}$$

이렇듯 임의의 상수는 적분 과정에서 등장합니다. 단, 해의 형태를 깔끔하게 하기 위해 이를 적당한 문자로 치환해도 상관없습니다.

예 위 예에서 다룬 미분방정식 $y'(x) = xy(x)$에서 초기조건이 $y(0) = 1$일 때의 초깃값 문제를 풀어 봅시다.

풀이 일반해에 초기조건을 대입하면 다음과 같습니다

$$1 = y(0) = C_0 e^{\frac{0^2}{2}} = C_0 \cdot 1$$

따라서 $C_0 = 1$이므로 초깃값 문제의 해는 $y = e^{\frac{x^2}{2}}$입니다.

문제 8-5 정답은 p. 338

미분방정식 $y'(x) = ky(x)$를 풀어 봅시다. 또한 초기조건이 $y(0) = 1$일 때의 초깃값 문제를 풀어 봅시다.

○ 1계 선형 미분방정식

1계 도함수 $y'(x)$에 대한 1차 미분방정식을 **1계 선형 미분방정식**이라고 합니다. 1계 선형 미분방정식은 다음과 같이 씁니다.

$$y'(x) + p(x)y(x) = q(x) \qquad (☆)$$

이제 1계 선형 미분방정식의 일반해를 구해 봅시다. 먼저 (☆)의 양변에 적당한 함수 $f(x)$를 곱하면 다음과 같습니다.

$$y'(x)f(x)+f(x)p(x)y(x)=f(x)q(x) \qquad (※)$$

그 다음 좌변이 $\{f(x)y(x)\}'$와 같아지도록 함수 $f(x)$를 정합니다. 즉,

$$\{f(x)y(x)\}'=y'(x)f(x)+f(x)p(x)y(x)$$

가 되도록 함수 $f(x)$를 정하면 됩니다. 함수 $f(x)$는 어떤 형태이어야 하는지 알아봅시다. 곱의 미분 공식[5]을 이용해 좌변을 전개하면

$$f'(x)y(x)+f(x)y'(x)=y'(x)f(x)+f(x)p(x)y(x)$$

이므로

$$f'(x)y(x)=f(x)p(x)y(x)$$

가 되고, 따라서 함수 $f(x)$는 다음과 같은 미분방정식을 만족해야 합니다.

$$f'(x)=f(x)p(x) \qquad (*)$$

이는 $f(x)$에 대한 변수분리형 미분방정식이므로 일반해는 $f(x)=C\exp\left(\int p(x)\mathrm{d}x\right)$가 됩니다.[6] 또한 $f(x)$는 $(*)$을 만족하므로 $C=1$인 $f(x)=\exp\left(\int p(x)\mathrm{d}x\right)$로 정합니다. 이때 $(*)$은 $\{f(x)y(x)\}'=f(x)q(x)$이기 때문에

$$\left\{\exp\left(\int p(x)\mathrm{d}x\right)y(x)\right\}'=\exp\left(\int p(x)\mathrm{d}x\right)q(x)$$

가 됩니다. 양변을 x에 대하여 적분하면

$$\exp\left(\int p(x)\mathrm{d}x\right)y(x)=\int\exp\left(\int p(x)\mathrm{d}x\right)q(x)\mathrm{d}x+C \ (C\text{는 임의의 상수})$$

가 되고 양변을 $\exp\left(\int p(x)\mathrm{d}x\right)$로 나누면 다음과 같은 일반해를 구할 수 있습니다.

---

5 자세한 내용은 7-6절의 ②를 참고하세요.

6 여기에서 $\exp(x)=e^x$이라는 의미이며, 지수 부분의 문자식이 복잡하고 번거로울 때 이렇게 씁니다.

$$y(x)=\exp\left(-\int p(x)\mathrm{d}x\right)\left\{\int \exp\left(\int p(x)\mathrm{d}x\right)q(x)\mathrm{d}x+C\right\}$$

중간에 구한 $f(x)=\exp\left(\int p(x)\mathrm{d}x\right)$는 **적분인자**라고 합니다. 마지막으로, $g(x)=\int p(x)\mathrm{d}x$로 놓으면 일반해를 좀 더 간단히 할 수 있습니다.

$$y(x)=\exp(-g(x))\left\{\int \exp(g(x))q(x)\mathrm{d}x+C\right\}$$

예 미분방정식 $y'(x)+\frac{1}{x}y=e^x$의 일반해를 구해 봅시다.

풀이 먼저 미분방정식 $y'(x)+\frac{1}{x}y=e^x$과 (☆)을 비교하여 $p(x)$와 $q(x)$를 어떤 함수로 정해야 할지 생각해봅시다. $p(x)=\frac{1}{x}$, $q(x)=e^x$가 되겠지요? 이를 대입해서 (☆)을 정리하면 다음과 같습니다.

$$g(x)=\int p(x)\mathrm{d}x=\int \frac{1}{x}\mathrm{d}x=\ln x+C'$$

간단하게 적분상수는 $C'=0$[7]이라고 합시다. 적분인자는 $f(x)=\exp\left(g(x)\right)=\exp(\ln x)=x$[8]가 됩니다. 이로부터 일반해를 구하면 다음과 같습니다.

$$\begin{aligned}y(x)&=\exp(-g(x))\int \exp\left(g(x)\right)q(x)\mathrm{d}x+C\\&=\exp(-\ln x)\left\{\int xe^x\mathrm{d}x+C\right\}\end{aligned}$$

중괄호 안의 식부터 계산해 봅시다. $\int xe^x\mathrm{d}x=\int x(e^x)'\mathrm{d}x$을 이용하여 부분적분을 하면

$$\int x(e^x)'\mathrm{d}x=xe^x-\int (x)'e^x\mathrm{d}x=xe^x-\int e^x\mathrm{d}x=xe^x-e^x$$

가 됩니다. 이 결과를 앞에서 구한 일반해에 대입하면 다음과 같습니다.

$$\begin{aligned}y(x)&=\exp(-\ln x)(xe^x-e^x+C)\\&=\exp\left(\ln\frac{1}{x}\right)\{(x-1)e^x+C\}\\&=\frac{1}{x}\{(x-1)e^x+C\}\\&=\left(1-\frac{1}{x}\right)e^x+\frac{C}{x}\end{aligned}$$

7 7-9절의 표 7.1을 참고하면 $\int \frac{1}{x}\mathrm{d}x=\ln x+C$임을 알 수 있습니다.

8 5-19절을 참고하면 $A^{\log_A a}=a$에 대해 자세히 알 수 있습니다.

예 위 예에서 다룬 미분방정식 $y'(x)+\frac{1}{x}y=e^x$에서 초기조건이 $y(1)=0$일 때의 초깃값 문제를 풀어 봅시다.

풀이 $y(1)=\left(1-\frac{1}{1}\right)e^1+\frac{C}{1}=0+C=0$에서 $C=0$이므로 해는 $y(x)=\left(1-\frac{1}{x}\right)e^x$이 됩니다.

문제 8-6 정답은 p. 338

RL 직렬회로에서 시각 t에서의 전류 $i(t)$와 기전력 $E_m \sin \omega t$의 관계는 다음과 같습니다.

$$L\frac{\mathrm{d}}{\mathrm{d}t}i(t)+Ri(t)=E_m \sin \omega t \quad (RL)$$

(1) (RL)의 일반해를 구해 봅시다.

(2) 초기조건이 $i(0)=0$일 때의 초깃값 문제를 풀어 봅시다.

(3) 초기조건이 $i(0)=\frac{E_m}{R}$일 때의 초깃값 문제를 풀어 봅시다.

8-4 미분방정식의 해법 ②

2계 선형 미분방정식

난이도 ★★★★☆

> **2계 선형 미분방정식**
>
> 2차 방정식 문제가 된다.

다음과 같은 **2계 선형 미분방정식**

$$\frac{\mathrm{d}^2}{\mathrm{d}x^2}y(x)+a\frac{\mathrm{d}}{\mathrm{d}x}y(x)+by(x)=0 \qquad (♪)$$

을 생각해 봅시다. 이 방정식을 풀려면 복소수의 미분에 대한 개념이 필요합니다. 복소수 $s=p+j\omega$는 지수함수를 이용하여 다음과 같이 표현합니다(p, ω는 실수).

$$e^s=e^{p+j\omega}=e^p(\cos\omega+j\sin\omega)$$

복소수 형태의 함수 $f(t)$를 실수부와 허수부로 나누어 $f(t)=f_r(t)+jf_j(t)$로 나타낼 때, $f(t)$의 도함수는 다음과 같습니다.

$$\frac{\mathrm{d}}{\mathrm{d}t}f(t)=\frac{\mathrm{d}}{\mathrm{d}t}f_r(t)+j\frac{\mathrm{d}}{\mathrm{d}t}f_j(t)$$

따라서 위 지수함수의 도함수는

$$\begin{aligned}\frac{\mathrm{d}}{\mathrm{d}t}e^{st}&=\frac{\mathrm{d}}{\mathrm{d}t}e^{(p+j\omega)t}\\&=\frac{\mathrm{d}}{\mathrm{d}t}e^{pt}(\cos(\omega t)+j\sin(\omega t))\\&=pe^{pt}(\cos(\omega t)+j\sin(\omega t))+e^{pt}\omega(-\sin(\omega t)+j\cos(\omega t))^{9}\\&=pe^{pt}e^{j\omega t}+\omega e^{pt}e^{j(\omega t+\pi/2)}\end{aligned}$$

9 자세한 내용은 7-6절을 참고하세요.

$$
\begin{aligned}
&= pe^{pt}e^{j\omega t} + \omega e^{pt}e^{j\omega t}e^{j\pi/2} \quad \Leftarrow \boxed{e^{j\pi/2} = j} \\
&= pe^{pt}e^{j\omega t} + j\omega e^{pt}e^{j\omega t} \\
&= (p + j\omega)e^{(p+j\omega)t} \\
&= se^{st}
\end{aligned}
$$

가 되어 지수가 실수일 때와 같은 결과가 나온다는 것을 알 수 있습니다.

(♪)의 해를 구하기 전에 먼저 계수가 상수인 1계 선형 미분방정식 $\frac{\mathrm{d}}{\mathrm{d}x}y(t) - py = 0$($p$는 상수)의 해를 생각해 봅시다. 변수분리형 미분방정식으로 생각하고 일반해를 구하면 $y = ce^{px}$과 같은 지수함수 형태가 나옵니다. 이러한 사실을 감안하면, 계수가 상수인 2계 선형 미분방정식도 해의 수만 다를 뿐 같은 형태의 해가 나올 것이라고 예상할 수 있습니다.[10] 실제로 (♪)의 해는 $y(x) = e^{\lambda x}$(λ는 복소수) 꼴입니다. 이를 (♪)에 대입하면 $\frac{\mathrm{d}}{\mathrm{d}x}y(x) = \lambda e^{\lambda x}$, $\frac{\mathrm{d}^2}{\mathrm{d}x^2}y(x) = \lambda^2 e^{\lambda x}$이므로 $(\lambda^2 + a\lambda + b)e^{x} = 0$으로부터 나음과 같이 λ에 대한 이차방정식을 얻을 수 있습니다.

$$\lambda^2 + a\lambda + b = 0 \qquad (☆)$$

이때 (☆)을 (♪)의 **특성방정식**이라고 합니다. 이제 특성방정식을 풀어 봅시다. 인수분해 공식 $A^2 + 2AB + B^2 = (A+B)^2$을 이용할 수 있도록 (☆)을 변형하면 다음과 같습니다.

$$\lambda^2 + 2\cdot\lambda\cdot\frac{a}{2} + b = 0$$

이 식에서 $A = \lambda$, $B = \frac{a}{2}$라 하고, $B^2 = \left(\frac{a}{2}\right)^2$을 양변에 더하면

$$\lambda^2 + 2\frac{a}{2}\lambda + \left(\frac{a}{2}\right)^2 + b = \left(\frac{a}{2}\right)^2 \text{에서 } \left(\lambda + \frac{a}{2}\right)^2 = \left(\frac{a}{2}\right)^2 - b$$

가 됩니다. 위 식을 $X^2 = c$라 하면 $X = \lambda + \frac{a}{2}$, $c = \left(\frac{a}{2}\right)^2 - b = \frac{a^2 - 4b}{4}$이고 $X = \pm\sqrt{c}$이므로

$$
\begin{aligned}
&\lambda + \frac{a}{2} = \pm\sqrt{\frac{a^2 - 4b}{4}} \text{에서} \\
&\lambda = -\frac{a}{2} \pm \frac{\sqrt{a^2 - 4b}}{2} = \frac{-a \pm \sqrt{a^2 - 4b}}{2}
\end{aligned}
$$

입니다. 이는 **이차방정식의 근의 공식**으로부터 얻을 수 있는 (☆)의 해입니다. 이차방정식의 해는 일반적으로 2개입니다. 이차방정식의 해 λ_1, λ_2는 계수 a, b의 값에 따라 다음과 같이 분류합니다.

① $a^2-4b > 0$인 경우 서로 다른 두 실근

$$\lambda_1=\frac{-a+\sqrt{a^2-4b}}{2},\ \lambda_2=\frac{-a-\sqrt{a^2-4b}}{2}$$

② $a^2-4b=0$인 경우 중근

$$\lambda_1=\lambda_2=-\frac{a}{2}$$

③ $a^2-4b < 0$인 경우 서로 다른 두 복소수근(허근)

$\sqrt{a^2-4b}=j\sqrt{4b-a^2}$로 하면

$$\lambda_1=\frac{-a+j\sqrt{4b-a^2}}{2},\ \lambda_2=\frac{-a-j\sqrt{4b-a^2}}{2}$$

특성방정식 (☆)의 해의 종류에 따라 2계 선형 미분방정식 (♪)의 일반해도 다음과 같이 나눌 수 있습니다.

2계 선형 미분방정식의 일반해

임의의 상수 C_1, C_2에 대하여

① 특성방정식의 해가 서로 다른 두 실근 λ_1, λ_2인 경우

$y(x)=C_1e^{\lambda_1x}+C_2e^{\lambda_2x}$

② 특성방정식의 해가 중근인 $\lambda_1=\lambda_2$인 경우

$y(x)=(C_1+C_2x)e^{\lambda_1x}$

③ 특성방정식의 해가 공액복소근 $\lambda_1=\alpha+j\beta$, $\lambda_2=\alpha-j\beta$인 경우

$y(x)=e^{\alpha x}(C_1\cos(\beta x)+C_2\sin(\beta x))$

10 (출처)「수식이 보이는 공학수학」(한빛아카데미, 2012)

○ 증명

① (♪)의 해는 $y(x)=e^{\lambda x}$ 꼴이므로, 해는 $y_1(x)=e^{\lambda_1 x}$, $y_2(x)=e^{\lambda_2 x}$이 됩니다.
이를 상수배하여 더한 $y(x)=C_1y_1(x)+C_2y_2(x)$도

$$\begin{aligned}
&\frac{d^2}{dx^2}y(x)+a\frac{d}{dx}y(x)+by(x)\\
&\quad=\frac{d^2}{dx^2}\{C_1y_1(x)+C_2y_2(x)\}\\
&\qquad+a\frac{d}{dx}\{C_1y_1(x)+C_2y_2(x)\}+b\{C_1y_1(x)+C_2y_2(x)\}\\
&\quad=C_1\left\{\frac{d^2}{dx^2}y_1(x)+a\frac{d}{dx}y_1(x)+by_1(x)\right\}\\
&\qquad+C_2\left\{\frac{d^2}{dx^2}y_2(x)+a\frac{d}{dx}y_2(x)+by_2(x)\right\}\\
&\quad=C_1\cdot 0+C_2\cdot 0=0
\end{aligned}$$

과 같으므로 해가 됩니다. 이때 임의의 상수(C_1, C_2)가 2개이므로 이는 일반해입니다.

② $e^{\lambda_1 x}$과 $xe^{\lambda_2 x}$가 해인 것은 ①의 증명을 이용하여 증명됩니다. $y(x)$에 $xe^{\lambda_1 x}$을 대입해 봅시다. 일단 $(xe^{\lambda_1 x})'$, $(xe^{\lambda_1 x})''$을 각각 구하면

$$\begin{aligned}
(xe^{\lambda_1 x})'&=e^{\lambda_1 x}+\lambda_1 xe^{\lambda_1 x}\\
(xe^{\lambda_1 x})''&=\lambda_1 e^{\lambda_1 x}+\lambda_1 e^{\lambda_1 x}+\lambda_1^2 xe^{\lambda_1 x}\\
&=2\lambda_1 e^{\lambda_1 x}+\lambda_1^2 xe^{\lambda_1 x}
\end{aligned}$$

이므로

$$\begin{aligned}
&(xe^{\lambda_1 x})''+a(xe^{\lambda_1 x})'+b(xe^{\lambda_1 x})\\
&\quad=xe^{\lambda_1 x}(\lambda_1^2+a\lambda_1+b)+e^{\lambda_1 x}(2\lambda_1+a)=0
\end{aligned}$$

이 나타납니다. 이때 $2\lambda_1=2\cdot\frac{-a}{2}=-a$에서 $2\lambda_1+a=0$이므로 $xe^{\lambda_1 x}$도 해이고 이의 상수배도 해가 됩니다. ①에서 보였듯이 $e^{\lambda_1 x}$와 $xe^{\lambda_1 x}$의 상수배의 합(**중첩**)도 해가 됩니다.

③ $y(x)$에 $\lambda_1=\alpha+j\beta$, $\lambda_2=\alpha-j\beta$를 대입하면,

$$y(x)=C_1e^{\lambda_1 x}+C_2e^{\lambda_2 x}=e^{\alpha x}(C_1\cos(\beta x)+C_2\sin(\beta x))$$

가 됩니다. 지수가 복소수인 지수함수의 미분이 지수가 실수일 때와 같은 과정으로 이루어진다는 점에서 $\lambda_1 = \alpha + j\beta$, $\lambda_2 = \alpha - j\beta$역시 해임을 알 수 있습니다.

예 2계 선형 미분방정식 $y''(x) + \omega^2 y(x) = 0$의 일반해를 구하고, 초기조건 $y(0) = 0$, $y'(0) = A$일 때의 초기값 문제를 풀어 봅시다.

풀이 $y(x) = e^{\lambda x}$이라 하면 특성방정식은 $\lambda^2 + \omega^2 = 0$이 됩니다. 이때의 해는 $\lambda = \pm j\omega$이므로(③의 경우) 일반해는 다음과 같습니다.

$$\begin{aligned} y(x) &= e^{0 \cdot x}(C_1 \cos(\omega x) + C_2 \sin(\omega x)) \\ &= C_1 \cos(\omega x) + C_2 \sin(\omega x) \end{aligned}$$

초기조건

$$y(0) = C_1 \cos 0 + C_2 \sin 0 = C_1 \cdot 1 = 0$$

에서 $C_1 = 0$입니다. 또한

$$y'(x) = \omega(-C_1 \sin(\omega x) + C_2 \cos(\omega x))$$

이므로

$$y'(0) = \omega(-C_1 \sin 0 + C_2 \cos 0) = \omega C_2 \cdot 1 = A$$

에서 $C_2 = \dfrac{A}{\omega}$입니다. 따라서 초깃값 문제의 해는 다음과 같습니다.

$$y(x) = \frac{A}{\omega} \sin(\omega x)$$

이와 같이 2계 선형 미분방정식의 일반해는 임의의 상수가 2개이므로, 초기조건 2개가 주어지면 초깃값 문제를 풀 수 있습니다. 이 문제에서의 초기조건은 그림 8.9와 같이 위상에 대한 조건 $y(0) = 0$과 진폭에 대한 조건 $y'(0) = A$입니다.

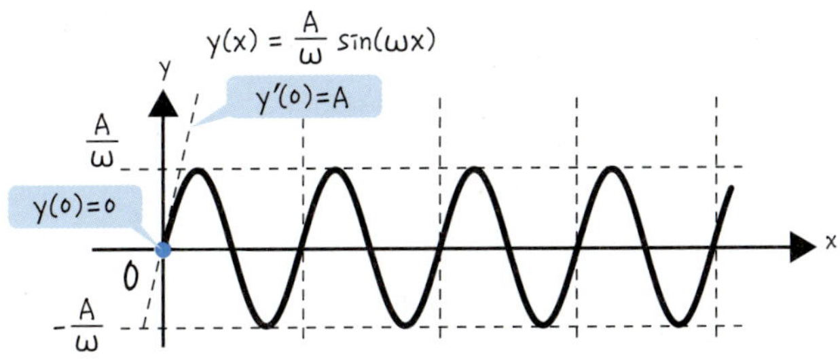

그림 8.9 2개의 초기조건이 2계 선형 미분방정식의 임의의 상수를 정하고 있다

문제 8-7 정답은 p. 341

2계 선형 미분방정식 $y''(x)+\omega^2 y(x)=0$에서 초기조건 $y(0)=A,\ y'(0)=0$일 때의 초깃값 문제를 풀어 봅시다.

예 2계 선형 미분방정식 $y''(x)+y'(x)+\frac{101}{4}y(x)=0$의 일반해를 구하고, 초기조건 $y(0)=0$, $y'(0)=5$일 때의 초깃값 문제를 풀어 봅시다.

풀이 특성방정식은 $\lambda^2+\lambda+\frac{101}{4}=0$에서 근의 공식에 의해

$$\lambda=\frac{-1\pm\sqrt{1^2-4\cdot\frac{101}{4}}}{2}=\frac{-1\pm\sqrt{-100}}{2}=\frac{-1\pm j10}{2}$$
$$=-\frac{1}{2}\pm j5$$

가 됩니다. 이는 ③의 경우에 해당하기 때문에 $\lambda_1=-\frac{1}{2}+j5,\ \lambda_2=-\frac{1}{2}-j5$로 하면 일반해는

$$y(x)=e^{\alpha x}(C_1\cos(\beta x)+C_2\sin(\beta x))$$

에서 $\alpha=-\frac{1}{2},\ \beta=5$가 되어 구하는 일반해는 다음과 같습니다.

$$y(x)=e^{-x/2}(C_1\cos(5x)+C_2\sin(5x))$$

다음으로 초기조건

$$y(0)=e^0(C_1\cdot 1+C_2\cdot 0)=0$$

에서 $C_1=0$임을 알 수 있습니다. 이 단계에서 $y(x)=C_2e^{-x/2}\sin(5x)$로 임의의 상수가 1개 줄어서 다음 계산이 편해집니다.

$$y'(x)=C_2\cdot\left(-\frac{1}{2}\right)e^{-x/2}\sin(5x)+C_2e^{-x/2}\cdot 5\cdot\cos(5x)$$

에 또 하나의 초기조건 $y'(0)=5$를 대입하면

$$y'(0)=0+C_2\cdot e^0\cdot 5\cdot 1=5$$

에서 $C_2=1$이므로 다음 식이 초깃값 문제의 해가 됩니다.

$$y(x)=e^{-x/2}\sin(5x)$$

해의 그래프를 그리면 그림 8.10과 같습니다. $y(x)=\sin(5x)$는 ± 1의 사이를 정현파로 그리지만 $y(x)=e^{-x/2}\sin(5x)$는 최댓값이 $e^{-x/2}$이므로 그 값은 x의 값이 증가함에 따라 감쇠해 갑니다. 즉, 파동의 진폭이 $y(x)=+e^{-x/2}$와 $y(x)=-e^{-x/2}$에 둘러싸이게(그림 8.10 중 파선) 됩니다. 이와 같이 곡선의 모든 접선을 모아 그래프를 감싼 선을 **포락선**이라고 합니다. 영어로는 envelop curve라고 하며 envelope은 봉투(편지를 감싸므로), curve는 곡선을 뜻합니다.

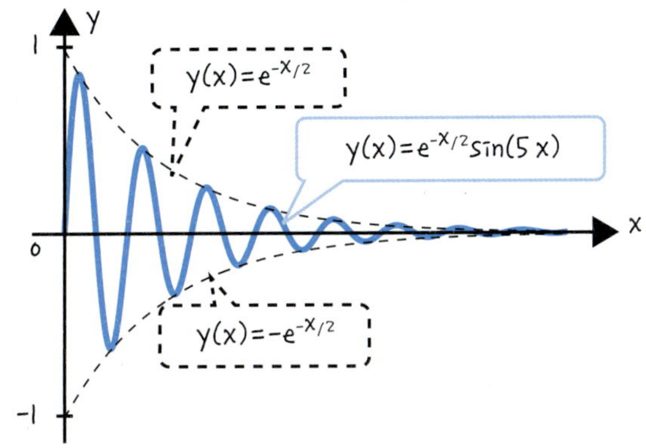

$\lambda=\alpha \pm j\beta=-\frac{1}{2}\pm j5$에서 실수부 $\alpha=-\frac{1}{2}$은 감쇠의 속도와 관련이 있고

허수부 $\beta=5$는 진동수(주파수)와 관련이 있다

그림 8.10 $y(x)=e^{-x/2}\sin(5x)$의 그래프

문제 8-8 정답은 p. 341

2계 선형 미분방정식 $y''(x)+2y'(x)+2y(x)=0$의 일반해를 구하고, 초기조건 $y(0)=2,\ y'(0)=-2$일 때의 초깃값 문제를 풀어 봅시다.

8-5 라플라스 변환의 기초

s의 세계로

난이도 ★★☆☆☆

> **라플라스 변환을 하면**
>
> s의 세계에서는 간단하게 풀리는 것들이 있다.

지금까지 미분방정식 문제를 다루어 보았습니다. 여러 수학적 기술을 사용해야 해서 다소 어렵게 느낄 수 있습니다. 이번에는 미분방정식의 초깃값 문제를 푸는 강력한 무기로 **라플라스 변환**을 소개합니다. 라플라스 변환은 실수 t에 대한 함수 $f(t)$(전기전자공학에서 t는 시간입니다)를 복소수 $s = \sigma + j\omega$에 대한 함수 $F(s)$로 변환하는 것으로

$$F(s) = \mathcal{L}\{f(t)\} = \int_0^{\infty} e^{-st} f(t)\mathrm{d}t$$

로 정의합니다. 적분 구간에 있는 ∞는

$$\int_0^{\infty} e^{-st} f(t)\mathrm{d}t = \lim_{A \to \infty} \int_0^{A} e^{-st} f(t)\mathrm{d}t$$

와 같은 의미입니다. 즉, 정적분 $\int_0^{A} e^{-st} f(t)\mathrm{d}t$를 구한 후 $A \to \infty$로 극한을 취한 것입니다. 이처럼 적분 구간에 있는 변수에 극한을 취해서 값을 구하는 적분을 **이상적분**이라고 합니다.

라플라스 변환을 그림으로 나타내면 그림 8.11과 같습니다. 미분방정식으로 표현한 't의 세계'를 라플라스 변환을 통해 's의 세계'로 변환해서 쉽게 계산합니다. 계산이 끝나면 't의 세계'로 돌아와 다시 답을 확인해야 하는데 이와 같이 라플라스 변환을 원래 상태로 돌리는 변환을 **라플라스 역변환**이라 합니다.

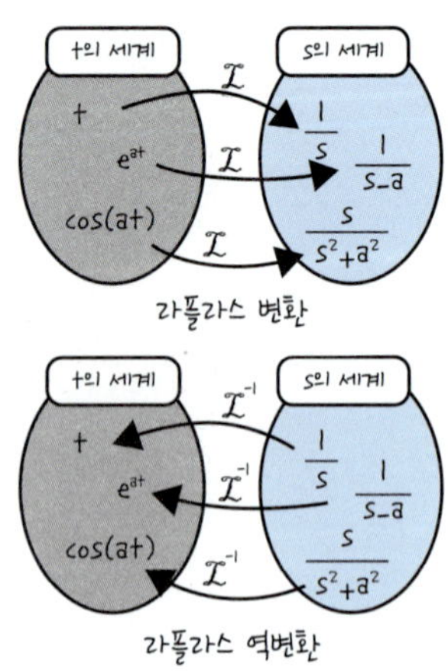

그림 8.11 변환의 이미지

라플라스 역변환은 다음과 같이 나타냅니다.

$$f(t) = \mathcal{L}^{-1}\{F(s)\}$$

복소해석학의 복소수의 적분을 이용하여 라플라스 역변환하면 다음과 같습니다.

$$\mathcal{L}^{-1}\{F(s)\} = \frac{1}{2\pi j}\int_{c-j\infty}^{c+j\infty} F(s)e^{st}\,\mathrm{d}t$$

일반적으로는 표 8.1과 같은 라플라스 변환표를 반대로 읽어 라플라스 역변환을 구합니다.[11]

표 8.1 대표적인 함수의 라플라스 변환

$f(t)$	$F(s) = \mathcal{L}\{f(t)\}$
$\delta(t)$	1
$u(t)$	$\frac{1}{s}$
t	$\frac{1}{s^2}$
t^n	$\frac{n!}{s^{n+1}}$
e^{at}	$\frac{1}{s-a}$
$\sin(at)$	$\frac{a}{s^2+a^2}$
$\cos(at)$	$\frac{s}{s^2+a^2}$
$\sinh(at)$	$\frac{a}{s^2-a^2}$
$\cosh(at)$	$\frac{s}{s^2-a^2}$

여기에서 $u(t)$는 **헤비사이드 계단함수**로, 그림 8.12와 같은 계단 모양의 함수입니다.

$$u(t) = \begin{cases} 1 & (t \geq 0) \\ 0 & (t < 0) \end{cases}$$

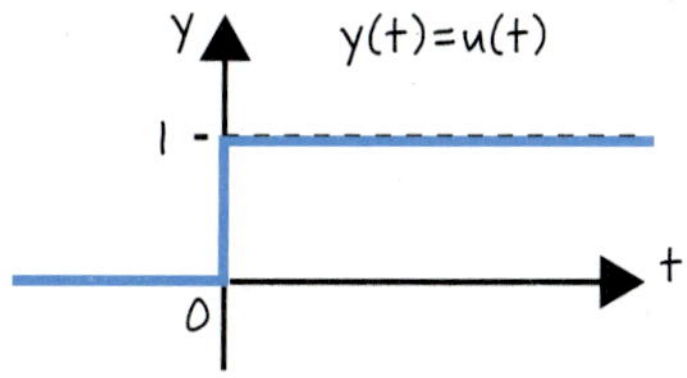

그림 8.12 헤비사이드 계단함수 $u(t)$

쉽게 말해 이 함수는 'On–Off' 함수입니다. 즉, 원점을 기준으로 해서 '+'쪽은 켜져 있는 쪽(On)이고, '–'쪽은 꺼져 있는 쪽(Off)이라고 생각하면 됩니다.[12]

$\delta(t)$는 **델타함수**로, 그림 8.13과 같이 바늘처럼 뾰족한 모양의 함수입니다.

$$\delta(t)\begin{cases} \infty & (t = 0) \\ 0 & (t \neq 0) \end{cases}$$

이 함수를 수학적으로 정확하게 표현해 봅시다. 델타함수는

$$d_L(t)\begin{cases} \frac{1}{L} & (0 \leq t \leq L) \\ 0 & (t < 0,\ L < t) \end{cases}$$

11 이 표의 증명은 8–6절을 참고하세요.

12 (출처) 「수식이 보이는 공학수학」(한빛아카데미, 2012)

이고 x축과 둘러싸인 넓이는 (가로)×(세로) $= \frac{1}{L} \cdot L = 1$, 즉

$$\int_{-\infty}^{\infty} d_L(t)\mathrm{d}t = 1$$

이 되는 함수 $d_L(t)$를 이용하여

$$\delta(t) = \lim_{L \to 0} d_L(t)$$

로 나타냅니다. $L \to 0$일 때 $d_L(t)$의 높이 $\frac{1}{L}$은 $\frac{1}{L} \to \infty$가 됩니다. 일반적인 함수와는 그 특성이 다르므로 **초함수**라고 부릅니다. 전기전자공학에서는 $t = 0$에서 무한대의 충격을 가할 때, 즉 단시간의 충격을 주었을 때의 응답을 나타내는 함수로 사용합니다.

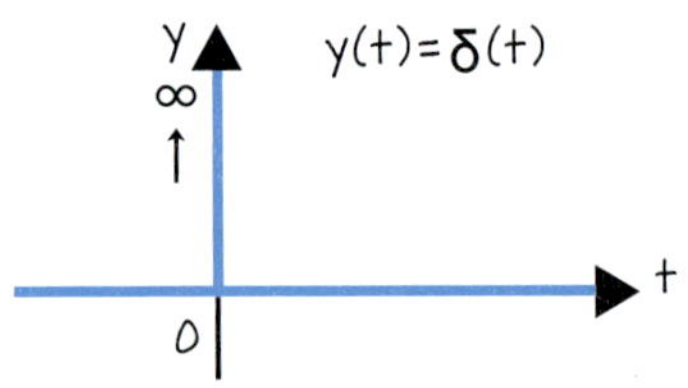

그림 8.13 델타함수 $\delta(t)$

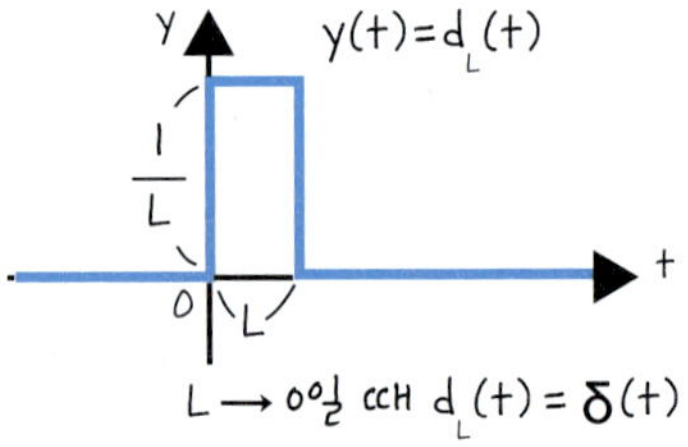

그림 8.14 델타함수의 도입

델타함수는 다음과 같은 성질이 있습니다.

$$\int_{-\infty}^{\infty} \delta(t-a)f(t)\mathrm{d}t = f(a) \qquad \text{(가)}$$

$$\frac{\mathrm{d}}{\mathrm{d}t}u(t) = \delta(t) \qquad \text{(나)}$$

(가)는 델타함수 $\delta(t-a)$가 $t = a$에서만 값이 존재하므로 $t = a$에서의 값만을 적분한다는 의미입니다. 이때 $\delta(t-a)$의 가로 폭은 무한히 작으므로 결국 (가)의 적분 결과는 $f(t)$의 $t = a$에서의 함숫값 $f(a)$와 같다고 생각하면 됩니다.[13] (나)에서 $u(t)$는 헤비사이드 계단함수로서, $t = 0$에서 순간적으로 그 값이 0에서 1로 증가합니다. 순식간에 값이 증가하기 때문에 $t = 0$에서의 미분계수는 ∞이고 나머지 시점에서는 아무 변화가 없기 때문에 미분계수는 0입니다. 따

13 이해하기 쉽도록 직관적으로 설명했기 때문에 자세하고 엄밀한 증명을 알고 싶다면 전문 서적을 참고하세요.

라서 $u(t)$의 도함수는 델타함수 그 자체가 됩니다.[14]

표 8.1에서 헤비사이드 계단함수 $u(t)$와 델타함수 $\delta(t)$의 라플라스 변환을 구해 봅시다. 일단 $u(t)$의 라플라스 변환 $\mathcal{L}\{u(t)\}$의 값을 먼저 계산해 보겠습니다.

$$\begin{aligned}\mathcal{L}\{u(t)\} &= \int_0^\infty u(t)e^{-st}\mathrm{d}t \\ &= \int_0^\infty 1 \cdot e^{-st}\mathrm{d}t \\ &= \left[\frac{e^{-st}}{-s}\right]_{t=0}^{t=\infty}\end{aligned}$$

이때 $u(t)$의 라플라스 변환은 $\int_0^\infty u(t)e^{-st}\mathrm{d}t$의 값이 존재하는 s의 범위에서 정의됩니다. 적분 결과가 발산하는 형태일 때의 s는 고려하지 않습니다. $s = \sigma + j\omega$라 하면

$$\lim_{t\to\infty}\frac{e^{-st}}{-s} = \lim_{t\to\infty}\frac{e^{-\sigma t}\{\cos(\omega t) - j\sin(\omega t)\}}{-(\sigma + j\omega)} = 0 \qquad (※)$$

이 되는 영역, 즉 $\sigma > 0$일 때만 생각합니다. $\sigma > 0$이면 $t \to \infty$일 때 $e^{-\sigma t} \to 0$이지만, $\sigma < 0$이면 $e^{-\sigma t} \to \infty$가 되어 극한값이 존재할 수 없기 때문입니다. 이처럼 라플라스 변환이 수렴하는 s의 범위를 **수렴역**이라고 합니다. 예를 들어 $u(t)$의 수렴역은 $\sigma > 0$이 됩니다.[15] 계속해서 라플라스 변환을 구하면

$$\left[\frac{e^{-st}}{-s}\right]_{t=0}^{t=\infty} = 0 - \left(\frac{e^{-s\cdot 0}}{-s}\right) = \frac{1}{s}$$

이 됩니다(두 번째 식에서 첫 번째 항은 (※)에서 나온 0과 같습니다).

(가)에 $a = 0$, $f(t) = e^{-st}$을 대입하면 델타함수 $\delta(t)$의 라플라스 변환 $\mathcal{L}\{\delta(t)\}$의 값도 다음과 같이 구할 수 있습니다.[16]

$$\mathcal{L}\{\delta(t)\} = \int_0^\infty \delta(t)e^{-st}\mathrm{d}t = e^{-x\cdot 0} = 1$$

14 마찬가지로 엄밀한 증명을 알고 싶다면 전문 서적을 참고하세요.

15 이 개념을 통해 라플라스 변환이 불가능한 s의 범위가 있다는 것을 잘 알아 두길 바랍니다.

16 (감수자)이해를 돕기 위해 설명을 보충했습니다.

8-6 라플라스 변환 계산

연습으로 라플라스 변환에 익숙해지자

난이도 ★★★★☆

이 절에서는 8–5절에서 소개한 라플라스 변환 공식(표 8.1)이 성립하는지 직접 알아보려고 합니다. 그 전에 라플라스 변환의 성질을 살펴봅시다.

라플라스 변환의 성질

① 선형성

임의의 상수 c_1, c_2에 대하여

$$\mathcal{L}\{c_1f_1(t)+c_2f_2(t)\}=c_1\mathcal{L}\{f_1(t)\}+c_2\mathcal{L}\{f_2(t)\}$$

② 미분 : s를 곱한다.

$$\mathcal{L}\{f'(t)\}=s\mathcal{L}\{f(t)\}-f(0)$$

③ 적분 : s로 나눈다.

$$\mathcal{L}\left\{\int_0^t f(x)\mathrm{d}x\right\}=\frac{1}{s}\mathcal{L}\{f(t)\}$$

④ 이동

$$\mathcal{L}\{f(t-a)u(t-a)\}=e^{-as}F(s)$$

$$\mathcal{L}\{e^{at}f(t)\}=F(s-a)$$

⑤ 합성곱

함수 $f(t)$와 $g(t)$의 합성곱을 다음과 같이 정의한다.

$$f(t)*g(t)=\int_0^t f(t-x)g(x)\mathrm{d}x$$

합성곱의 라플라스 변환은 각각의 곱이 된다.

$$\mathcal{L}\{f(t)*g(t)\}=\mathcal{L}\{f(t)\}\mathcal{L}\{g(t)\}$$

○ 증명

① 적분의 선형성에 의해 다음이 성립합니다.

$$\mathcal{L}\{c_1f_1(t)+c_2f_2(t)\}=\int_0^\infty e^{-st}\{c_1f_1(t)+c_2f_2(t)\}\mathrm{d}t$$
$$=c_1\int_0^\infty e^{-st}f_1(t)\mathrm{d}t+c_2\int_0^\infty e^{-st}f_2(t)\mathrm{d}t=c_1\mathcal{L}\{f_1(t)\}+c_2\mathcal{L}\{f_2(t)\}$$

② 부분적분을 이용하면

$$\begin{aligned}\mathcal{L}\{f'(t)\}&=\int_0^\infty f'(t)e^{-st}\mathrm{d}t\\&=[f(t)e^{-st}]_{t=0}^{t=\infty}-\int_0^\infty f(t)(e^{-st})'\mathrm{d}t\\&=0-f(0)e^{-s\cdot 0}-\int_0^\infty f(t)(-s)e^{-st}\mathrm{d}t\\&=s\mathcal{L}\{f(t)\}-f(0)\end{aligned}$$

이때 $\lim_{t\to\infty}f(t)e^{-st}=0$이 되는 s의 수렴역[17]을 고려해야 합니다. 또한 부분적분을 반복해서 일반화하면 n계 도함수의 라플라스 변환은

$$\mathcal{L}\{f^{(n)}(t)\}=s^n\mathcal{L}\{f(t)\}-\sum_{k=1}^{n}f^{(k-1)}(0)s^{n-k}$$

임을 알 수 있습니다.

③ $\int_0^t f(x)\mathrm{d}x=G(t)$

라고 놓으면 미적분학의 기본 정리로부터 $G'(t)=f(t)$가 됩니다. 따라서 ②의 결과를 이용하면

$$\begin{aligned}\mathcal{L}\{f(t)\}&=\mathcal{L}\{G'(t)\}\\&=s\mathcal{L}\{G(t)\}-G(0)\end{aligned}$$

입니다. 이때 $G(0)=\int_0^0 f(x)\mathrm{d}x=0$이므로 $\mathcal{L}\{f(t)\}=s\mathcal{L}\{G(t)\}$입니다.

17 자세한 내용은 8-5절을 참고하세요.

따라서 다음과 같습니다.

$$\mathcal{L}\{G(t)\} = \frac{1}{s}\mathcal{L}\{f(t)\} \text{ 즉, } \mathcal{L}\left\{\int_0^t f(x)\mathrm{d}x\right\} = \frac{1}{s}\mathcal{L}\{f(t)\}$$

④ $t - a = v$로 치환하면 $\mathrm{d}t = \mathrm{d}v$이고에서 적분 범위는 $\begin{array}{c|ccc} t & 0 & \rightarrow & \infty \\ \hline v & -a & \rightarrow & \infty \end{array}$이므로 $\mathcal{L}\{f(t-a)u(t-a)\}$는 다음과 같습니다.

$$\begin{aligned}\mathcal{L}\{f(t-a)u(t-a)\} &= \int_0^\infty f(t-a)e^{-st}\mathrm{d}t = \int_{-a}^\infty f(v)e^{-s(a+v)}\mathrm{d}v \\ &= \int_{-a}^\infty f(v)e^{-sa}e^{-sv}\mathrm{d}v = e^{-sa}\int_a^\infty f(v)e^{-sv}\mathrm{d}v\end{aligned}$$

마지막 식의 $\int_a^\infty f(v)e^{-sv}\mathrm{d}v$에서 변수를 v로 생각하면 라플라스 변환의 정의와 같으므로 다음과 같습니다.

$$\mathcal{L}\{f(t-a)u(t-a)\} = e^{-sa}\int_a^\infty f(v)e^{-sv}\mathrm{d}v = e^{-sa}\mathcal{L}\{f(t)\} = e^{-as}F(s)$$

라플라스 변환의 정의에 따라 $\mathcal{L}\{e^{at}f(t)\}$를 계산하면 다음과 같이 구할 수 있습니다.

$$\begin{aligned}\mathcal{L}\{e^{at}f(t)\} &= \int_0^\infty f(t)e^{at}e^{-st}\mathrm{d}t = \int_0^\infty f(t)e^{(a-s)t}\mathrm{d}t \\ &= \int_0^\infty f(t)e^{-(s-a)t}\mathrm{d}t = F(s-a)\end{aligned}$$

⑤ 이 식을 증명하려면 중적분을 해야 하기 때문에 조금 복잡해집니다. 따라서 합성곱의 라플라스 변환 증명은 생략하겠습니다.

이제부터는 표 8.1에 있는 기본적인 라플라스 변환 공식을 확인해 보겠습니다.

○ $\mathcal{L}\{t^n\}$

부분적분을 이용하면

$$\begin{aligned}\mathcal{L}\{t^n\} &= \int_0^\infty t^n e^{-st}\mathrm{d}t = \left[t^n \frac{e^{-st}}{-s}\right]_{t=0}^{t=\infty} - \int_0^\infty (t^n)' \frac{e^{-st}}{-s}\mathrm{d}t \\ &= +\int_0^\infty nt^{n-1}\frac{e^{-st}}{s}\mathrm{d}t = \frac{n}{s}\mathcal{L}\{t^{n-1}\}\end{aligned}$$

가 됩니다. 이 과정을 반복하면

$$\mathcal{L}\{t^n\} = \frac{n}{s}\mathcal{L}\{t^{n-1}\} = \frac{n(n-1)}{s^2}$$
$$\mathcal{L}\{t^{n-2}\} = \cdots\cdots = \frac{n(n-1)\cdots 3 \cdot 2}{s^n}\mathcal{L}\{1\} = \frac{n!}{s^n} \cdot \frac{1}{s}$$

에서 $\mathcal{L}\{t^n\} = \dfrac{n!}{s^{n+1}}$임을 알 수 있습니다.

○ $\mathcal{L}\{e^{at}\}$

$$\begin{aligned}\mathcal{L}\{e^{at}\} &= \int_0^\infty e^{at}e^{-st}\mathrm{d}t = \int_0^\infty e^{-(s-a)t}\mathrm{d}t \\ &= \left[\frac{e^{-(s-a)t}}{-(s-a)}\right]_{t=0}^{t=\infty} \\ &= -0 - \frac{e^{-(s-a)\cdot 0}}{-(s-a)} = +\frac{1}{s-a}\end{aligned}$$

○ $\mathcal{L}\{\cos(at)\}$

오일러 공식 $e^{j\theta} = \cos\theta + j\sin\theta$에서

$$\begin{aligned}e^{j\theta} + e^{-j\theta} &= (\cos\theta + j\sin\theta) + [\cos(-\theta) + j\sin(-\theta)] \\ &= (\cos\theta + j\sin\theta) + (\cos\theta - j\sin\theta) \\ &= 2\cos\theta\end{aligned}$$

$\cos\theta = (e^{j\theta} + e^{-j\theta})/2$가 됩니다. 이 결과와 라플라스 변환의 선형성을 이용하면 다음 식이 나옵니다.

$$\begin{aligned}\mathcal{L}\{\cos(at)\} &= \frac{1}{2}(\mathcal{L}\{e^{jat}\} + \mathcal{L}\{e^{-jat}\}) = \frac{1}{2}\left(\frac{1}{s-ja} + \frac{1}{s+ja}\right) \\ &= \frac{s}{s^2 + a^2}\end{aligned}$$

문제 8-9 정답은 p. 342

오일러 공식으로 $e^{j\theta} - e^{-j\theta}$을 정리한 후 $\sin\theta = (e^{j\theta} - e^{-j\theta})/(j2)$임을 이용하여 $\mathcal{L}\{\sin(at)\}$를 구해 봅시다.

문제 8-10 정답은 p. 342

$\mathcal{L}\{e^{at}\} = \dfrac{1}{s-a}$과 $\sinh\theta = \dfrac{e^{\theta}-e^{-\theta}}{2}$, $\cosh\theta = \dfrac{e^{\theta}+e^{-\theta}}{2}$의 정의로부터 $\mathcal{L}\{\sinh(at)\}$, $\mathcal{L}\{\cosh(at)\}$의 값이 표 8.1과 일치함을 확인해 봅시다.

문제 8-11 정답은 p. 342

라플라스 변환의 성질 ④(이동)를 사용하여 $\mathcal{L}\{e^{at}\cos(bt)\} = \dfrac{s-a}{(s-a)^2+b^2}$가 맞는지 확인해 봅시다.

8-7 라플라스 변환과 미분방정식

라플라스 역변환만 가능하다면

난이도 ★★★★★

> **미분방정식을 라플라스 변환하면**
>
> s의 세계에서는 연산이 간단하다. 이후엔 라플라스 역변환으로 구할 수 있다.

미분방정식을 's의 세계'로 데리고 오면 단순한 방정식이 됩니다. 다음 1계 선형 미분방정식의 초깃값 문제를 생각해 봅시다.

$$L\frac{\mathrm{d}}{\mathrm{d}t}i(t)+Ri(t)=0, \qquad \text{초기조건}: i(0)=I_0$$

먼저, 미분방정식을 라플라스 변환합니다. $\mathcal{L}\{i(t)\}=I(s)$라고 쓰면

$$\mathcal{L}\left\{L\frac{\mathrm{d}}{\mathrm{d}t}i(t)\right\}=sL\mathcal{L}\{i(t)\}-Li(0)=sLI(s)-LI_0$$
$$\mathcal{L}\{Ri(t)\}=R\mathcal{L}\{i(t)\}=RI(s)$$
$$\mathcal{L}\{0\}=0$$

가 됩니다.[18] 따라서 라플라스 변환한 미분방정식은

$$sLI(s)-LI_0+RI(s)=0$$

과 같습니다. 위 식을 $I(s)$에 대하여 정리하면

$$I(s)=\frac{I_0L}{sL+R}$$

입니다. $\mathcal{L}\{i(t)\}=I(s)$에서 라플라스 역변환하면 $\mathcal{L}^{-1}\{I(s)\}=i(t)$이므로

18 계산 과정은 8-6절을 참고하세요.

$$i(t) = \mathcal{L}^{-1}\{I(s)\} = \mathcal{L}^{-1}\left\{\frac{I_0L}{sL+R}\right\} = I_0\mathcal{L}^{-1}\left\{\frac{1}{s+\frac{R}{L}}\right\}$$

에서 라플라스 역변환 $\mathcal{L}^{-1}\left\{\frac{1}{s+\frac{R}{L}}\right\}$을 계산하면 $i(t)$를 구할 수 있습니다.

$$\mathcal{L}\{e^{at}\} = \frac{1}{s-a}$$

에서 $a = -\frac{R}{L}$을 대입하면

$$\mathcal{L}^{-1}\left\{\frac{1}{s-\left(-\frac{R}{L}\right)}\right\} = e^{-\frac{R}{L}t}$$

가 되므로 미분방정식의 해는 다음과 같습니다.

$$i(t) = I_0\mathcal{L}^{-1}\left\{\frac{1}{s-\frac{R}{L}}\right\} = I_0e^{-\frac{R}{L}t}$$

이와 같이 라플라스 변환을 이용하면 선형 미분방정식은 s에 대한 매우 간단한 식이 됩니다. 그 다음 라플라스 역변환만 구할 수 있다면 처음 t에 대한 미분방정식의 해를 알 수 있습니다. 또한 8-4절에서는 특성방정식의 근의 형태에 따라 초기조건을 대입하여 일반해의 상수를 일일이 구했지만, 라플라스 변환하면 s에 대한 식이 초기조건 $i(0) = I_0$까지 포함하므로 초기조건을 따로 대입할 필요가 없어 한결 풀이가 간단해집니다.[19]

19 (감수자) 이해를 돕기 위해 설명을 보충했습니다.

문제 8-12 정답은 p. 343

다음 2계 선형 미분방정식의 초깃값 문제를 단계 (1)~(4)에 따라 풀어 봅시다.

$$y''(t)+y(t)=\sin t,\quad \text{초기조건}: y(0)=1,\ y'(0)=0$$

(1) $\mathcal{L}\{y(t)\}=Y(s)$라고 두고, 미분방정식을 라플라스 변환합시다.

여기서, $\mathcal{L}\{y''(t)\}=s^2Y(s)-sy'(0)-y(0)$입니다.

(2) (1)에서의 $Y(s)$가 $Y(s)=\dfrac{s^2+2}{(s^2+1)^2}$임을 확인합시다.

(3) (2)의 결과를 변형하여 $Y(s)=\dfrac{1}{s^2+1}+\dfrac{1}{(s^2+1)^2}$이 됨을 확인합시다.

(4) (3)의 결과를 라플라스 역변환하여 미분방정식의 해를 구해 봅시다.

여기에서 $\mathcal{L}^{-1}\left\{\dfrac{1}{(s^2+1)^2}\right\}=\mathcal{L}^{-1}\left\{\dfrac{1}{s^2+1}\cdot\dfrac{1}{s^2+1}\right\}$을 구하기 위해

$\mathcal{L}^{-1}\left\{\dfrac{1}{s^2+1}\right\}=\sin t$와 합성곱의 라플라스 변환(8-6절 ⑤)에서

$\mathcal{L}\{\sin t\}\mathcal{L}\{\sin t\}=\mathcal{L}\{h(t)\}$를 만족하는 $h(t)$는

$h(t)=\int_0^t \sin(t-x)\sin(x)\mathrm{d}x=\dfrac{1}{2}\sin t-\dfrac{t}{2}\cos t$

임을 이용해도 상관없습니다.

column 라플라스 변환과 교류회로의 임피던스

8-7절에서 다룬 미분방정식은 RL 직렬회로를 시각 $t=0$에서 단락시켰을 때의 식입니다.

라플라스 변환하여 얻은 $I(s)$에서 $s=j\omega$라 하면

$$I(s)=I_0\frac{L}{j\omega L+R}$$

이 됩니다. 교류회로를 공부했다면 임피던스 $j\omega L$이 낯설지 않을 것입니다. 여기서 s는 8-4절에서 소개한 특성방정식의 해를 확장한 것입니다. 실수부는 시간에 대한 증가·감소를 나타내고 허수부는 진동의 속도를 나타냅니다. 페이저(벡터)에 대해 공부하면 정상 상태에 있는 교류회로에서의 여러 값을 사칙연산으로 계산할 수 있습니다. 이때 '임피던스'를 이용하면 전류와 전압의 관계를 복소수로 표현할 수 있습니다. 실제로는 교류회로에서의 임피던스는 s의 실수부가 0입니다. 다시 말해, 교류회로는 해가 시간적으로 증가 또는 감소하지 않는 '정상 상태'입니다. 제어공학 분야에서는 정상 상태뿐만 아니라 s의 실수부가 0보다 큰 값을 가진 과도 상태에 대해서도 다룹니다. 이때의 임피던스에 해당하는 것을 '전달함수'라고 하며 라플라스 변환된 이 함수 역시 시간에 대한 미분방정식을 대수방정식처럼 다룰 수 있게 하는 편리한 함수입니다.

미분방정식의 초깃값 문제를 라플라스 변환으로 푸는 이유가 무엇일까요? 라플라스 변환의 정의는

$$F(s)=\mathcal{L}\{f(t)\}=\int_0^\infty e^{-st}f(t)\mathrm{d}t$$

이지만, s에 대한 함수 $F(s)$는 함수 $f(t)$의 초기 시각 $t=0$에서 $t=\infty$까지의 모든 정보에 e^{-st}을 곱한 것입니다 즉, $F(s)$는 함수 $f(t)$의 초기 시각을 비롯해 모든 시간에서의 정보를 포함하는 함수인 것입니다. 라플라스 변환으로 초깃값 문제를 풀면 훨씬 편해지는 것은 바로 이 때문입니다.

제9장

푸리에 급수와 푸리에 변환

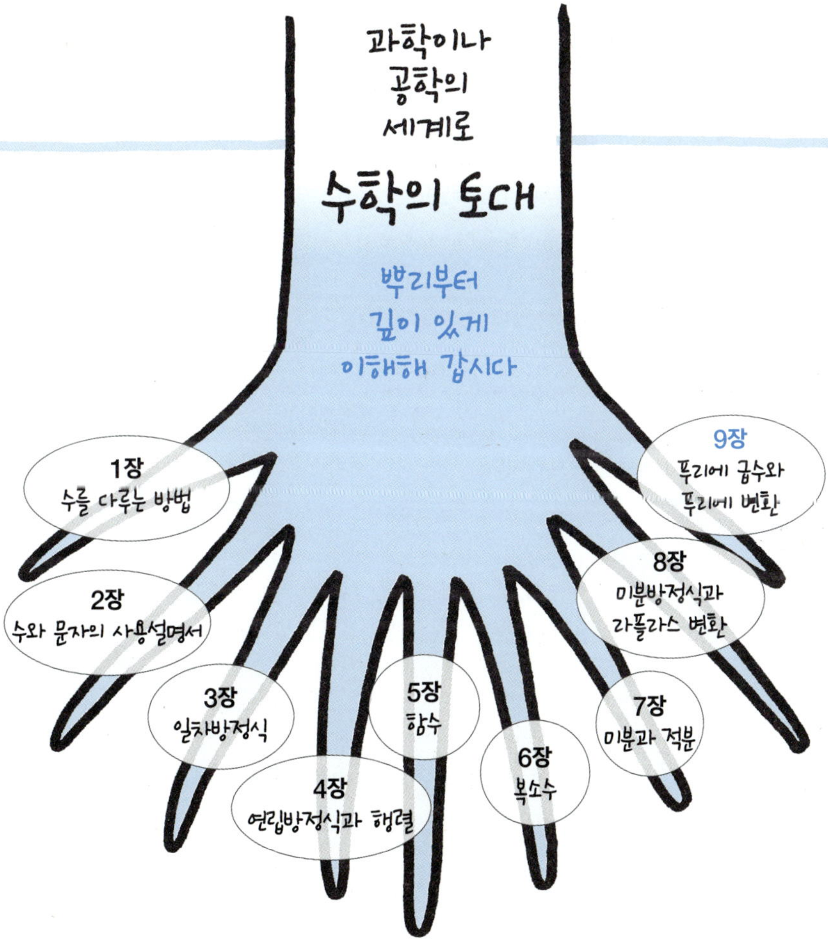

외국어를 배우면 한 물체를 다른 말로도 지칭할 수 있는 것처럼, 푸리에 급수와 푸리에 변환을 공부하면 함수를 다른 형태로 쓸 수 있습니다. 이 장에서는 푸리에 급수와 푸리에 변환에 대해 알아보고 이를 활용해서 함수를 다양한 형태로 표현하는 방법을 다룹니다.

9-0 들어가기 전에

필요한 무기 : 삼각함수의 적분

난이도 ☆☆☆☆☆

푸리에 급수를 구하거나 푸리에 변환을 하려면 일단 삼각함수의 미분과 적분에 능숙해야 합니다. 그중 자주 쓰는 계산식을 정리해 놓았습니다.

자주 사용하는 삼각함수의 적분

$$\int_{-\pi}^{\pi}\sin(mx)\sin(nx)\mathrm{d}x = \pi\delta_{mn} \qquad \text{(가)}$$
$$\int_{-\pi}^{\pi}\cos(mx)\cos(nx)\mathrm{d}x = \pi\delta_{mn} \qquad \text{(나)}$$
$$\int_{-\pi}^{\pi}\sin(mx)\cos(nx)\mathrm{d}x = 0 \qquad \text{(다)}$$

이때 m, n은 자연수이고,

$$\delta_{mn} = \begin{cases} 1 \ (m = n \text{일 때}) \\ 0 \ (m \neq n \text{일 때}) \end{cases}$$

는 **크로네커 델타**라고 부르는 기호입니다.

○ 증명

k가 정수일 때, $\{\sin(kx)\}' = k\cos(kx)$, $\{\cos(kx)\}' = -k\sin(kx)$입니다. 따라서 $k \neq 0$이면

$$\int_{-\pi}^{\pi}\sin(kx)\mathrm{d}x = \int_{-\pi}^{\pi}\left(-\frac{1}{k}\cos(kx)\right)'\mathrm{d}x = -\frac{1}{k}[\cos(kx)]_{-\pi}^{\pi} \quad \text{......①}$$

입니다. $\cos(-k\pi) = \cos(k\pi)$에서[1] ① $= -\dfrac{1}{k}\{\cos(k\pi) - \cos(-k\pi)\} = 0$이므로

$$\int_{-\pi}^{\pi}\sin(kx)\mathrm{d}x = 0$$

1 삼각함수의 덧셈정리(5-13절 참고)에서 $\cos(-\theta) = \cos(0-\theta) = \cos(0)\cos\theta + \sin(0)\sin\theta = 1 \cdot \cos\theta + 0 \cdot \sin\theta = \cos\theta$

이 됩니다. 또한

$$\int_{-\pi}^{\pi}\cos(kx)\mathrm{d}x = \int_{-\pi}^{\pi}\left(\frac{1}{k}\sin(kx)\right)'\mathrm{d}x = \frac{1}{k}[\sin(kx)]_{-\pi}^{\pi} \quad ......②$$

에서 $\sin(k\pi)$의 값은 항상 0임을 이용하면[2]

$② = \frac{1}{k}\{\sin(k\pi) - \sin(-k\pi)\} = 0$이므로

$$\int_{-\pi}^{\pi}\cos(kx)\mathrm{d}x = 0$$

이 됩니다. $k = 0$이면 다음과 같이 간단히 할 수 있습니다.

$$\int_{-\pi}^{\pi}\sin(kx)\mathrm{d}x = \int_{-\pi}^{\pi}0\mathrm{d}x = 0$$
$$\int_{-\pi}^{\pi}\cos(kx)\mathrm{d}x = \int_{-\pi}^{\pi}1\mathrm{d}x = [x]_{-\pi}^{\pi} = 2\pi$$

이때 $\int_{-\pi}^{\pi}\sin(kx)\mathrm{d}x$는 k가 어떤 정수더라도 그 값이 0이므로

$$\int_{-\pi}^{\pi}\sin(kx)\mathrm{d}x = 0 \quad ......㉠$$

입니다. 한편, $\int_{-\pi}^{\pi}\cos(kx)\mathrm{d}x$의 값은 $k \neq 0$일 때 0이고, $k = 0$일 때 2π이므로

$$\int_{-\pi}^{\pi}\cos(kx)\mathrm{d}x = \begin{cases} 2\pi & (k = 0\text{일 때}) \\ 0 & (k \neq 0\text{일 때}) \end{cases} \quad ......㉡$$

입니다. ㉡과 같이 k의 값에 의해 그 결과가 다르면 수식이 두 줄이 되기 때문에 공간도 많이 차지할뿐더러 쓰기도 번거롭습니다. 다음과 같은 크로네커 델타 기호가 이러한 불편함을 해소해 줍니다.

$$\delta_{mn} = \begin{cases} 1 & (m = n\text{일 때}) \\ 0 & (m \neq n\text{일 때}) \end{cases}$$

2 원에서 각도 $k\pi$ (180°의 배수)가 나타내는 점의 y좌표는 항상 0이므로 $\sin k\pi = 0$입니다.

위 식에서 $m=k$, $n=0$이라고 하면

$$\delta_{k0}=\begin{cases}1 & (k=0\text{일 때})\\ 0 & (k\neq 0\text{일 때})\end{cases}$$

이 되어 $2\pi\delta_{k0}$은 (나)와 완전히 일치합니다. 즉,

$$\int_{-\pi}^{\pi}\cos(kx)\mathrm{d}x=2\pi\delta_{k0}\quad\text{......㉡}$$

로 훨씬 간단하게 쓸 수 있습니다.

(가), (나), (다)를 증명하기 위해 이번에는 각 식의 피적분함수를 정리해 봅시다. 삼각함수의 덧셈정리[3]

$$\cos(A+B)+\cos(A-B)=2\cos A\cos B$$
$$\cos(A+B)-\cos(A-B)=-2\sin A\sin B$$
$$\sin(A+B)+\sin(A-B)=2\sin A\cos B$$

를 다음과 같이 변형할 수 있습니다.

$$\cos A\cos B=\frac{1}{2}\{\cos(A+B)+\cos(A-B)\}$$
$$\sin A\sin B=-\frac{1}{2}\{\cos(A+B)-\cos(A-B)\}$$
$$\sin A\cos B=\frac{1}{2}\{\sin(A+B)+\sin(A-B)\}$$

위 식은 삼각함수의 곱셈을 덧셈으로 변환할 때 쓰는 공식으로써 **삼각함수의 곱셈 공식**이라고 합니다.

곱셈 공식에서 $A=mx$, $B=nx$라고 하면 (가), (나), (다)의 피적분함수는

$$\cos(mx)\cos(nx)=\frac{1}{2}\{\cos(m+n)x+\cos(m-n)x\}$$
$$\sin(mx)\sin(nx)=-\frac{1}{2}\{\cos(m+n)x-\cos(m-n)x\}$$
$$\sin(mx)\cos(nx)=\frac{1}{2}\{\sin(m+n)x+\sin(m-n)x\}$$

이므로

$$\int_{-\pi}^{\pi}\sin(mx)\sin(nx)\mathrm{d}x$$
$$= -\frac{1}{2}\underbrace{\int_{-\pi}^{\pi}\cos(m+n)x\mathrm{d}x}_{=0} + \frac{1}{2}\underbrace{\int_{-\pi}^{\pi}\cos(m-n)x\mathrm{d}x}_{=\delta_{mn}2\pi} \quad (가)$$
$$\int_{-\pi}^{\pi}\cos(mx)\cos(nx)\mathrm{d}x$$
$$= \frac{1}{2}\underbrace{\int_{-\pi}^{\pi}\cos(m+n)x\mathrm{d}x}_{=0} + \frac{1}{2}\underbrace{\int_{-\pi}^{\pi}\cos(m-n)x\mathrm{d}x}_{=\delta_{mn}2\pi} \quad (나)$$
$$\int_{-\pi}^{\pi}\sin(mx)\cos(nx)\mathrm{d}x$$
$$= \frac{1}{2}\underbrace{\int_{-\pi}^{\pi}\sin(m+n)x\mathrm{d}x}_{=0} + \frac{1}{2}\underbrace{\int_{-\pi}^{\pi}\sin(m-n)x\mathrm{d}x}_{=0} \quad (다)$$

가 됩니다. (가)의 첫 번째 항과 (나)의 첫 번째 항은 ㉡에서 $k = m + n \neq 0$일 때와 같기 때문에 그 값은 0이 됩니다.[4] (가)의 두 번째 항과 (나)의 두 번째 항은 ㉡에서 $k = m - n$인 경우로 $m - n = 0$ 즉, $m = n$일 때 $k = 0$이므로 $\delta_{mn}2\pi$가 됩니다.[5] (다)의 첫 번째 항과 두 번째 항은 ㉠에 의해 0이 됩니다. 이상으로 다음과 같이 나타냈습니다.

$$\int_{-\pi}^{\pi}\sin(mx)\sin(nx)\mathrm{d}x = 0 + \frac{1}{2}\delta_{mn}2\pi = \delta_{mn}\pi \quad (가)$$
$$\int_{-\pi}^{\pi}\cos(mx)\cos(nx)\mathrm{d}x = 0 + \frac{1}{2}\delta_{mn}2\pi = \delta_{mn}\pi \quad (나)$$
$$\int_{-\pi}^{\pi}\sin(mx)\cos(nx)\mathrm{d}x = 0 + 0 = 0 \quad (다)$$

문제 9-1 정답은 p. 344

곱셈 공식이 성립하는지 직접 계산해서 확인해 봅시다.

---

3 자세한 내용은 5-13절을 참고하세요.

4 m과 n은 양의 정수이므로 $m + n > 0$입니다.

5 $m = n$일 때 $k = 0$이므로 적분 값은 0이 됩니다. $m \neq n$일 때 $k \neq 0$이므로 적분 값은 2π입니다. 이 내용을 크로네커 델타 기호로 쓰면 $\delta_{mn}2\pi$와 같습니다.

9-1 푸리에 급수 시작하기

관점을 바꾸는 푸리에 급수

난이도 ★★☆☆☆

> **푸리에 급수**
>
> **처음 데이터 :** 시간으로 본다
>
> **급수 :** 주파수로 본다

시각 t에 대하여 다음과 같은 식으로 나타내는 함수 $f(t)$의 파형을 살펴봅시다.

$$f(t) = 3\sin(t) + 1.5\sin(2t) + 0.2\sin(3t) \qquad (\bigstar)$$

전기전자공학에서 $f(t)$의 파형은 전압이나 전류 등을 나타냅니다. 그림 9.1과 같이 $f(t)$는 각주파수 ω[6]가 각각 1, 2, 3일 때 삼각함수의 합입니다. 각각의 계수만 뽑아서 다음과 같이 서로의 관계를 생각해 봅시다.

$$f(t) \leftrightarrow (3, 1.5, 0.2)$$

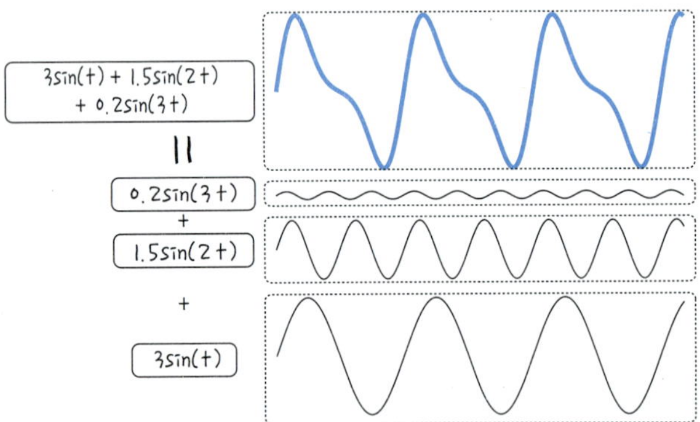

그림 9.1 삼각함수의 합

6 자세한 내용은 5-12절을 참고하세요. 또한 각주파수 ω와 주파수 f는 $\omega = 2\pi f$가 되는 관계로써 2π 배의 정수만 차이가 나므로 이 책에서는 이를 구분하지 않고 간단히 주파수라고 하겠습니다.

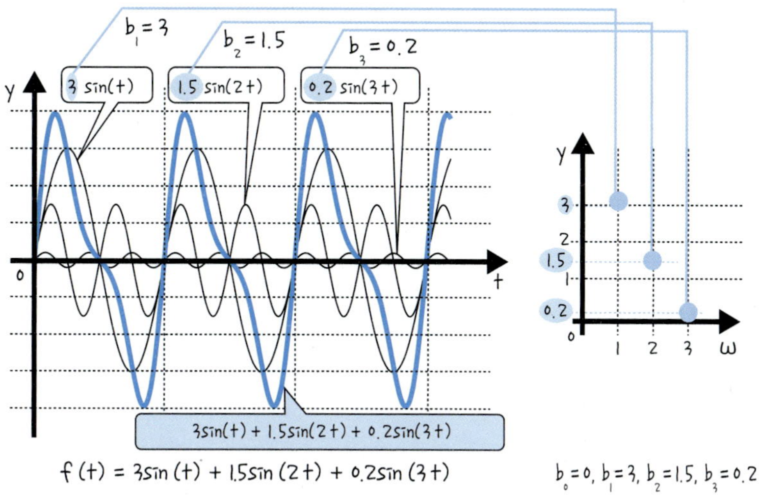

(a) 시간 데이터 원본 (b) 푸리에 급수의 주파수 데이터

그림 9.2 삼각함수의 합을 보는 2가지 방법

$f(t)$는 t의 값에 $f(t)$의 값을 대응시키는 함수[7]이므로 시각 t에 대한 $f(t)$의 관계를 그래프로 그리기 위해 t의 값 각각에 대응하는 $f(t)$의 값이 필요합니다. 가로축 t에 대한 $y = f(t)$의 값을 구하여 곡선으로 연결하면 그림 9.2(a)와 같습니다. 이때 파형이 원래의 삼각함수를 중첩한 형태라면 그림 9.2(b)와 같이 각각의 주파수 $\omega = 1, 2, 3$에 대응하는 진폭만 나타내더라도 파형 정보를 모두 표현할 수 있습니다. 즉, 이 함수를 시간에 대해 나타내는 것보다 주파수에 대해 나타내는 것이 더 쉽습니다. 주파수에 대한 값으로 나타내면 몇 개의 점만으로 그래프를 그릴 수 있기 때문입니다.

이와 같이 $f(t)$의 파형이 삼각함수를 중첩한 형태이면 주파수 ω에서의 진폭만으로도 그 파형에 대한 정보를 모두 나타낼 수 있습니다. 즉, 더 적은 양의 데이터로 동일한 파형 정보를 알 수 있는 것입니다. 따라서 그림 9.2의 (a)와 (b)는 같은 정보를 나타냅니다. (a)에서 함수 $y = f(t)$의 파형이 삼각함수 세 개의 합임을 알아내는 것은 어렵지만, (b)에서 $\omega = 1$의 진폭이 3, $\omega = 2$의 진폭이 1.5, $\omega = 3$의 진폭이 0.2임은 쉽게 알 수 있습니다. 이와 같이 각 주파수의 진폭 모음을 **푸리에 계수**라고 합니다. 또한 (★)과 같이 푸리에 계수를 곱한 삼각함수의 덧셈을 **푸리에 급수**라고 합니다.

7 함수에 대한 자세한 내용은 5-1절을 참고하세요.

9-2 푸리에 급수의 계산 ①

삼각함수를 곱해서 적분

난이도 ★★☆☆☆

푸리에 급수를 구하는 방법

삼각함수를 곱해서 적분한다.

푸리에 급수 값을 알고 싶은 함수에 삼각함수를 곱하고 $-\pi$에서 π까지 적분하면 그 함수의 푸리에 급수를 구할 수 있습니다. 실제로 9-1절의 (★)에서 함수 $f(t)$의 푸리에 급수를 계산해 봅시다. $f(t)$에 $\sin(t)$를 곱하고 $t=-\pi$에서 $t=\pi$까지 적분하면

$$\begin{aligned}\int_{-\pi}^{\pi} f(t)\sin(t)dt &= \int_{-\pi}^{\pi}\{3\sin(t)+1.5\sin(2t)+0.2\sin(3t)\}\sin(t)dt \\ &= 3\underbrace{\int_{-\pi}^{\pi}\sin(t)\sin(t)dt}_{=\pi}+1.5\underbrace{\int_{-\pi}^{\pi}\sin(2t)\sin(t)dt}_{=0} \\ &\quad +0.2\underbrace{\int_{-\pi}^{\pi}\sin(3t)\sin(t)dt}_{=0}=3\pi\end{aligned}$$

가 됩니다.[8] 같은 방법으로 $\sin(2t)$, $\sin(3t)$를 각각 곱하여 적분하면

$$\begin{aligned}\int_{-\pi}^{\pi} f(t)\sin(2t)dt &= 3\underbrace{\int_{-\pi}^{\pi}\sin(t)\sin(2t)dt}_{=0} \\ &\quad +1.5\underbrace{\int_{-\pi}^{\pi}\sin(2t)\sin(2t)dt}_{=\pi}+0.2\underbrace{\int_{-\pi}^{\pi}\sin(3t)\sin(2t)dt}_{=0}=1.5\pi \\ \int_{-\pi}^{\pi} f(t)\sin(3t)dt &= 3\underbrace{\int_{-\pi}^{\pi}\sin(t)\sin(3t)dt}_{=0} \\ &\quad +1.5\underbrace{\int_{-\pi}^{\pi}\sin(2t)\sin(3t)dt}_{=0}+0.2\underbrace{\int_{-\pi}^{\pi}\sin(3t)\sin(3t)dt}_{=\pi}=0.2\pi\end{aligned}$$

8 자세한 적분 계산 과정은 9-0절을 참고하세요. $\sin(mt)$와 $\sin(nt)$의 곱을 $t=-\pi$에서 $t=\pi$까지 적분할 때 $n=m$이면 적분 값은 π, $n\neq m$이면 0이 됩니다.

입니다. 즉, $\sin(kt)(k=1,2,3)$을 곱하여 적분한 값과, $f(t)$에서 k와 주파수가 일치하는 항의 계수(3, 1.5, 0.2)를 각각 곱하면 됩니다. 이때 적분 값을 π로 나누어

$$b_1 = \frac{1}{\pi}\int_{-\pi}^{\pi} f(t)\sin(t)\mathrm{d}t$$

$$b_2 = \frac{1}{\pi}\int_{-\pi}^{\pi} f(t)\sin(2t)\mathrm{d}t$$

$$b_3 = \frac{1}{\pi}\int_{-\pi}^{\pi} f(t)\sin(3t)\mathrm{d}t$$

라 하면 푸리에 계수는 $b_1=3$, $b_2=1.5$, $b_3=0.2$가 됩니다. 즉, 푸리에 계수는 위 식으로 구할 수 있습니다. 푸리에 급수를 9–1절의 (★)과 같이 전개한 것을 **푸리에 전개**라고 부릅니다.

일반적인 주기함수에서 푸리에 전개를 하려면 사인함수뿐 아니라 코사인함수를 곱한 적분 값도 필요합니다. 한편, $f(t+T)=f(t)$를 만족할 때 함수 $f(t)$를 주기가 T인 **주기함수**라고 합니다. 주기가 2π인 함수의 푸리에 급수와 푸리에 계수는 다음과 같습니다.

> **주기가 2π인 함수의 푸리에 급수**
>
> 함수 $f(t)$가 주기 2π인 주기함수라면 형식적으로
>
> $$f(t) \sim \frac{a_0}{2} + \sum_{k=1}^{\infty}\{a_k\cos(kt) + b_k\sin(kt)\} \qquad (♪)$$
>
> 라고 쓸 수 있으며 푸리에 계수 a_k와 b_k는
>
> $$a_k = \frac{1}{\pi}\int_{-\pi}^{\pi} f(t)\cos(kt)\mathrm{d}t(k=0,1,2\cdots\cdots) \qquad (가)$$
>
> $$b_k = \frac{1}{\pi}\int_{-\pi}^{\pi} f(t)\sin(kt)\mathrm{d}t(k=1,2\cdots\cdots) \qquad (나)$$
>
> ※ a_0은 $\cos(kt)$에서 $k=0$일 때의 계수

'~'라는 기호는 '=에 가깝다'는 의미로, 매끄러운 곡선으로 연결되어 있는 함수를 무한한 항의 덧셈으로 나타냈기 때문에 그래프가 중간 중간 끊길 수 있다는 점에서 =과 구분하여 사용합니다. 이에 대해 자세히 알고 싶은 분은 전문 서적에서 '푸리에 정리'를 참고하길 바랍니다.

문제 9-2 정답은 p. 345

(♪)의 전개식에 $\cos(mt)$, $\sin(mt)$를 각각 곱한 후 적분하여 $\int_{-\pi}^{\pi} f(t)\cos(mt)\mathrm{d}t$와 $\int_{-\pi}^{\pi} f(t)\sin(mt)\mathrm{d}t$의 값을 구해 봅시다. 이때 푸리에 계수 a_m, b_m을 구하여 그 결과가 (가), (나)와 각각 같음을 확인해 봅시다.

9-3 푸리에 급수의 계산 ②

연습으로 푸리에 급수에 익숙해지자

난이도 ★★★☆☆

이 절에서는 한 함수를 예로 들어 푸리에 급수를 계산해 보겠습니다. 이 계산 과정을 토대로 푸리에 급수를 좀 더 깊이 이해해 봅시다.

다음과 같은 함수 $f(t)$가 $-\pi \leq t \leq \pi$에서 정의되어 있을 때, 함수 $f(t)$의 푸리에 급수를 구해 봅시다.

$$f(t)\begin{cases} 1 & (0 \leq t < \pi) \\ 0 & (-\pi \leq t < 0) \end{cases}$$

함수 $y = f(t)$의 그래프를 그리면 그림 9.3과 같습니다.

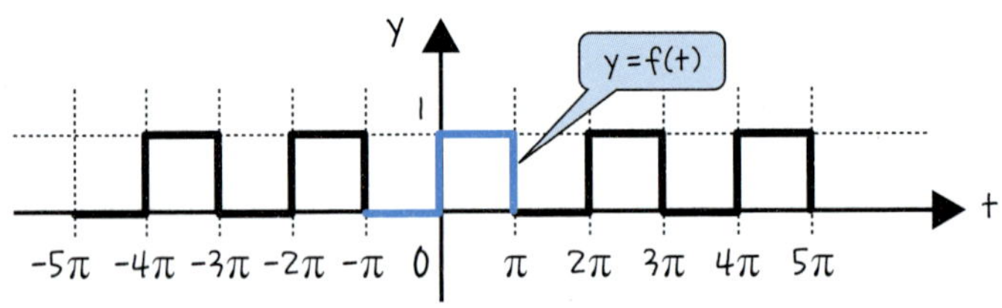

그림 9.3 $y = f(t)$의 그래프와 그 확장

모든 시간에 대하여 2π의 주기로 위와 같은 모양을 반복하는 파형을 방형파라고 합니다.

$f(t)$는 t의 값에 의해 그 값이 나눠지므로 적분 구간을 $(0 \leq t \leq \pi)$와 $(-\pi \leq t \leq 0)$으로 나누어 계산해 봅시다. 우선 $k = 0$일 때와 $k \neq 0$일 때로 나누어 $\cos(kt)$의 계수 a_k를 구해 봅시다.

$$\begin{aligned} a_0 &= \frac{1}{\pi}\int_{-\pi}^{\pi} f(t)\cos(0 \cdot t)\mathrm{d}t \\ &= \frac{1}{\pi}\int_{-\pi}^{0} \underbrace{f(t)}_{=0} 1\mathrm{d}t + \frac{1}{\pi}\int_{0}^{\pi} \underbrace{f(t)}_{=1} 1\mathrm{d}t \\ &= \frac{1}{\pi}[\,t\,]_0^{\pi} = 1 \\ \underbrace{a_k}_{k \neq 0} &= \frac{1}{\pi}\int_{-\pi}^{\pi} f(t)\cos(kt)\mathrm{d}t \end{aligned}$$

$$
\begin{aligned}
&= \frac{1}{\pi}\int_{-\pi}^{0} \underbrace{f(t)}_{=0}\cos(kt)dt + \frac{1}{\pi}\int_{0}^{\pi} \underbrace{f(t)}_{=1}\cos(kt)dt \\
&= \frac{1}{\pi}\int_{0}^{\pi} \cos(kt)dt \\
&= \frac{1}{\pi}\left[\frac{1}{k}\sin(kt)\right]_{0}^{\pi} \\
&= \frac{1}{\pi k}\{\sin(k\pi) - \sin 0\} = 0
\end{aligned}
$$

다음으로 $\sin(kt)$의 계수 b_k는 다음과 같습니다.

$$
\begin{aligned}
b_k &= \frac{1}{\pi}\int_{-\pi}^{\pi} f(t)\sin(kt)dt \\
&= \frac{1}{\pi}\int_{-\pi}^{0} \underbrace{f(t)}_{=0}\sin(kt)dt + \frac{1}{\pi}\int_{0}^{\pi} \underbrace{f(t)}_{=1}\sin(kt)dt \\
&= \frac{1}{\pi}\int_{0}^{\pi} \sin(kt)dt \\
&= \frac{1}{\pi}\left[-\frac{1}{k}\cos(kt)\right]_{0}^{\pi} \\
&= \frac{1}{\pi k}\{-\cos(k\pi) - (-\cos 0)\} \\
&= \frac{1}{\pi k}\{-(-1)^k + 1\} \\
&= \frac{1}{\pi k}\{1 - (-1)^k\} \\
&= \begin{cases} \dfrac{2}{\pi k} & (k\text{가 홀수일 때}) \\ 0 & (k\text{가 짝수일 때}) \end{cases}
\end{aligned}
$$

이때 k가 홀수이면 $(-1)^k = -1$이므로 $1-(-1)^k = 1-(-1) = 2$이며, k가 짝수이면 $(-1)^k = +1$이므로 $1-(-1)^k = 1-(+1) = 0$이 됩니다.

여기에서 $\sin(k\pi)$와 $\cos(k\pi)$의 값을 그림 9.4와 같은 단위원 위에서의 각도 $k\pi$인 점의 좌표로 생각할 수도 있습니다. 점의 좌표는 k가 짝수일 때 $(1, 0)$, k가 홀수일 때 $(-1, 0)$이 됩니다. y좌표는 항상 0이므로 $\sin(k\pi) = 0$입니다. x좌표는 k가 짝수일 때 1, 홀수일 때 -1이기 때문에 $\cos(k\pi) = (-1)^k$으로 나타냅니다.

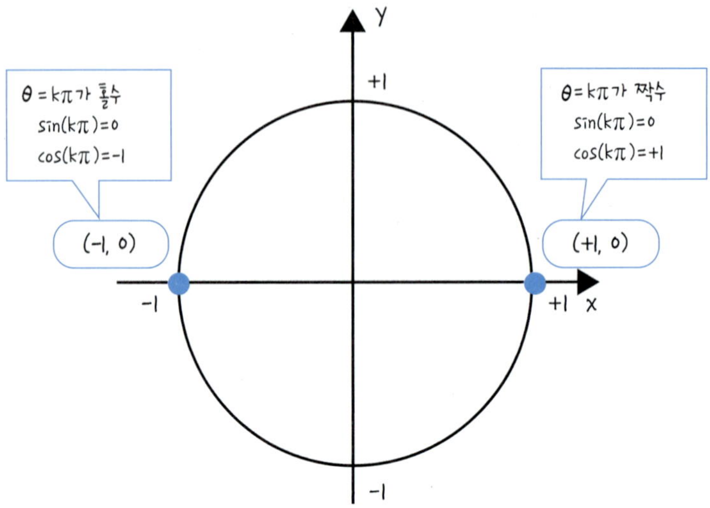

그림 9.4 $\sin(k\pi)=0$과 $\cos(k\pi)=(-1)^k$

지금까지 계산 결과를 정리하면, 함수 $f(t)$의 푸리에 급수는 다음과 같습니다.

$$
\begin{aligned}
f(t) &\sim \frac{a_0}{2}+\sum_{k=1}^{\infty}[a_k\cos(kt)+b_k\sin(kt)] \\
&= \frac{1}{2}\sum_{k=1}^{\infty}\frac{1}{\pi k}[1-(-1)^k]\sin(kt) \\
&= \underbrace{\frac{1}{2}}_{k=0}+\underbrace{\frac{2}{\pi}\sin(t)}_{k=1}+\underbrace{\frac{2}{3\pi}\sin(3t)}_{k=3}+\underbrace{\frac{2}{5\pi}\sin(5t)}_{k=5}+\underbrace{\frac{2}{7\pi}\sin(7t)}_{k=7}+\cdots\cdots
\end{aligned}
$$

푸리에 급수에서 일부분의 합(부분합)까지 컴퓨터로 계산하여 그래프로 그리면 그림 9.5와 같습니다. k의 값이 커질수록 그래프는 방형파에 가까워지는 것을 알 수 있습니다. 이때 그림 9.5의 모든 그래프가 $t=-\pi, 0, \pi$ 근처에서 조금씩 진동하고 있음을 알 수 있습니다. 이는 **깁스 현상**으로서 일반적으로 함수가 연결되어 있지 않은[9] 위치 근처에서 일어납니다. 푸리에 급수는 원래의 함수를 완전히 재현하는 것은 아닙니다. 이 때문에 '='가 아닌 전개를 나타내는 기호 '~'을 사용합니다.

9 수학에서는 전문용어로 불연속이라고 합니다.

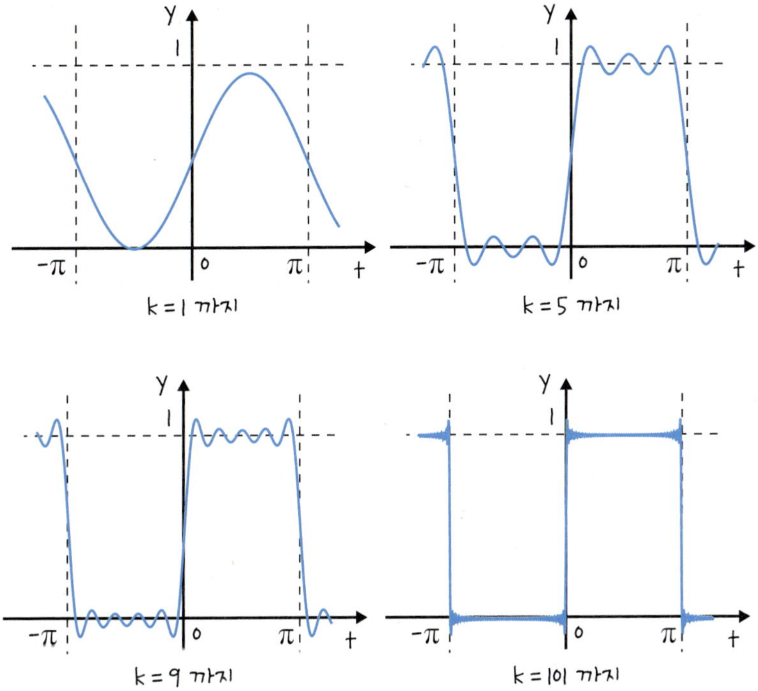

그림 9.5 푸리에 급수의 부분합

문제 9-3 정답은 p. 346

함수 $f(t) = t(-\pi < t \leq \pi)$의 푸리에 급수를 구해 봅시다.

9-4 복소 푸리에 급수와 푸리에 변환

빈틈없이

난이도 ★★★★☆

> **복소 푸리에 급수**
>
> a_k와 b_k를 묶어서 복소수 c_k로 나타낸다.

오일러 공식에서 $\sin\theta = \dfrac{e^{j\theta} - e^{-j\theta}}{2j}$, $\cos\theta = \dfrac{e^{j\theta} + e^{-j\theta}}{2}$ 임을 이용하여 $\theta = kt$로 놓고 9-2절의 (♪)를 다시 쓰면

$$
\begin{aligned}
&\frac{a_0}{2} + \sum_{k=1}^{\infty}(a_k\cos(kt) + b_k\sin(kt)) \\
&= \frac{a_0}{2} + \sum_{k=1}^{\infty}\left(a_k\frac{e^{jkt} + e^{-jkt}}{2} + b_k\frac{e^{jkt} - e^{-jkt}}{2j}\right) \\
&= \frac{a_0}{2} + \sum_{k=1}^{\infty}\left(\frac{a_k - jb_k}{2}e^{jkt} + \frac{a_k + jb_k}{2}e^{-jkt}\right) \quad \Leftarrow \text{ e^{jkt}와 e^{-jkt}의 항으로 정리} \\
&= \frac{a_0}{2} + \sum_{k=1}^{\infty}\left(\frac{a_k - jb_k}{2}e^{jkt}\right) + \sum_{k=-1}^{-\infty}\left(\frac{a_{-k} + jb_{-k}}{2}e^{+jkt}\right) \quad \Leftarrow \text{ 세 번째 항: 합의 범위를 변형하여 k의 부호를 반대로 한다}
\end{aligned}
$$

가 됩니다. 이때

$$
c_0 = \frac{a_0}{2},\ c_k = \frac{a_k - jb_k}{2}(k > 0),\ c_{-k} = \frac{a_k + jb_k}{2}(k < 0)
$$
[10]

라 하고 9-2절의 (♪)을 쓰면 다음과 같습니다.

$$
\frac{a_0}{2} + \sum_{k=1}^{\infty}\{a_k\cos(kt) + b_k\sin(kt)\} = \sum_{k=-\infty}^{\infty} c_n e^{jkt} \qquad (♪♪)
$$

즉, 삼각함수로 나타낸 푸리에 급수를 지수함수로 쓸 수 있습니다. 이때 c_k를 $f(t)$의 **복소 푸리에 계수**라고 하고 (♪♪)의 전개를 **복소 푸리에 급수** 또는 **복소 푸리에 전개**라고 합니다. 이때 a_k와 b_k를

10 (감수자) 이 식에 대한 자세한 설명은 「수식이 보이는 공학수학」(한빛아카데미, 2012)의 12장을 참고하세요.

대입하여 복소 푸리에 계수 c_k를 구하면 다음과 같습니다.

$$c_k = \frac{1}{2}(a_k - jb_k) = \frac{1}{2\pi}\int_{-\pi}^{\pi} f(t)\{\cos(kt) - j\sin(kt)\}\mathrm{d}t$$
$$= \frac{1}{2\pi}\int_{-\pi}^{\pi} f(t)e^{-jkt}\mathrm{d}t$$

문제 9-4 정답은 p. 348

함수 $f(t) = t(-\pi < t \leq \pi)$의 복소 푸리에 계수를 구해 봅시다.

푸리에 변환

푸리에 급수를 빈틈없이

지금까지 알아본 푸리에 급수나 복소 푸리에 급수에서는 첨자가 정수였고, 푸리에 급수의 그래프는 그림 9.2(b)와 같이 점으로 표현됐습니다. 이 점들의 집합을 늘려서 선이 되도록 확장시키는 과정이 바로 푸리에 변환입니다. 복소 푸리에 계수 c_k를 k에 대한 함수로 나타내면 다음과 같습니다.

$$c_k = \frac{1}{2\pi}\int_{-\infty}^{\infty} f(t)e^{-jkt}\mathrm{d}t$$

이때 가로축을 k, 세로축을 $c(k)$로 하는 함수의 그래프를 그릴 수 있습니다. 복소 푸리에 계수 c_k에서 k의 값은 서로 떨어져 있는 정수($\cdots$, -2, -1, 0, 1, 2, $\cdots$)이므로, 그래프에서는 점들의 집합으로 표현합니다. k의 범위를 실수로 확장하면 정수와 정수 사이에도 k의 값에 대한 $c(k)$의 값이 정의되므로, 이때의 그래프는 선이 됩니다.

여기에서 **푸리에 변환** $\mathcal{F}\{f(t)\}$를 $F(\omega)$라고 쓰고

$$\mathcal{F}\{f(t)\} = F(\omega) = \frac{1}{\sqrt{2\pi}}\int_{-\infty}^{\infty} f(t)e^{-j\omega t}\mathrm{d}t$$

로 정의합니다.

이를 원래 상태로 되돌리는 **푸리에 역변환**은 $\mathcal{F}^{-1}\{F(\omega)\} = f(t)$가 되며, 식으로 나타내면 다음과 같습니다.[11]

$$f(t) = \mathcal{F}^{-1}\{F(\omega)\} = \frac{1}{\sqrt{2\pi}}\int_{-\infty}^{\infty} F(\omega)e^{+j\omega t}dt$$

푸리에 변환은 라플라스 변환과 비슷한 성질을 가지며 파동방정식이나 열전도방정식 등으로 대표되는 편미분방정식을 풀 때 활용합니다.

예 함수 $f(t) = \begin{cases} 1 & (0 \le t < \pi) \\ 0 & (-\pi \le t < 0) \end{cases}$의 푸리에 변환 $F(\omega)$를 구하고 푸리에 계수와의 관계를 조사해 봅시다.

풀이 $f(t)$는 $(0 \le t < \pi)$ 이외의 값에서는 0이므로

$$\begin{aligned} F(\omega) &= \frac{1}{\sqrt{2\pi}}\int_{-\infty}^{\infty} f(t)e^{-j\omega t}\mathrm{d}t = \frac{1}{\sqrt{2\pi}}\int_{0}^{\pi} 1e^{-j\omega t}\mathrm{d}t \\ &= \frac{1}{\sqrt{2\pi}}\left[\frac{e^{-j\omega t}}{-j\omega}\right]_0^{\pi} = \frac{1}{\sqrt{2\pi}} = \frac{e^{-j\omega\pi}-1}{\omega} \end{aligned}$$

이 됩니다. 더욱이 복소수의 절댓값 성질 $|z_1 z_2| = |z_1||z_2|$로부터 $|F(\omega)| = \left|\frac{1}{\sqrt{2\pi}}\right|\frac{|e^{-j\omega\pi}-1|}{|\omega|}$이므로,

$$\begin{aligned} |e^{-j\omega\pi}-1| &= |\cos(\omega\pi) - j\sin(\omega\pi) - 1| \\ &= \sqrt{\{\cos^2(\omega\pi)-1\}^2 + \sin^2(\omega\pi)} \\ &= \sqrt{\cos^2(\omega\pi) - 2\cos(\omega\pi) + 1^2 + \sin^2(\omega\pi)} \\ &= \sqrt{2\{1-\cos(\omega\pi)\}} \end{aligned}$$

가 됩니다.[12] 따라서 다음 식이 나옵니다.

$$|F(\omega)| = \frac{1}{\sqrt{2\pi}}\frac{\sqrt{2\{1-\cos(\omega\pi)\}}}{|\omega|}$$

ω가 정수일 때의 값을 조사하면 $\cos(\omega\pi) = (-1)^{\omega}$이므로

11 계수를 $\frac{1}{\sqrt{2\pi}}$로 취한 이유는 푸리에 변환과 푸리에 역변환을 실행했을 때 함수의 크기 $\sqrt{\int_{-\infty}^{\infty}|f(t)|^2 dt}$ (이를 **노름**이라고 합니다)가 변하지 않도록 하기 위해서입니다. 크기가 변하지 않는 변환을 **유니타리 변환**이라고 합니다.

12 삼각함수 사이의 관계 $\cos^2(\omega\pi) + \sin^2(\omega\pi) = 1$을 이용한 것입니다.

$$|F(\omega)| = \frac{1}{\sqrt{2\pi}}\frac{\sqrt{2\{1-(-1)^{\omega}\}}}{|\omega|} = \begin{cases} \dfrac{2}{\sqrt{2\pi\omega}} & (\omega\text{가 홀수일 때}) \\ 0 & (\omega\text{가 짝수일 때}) \end{cases}$$

가 되고 ω가 홀수이면 $b_\omega = \frac{1}{\pi}\int_0^\pi \sin(\omega t)\mathrm{d}t = \frac{2}{\omega\pi}$이므로

$$|F(\omega)| = \sqrt{\frac{\pi}{2}}b_\omega$$

가 되어 푸리에 계수의 상수배가 됩니다.

실제로 $|F(\omega)|$를 세로축, ω를 가로축으로 해서 그래프를 그리면 그림 9.6과 같습니다. 실선은 $|F(\omega)|$ 그 자체이며 파선은 ω가 홀수일 때의 모습을 실수로 확장하여 그래프로 나타낸 것입니다. ω가 홀수인 곳에서 실선과 파선이 일치하고, ω가 짝수인 곳에서 0이 됩니다.

푸리에 계수 $b_\omega = \sqrt{\frac{2}{\pi}}|F(\omega)|$를 그래프로 그리면 ω가 홀수인 곳은 $|F(\omega)|$를 $\sqrt{\frac{\pi}{2}}$로 나눈 값, 짝수인 곳은 0인 점이 됩니다.

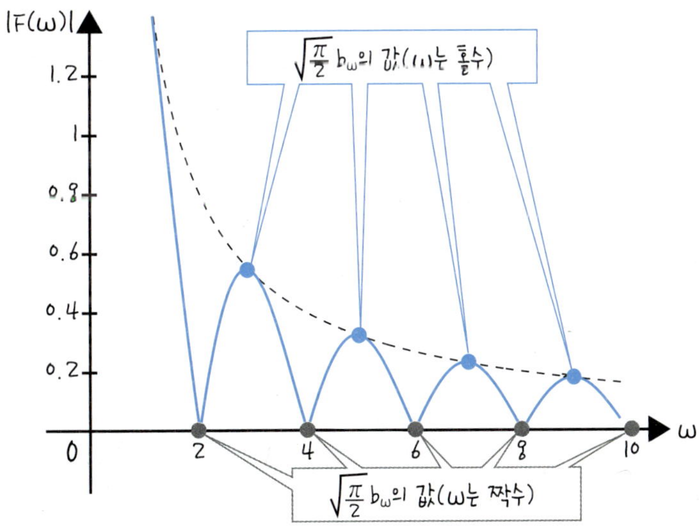

그림 9.6 $|F(\omega)|$의 그래프

○ (보충) 복소수의 적분

복소수의 값을 취하는 함수 $f(x)$의 실수부와 허수부를 각각 $u(x)=Ref(x)$, $v(x)=Imf(x)$ 즉

$$f(x)=u(x)+jv(x)$$

라고 할 때, 양변을 x에 대하여 적분하면 다음과 같습니다.

$$\int f(x)\mathrm{d}x=\int u(x)\mathrm{d}x+j\int v(x)\mathrm{d}x$$

그러면 8-4절에서 복소수의 미분을 확장했을 때처럼 $(e^{\lambda x})'=\lambda e^{\lambda x}$가 됩니다. $\lambda \neq 0$일 때의 식은 다음과 같습니다.

$$\int e^{\lambda x}\mathrm{d}x=\int\left(\frac{1}{\lambda}e^{\lambda x}\right)'\mathrm{d}x=\frac{1}{\lambda}e^{\lambda x}+C$$

복소수 $\lambda x=jm\theta$로 하고(m은 정수), $\theta=-\pi$에서 $\theta=+\pi$까지 적분하면 $m \neq 0$일 때

$$\begin{aligned}\int_{-\pi}^{\pi}e^{jm\theta}\mathrm{d}\theta&=\left[\frac{1}{jm}e^{jm\theta}\right]_{-\pi}^{\pi}=\frac{1}{jm}[e^{jm\pi}-e^{-jm\pi}]\\&=\frac{2}{m}\sin(m\pi)=0\end{aligned}$$

이 됩니다. $m=0$일 때는

$$\int_{-\pi}^{\pi}e^{jm\theta}\mathrm{d}\theta=\int_{-\pi}^{\pi}e^{0}\mathrm{d}\theta=\int_{-\pi}^{\pi}1\mathrm{d}\theta=[\theta]_{-\pi}^{\pi}=2\pi$$

가 됩니다. 결과적으로 다음 식을 얻습니다.

$$\int_{-\pi}^{\pi}e^{jm\theta}\mathrm{d}\theta=\delta_{m0}2\pi$$

위 결과를 이용하여 두 복소수 $e^{jmx}=\cos(mx)+j\sin(mx)$와 $e^{-jnx}=\cos(nx)-j\sin(nx)$의 곱을 $x=-\pi$에서 $x=+\pi$까지 적분하면 다음과 같습니다.

$$\int_{-\pi}^{\pi} e^{jm\theta} e^{-jn\theta} \mathrm{d}\theta = \int_{-\pi}^{\pi} e^{j(m-n)\theta} \mathrm{d}\theta = \delta_{mn} 2\pi$$

e^{jmx}은 9-0절에서 (가), (나), (다)의 $\sin(mx)$나 $\cos(mx)$와 유사한 성질을 가짐을 알 수 있습니다.

column 푸리에 변환과 라플라스 변환

8장에서는 라플라스 변환에 대해, 9장에서는 푸리에 급수와 푸리에 변환에 대해 소개했습니다. 푸리에 선생님과 라플라스 선생님은 두 분 모두 프랑스의 저명한 수학자이자 물리학자입니다. 원어로 쓰면 Fourier와 Laplace이며 두 분 다 폭넓은 분야에서 활약하셨습니다.

지금까진 배운 푸리에 변환과 라플라스 변환은 그 내용이 서로 연결되어 있습니다. $t < 0$에서 $f(t) = 0$인 함수 $f(t)$를 가정합시다. σ를 실수인 상수라 하고, 함수 $\sqrt{2\pi}\, e^{-\sigma t} f(t)$를 푸리에 변환하면

$$\begin{aligned}
\mathcal{F}\{\sqrt{2\pi}\, e^{-\sigma t} f(t)\} &= \int_{-\infty}^{\infty} e^{-\sigma t} f(t) e^{-j\omega t} \mathrm{d}t \\
&= \int_{-\infty}^{0} e^{-\sigma t} \underbrace{f(t)}_{=0} e^{-j\omega t} \mathrm{d}t + \int_{0}^{\infty} e^{-\sigma t} f(t) e^{-j\omega t} \mathrm{d}t \\
&= \int_{0}^{\infty} f(t) e^{-\sigma t - j\omega t} \mathrm{d}t
\end{aligned}$$

가 되고 $s = \sigma + j\omega$로 놓으면

$$\mathcal{F}\{\sqrt{2\pi}\, e^{-\sigma t} f(t)\} = \int_{0}^{\infty} f(t) e^{-st} \mathrm{d}t = \mathcal{L}\{f(t)\}$$

입니다. 따라서 $\sqrt{2\pi}\, e^{-\sigma t} f(t)$의 푸리에 변환은 $f(t)$의 라플라스 변환 $\mathcal{L}\{f(t)\}$가 됩니다.

푸리에 변환은 시간 t로 나타낸 함수를 주파수 ω의 영역에서 해석하여 그 정보를 알아낼 수 있게 합니다. 라플라스 변환은 나아가 진폭의 감쇠값 σ와 주파수 ω의 정보를 알려줍니다.

문제 풀이 및 정답

제1장 수를 다루는 방법

문제 1-1

(1) 3자리: 3.14

(2) 4자리: 3.141

(3) 5자리: 3.1415

(4) 9자리: 1.73205080

(5) 6자리: 2.71828

문제 1-2

(1) $2 \times 10^{-3}\text{m} = 2\text{mm}$

(2) $3 \times 10^{3}\text{m} = 3\text{km}$

(3) $0.33 \times 10^{-2}\text{m} = 3.3 \times \underbrace{10^{-1} \times 10^{-2}}_{10^{-3}\text{이 나오도록 한다}}\text{m}$

$= 3.3 \times 10^{-3}\text{m} = 3.3\text{mm}$

(4) $5 \times 10^{-6}\text{m} = 5\mu\text{m}$

문제 1-3

(1) (루비(작은 활자)는 소수점 이하 자릿수) $1.245 + 2.36 = 3.605 = 3.61$

가장 오차가 큰 자릿수는 소수점 아래 둘째 자리이므로 계산 결과에서 소수점 아래 둘째 자리보다 작은 자릿수를 반올림합니다.

(2) (루비는 소수점 이하 자릿수) $3.51 - 2.7 = 0.81 = 0.8$

(1)과 마찬가지로 생각하여 소수점 아래 첫째 자리보다 작은 자릿수를 반올림합니다.

(3) (루비는 유효 자릿수) $4.5 \times 3.61 - 16.245 = 16$

유효 자릿수가 가장 적은 것은 4.5의 2자리이기 때문에, 계산 결과는 유효 자릿수를 2로 합니다. 따라서 유효 자릿수가 3번째 자릿수인 소수점 아래 첫째 자리에서 반올림합니다.

(4) (루비는 유효 자릿수) $52.8 \div 2.4 = 22$

(3)과 마찬가지로 유효 자릿수가 가장 작은 2.4의 2자리에 계산 결과를 맞춥니다. (4)번의 경우 우연히 소수점 없이 딱 떨어지는 결과가 나왔기 때문에, 유효 자릿수가 3번째 자릿수인 소수점 아래 첫째 자리에서 반올림할 필요는 없습니다. 단, 답을 22.000 등으로 표기하면 유효 자릿수가 5자리가 되어 틀린 답이 됩니다.

제2장 수와 문자의 사용설명서

문제 2-1

닫혀 있다.
왜냐하면 (자연수) × (자연수)는 자연수이기 때문이다.

문제 2-2

닫혀 있지 않다.
이를 증명하기 위해서는 그렇지 않은 한 가지 경우(수학의 전문용어로 **반례**라고 합니다)를 발견하면 됩니다.
$3 \div 4$ 등은 3과 4 모두 자연수이지만, $3 \div 4 = \frac{3}{4}$은 자연수가 아니라 유리수가 됩니다.

문제 2-3

(1) $59 - 63 = -4$
뺄셈의 순서를 바꾸면 $63 - 59 = 4$, 즉 59에서 63을 빼는 데 단지 4가 부족한 셈이 됩니다.
따라서 4에 마이너스 부호를 붙인 −4가 정답입니다.

(2) $49 - 89 = -40$

(3) $8 + (-5) = 8 - 5 = 3$
음수를 더할 때에는 그 양수를 빼면 됩니다.

(4) $-5 + 10 = 10 - 5 = 5$
부호를 그대로 유지한 채 순서를 바꿔도 상관없습니다.

(5) $(-2) + (-8) = -(2 + 8) = -10$
음수끼리의 덧셈은 부호를 제외한 수를 더한 다음 마이너스 부호를 붙입니다.

(6) $-9 \cdot 2 = -(9 \cdot 2) = -18$
음수와 양수를 곱하면 음수가 됩니다.

(7) $3 \cdot (-5) = -(3 \cdot 5) = -15$

(8) $(-200) \cdot (-50) = +(200 \cdot 50) = 10000$
음수와 음수를 곱하면 양수가 됩니다.

(9) $(-100) \cdot (-20) = +(100 \cdot 20) = 2000$

문제 2-4

닫혀 있다.

왜냐하면 (정수) × (정수)는 정수이기 때문입니다.

문제 2-5

닫혀 있지 않다.

$(-3) \div 4$ 등은 -3과 4 모두 정수이지만, $(-3) \div 4 = -\frac{3}{4}$은 정수가 아니라 유리수가 됩니다.

문제 2-6

(1) $\sqrt{64} = \sqrt{8^2} = 8$

(2) $\sqrt{128} = \sqrt{2^2 \cdot 2^2 \cdot 2^2 \cdot 2} = 2 \cdot 2 \cdot 2 \cdot \sqrt{2} = 8\sqrt{2}$

(3) $\sqrt{7} \cdot \sqrt{14} = \sqrt{7} \cdot \sqrt{7 \cdot 2} = \sqrt{7 \cdot 7 \cdot 2} = 7\sqrt{2}$

(4) $\frac{3}{\sqrt{3}} = \frac{3\sqrt{3}}{\sqrt{3}\sqrt{3}} = \frac{3\sqrt{3}}{3} = \sqrt{3}$

(5) 분모와 분자에 $(\sqrt{3}+1)$을 곱해 분모를 '유리화'합시다.

$$\frac{\sqrt{3}+1}{\sqrt{3}-1} = \frac{(\sqrt{3}+1)(\sqrt{3}+1)}{(\sqrt{3}-1)(\sqrt{3}+1)} = \frac{(\sqrt{3})^2 + 2 \cdot \sqrt{3} \cdot 1 + 1^2}{(\sqrt{3})^2 - 1^2}$$

$$= \frac{3+2\sqrt{3}+1}{3-1} = \frac{4+2\sqrt{3}}{2} = 2+\sqrt{3}$$

문제 2-7

$5800A$원

1송이라면 5800원

2송이라면 2×5800원

3송이라면 3×5800원

⋮

A송이라면 $A \cdot 5800$원 = $5800A$원

문제 2-8

본문의 설명에서 사과 A개, 고등어 B마리를 살 때의 합계 금액은 $1200A + 2000B$였습니다. 사과를 1개 반, 고등어를 2마리 살 경우에는 $A = 1.5$, $B = 2$이기 때문에 이들 값을 대입하여 아래와 같이 금액을 구할 수 있습니다.

$1200A + 2000B = 1200 \cdot 1.5 + 2000 \cdot 2 = 1800 + 4000 = 5800$원

문제 2-9

(1) $49x + 89x = (49 + 89)x = 138x$

(2) $59t - 63t = (59 - 63)t = -4t$

(3) $10A \cdot 72A = 10 \cdot 72 \cdot A \cdot A = 720A^2$

(4) $\frac{1}{2}a \cdot 4b = \frac{1}{2} \cdot 4 \cdot a \cdot b = 2ab$

(5) $\frac{15x}{81y} = \frac{3 \cdot 5 \cdot x}{3 \cdot 27 \cdot y} = \frac{5x}{27y}$

(6) $\frac{10a^5b}{3a^2b^3} = \frac{10a^2a^3b}{3a^2b \cdot b^2} = \frac{10a^2a^3b}{3a^2b \cdot b^2} = \frac{10a^3}{3b^2}$

(7) $\frac{1}{2}a^2 \cdot \frac{1}{4ab} = \frac{a^2}{2 \cdot 4ab} = \frac{a^2}{8ab} = \frac{a}{8b}$

(8) $\frac{A}{81B} \cdot \frac{6C}{A^2} \cdot \frac{15B}{2C} = \frac{6 \cdot 15 \cdot A \cdot C \cdot B}{81 \cdot 2 \cdot B \cdot A^2 \cdot C} = \frac{2 \cdot 3 \cdot 3 \cdot 5}{3 \cdot 3 \cdot 9 \cdot 2 \cdot A} = \frac{5}{9A}$

(9) 분모에 $\sqrt{2}$가 있기 때문에, 유리화(2-4절 참고)도 해 둡시다.

$$\frac{a^2b}{\sqrt{2}ab^3} = \frac{a^2b}{\sqrt{2}ab^{3\,2}} = \frac{a}{\sqrt{2}b^2}$$

다음으로 유리화를 합니다.

$$\frac{a}{\sqrt{2}b^2} = \frac{a \cdot \sqrt{2}}{\sqrt{2}b^2 \cdot \sqrt{2}} = \frac{\sqrt{2}a}{2b^2} = \frac{\sqrt{2}}{2}\frac{a}{b^2}$$

문제 2-10

(1)에서 (4)까지의 문제는 먼저 문자식을 계산하여 정리해 둔 다음 $A = 4$, $B = 3$을 대입하면 계산하기 편합니다.

(1) $2A + 3B + 5A = 7A + 3B = 7 \cdot 4 + 3 \cdot 3 = 28 + 9 = 37$

(2) $\frac{5A^3}{2A^2B}=\frac{5A}{2B}=\frac{5\cdot 4}{2\cdot 3}=\frac{10}{3}$

(3) $\frac{5A^3B}{A^2B}=5A=5\cdot 4=20$

(4) $\frac{81AB}{AB^2}=\frac{81AB}{AB^2}=\frac{81}{B}=\frac{81}{3}=27$

(5) $\frac{AB}{A+B}=\frac{4\cdot 3}{4+3}=\frac{12}{7}$

(6) $\frac{AB}{\sqrt{A^2+B^2}}=\frac{4\cdot 3}{\sqrt{4^2+3^2}}=\frac{12}{\sqrt{16+9}}=\frac{12}{\sqrt{25}}=\frac{12}{\sqrt{5^2}}=\frac{12}{5}$

문제 2-11

(1)
$$\begin{aligned} R-\frac{R+1}{5} &= \frac{5R}{5}-\frac{R+1}{5} && \Leftarrow \text{통분(제 1항의 분모를 5로)} \\ &= \frac{5R-(R+1)}{5} && \Leftarrow \text{뺄셈이므로 부호에 주의} \\ &= \frac{5R-R-1}{5} \\ &= \frac{4R-1}{5} \end{aligned}$$

(2)
$$\begin{aligned} \frac{2E-1}{3R}-\frac{3-E}{2R} &= \frac{2(2E-1)}{6R}-\frac{3(3-E)}{6R} && \Leftarrow \text{통분(분모를 6으로)} \\ &= \frac{2(2E-1)-3(3-E)}{6R} && \Leftarrow \text{뺄셈이므로 부호에 주의} \\ &= \frac{4E-2-9+3E}{6R} && \Leftarrow \text{괄호를 없앤다} \\ &= \frac{7E-11}{6R} \end{aligned}$$

(3) $0.1=\frac{1}{10}$, $1.5=\frac{15}{10}$와 같이 소수를 분수로 바꿉시다.

$$\begin{aligned} 0.1V-\frac{-V+1.5RI}{3} &= \frac{V}{10}-\frac{-V+\frac{15}{10}RI}{3} \\ &= \frac{V}{10}-\frac{\left(-V+\frac{15}{10}RI\right)\cdot 10}{3\cdot 10} && \Leftarrow \text{제 2항의 분모 분자에 10을 곱한다.} \\ &= \frac{V}{10}-\frac{-10V+15RI}{30} && \Leftarrow \text{괄호를 없앤다} \\ &= \frac{3V}{30}-\frac{-10V+15RI}{30} && \Leftarrow \text{통분(분모를 30으로)} \\ &= \frac{3V-(-10V+15RI)}{30} && \Leftarrow \text{뺄셈이므로 부호에 주의} \end{aligned}$$

$$= \frac{3V + 10V - 15RI}{30}$$

$$= \frac{13V - 15RI}{30}$$

정답은 분자의 2항을 분리하여 다음과 같이 해도 상관없습니다.

$$\frac{13V - 15RI}{30} = \frac{13}{30}V - \frac{15}{30}RI = \frac{13}{30}V - \frac{1}{2}RI$$

문제 2-12

(1) $\frac{1}{2} - \frac{1}{3} = \frac{1 \cdot 3}{2 \cdot 3} - \frac{1 \cdot 2}{3 \cdot 2}$ ⇐ 통분(분모를 6으로)

$$= \frac{3}{6} - \frac{2}{6} = \frac{3-2}{6} = \frac{1}{6}$$

(2) $\frac{1}{\frac{1}{2} - \frac{1}{3}} = \frac{1}{\frac{1}{2} - \frac{1}{3}} \frac{6}{6}$ ⇐ 분모·분자에 6을 곱한다

$$= \frac{6}{\left(\frac{1}{2} - \frac{1}{3}\right) \times 6}$$ ⇐ 분모와 분자를 각각 계산

$$= \frac{6}{\frac{1}{2} \times 6 - \frac{1}{3} \times 6}$$ ⇐ 분모의 괄호를 없앤다

$$= \frac{6}{3-2} = \frac{6}{1} = 6$$

또는 (1)의 답을 이용해 다음과 같이 풀어도 상관없습니다.

$$\frac{1}{\frac{1}{2} - \frac{1}{3}} = \frac{1}{\frac{1}{6}} = 1 \div \frac{1}{6} = 1 \times \frac{6}{1} = 6$$

(3) $1 + \frac{1}{A} = \frac{A}{A} + \frac{1}{A} = \frac{A+1}{A}$ 와 같이 우선 분모를 A로 통분합니다.

$$\frac{1}{1 + \frac{1}{A}} = \frac{1}{\frac{A+1}{A}}$$

$$= \frac{A}{\frac{A+1}{\cancel{A}}\cancel{A}}$$ ⇐ 분모·분자에 A을 곱한다

$$= \frac{A}{A+1}$$

(4) 가장 밑에 있는 분모를 $1 + \frac{1}{A} = \frac{A+1}{A}$ 로 1통분하면, 다음과 같이 됩니다.

$$\frac{1}{1 + \frac{1}{1 + \frac{1}{A}}} = \frac{1}{1 + \frac{1}{\frac{A+1}{A}}} = \frac{1}{1 + \frac{A}{A+1}}$$

여기에 분모를 다음과 같이 통분하면

$$1+\frac{A}{A+1}=\frac{A+1}{A+1}+\frac{A}{A+1}=\frac{A+1+A}{A+1}=\frac{2A+1}{A+1}$$

다음의 답을 얻을 수 있습니다.

$$\frac{1}{1+\frac{1}{1+\frac{1}{A}}}=\frac{1}{\frac{2A+1}{A+1}}=\frac{A+1}{2A+1}$$

제3장 일차방정식

문제 3-1

꼭 직접 확인해 봅시다.

문제 3-2

(1) 단항식 (2) 단항식 (3) 다항식(2항) $\underbrace{ax}_{\text{제 1항}}+\underbrace{b}_{\text{제 2항}}$

(4) 다항식(3항) $\underbrace{x^2}_{\text{제 1항}}+\underbrace{y^2}_{\text{제 2항}}+\underbrace{z^2}_{\text{제 3항}}$ (5) 단항식

문제 3-3

(1) π (2) x^2 (3) by (4) y^2

(5) 0 ※ $ax = ax + 0$ 이라고 생각하면, 2항 이후는 0이라고 간주할 수 있습니다.

문제 3-4

(1) a (2) $2x$ (3) 2 (4) b (5) 2 (6) 2 (7) a^2

문제 3-5

(1) $x+100=5000$의 양변에서 100을 빼서 $x+100-100=5000-100$으로 하면 $x=4900$

(2) $x-20=580$의 양변에 20을 더해 $x-20+20=580+20$으로 하면 $x=600$

(3) 우선 $50x+5=49x+2$의 양변에서 $49x$를 빼서 $50x+5-49x=49x+2-49x$로 하면 $x+5=2$가 됩니다. 여기에 양변에서 5를 빼서 $x+5-5=2-5$로 하면 $x=-3$

문제 3-6

(1) $3x=9000$의 양변을 3으로 나누어 $\frac{3x}{3}=\frac{9000}{3}$으로 하면 $x=3000$

(2) $5x=95$의 양변을 5로 나누어 $\frac{5x}{5}=\frac{95}{5}$로 하면 $x=19$

(3) $12345679x=111111111$의 양변을 12345679로 나누어 $\frac{12345679x}{12345679}=\frac{111111111}{12345679}$로 하면 $x=9$

(4) $\frac{x}{2}=5$의 양변에 2를 곱해 $\frac{x}{2}\cdot 2=5\cdot 2$로 하면 $x=10$

(5) $\frac{x}{4}=-2$의 양변에 4를 곱해 $\frac{x}{4}\cdot 4=-2\cdot 4$로 하면 $x=-8$

(6) $\frac{x}{-5}=-3$의 양변에 -5를 곱해 $\frac{x}{-5}\cdot(-5)=-3\cdot(-5)$로 하면 $x=15$

문제 3-7

(1) $13x=9$의 양변을 13으로 나누어 $\frac{13x}{13}=\frac{9}{13}$로 하면 $x=\frac{9}{13}$, 즉 분수 상태로 만든 것이 수학적인 해가 됩니다.

(2) (1)의 해를 소수로 나타내 $x=\frac{9}{13}=0.\underbrace{6}_{1}\underbrace{9}_{2}\underbrace{2}_{3자리}3\cdots$으로, 유효숫자를 3자리로 한 것이 전기전자공학적인 해입니다.

(3) $x=\frac{9}{13}=0.\underbrace{6}_{1}\underbrace{9}_{2}\underbrace{2}_{3}\underbrace{3}_{4}\underbrace{0}_{5}\underbrace{7}_{6}\cdots=0.\underbrace{6}_{1}\underbrace{9}_{2}\underbrace{2}_{3}\underbrace{3}_{4}\underbrace{1}_{5자리}$로 유효 자릿수 6자리까지 구한 해를 유효 자릿수 5자리로 만들기 위해 소수점 아래 여섯째 자리에서 반올림합니다.

문제 3-8

(1) $\frac{2}{3}x=x-2$에서 우변의 x를 좌변으로 이항시켜 $\frac{2}{3}x-x=-2$로 하면 $\left(\frac{2}{3}-1\right)x=-2$이기 때문에 $-\frac{1}{3}x=-2$가 됩니다. 이 양변에 -3을 곱하면 $-\frac{1}{3}x\cdot(-3)=-2\cdot(-3)$이 되기 때문에 $x=6$이 구하는 해가 됩니다.

(2) $\frac{5}{2}x = \frac{x}{2} + 2$에서 우변의 $\frac{x}{2}$를 좌변으로 이항시키면 $\frac{5}{2}x - \frac{x}{2} = +2$가 되어 $\left(\frac{5}{2} - \frac{1}{2}\right)x = 2$이기 때문에 $\frac{4}{2}x = 2$를 약분하면 $2x = 2$가 됩니다. 이 양변을 2로 나누면 $\frac{2x}{2} = \frac{2}{2}$이므로 $x = 1$이 구하는 해가 됩니다.

(3) $-\frac{1}{2}x = \frac{x}{3} + \frac{1}{2}$의 우변에 있는 $\frac{x}{3}$를 좌변으로 이항시키면 $-\frac{1}{2}x - \frac{x}{3} = \frac{1}{2}$이 되고 x의 항을 정리하면 $\left(-\frac{1}{2} - \frac{1}{3}\right)x = \frac{1}{2}$이 됩니다. $-\frac{3+2}{6}x = \frac{1}{2}$에서 $-\frac{5}{6}x = \frac{1}{2}$을 얻을 수 있습니다. 양변에 6을 곱한 $-\frac{5}{6}x \cdot 6 = \frac{1}{2} \cdot 6$에서 $-5x = 3$이 되고 양변을 -5로 나눈 $\frac{-5x}{-5} = \frac{3}{-5}$에서 $x = -\frac{3}{5}$을 얻을 수 있습니다.

(4) $1 - \frac{1}{2}x = \frac{x}{3} + \frac{1}{2}$의 우변에 있는 $\frac{x}{3}$를 좌변으로, 좌변의 1을 우변으로 이항시키면 $-\frac{1}{2}x - \frac{x}{3} = +\frac{1}{2} - 1$이 되고 $\left(-\frac{1}{2} - \frac{1}{3}\right)x = -\frac{1}{2}$에서 $-\frac{5}{6}x = -\frac{1}{2}$이 됩니다. 양변에 6을 곱한 $-\frac{5}{6}x \cdot 6 = -\frac{1}{2} \cdot 6$에서 $-5x = -3$이 되고 양변을 -5로 나누면 $x = \frac{3}{5}$이라는 해를 얻을 수 있습니다.

(5) $-\frac{1}{3}x = \frac{2x}{3} + \frac{1}{3}$의 우변에 있는 $\frac{2x}{3}$를 좌변으로 이항시키면 $-\frac{1}{3}x - \frac{2x}{3} = +\frac{1}{3}$이 되고 $-\left(\frac{1}{3} + \frac{2}{3}\right)x = +\frac{1}{3}$에서 $-x = \frac{1}{3}$이 되어 양변에 -1을 곱하면 $x = -\frac{1}{3}$이라는 해를 얻을 수 있습니다.

(6) $\frac{2x}{5} + \frac{1}{3} = 0$의 좌변에 있는 $\frac{1}{3}$을 우변으로 이항시키면 $\frac{2x}{5} = -\frac{1}{3}$이 됩니다. 양변에 5를 곱하면 $\frac{2x}{5} \cdot 5 = -\frac{1}{3} \cdot 5$가 되어 $2x = -\frac{5}{3}$가 됩니다. 여기에서 양변을 2로 나누면 $x = -\frac{5}{3 \cdot 2} = -\frac{5}{6}$라는 해를 얻을 수 있습니다.

문제 3-9

(1) 양변을 10으로 나누면, 즉 왼쪽부터 0을 한 개씩 없애 $15\cancel{0}x = 600\cancel{0}$으로 하면 $x = \frac{600}{15}$이 되어 계산하기가 조금 수월해집니다. 여기에서 $15 = 3 \cdot 5$, $600 = 3 \cdot 200 = 3 \cdot 5 \cdot 40$임을 생각하면

$x = \frac{\cancel{3 \cdot 5} \cdot 40}{\cancel{3 \cdot 5}} = 40$이 되어 더욱 계산하기가 편해집니다.

(2) $0.01x = 0.1x + 9$에서 가장 소수점 이하 자릿수가 큰 0.01을 1로 만들기 위해 양변에 100을 곱하면 $x = 10x + 900$이 됩니다. 이렇게 하면 조금 풀기 쉬워져 $x = -100$이 됩니다.

(3) $0.8x + 64 = \frac{14}{100}x$의 분수 $\frac{14}{100}$를 없애기 위해 양변을 100배하면, $80x + 6400 = 14x$가 되어 0.8이라는 소수도 정수로 만들 수가 있습니다. 이렇게 하면 풀기 쉬워져 $x = -\frac{6400}{66} = -\frac{3200}{33}$이 됩니다 (마지막 정답에서 분수는 약분해 놓는 것이 원칙입니다).

문제 3-10

(1) 우선 양변에 $x+1$을 곱하면 $\frac{3}{x+1}(x+1) = 2(x+1)$이 되어 $3 = 2(x+1)$이 되고 $3 = 2x+2$이므로 $x = \frac{1}{2}$이 구해집니다.

(2) 우선 양변에 $\frac{1}{x}+1$을 곱하면 $\frac{1}{\frac{1}{x}+1}\left(\frac{1}{x}+1\right) = 2\left(\frac{1}{x}+1\right)$이 되어 $1 = \frac{2}{x}+2$를 얻을 수 있습니다.

양변에 x를 곱하면 $1 \cdot x = \left(\frac{2}{x}+2\right) \cdot x$가 되고 $x = 2+2x$이므로 $x = -2$를 얻을 수 있습니다.

(3) $\frac{1}{x+\frac{3}{2}} = \frac{1}{2x+\frac{1}{2}}$의 양변에 $\left(x+\frac{3}{2}\right)\left(2x+\frac{1}{2}\right)$를 곱하면

$$(\text{좌변}) = \frac{1}{x+\frac{3}{2}} \cdot \left(x+\frac{3}{2}\right)\left(2x+\frac{1}{2}\right) = 2x+\frac{1}{2}$$

$$(\text{우변}) = \frac{1}{2x+\frac{1}{2}} \cdot \left(x+\frac{3}{2}\right)\left(2x+\frac{1}{2}\right) = x+\frac{3}{2}$$

이 되어 방정식은 다음과 같이 됩니다.

$$2x+\frac{1}{2} = x+\frac{3}{2}$$

좌변의 $\frac{1}{2}$을 우변으로, 우변의 x를 좌변으로 이항하면 $2x-x = \frac{3}{2}-\frac{1}{2}$이 되어 $x=1$을 얻을 수 있습니다.

문제 3-11

주어진 방정식

$$V_1+V_2 = R_1I_1+R_2I_2-R_3I_3$$

을 'I_3 =○○○'이라는 형태로 변형하는 방법을 생각해 봅시다. 좌변을 모두 우변으로, 우변의 제 3항을 좌변으로 이항시키면

$$+R_3I_3 = R_1I_1+R_2I_2-(V_1+V_2)$$

양변을 R_3로 나누면 구하는 답을 얻을 수 있습니다.

$$I_3 = \frac{R_1I_1+R_2I_2-(V_1+V_2)}{R_3}$$

문제 3-12

기차의 길이를 $x[\mathrm{m}]$로 하여 방정식을 세우고 그것을 풀어 기차의 길이를 구해 봅시다. 그림과 같이 기차가 터널을 통과하기 위해서 기차는 터널 길이와 기차 길이만큼 이동해야 합니다. 즉, 이동해야 하는 길이는 $76+x[\mathrm{m}]$입니다.

이에 대해 이동하는데 걸린 시간은 7초, 기차의 속도는 초속 13m이므로

(이동거리) = (걸린 시간) · (초속)

의 관계에서 다음과 같은 방정식이 생깁니다.

$$76+x=7\cdot 13$$

이것을 풀면 $x=15[\mathrm{m}]$라는 해를 구할 수 있습니다. 따라서 기차의 길이는 15m입니다.

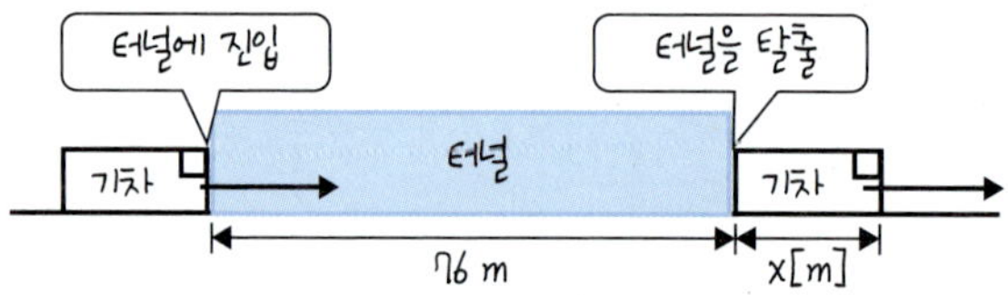

문제 3-13

$V=IR$을 I에 대한 방정식이라고 생각하고 양변을 R로 나누면 $I=\dfrac{V}{R}$를 얻을 수 있습니다. 또한 $V=IR$을 R에 대한 방정식이라고 생각하고 양변을 I로 나누면 $R=\dfrac{V}{I}$를 얻을 수 있습니다.

문제 3-14

$R_1R_2=R_3R_x$의 관계를 R_x에 대한 방정식이라고 생각하고 풀면 $R_x=\dfrac{R_1R_2}{R_3}$이라는 R_x를 구할 수 있습니다. 문제의 의미를 보면 해의 우변에 있는 값 R_1, R_2, R_3은 모두 이미 알려진 값이므로, 정답은 구해진 셈입니다.

이처럼 추상적인 문제의 해는 답이 문자식으로 구성되는 경우가 있습니다. 그럴 경우에 겁을 먹을 필요는 없지만 답으로서 제시한 문자가 알려져 있지 않은 값이거나 문제에 나와 있지 않은 그리고 자기가 마음대로 만들어낸 문자일 경우, 혹은 구해야 하는 값 등이 사용되지 않은 경우 등으로 인해 문제의 의미에 맞는 답이 도출되었는지 여부를 확인하는 작업은 중요합니다.

제4장 연립방정식과 행렬

문제 4-1

$x = 20$, $y = 30$을 방정식에 대입하면 $7x + 5y = 7 \cdot 20 + 5 \cdot 30 = 290$,
$4x + 3y = 4 \cdot 20 + 3 \cdot 30 = 170$이 되어 해임을 확인할 수 있습니다.

문제 4-2

가감법 $x = 1,\ y = 3$

y를 소거하기 위해 (가) - (나)를 실행해 봅시다.

$$\begin{array}{rl} 2x + y = 5 & \cdots\cdots (가) \\ -)\quad x + y = 4 & \cdots\cdots (나) \\ \hline 1 \cdot x + 0 = 1 & \cdots\cdots (가)-(나) \end{array}$$

를 통해 $x = 1$이 얻어집니다. 이것을 (나)에 대입하면 $1 + y = 4$이기 때문에 $y = 4 - 1 = 3$을 얻을 수 있습니다.

대입법 $x = 1,\ y = 3$

y를 소거하기 위해 (나)에서 $y = 4 - x$를 (가)에 대입하면

$$2x + \underbrace{(4 - x)}_{y=4-x\text{를 대입}} = 5$$

를 얻을 수 있습니다. 이 식은 미지수로서의 x만 포함하고 있기 때문에 x의 일차방정식으로 풀 수 있습니다. 괄호를 없애면 $2x + 4 - x = 5$가 되어 $x = 1$이 됩니다. 이것을 (나)에 대입하면 $1 + y = 4$이므로 $y = 3$이 됩니다.

당연한 얘기지만 대입법을 사용하거나 가감법을 사용하더라도 같은 답을 얻을 수 있습니다.

문제 4-3

대입법으로 풀어봅시다. y를 소거하기 위해 (가)에서 $y = 35 - x$를 (나)에 대입합니다. 그러면,

$$2x + 4\underbrace{(35 - x)}_{y=35-x\text{를 대입}} = 94$$

가 되어 x에 대한 일차방정식이 됩니다. 괄호를 없애면 $2x + 140 - 4x = 94$에서 $2x = 46$이 되어 $x = 23$을 얻을 수 있습니다. 이것을 (가)에 대입하면 $y = 35 - 23 = 12$가 구해집니다.

문제 4-4

(가) …… 전압 [V], (나) …… 전압 [V], (다) …… 전류 [A]

등식의 우변과 좌변의 단위는 반드시 같기 때문에, 어느 쪽이든 한 쪽만 살펴보면 됩니다. (가)의 좌변을 보면 전압 V_1과 V_2의 뺄셈으로 되어 있습니다. 즉, (가)는 전압 [V]에 대한 식입니다. 당연히 우변도 단위는 전압으로, 저항과 전류를 곱했을 때의 단위는 옴의 법칙에 따라 전압이 됩니다. 따라서 우측의 R_1I_1이나 R_2I_2의 뺄셈도 전압의 단위를 갖고 있음을 알 수 있습니다. 마찬가지의 이유로 (나)도 전압에 관한 식이 됩니다. 마지막으로 (다)를 보면 우변이 전류 I_3로 되어 있으므로 이것은 전류[A]에 대한 식입니다. 당연히 좌변의 단위도 전류로 I_1, I_2의 덧셈으로 되어 있습니다.

문제 4-5

$$x = \frac{1}{3},\ y = \frac{2}{3},\ z = 1,\ w = \frac{1}{3}$$

$A = \begin{bmatrix} 1 & 2 \\ 3 & 4 \end{bmatrix}$, $3X = \begin{bmatrix} 3x & 3y \\ 3z & 3(w+1) \end{bmatrix}$이므로 $A = 3X$의 각 성분을 찾아보면

$$[(1,1)\text{ 성분}]\ 1 = 3x \qquad [(1,2)\text{ 성분}]\ 2 = 3y$$

$$[(2,1)\text{ 성분}]\ 3 = 3z \qquad [(2,2)\text{ 성분}]\ 4 = 3(w+1)$$

과 같이 등식이 4개 생깁니다. 이것을 풀면 $x = \frac{1}{3}$, $y = \frac{2}{3}$, $z = \frac{3}{3} = 1$, $w = \frac{4}{3} - 1 = \frac{1}{3}$이 구해집니다.

문제 4-6

$$AB = \begin{bmatrix} 1 & 2 \\ 3 & 4 \end{bmatrix}\begin{bmatrix} 4 & 3 \\ 2 & 1 \end{bmatrix} = \begin{bmatrix} 1\cdot 4+2\cdot 2 & 1\cdot 3+2\cdot 1 \\ 3\cdot 4+4\cdot 2 & 3\cdot 3+4\cdot 1 \end{bmatrix} = \begin{bmatrix} 8 & 5 \\ 20 & 13 \end{bmatrix}$$

$$BA = \begin{bmatrix} 4 & 3 \\ 2 & 1 \end{bmatrix}\begin{bmatrix} 1 & 2 \\ 3 & 4 \end{bmatrix} = \begin{bmatrix} 4\cdot 1+3\cdot 3 & 4\cdot 2+3\cdot 4 \\ 2\cdot 1+1\cdot 3 & 2\cdot 2+1\cdot 4 \end{bmatrix} = \begin{bmatrix} 13 & 20 \\ 5 & 8 \end{bmatrix}$$

에서 각 성분은 일치하지 않습니다. 따라서 $AB \neq BA$가 됩니다.

일반적으로 행렬의 곱셈 AB와 BA는 같지 않습니다. 단, 성분에 따라서는 $AB = BA$를 만족시키는 것도 있는데 이러한 행렬을 **가환**이라고 합니다.

문제 4-7

연립방정식의 계수를 써 보면 다음과 같이 되기 때문에

x의 계수	y의 계수	z의 계수	w의 계수
7	5	1	−1
2	−3	1	1
4	2	0	1
0	2	−1	3

$$A=\begin{bmatrix}7 & 5 & 1 & -1\\ 2 & -3 & 1 & 1\\ 4 & 2 & 0 & 1\\ 0 & 2 & -1 & 3\end{bmatrix}$$

가 좌변의 계수를 나타내는 행렬이 됩니다. 여기에 $X=\begin{bmatrix}x\\ y\\ z\\ w\end{bmatrix}$라는 행렬을 곱하면 AX는 연립방정식의 좌변을 나타냅니다. 우변의 값은 $B=\begin{bmatrix}290\\ 9\\ 190\\ 32\end{bmatrix}$으로 정리함으로써, 문제의 연립방정식은 $AX=B$로 나타낼 수 있습니다.

문제 4-8

$x=23,\ y=12$

확대계수행렬은 $\left[\begin{array}{cc|c}1 & 1 & 35\\ 2 & 4 & 94\end{array}\right]$이 됩니다. 간략화는

1	1	35	
2	4	94	
1	1	35	
0	2	24	$(2)-(1)\times 2$
1	1	35	
0	1	12	$(2)\times \frac{1}{2}$
1	0	23	$(1)-(2)$
0	1	12	

가 되고 원래 연립방정식은

$$\begin{cases}x=23\\ y=12\end{cases}$$

이 되어 $x=23,\ y=12$가 구해집니다.

문제 4-9

(1)

1	1	50	
1	−2	−20	
2	1	20	

1	1	50	
0	−3	−70	(2) − (1)
0	−1	−80	(3) − (1) × 2

1	1	50	
0	−1	−80	(2)와 (3)을 교체
0	−3	−70	

1	1	50	
0	−1	−80	
0	0	170	(3) − (2) × 3

세 번째 행을 빼내 보면 $0 \cdot x_1 + 0 \cdot x_2 = 170$ 이 됩니다. 어떤 x_1 와 x_2 를 선택하더라도 이 식을 성립시키기는 불가능합니다. 따라서 '불능(해 없음)'이 됩니다.

(2)

1	2	3	4	
5	6	7	8	

1	2	3	4	
0	−4	−8	−12	(2) − (1) × 5

1	2	3	4	
0	1	2	3	$(2) \times \left(-\frac{1}{4}\right)$

1	0	−1	−2	(1) − (2) × 2
0	1	2	3	

이 2행만큼을 구체적으로 써 보면

$$x_1 - x_3 = -2$$
$$x_2 + 2x_3 = 3$$

이 되어 미지수를 전부 소거할 수 없습니다. 또 확대계수행렬의 계수는 2이기 때문에, 미지수를 전부 정할 수 없다는 것도 알 수 있습니다. 이에 $x_3 = c$ 로 임의의 상수 c 를 이용해 나타내 보면

$$x_1 = -2 + c$$
$$x_2 = 3 - 2c$$
$$x_3 = c$$

와 같이 1개의 임의의 상수 c 에 임의성을 남긴 채 해를 적을 수 있습니다. 임의의 상수 c 가 정해지면 x_1, x_2, x_3 의 값은 모두 정해집니다.

문제 4-10

$$\mathbf{x} = \begin{bmatrix} 3 \\ -2 \\ 2 \end{bmatrix}$$

$A = \begin{bmatrix} 1 & 2 & 1 \\ 2 & 3 & 1 \\ 1 & 2 & 2 \end{bmatrix}$ 의 역행렬은 본문에서 구한 것처럼 $A^{-1} = \begin{bmatrix} -4 & 2 & 1 \\ 3 & -1 & -1 \\ -1 & 0 & 1 \end{bmatrix}$ 으로, 연립방정식 $A\mathbf{x} = \mathbf{b}$ 의 해는

$\mathbf{x} = A^{-1}\mathbf{b}$ 이기 때문에

$$\mathbf{x} = \begin{bmatrix} -4 & 2 & 1 \\ 3 & -1 & -1 \\ -1 & 0 & 1 \end{bmatrix}\begin{bmatrix} 1 \\ 2 \\ 3 \end{bmatrix} = \begin{bmatrix} -4 \cdot 1 + 2 \cdot 2 + 1 \cdot 3 \\ 3 \cdot 1 + (-1) \cdot 2 + (-1) \cdot 3 \\ -1 \cdot 1 + 0 \cdot 2 + 1 \cdot 3 \end{bmatrix} = \begin{bmatrix} 3 \\ -2 \\ 2 \end{bmatrix}$$

제5장 함수

문제 5-1

$f(5) = e$

문제 5-2

$f^{-1}(c) = 3$

문제 5-3

㉮ $= f(3) = 3 \cdot 3 + 1 = 10$

㉯ $= f(-1) = 3 \cdot (-1) + 1 = -2$

㉰ $= f(a) = 3a + 1$

㉱ $= \dfrac{4}{3}$

f(㉣) = 5가 되는 한편, f(㉣) = 3㉣ + 1이기 때문에 5 = 3㉣ + 1을 ㉣에 대해 풀면 ㉣ $= \frac{4}{3}$를 얻을 수 있습니다.

※ ㉣는 역함수의 구체적인 값 $f^{-1}(5) = \frac{4}{3}$를 구하는 문제입니다.

문제 5-4

(1) $f(1) = 1^2 - 1 + 1 = 1$

(2) $f(2) = 2^2 - 2 + 1 = 3$

(3) $f(-1) = (-1)^2 - (-1) + 1 = 3$

(4) $f(a) = a^2 - a + 1$

문제 5-5

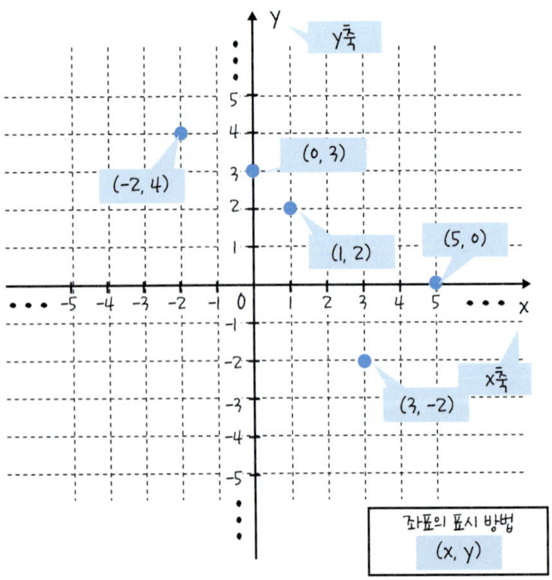

문제 5-6

표와 그래프는 다음과 같습니다.

x	−4	−3	−2	−1	0	1	2	3	4
y	17	10	5	2	1	2	5	10	17

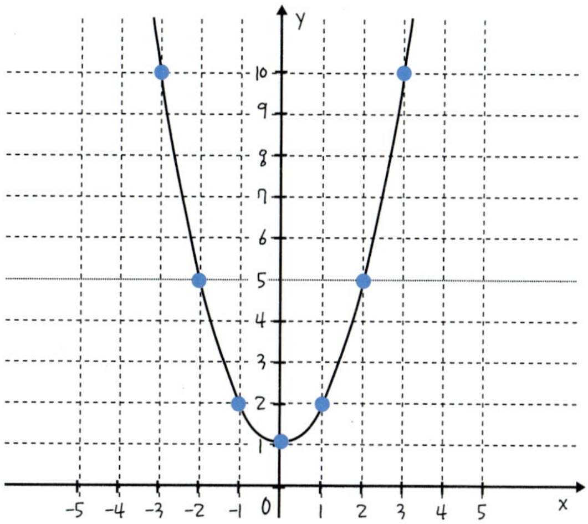

문제 5-7

$$\cos 30^\circ = \frac{\text{밑변}}{\text{빗변}} = \frac{\sqrt{3}}{2}$$

$$\tan 30^\circ = \frac{\text{높이}}{\text{밑변}} = \frac{1}{\sqrt{3}}$$

$$\csc 30^\circ = \frac{\text{빗변}}{\text{높이}} = \frac{2}{1} = 2$$

$$\sec 30^\circ = \frac{\text{빗변}}{\text{밑변}} = \frac{2}{\sqrt{3}}$$

$$\cot 30^\circ = \frac{\text{밑변}}{\text{높이}} = \frac{\sqrt{3}}{1} = \sqrt{3}$$

문제 5-8

$$\sin 390^\circ = \sin(30^\circ + 360^\circ) = \sin 30^\circ = \frac{1}{2}$$

$$\cos\frac{19\pi}{6} = \cos\left(\frac{12\pi}{6} + \frac{7\pi}{6}\right) = \cos\left(2\pi + \frac{7\pi}{6}\right) = \cos\left(\frac{7\pi}{6}\right) = -\frac{\sqrt{3}}{2}$$

문제 5-9

지면의 사정상 $\theta = 0, \frac{\pi}{6}, \frac{\pi}{4}, \frac{\pi}{3}$ 만 소개했습니다만, 다른 각도에서도 $\tan\theta$를 구하는 방법은 모두 같습니다.

$$\tan 0 = \frac{\sin 0}{\cos 0} = \frac{0}{1} = 0$$

$$\tan\frac{\pi}{6} = \frac{\sin\frac{\pi}{6}}{\cos\frac{\pi}{6}} = \frac{\frac{1}{2}}{\frac{\sqrt{3}}{2}} = \frac{1}{2} \div \frac{\sqrt{3}}{2} = \frac{1}{2} \times \frac{2}{\sqrt{3}} = \frac{1}{\sqrt{3}}$$

$$\tan\frac{\pi}{4} = \frac{\sin\frac{\pi}{4}}{\cos\frac{\pi}{4}} = \frac{\frac{\sqrt{2}}{2}}{\frac{\sqrt{2}}{2}} = 1$$

$$\tan\frac{\pi}{3} = \frac{\sin\frac{\pi}{3}}{\cos\frac{\pi}{3}} = \frac{\frac{\sqrt{3}}{2}}{\frac{1}{2}} = \frac{\sqrt{3}}{2} \div \frac{1}{2} = \frac{\sqrt{3}}{2} \times \frac{2}{1} = \sqrt{3}$$

문제 5-10

삼각형 사이의 관계에 따라 $\sin^2\theta + \cos^2\theta = 1$이기 때문에,
여기에 $\sin\theta = 0.6$을 대입하면 $0.6^2 + \cos^2\theta = 1$이므로
$\cos^2\theta = 1 - 0.6^2 = 1 - 0.36 = 0.64$가 됩니다.
따라서 $\cos\theta = \pm\sqrt{0.64} = \pm\sqrt{0.8^2} = \pm 0.8$이 됩니다.

삼각함수의 표나 그림에서 알 수 있듯이 $0 < \theta < \frac{\pi}{2}$인 제1사분면의 범위에서는 $0 < \cos\theta < 1$이 되기 때문에, $\cos\theta = \pm 0.8$중 θ의 범위에서 적절한 값은 +0.8입니다.

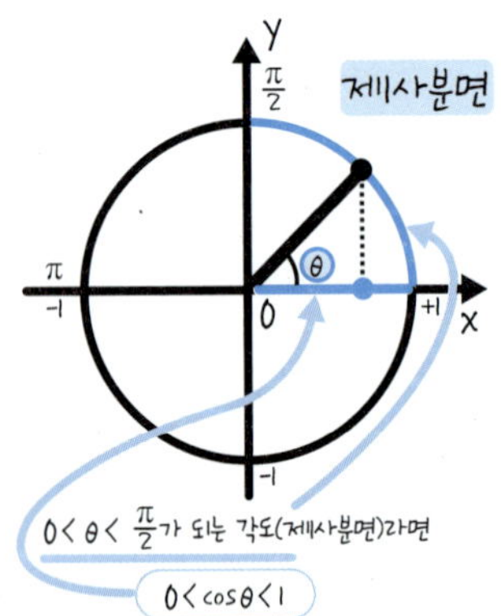

문제 5-11

(1) $\sin 75° = \sin(45° + 30°) = \sin 45° \cos 30° + \cos 45° \sin 30°$

$$= \frac{\sqrt{2}}{2} \cdot \frac{\sqrt{3}}{2} + \frac{\sqrt{2}}{2} \cdot \frac{1}{2} = \frac{\sqrt{6} + \sqrt{2}}{4}$$

(2) $\cos\frac{5\pi}{12} = \cos\left(\frac{3\pi}{12} + \frac{2\pi}{12}\right) = \cos\left(\frac{\pi}{4} + \frac{\pi}{6}\right)$

$= \cos\frac{\pi}{4}\cos\frac{\pi}{6} - \sin\frac{\pi}{4}\sin\frac{\pi}{6} = \frac{\sqrt{2}}{2}\cdot\frac{\sqrt{3}}{2} - \frac{\sqrt{2}}{2}\cdot\frac{1}{2}$

$= \frac{\sqrt{6}-\sqrt{2}}{4}$

호도법 $\frac{5\pi}{12}$ 를 잘 모르겠다면 $\frac{5\pi}{12} = 75° = 45° + 30°$ 라고 생각해도 상관없습니다.

(3) 길잡이처럼 $\sin(0° - 75°) = \sin 0° \cos 75° - \cos 0° \sin 75° = 0 \cdot \cos 75° - 1 \cdot \sin 75° = -\sin 75°$ 라고 할 때, $\sin 75° = \frac{\sqrt{6}+\sqrt{2}}{4}$ 였으므로 $\sin(-75°) = -\frac{\sqrt{6}+\sqrt{2}}{4}$ 가 됩니다.

일반적으로 다음의 식이 성립합니다.

$\sin(-\theta) = -\sin\theta,\ \cos(-\theta) = +\cos\theta,\ \tan(-\theta) = -\tan\theta$

문제 5-12

덧셈정리 $\sin(A+B) = \sin A\cos B + \cos A\sin B$ 의 식에서 $A = B = \theta$ 로 두면 $\sin(2\theta) = \sin\theta\cos\theta + \cos\theta\sin\theta$ 가 됩니다. 우변은 $\sin\theta\cos\theta = \cos\theta\sin\theta$ 이기 때문에 $2\sin\theta\cos\theta$ 가 되어 $\sin(2\theta) = 2\sin\theta\cos\theta$ 를 얻을 수 있습니다.

마찬가지로 덧셈정리의 $\cos(A+B) = \cos A\cos B - \sin A\sin B$ 라는 식에서 $A = B = \theta$ 로 두면

$\cos(2\theta) = \cos\theta\cos\theta - \sin\theta\sin\theta$ 가 되어

$$\cos(2\theta) = \cos^2\theta - \sin^2\theta$$

가 됩니다. 삼각함수 사이의 관계 $\sin^2\theta + \cos^2\theta = 1$ 에 따라

$\cos^2\theta = 1 - \sin^2\theta$ 를 사용하면 $\cos(2\theta) = 1 - 2\sin^2\theta$

$\sin^2\theta = 1 - \cos^2\theta$ 를 사용하면 $\cos(2\theta) = 2\cos^2\theta - 1$

이라고 나타낼 수 있습니다.

문제 5-13

(1) $f(1) = 3^1 = 3,\ f(2) = 3^2 = 9$ 이므로 $f(1) < f(2)$ 가 됩니다. 즉 $f(2)$ 가 더 큽니다.

(2) $g(1) = \left(\frac{1}{3}\right)^1 = \frac{1}{3},\ g(2) = \left(\frac{1}{3}\right)^2 = \frac{1^2}{3^2} = \frac{1}{9}$ 이므로 $g(1) > g(2)$ 가 됩니다. 즉 $g(1)$ 이 더 큽니다.

(3) 밑이 1보다 큰 $f(x) = 3^x$ 와 같은 함수는 x가 클수록 $f(x)$의 값도 커집니다. 밑이 1보다 작은 $g(x) = \left(\frac{1}{3}\right)^x$ 와 같은 함수는 x가 클수록 $g(x)$의 값은 작아집니다.

문제 5-14

(1) $\log_3 27 = \log_3 3^3 = 3$

(2) $\log_2 0.5 = \log_2 \frac{1}{2} = \log_2 2^{-1} = -1$

(3) $\log_{1.5} 1 = \log_{1.5} 1.5^0 = 0$

문제 5-15

20dB 증가한다

본문에 나와 있는 예에서 증폭률이 10배가 되면 이득은 +20dB 증가함을 알 수 있습니다. 구체적으로는 예 (3)의 $A_v = 0.1$ 이 예 (2)에서 $A_v = 1$ 로 10배가 되면, 이득은 예 (3)에서 $G = -20\text{dB}$ 이었던 것이 예 (2)에서 20dB 증가해 $G = 0\text{dB}$ 이 되었습니다.

5-19절에서 배운 로그함수의 성질 ①을 사용하면 증폭도가 $(10\,A_v)$ 일 때 이득은

$$\begin{aligned} 20\log_{10}(10 \cdot A_v) &= 20\log_{10}10 + 20\log_{10}A_v \\ &= 20 \cdot 1 + 20\log_{10}A_v \\ &= 20 + \underbrace{20\log_{10}A_v}_{\text{증폭도가 } (A_v)\text{일 때의 이득}} \end{aligned}$$

이 되어, 증폭도가 (A_v) 일 때의 이득보다도 20dB 증가함을 알 수 있습니다.

문제 5-16

(1) ①을 거꾸로 사용하면

$$\log_2 24 + \log_2 \frac{1}{3} = \log_2\left(24 \cdot \frac{1}{3}\right) = \log_2 8 = \log_2 2^3 = 3$$

(2) $8 = 2^3$ 이기 때문에

$8^5 = (2^3)^5 = 2^{3 \cdot 5} = 2^{15}$ 가 되어 $\log_2 8^5 = \log_2 2^{15} = 15$

(3) 밑의 변환 ③을 사용해 밑을 3으로 변환시킵시다.

$$\log_{\sqrt{3}} 9 = \frac{\log_3 9}{\log_3 \sqrt{3}} = \frac{\log_3 3^2}{\log_3 3^{\frac{1}{2}}} = \frac{2}{\frac{1}{2}} = 2 \div \frac{1}{2} = 2 \times \frac{2}{1} = 4$$

변환시킬 밑을 3으로 한 것은 $\log_3 9$와 $\log_3 \sqrt{3}$을 모두 구할 수 있는 가장 간단한 것이기 때문입니다.

(4) ②를 거꾸로 사용하면

$$\log_{\sqrt{3}} 162 - \log_{\sqrt{3}} 6 = \log_{\sqrt{3}} \frac{162}{6} = \log_{\sqrt{3}} 27$$

여기에 밑의 변환 ③을 사용해 밑을 3으로 변환시키면

$$\log_{\sqrt{3}} 27 = \frac{\log_3 27}{\log_3 \sqrt{3}} = \frac{\log_3 3^3}{\log_3 3^{\frac{1}{2}}} = \frac{3}{\frac{1}{2}} = 3 \div \frac{1}{2} = 3 \times \frac{2}{1} = 6$$

문제 5-17

조금이라도 이미지화하기 쉽도록 다음 그림을 제공합니다. 열심히 확인해 보세요!

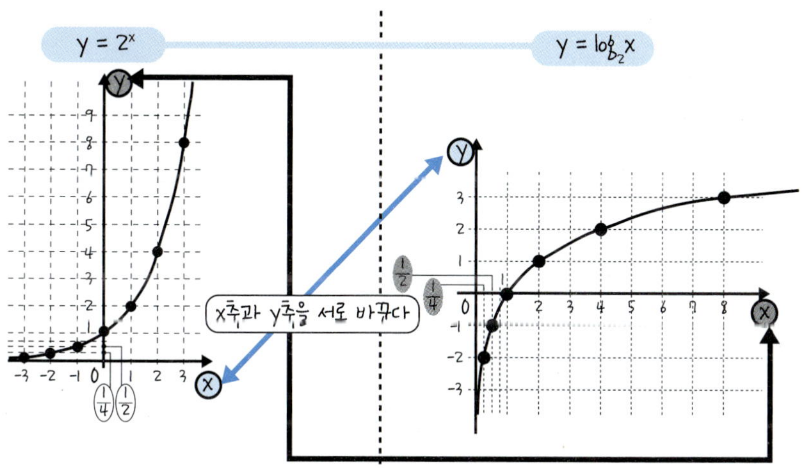

제6장 복소수

문제 6-1

B: 직교좌표라면 $(2, 8)$, 복소수라면 $2 + j8$

C: 직교좌표라면 $(-3, 5)$, 복소수라면 $-3 + j5$

D: 직교좌표라면 $(-3, -6)$, 복소수라면 $-3-j6$

E: 직교좌표라면 $(5, -6)$, 복소수라면 $5-j6$

문제 6-2

B: $30\angle\frac{\pi}{4}$　　C: $30\angle\frac{7\pi}{6}$　　D: $30\angle\frac{3\pi}{2}$　　E: $20\angle\frac{7\pi}{4}$

문제 6-3

B $(-3\sqrt{3}, 3)$ 이기 때문에

$$r=\sqrt{x^2+y^2}=\sqrt{(-3\sqrt{3})^2+3^2}=\sqrt{9\cdot3+9}=\sqrt{36}=6$$

$$\theta=\tan^{-1}\frac{y}{x}=\tan^{-1}\frac{3}{-3\sqrt{3}}=\tan^{-1}\frac{1}{-\sqrt{3}}=\frac{5\pi}{6}$$

에 의해 B $(-3\sqrt{3}, 3)$를 극좌표로 나타내면 $6\angle\frac{5\pi}{6}$가 됩니다.

C $(5, -5)$도 B와 마찬가지로

$$r=\sqrt{x^2+y^2}=\sqrt{5^2+(-5)^2}=\sqrt{25+25}=\sqrt{50}=5\sqrt{2}$$

$$\theta=\tan^{-1}\frac{y}{x}=\tan^{-1}\frac{-5}{5}=\tan^{-1}(-1)=\frac{7\pi}{4}$$

에 의해 C $(5, -5)$를 극좌표로 나타내면 $5\sqrt{2}\angle\frac{7\pi}{4}$가 됩니다.

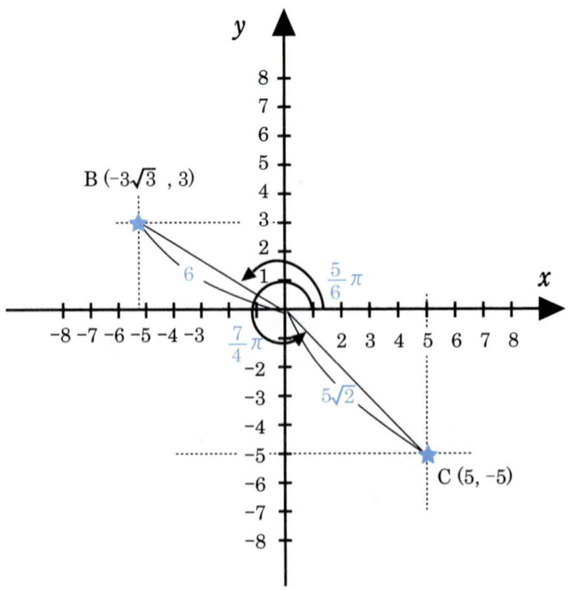

문제 6-4

(1) $z_1 + z_2 = (-6 + j8) + (3 + j4) = (-6 + 3) + j(8 + 4)$
$= -3 + j12$

(2) $z_1 - z_2 = (-6 + j8) - (3 + j4) = (-6 - 3) + j(8 - 4)$
$= -9 + j4$

(3) $z_1 z_2 = (-6 + j8)(3 + j4)$
$= -6 \cdot 3 + (-6) \cdot j4 + j8 \cdot 3 + j8 \cdot j4$
$= -18 - j24 + j24 + j^2 32 = -18 + (-1) \cdot 32$
$= -18 - 32 = -50$

(4) $\overline{z_2} = 3 - j4$ 이므로 $z_2 \overline{z_2} = (3 + j4)(3 - j4) = 3^2 - (j4)^2 = 9 - j^2 4^2 = 9 - (-1) \cdot 16 = 25$

(5) $\dfrac{z_1}{z_2} = \dfrac{-6 + j8}{3 + j4}$ 에서 3분모분자에 분모 $3 + j4$ 의 복소공액 $3 - j4$ 를 곱하면

$\dfrac{z_1}{z_2} = \dfrac{(-6 + j8)(3 - j4)}{(3 + j4)(3 - j4)}$ 가 됩니다. 분모는 (4)에서 구한 $z_2 \overline{z}_2$와 같은 25가 되고,

분자는 $(-6 + j8)(3 - j4) = -6 \cdot 3 - 6 \cdot (-j4) + j8 \cdot 3 + j8 \cdot (-j4)$
$= -18 + j24 + j24 - j^2 32$
$= -18 - (-1) \cdot 32 + j48$
$= 14 + j48$

따라서 $\dfrac{z_1}{z_2} = \dfrac{14 + j48}{25}$ 입니다.

문제 6-5

(1) $z_1 z_2 = (10\angle 60°)(5\angle 30°) = (10 \cdot 5)\angle(60° + 30°) = 50\angle 90°$

(2) $\dfrac{z_1}{z_2} = \dfrac{10\angle 60°}{5\angle 30°} = \left(\dfrac{10}{5}\right)\angle(60° - 30°) = 2\angle 30°$

(3) 덧셈·뺄셈은 직교좌표로 변환하여 계산합시다.
$z_1 = 10\angle 60° = 10\cos 60° + j10\sin 60° = 10 \cdot \dfrac{1}{2} + j10 \cdot \dfrac{\sqrt{3}}{2}$
$= 5 + j5\sqrt{3}$
$z_2 = 5\angle 30° = 5\cos 30° + j5\sin 30° = 5 \cdot \dfrac{\sqrt{3}}{2} + j5 \cdot \dfrac{1}{2}$
$= \dfrac{5\sqrt{3}}{2} + j\dfrac{5}{2}$
이기 때문에, 다음의 식이 답이 됩니다.

$$z_1+z_2=(5+j5\sqrt{3})+(\frac{5\sqrt{3}}{2}+j\frac{5}{2})$$
$$=(5+\frac{5\sqrt{3}}{2})+j(\frac{5}{2}+5\sqrt{3})$$

(4) (3)에서 직교좌표를 구해 놓았으므로, 그 결과를 이용하면

$$z_1-z_2=(5+j5\sqrt{3})-\left(\frac{5\sqrt{3}}{2}+j\frac{5}{2}\right)$$
$$=\left(5-\frac{5\sqrt{3}}{2}\right)+j\left(-\frac{5}{2}+5\sqrt{3}\right)$$

문제 6-6

【① 곱셈의 증명】과 마찬가지로 직교좌표 표시로 변환하여 계산해 봅시다.

$$\frac{r_1\angle\theta_1}{r_2\angle\theta_2}$$
$$=\frac{r_1\cos\theta_1+jr_1\sin\theta_1}{r_2\cos\theta_2+jr_2\sin\theta_2}$$
$$=\frac{(r_1\cos\theta_1+jr_1\sin\theta_1)(r_2\cos\theta_2-jr_2\sin\theta_2)}{(r_2\cos\theta_2+jr_2\sin\theta_2)(r_2\cos\theta_2-jr_2\sin\theta_2)}$$
$$=\frac{r_1\cos\theta_1 r_2\cos\theta_2+r_1\cos\theta_1(-jr_2\sin\theta_2)+jr_1\sin\theta_1 r_2\cos\theta_2+jr_1\sin\theta_1(-jr_2\sin\theta_2)}{(r_2\cos\theta_2)^2+(r_2\sin\theta_2)^2}$$
$$=r_1r_2\frac{\cos\theta_1\cos\theta_2+\sin\theta_1\sin\theta_2+j(\sin\theta_1\cos\theta_2-\cos\theta_1\sin\theta_2)}{r_2^2(\cos^2\theta_2+\sin^2\theta_2)}$$

여기에서 덧셈정리를 사용해

$$(\text{분자의 실수부})=\cos\theta_1\cos\theta_2+\sin\theta_1\sin\theta_2=\cos(\theta_1-\theta_2)$$
$$(\text{분자의 허수부})=\sin\theta_1\cos\theta_2-\cos\theta_1\sin\theta_2=\sin(\theta_1-\theta_2)$$

가 되고, 삼각함수 사이의 관계 $\cos^2\theta_2+\sin^2\theta_2=1$에 의해 분모는 r_2^2이 됩니다. 따라서

$$\frac{r_1\angle\theta_1}{r_2\angle\theta_2}$$
$$=r_1\cancel{r_2}\frac{\cos(\theta_1-\theta_2)+j\sin(\theta_1-\theta_2)}{r_2^{\cancel{2}}}$$
$$=\frac{r_1}{r_2}[\cos(\theta_1-\theta_2)+j\sin(\theta_1-\theta_2)]$$
$$=\frac{r_1}{r_2}\cos(\theta_1-\theta_2)+\frac{r_1}{r_2}j\sin(\theta_1-\theta_2)$$
$$=\frac{r_1}{r_2}\angle(\theta_1-\theta_2)$$

가 됩니다. (증명 완료)

제 7 장 미분과 적분

문제 7-1

길잡이에서 제시된 $(X+Y)^3 = X^3 + 3X^2Y + 3XY^2 + Y^3$ 이라는 공식에서 $X = t_A$, $Y = \Delta t$ 라고 할 때, $(t_A + \Delta t)^3 = t_A^3 + 3t_A^2\Delta t + 3t_A(\Delta t)^2 + (\Delta t)^3$ 이 됨을 이용해 봅시다.

$$
\begin{aligned}
y'(t_A) &= \lim_{\Delta t \to 0} \frac{y(t_A + \Delta t) - y(t_A)}{\Delta t} = \lim_{\Delta t \to 0} \frac{(t_A + \Delta t)^3 - t_A^3}{\Delta t} \\
&= \lim_{\Delta t \to 0} \frac{t_A^3 + 3t_A^2\Delta t + 3t_A(\Delta t)^2 + (\Delta t)^3 - t_A^3}{\Delta t} \quad \Leftarrow \boxed{\text{여기에서 길잡이를 사용}} \\
&= \lim_{\Delta t \to 0} \frac{\cancel{t_A^3} + 3t_A^2\Delta t + 3t_A(\Delta t)^2 + (\Delta t)^3 - \cancel{t_A^3}}{\Delta t} \\
&= \lim_{\Delta t \to 0} \Delta t \frac{3t_A^2 + 3t_A(\Delta t) + (\Delta t)^2}{\Delta t} \quad \Leftarrow \boxed{\text{분자를 } \Delta t \text{로 묶어서 빼냈다}} \\
&= \lim_{\Delta t \to 0} \cancel{\Delta t} \frac{3t_A^2 + 3t_A(\Delta t) + (\Delta t)^2}{\cancel{\Delta t}} \\
&= \lim_{\Delta t \to 0} [3t_A^2 + 3t_A(\Delta t) + (\Delta t)^2] \quad \Leftarrow \boxed{\text{여기에서 } \Delta t \to 0 \text{으로 한다}} \\
&= 3t_A^2 + 3t_A \cdot 0 + 0^2 = 3t_A^2
\end{aligned}
$$

문제 7-2

문제 7-1의 결과에서 $y(t) = t^3$ 일 때 $t = t_A$ 에서의 미분계수는 $y'(t_A) = 3t_A^2$ 이었습니다. 여기에서 t_A 가 어떤 값인지를 특별히 지정하지 않았기 때문에, 실은 어떤 t_A 값이 오더라도 $y'(t_A) = 3t_A^2$ 임이 보증되어 있습니다. 따라서 t_A 대신에 x를 사용하여 $y(x) = x^3$ 에 대해 $y'(x) = 3x^3$ 이라고 할 수 있습니다.

문제 7-3

본문에서 $y''(x) = 6x$ 의 이계미분까지 구했으므로, 3계미분 $y^{(3)}(x)$는 $y''(x)$를 다시 한 번 미분하면 되며 다음과 같습니다.

$$y^{(3)}(x) = (y''(x))' = (6x)' = 6(x)' = 6 \cdot 1 = 6$$

문제 7-4

(1) $u = 2x + 1$로 두면 $\dfrac{\mathrm{d}u}{\mathrm{d}x} = 2$로, ④합성함수의 식에서

$$\frac{df_1}{dx}(x) = \frac{df_1}{du}\frac{du}{dx} = [3u^4]' \cdot 2 = 3 \cdot 4u^3 \cdot 2 = 24u^3$$
$$= 24(2x+1)^3$$

(2) $u = x^2$ 으로 두면 $\frac{du}{dx} = 2x$ 로, ④합성함수의 식에서

$$\frac{df_2}{dx}(x) = \frac{df_2}{du}\frac{du}{dx} = [\sin u]' \cdot 2x = \cos u \cdot 2x = 2x\cos(x^2)$$

(3) $u = kx + \theta$ 로 두면 $\frac{du}{dx} = k$ 로, ④합성함수의 식에서

$$\frac{df_3}{dx}(x) = \frac{df_3}{du}\frac{du}{dx} = [\sin u]' \cdot k = \cos u \cdot k = k\cos(kx+\theta)$$

(4) ③의 몫의 미분 식에서

$$\frac{df_4}{dx}(x) = \frac{(x)'\ln x - x(\ln x)'}{(\ln x)^2} = \frac{1 \cdot \ln x - x \cdot \frac{1}{x}}{(\ln x)^2} = \frac{\ln x - 1}{(\ln x)^2}$$

문제 7-5

그래프는 그림으로 제시한 바와 같습니다. $y = f(x) = \sin x$ 와 $y = f'(x) = \cos x$ 를 $x = 0°$ 에서 $360°$ 까지 한 주기에 대하여 그렸습니다.

우선 $x = 0°$ 에서는 $f'(0°) = \cos 0° = 1$ 이 되어 그래프에서도 알 수 있듯이 여기에서 접선의 기울기가 양수에서(우상향) 최대가 됩니다. $0° < x < 90°$ 사이에서는 $f'(x) > 0$ 이기 때문에 접선의 기울기는 양수가 되어 함수 $y = f(x)$ 의 값은 점점 커집니다.

$x = 90°$ 가 되었을 때는 $f'(90°) = \cos 90° = 0$ 이 되어 접선의 기울기가 0이 됩니다. 즉, 여기에서 함수 $f(x) = \sin x$ 는 극값을 취하게 됩니다. $x = 90°$ 에서 조금 벗어났을 때의 함수 $f(x) = \sin x$ 는 $x = 90°$ 일 때의 값보다 조금 작아지기 때문에 $x = 90°$ 의 극값은 '극댓값'이 됩니다. $90° < \theta < 180°$ 사이에서는 $f'(x) < 0$ 이기 때문에 접선의 기울기는 음수가 되어 함수 $y = f(x)$ 의 값은 점점 작아집니다.

$x = 180°$ 가 되었을 때 $f'(180°) = \cos 180 = -1$ 이 되어 접선의 기울기가 음수(우하향)에서 최소가 됩니다. 이어서 $180° < x < 270°$ 사이에서는 $f'(x) < 0$ 이기 때문에 접선의 기울기는 음수 상태로 함수 $y = f(x)$ 의 값은 점점 작아집니다.

$x = 270°$ 가 되었을 때 $f'(270°) = \cos 270° = 0$ 이 되어 접선의 기울기가 0이 됩니다. 즉, 여기에서 함수 $f(x) = \sin x$ 는 극값을 취하게 됩니다. $x = 270°$ 에서 조금 벗어났을 때의 함수 $f(x) = \sin x$ 는 $x = 270°$ 일 때의 값보다 조금 커지기 때문에 $x = 270°$ 의 극값은 '극솟값'이 됩니다. $270° < \theta < 360°$ 사이에서는 $f'(x) > 0$ 이기 때문에 접선의 기울기는 양수가 되어 함수 $y = f(x)$ 의 값은 점점 커집니다.

$x < 0°$ 와 $360° < x$ 일 때에는 삼각함수의 성질에 의해 같은 성질을 $360°$ 마다 반복하게 됩니다.

이처럼 미분계수의 양음에 따라 함수의 증감을 알 수 있습니다. 또 미분계수가 0이 되었을 때 함수가 극값을 취하는 것도 이해할 수 있습니다. 이상의 내용과 같이 그래프를 그릴 때 극값의 위치를 확인해 둠으로써, 함수의 특징을 파악할 수 있게 됩니다.

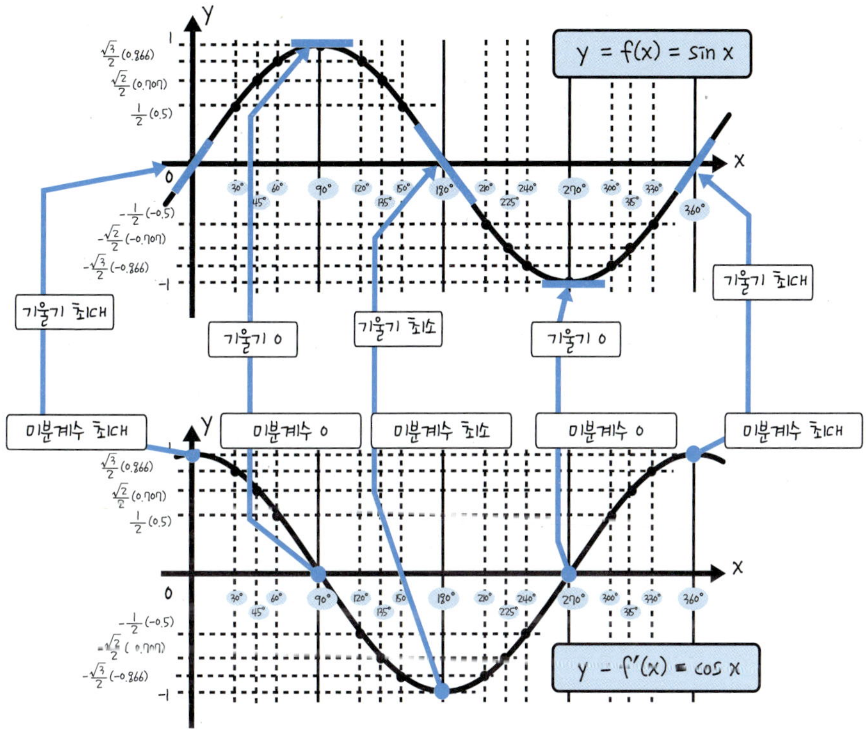

문제 7-6

x^3의 원시함수는 표 7.1에 따라 $\frac{1}{4}x^4$ 입니다. 따라서

$$\int_0^1 x^3 \mathrm{d}x = \left[\frac{1}{4}x^4\right]_0^1 = \frac{1}{4}[1^4 - 0^4] = \frac{1}{4}$$

문제 7-7

표 7.1의 오른쪽을 미분해 봅니다.

x^n

$$\left(\frac{1}{n+1}x^{n+1}\right)' = \frac{1}{n+1}(x^{n+1})' = \frac{1}{n+1}(n+1)x^{n+1-1} = x^n$$

$\boxed{\dfrac{1}{x}}$

$x > 0$일 때

$$(\ln|x|)' = (\ln x)' = \frac{1}{x}$$

$x < 0$일 때(※이 때 $-x > 0$이 됩니다!)

$$(\ln|x|)' = [\ln(-x)]'$$

$u = -x$로 두면 $\dfrac{du}{dx} = -1$이기 때문에

$$[\ln(-x)]' = (\ln u)' \frac{du}{dx} = \frac{1}{u} \cdot (-1) = \frac{1}{-x} \cdot (-1) = \frac{1}{x}$$

$\boxed{\sin x}$ $(-\cos x)' = -(\cos x)' = -(-\sin x) = \sin x$

$\boxed{\cos x}$ $(\sin x)' = \cos x$

$\boxed{e^x}$ $(e^x)' = e^x$

$\boxed{\ln x\,(x > 0)}$ $(x\ln x - x)' = (x\ln x)' - (x)'$

여기에서 곱의 미분을 이용해

$$(x\ln x)' = (x)'\ln x + x(\ln x)' = \ln x + x\frac{1}{x} = \ln x + 1$$

따라서

$$(x\ln x - x)' = (x\ln x)' - (x)' = \ln x + 1 - 1 = \ln x$$

$\boxed{\sinh x}$ $(\cosh x)' = \sinh x$: 자세히는 7-5절 ③ 참조

$\boxed{\cosh x}$ $(\sinh x)' = \cosh x$: 자세히는 7-5절 ③ 참조

$\boxed{\sin^{-1}\dfrac{x}{a}}$

$y = \sin^{-1}\dfrac{x}{a}$라고 하면 $x = a\sin y$이므로 $\dfrac{dx}{dy} = a\cos y$가 됩니다. 따라서

$$\frac{dx}{dy} = \frac{1}{\dfrac{dx}{dy}} = \frac{1}{a\cos y}$$

가 되고, 삼각함수 사이의 관계 $\sin^2 y + \cos^2 y = 1$에서

$$\cos y = \pm\sqrt{1-\sin^2 y} = \pm\sqrt{1-\left(\frac{x}{a}\right)^2}$$

가 됩니다. 역삼각함수의 정의역은 $-\dfrac{\pi}{2} < y < \dfrac{\pi}{2}$로 한정되므로

$$\cos y = +\sqrt{1-\left(\frac{x}{a}\right)^2}$$

가 됩니다. 이상에서

$$\frac{dy}{dx}=\frac{1}{a\sqrt{1-\left(\frac{x}{a}\right)^2}}=\frac{1}{\sqrt{a^2-x^2}}$$

$\tan^{-1}\frac{x}{a}$

$y=\tan^{-1}\frac{x}{a}$ 라고 할 때 $x=a\tan y$ 이므로 $\frac{dx}{dy}=\frac{a}{\cos^2 y}$ 가 됩니다. 따라서

$$\frac{dy}{dx}=\frac{1}{\frac{dx}{dy}}=\frac{1}{\frac{a}{\cos^2 y}}=\frac{1}{a}\cos^2 y$$

이지만, 삼각함수 사이의 관계 $\sin^2 y+\cos^2 y=1$ 의 양변을 $\cos^2 y$ 로 나누고 $\left(\frac{\sin y}{\cos y}\right)^2+1=\frac{1}{\cos^2 y}$ 로 하여 $\tan y=\frac{\sin y}{\cos y}$ 로 하면 $\tan^2 y+1=\frac{1}{\cos^2 y}$ 이므로

$$\frac{dy}{dx}=\frac{1}{a}\cos^2 y=\frac{1}{a(\tan^2 y+1)}=\frac{1}{a\left[\left(\frac{x}{a}\right)^2+1\right]}=\frac{a}{x^2+a^2}$$

$\sinh^{-1}\frac{x}{a}$

$y=\sinh^{-1}\frac{x}{a}$ 라고 두면 $x=a\sinh y$ 에서, $\frac{dx}{dy}=a\cosh y$ 가 됩니다. 따라서

$$\frac{dy}{dx}=\frac{1}{\frac{dx}{dy}}=\frac{1}{a\cosh y}$$

인데

$$\cosh^2 y-\sinh^2 y=\left(\frac{e^y+e^{-y}}{2}\right)^2-\left(\frac{e^y-e^{-y}}{2}\right)^2-1$$

이 되므로 $\cosh y=\sqrt{1+\sinh^2 y}$ 가 되어[1]

$$\frac{dy}{dx}=\frac{1}{a\sqrt{1+\sinh^2 y}}=\frac{1}{a\sqrt{1+\left(\frac{x}{a}\right)^2}}=\frac{1}{\sqrt{x^2+a^2}}$$

문제 7-8

$$\begin{aligned}\int x\cos x\,dx&=\int x(\sin x)'\,dx\\&=x\sin x-\int (x)'\sin x\,dx\\&=x\sin x-\int \sin x\,dx\\&=x\sin x-(-\cos x)+C\\&=x\sin x+\cos x+C\end{aligned}$$

1 $\cosh y\geq 0$ 이므로 $\cosh y=-\sqrt{1+\sinh^2 y}$ 는 생각하지 않아도 됩니다.

문제 7-9

길잡이처럼 $\sqrt{x-1}=u$ 로 두면 $x=u^2+1$ 에서

$$x=1\text{일 때},\ u=\sqrt{1-1}=0$$
$$x=2\text{일 때},\ u=\sqrt{2-1}=1$$

이므로

$$\begin{array}{c|c} x & 1 \to 2 \\ \hline u & 0 \to 1 \end{array}$$

이라는 대응표를 쓸 수 있습니다. 또한,

$$\frac{\mathrm{d}x}{\mathrm{d}u}=\frac{\mathrm{d}}{\mathrm{d}u}(u^2+1)=2u$$

가 되고

$$\mathrm{d}x=2u\mathrm{d}u$$

로 치환하면 된다는 걸 알 수 있습니다. 따라서

$$\begin{aligned}\int_1^2 x\sqrt{x-1}\,\mathrm{d}x&=\int_0^1(u^2+1)\,u2u\mathrm{d}u=2\int_0^1(u^4+u^2)\,\mathrm{d}u\\&=2\left[\frac{u^5}{5}+\frac{u^3}{5}\right]_0^1=2\left\{\frac{1}{5}+\frac{1}{3}-\left(\frac{0}{5}+\frac{0}{3}\right)\right\}\\&=2\left(\frac{1}{5}+\frac{1}{3}\right)=\frac{16}{15}\end{aligned}$$

제8장 미분방정식과 라플라스 변환

문제 8-1

$f_1(x)=\sin(x+\theta)$라고 하면 $f_1'(x)=\cos(x+\theta)$, $f_1''(x)=-\sin(x+\theta)$이므로 $f_1''(x)+f_1(x)=0$을 만족합니다.

$f_2(x)=\cos(x+\theta)$라고 하면 $f_2'(x)=-\sin(x+\theta)$, $f_2''(x)=-\cos(x+\theta)$이므로
이 역시 $f_2''(x)+f_2(x)=0$을 만족합니다.

$f(x)=A\sin(x+\theta)+B\cos(x+\theta)$라고 하면 $f(x)=Af_1(x)+Bf_2(x)$가 되고 $f_1(x)$, $f_2(x)$는 (♪)을 만족하게 됩니다. 미분의 선형성에서 $f''(x)=Af_1''(x)+Bf_2''(x)$가 되므로

$$
\begin{aligned}
f''(x)+f(x) &= Af_1''(x)+Bf_2''(x)+Af_1(x)+Bf_2(x) \\
&= A(f_1''(x)+f_1(x))+B(f_2''(x)+f_2(x)) \\
&= A\cdot 0+B\cdot 0=0
\end{aligned}
$$

문제 8-2

$y'(t)=(e^{kt})'=ke^{kt}=ky(t)$에서 (♪♪)를 만족한다는 것을 알 수 있습니다.

문제 8-3

$y_1'(t)=A\omega\cos\omega t$, $y_1''(t)=-A\omega^2\sin\omega t$ 에서
$y_1''(t)+\omega^2 y_1(t)=-A\omega^2\sin\omega t+\omega^2 A\sin\omega t=0$ 임을 알 수 있습니다.

이와 동일하게 $y_2'(t)=-B\omega\sin\omega t$, $y_2''(t)=-B\omega^2\cos\omega t$ 에서
$y_2''(t)+\omega^2 y_2(t)=-B\omega^2\cos\omega t+\omega^2 B\cos\omega t=0$ 임을 알 수 있습니다.

마지막으로 미분의 선형성에서 $y''(x)=y_1''(x)+y_2''(x)$가 되므로

$$
\begin{aligned}
y''(x)+\omega^2 y(x) &= y_1''(x)+y_2''(x)+\omega^2(y_1(x)+y_2(x))=(y_1''(t)+\omega^2 y_1(t))+(y_2''(t)+\omega^2 y_2(t)) \\
&= 0+0=0
\end{aligned}
$$

임을 알 수 있습니다.

문제 8-4

A는 상수이므로 $u(t)=\dfrac{y(t)}{A}=e^{-\lambda t}\sin(\omega_* t)$가 (★)를 만족하면 $y(t)$도 (★)를 만족합니다. 따라서 $u(t)$를 (★)에 대입해 봅시다. 우선 미분의 곱셈공식에서

$$
\begin{aligned}
u'(t) &= -\lambda e^{-\lambda t}\sin(\omega_* t)+e^{-\lambda t}\omega_*\cos(\omega_* t) \\
u''(t) &= +\lambda^2 e^{-\lambda t}\sin(\omega_* t)-\lambda e^{-\lambda t}\omega_*\cos(\omega_* t) \\
&\quad -\lambda e^{-\lambda t}\omega_*\cos(\omega_* t)-e^{-\lambda t}\omega_*^2\sin(\omega_* t)
\end{aligned}
$$

가 구해집니다. 따라서 (★)는

$$
\begin{aligned}
0 &= u''(t)+2\lambda u'(t)+\omega^2 u(t) \\
&= +\lambda^2 e^{-\lambda t}\sin(\omega_* t)-\lambda e^{-\lambda t}\omega_*\cos(\omega_* t) \\
&\quad -\lambda e^{-\lambda t}\omega_*\cos(\omega_* t)-e^{-\lambda t}\omega_*^2\sin(\omega_* t) \\
&\quad -2\lambda^2 e^{-\lambda t}\sin(\omega_* t)+2\lambda e^{-\lambda t}\omega_*\cos(\omega_* t)+\omega^2 e^{-\lambda t}\sin(\omega_* t)
\end{aligned}
$$

가 됩니다. 모든 항에 있는 $e^{-\lambda t}$로 양변을 나누고 $\sin(\omega_* t)$와 $\cos(\omega_* t)$의 항으로 구분하면 다음 식과 같아집니다.

$$0 = \sin(\omega_* t)(\lambda^2 - 2\lambda^2 - \omega_*^2 + \omega^2) + \cos(\omega_* t)(-\lambda\omega_* - \lambda\omega_* + 2\lambda\omega_*) \qquad (\#)$$

$\cos(\omega_* t)$의 항은 $(-\lambda\omega_* - \lambda\omega_* + 2\lambda\omega_*) = 0$이 되고 $\sin(\omega_* t)$의 항은 $\omega_* = \sqrt{\omega^2 - \lambda^2}$이었으므로

$$\lambda^2 - 2\lambda^2 - \omega_*^2 + \omega^2 = -\lambda^2 - \omega_*^2 + \omega^2 = -\lambda^2 - (\omega^2 - \lambda^2) + \omega^2 = 0$$

이 되어 결국 (#)의 우변도 0이 되므로 $u(t)$는 (★)을 만족함을 알 수 있습니다.

이와 같이 $v(t) = e^{-\lambda t}\cos(\omega_* t)$로 하면 (★)을 만족한다는 것도 알 수 있습니다.

문제 8-5

이는 8-2절의 (♪)에 기재한 미분방정식입니다. $\frac{1}{y}y' = k$의 양변을 x로 적분하면

$$\int \frac{1}{y}y'\mathrm{d}x = \int k\mathrm{d}x$$

가 됩니나. 좌변의 적분 변수를 x에서 y로 변환하면

$$(\text{좌변}) = \int \frac{1}{y}\frac{\mathrm{d}y}{\mathrm{d}x}\mathrm{d}x = \int \frac{1}{y}\mathrm{d}y = \ln|y| + C_1$$

이 됩니다. 또한

$$(\text{우변}) = \int k\mathrm{d}x = kx + C_2$$

이므로 미분방정식은

$$\ln y + C_1 = kx + C_2$$

에서

$$\ln y = kx + C_2 - C_1$$

이므로

$$y = e^{(kx + C_2 - C_1)} = Ce^{kx}$$

여기서 상수를 $C = e^{(C_2 - C_1)}$이라고 정리했습니다. 초깃값 문제는 $1 = y(0) = Ce^0 = C$에서 $C = 1$이라고 임의의 상수를 정해서

$$y = e^{kx}$$

문제 8-6

(1) 양변을 L로 나누면

$$i'(t) + \frac{R}{L}i(t) = \frac{E_m}{L}\sin\omega t$$

가 됩니다. (☆)과 비교하면 $p(t) = \frac{R}{L}$, $q(t) = \frac{E_m}{L}\sin\omega t$가 됩니다. 따라서

$$g(t) = \int \frac{R}{L} \mathrm{d}t = \frac{R}{L} t$$

적분인자는

$$f(t) = \exp\left(\frac{R}{L} t\right)$$

가 되고 일반해는

$$\begin{aligned} i(t) &= \exp(-g(t)) \int \exp(g(t))\, q(t)\, \mathrm{d}t + C \\ &= \exp\left(-\frac{R}{L} t\right) \int \exp\left(\frac{R}{L} t\right) \frac{E_m}{L} \sin \omega t \mathrm{d}t + C \\ &= \exp\left(-\frac{R}{L} t\right) \frac{E_m}{L} \int \exp\left(\frac{R}{L} t\right) \sin \omega t \mathrm{d}t + C \end{aligned}$$

적분을

$$u(t) = \int \exp\left(\frac{R}{L} t\right) \sin \omega t \mathrm{d}t$$

라고 두고 계산합시다. 부분적분을 실행하기 위해서는

$$u(t) = \int \left(\frac{L}{R} \exp\left(\frac{R}{L} t\right)\right)' \sin \omega t \mathrm{d}t$$

라고 생각하면

$$\begin{aligned} u(t) &= \frac{L}{R} \exp\left(\frac{R}{L} t\right) \sin \omega t - \frac{L}{R} \int \exp\left(\frac{R}{L} t\right) (\sin \omega t)' \mathrm{d}t \\ &= \frac{L}{R} \exp\left(\frac{R}{L} t\right) \sin \omega t - \frac{L}{R} \int \exp\left(\frac{R}{L} t\right) \omega \cos \omega t \mathrm{d}t \\ &= \frac{L}{R} \exp\left(\frac{R}{L} t\right) \sin \omega t - \frac{\omega L}{R} \int \exp\left(\frac{R}{L} t\right) \cos \omega t \mathrm{d}t \end{aligned}$$

가 됩니다. 또한 이 제2항을 부분적분하면

$$\begin{aligned} u(t) &= \frac{L}{R} \exp\left(\frac{R}{L} t\right) \sin \omega t - \frac{\omega L}{R} \int \exp\left(\frac{R}{L} t\right) \cos \omega t \mathrm{d}t \\ &= \frac{L}{R} \exp\left(\frac{R}{L} t\right) \sin \omega t - \frac{\omega L}{R} \int \left(\frac{L}{R} \exp\left(\frac{R}{L} t\right)\right)' \cos \omega t \mathrm{d}t \\ &= \frac{L}{R} \exp\left(\frac{R}{L} t\right) \sin \omega t - \left[\frac{\omega L}{R} \frac{L}{R} \exp\left(\frac{R}{L} t\right) \cos \omega t \right. \\ &\quad \left. - \frac{\omega L}{R} \int \frac{L}{R} \exp\left(\frac{R}{L} t\right) (\cos \omega t)' \mathrm{d}t\right] \\ &= \frac{L}{R} \exp\left(\frac{R}{L} t\right) \sin \omega t - \left[\frac{\omega L}{R} \frac{L}{R} \exp\left(\frac{R}{L} t\right) \cos \omega t \right. \\ &\quad \left. + \frac{\omega^2 L^2}{R^2} \underbrace{\int \exp\left(\frac{R}{L} t\right) \sin \omega t \mathrm{d}t}_{= u(t)}\right] \end{aligned}$$

가 되며 $u(t)$가 나타나게 됩니다. 따라서

$$u(t)=\frac{L}{R}\exp\left(\frac{R}{L}t\right)\sin\omega t-\frac{\omega L^2}{R^2}\exp\left(\frac{R}{L}t\right)\cos\omega t-\frac{\omega^2L^2}{R^2}u(t)$$

가 되어 이를 $u(t)$에 대하여 풀면

$$u(t)=\frac{\frac{L}{R}\exp\left(\frac{R}{L}t\right)\sin\omega t-\frac{\omega L^2}{R^2}\exp\left(\frac{R}{L}t\right)\cos\omega t}{1+\frac{\omega^2L^2}{R^2}}$$

가 됩니다. 따라서 일반해는

$$\begin{aligned}
i(t)&=\exp\left(-\frac{R}{L}t\right)\frac{E_m}{L}u(t)+C\\
&=\exp\left(-\frac{R}{L}t\right)\frac{E_m}{L}\frac{\frac{L}{R}\exp\left(\frac{R}{L}t\right)\sin\omega t-\frac{\omega L^2}{R^2}\exp\left(\frac{R}{L}t\right)\cos\omega t}{1+\frac{\omega^2L^2}{R^2}}+C\\
&=\frac{\frac{E_m}{L}\exp\left(-\frac{R}{L}t\right)}{1+\frac{\omega^2L^2}{R^2}}\left[\frac{L}{R}\exp\left(\frac{R}{L}t\right)\sin\omega t-\frac{\omega L^2}{R^2}\exp\left(\frac{R}{L}t\right)\cos\omega t\right]+C\\
&=\frac{\frac{E_m}{L}}{1+\frac{\omega^2L^2}{R^2}}\left[\frac{L}{R}\sin\omega t-\frac{\omega L^2}{R^2}\cos\omega t\right]+C\\
&=\frac{\frac{E_m}{L}}{1+\frac{\omega^2L^2}{R^2}}\frac{L}{R}\left[\sin\omega t-\frac{\omega L}{R}\cos\omega t\right]+C\\
&=\frac{RE_m}{R^2+(\omega L)^2}\left[\sin\omega t-\frac{\omega L}{R}\cos\omega t\right]+C
\end{aligned}$$

가 됩니다. 이는 이 미분방정식이 정상상태가 되었을 때의 해입니다.

(2) 초기조건을 대입하면

$$0=i(0)=\frac{RE_m}{R^2+(\omega L)^2}\left[0-\frac{\omega L}{R}\cdot 1\right]+C$$

$$0=-\frac{RE_m}{R^2+(\omega L)^2}\frac{\omega L}{R}\cdot 1+C$$

에서

$$C=+\frac{\omega L}{R^2+(\omega L)^2}E_m$$

이 구해집니다. 따라서

$$i(t)=\frac{RE_m}{R^2+(\omega L)^2}\left[\sin\omega t-\frac{\omega L}{R}\cos\omega t\right]+\frac{\omega L}{R^2+(\omega L)^2}E_m$$

(3) 초기조건을 대입하면

$$\frac{E_m}{R} = i(0) = \frac{RE_m}{R^2+(\omega L)^2}\left[0-\frac{\omega L}{R}\cdot 1\right]+C$$
$$\frac{E_m}{R} = -\frac{RE_m}{R^2+(\omega L)^2}\frac{\omega L}{R}\cdot 1+C$$

에서

$$C = \frac{E_m}{R}+\frac{\omega L}{R^2+(\omega L)^2}E_m$$

이 구해집니다. 따라서

$$i(t) = \frac{RE_m}{R^2+(\omega L)^2}\left[\sin\omega t-\frac{\omega L}{R}\cos\omega t\right]+\frac{E_m}{R}$$
$$+\frac{\omega L}{R^2+(\omega L)^2}E_m$$

문제 8-7

초기조건을 대입하면

$$y(0) = C_1\cos 0+C_2\sin 0 = C_1\cdot 1 = A$$
$$y'(0) = \omega(-C_1\sin 0+C_2\cos 0) = \omega C_2\cdot 1 = 0$$

에서

$$C_1 = A$$
$$C_2 = 0$$

을 얻을 수 있습니다. 따라서 다음 식이 초깃값 문제의 해입니다.

$$y(t) = A\cos\omega t$$

문제 8-8

특성방정식은

$$\lambda^2+2\lambda+2 = 0$$

에서 근의 공식을 통해

$$\lambda = \frac{-2\pm\sqrt{2^2-4\cdot 2}}{2} = \frac{-2\pm j2}{2} = -1\pm j$$

가 됩니다. 이는 8-4절의 '2계 선형 미분방정식의 해'의 분류로 보자면 ③의 경우로, 일반해는

$$y(t) = e^{-x}(C_1\cos x+C_2\sin x)$$

가 됩니다. 다음으로 초깃값 문제를 풀어 봅시다.

$$y(0) = 1 \cdot (C_1 \cos 0 + C_2 \sin 0) = C_1 = 2$$

에서 $C_1 = 2$가 정해지고

$$y(x) = e^{-x}(2\cos x + C_2 \sin x)$$

임을 알 수 있습니다. 또한

$$y'(t) = (-e^{-x})(2\cos x + C_2 \sin x) + e^{-x}(-2\sin x + C_2 \cos x)$$

에서

$$y'(0) = -(2+0) + (0 + C_2) = -2$$

가 되어

$$C_2 = 0$$

이 얻어집니다. 따라서 이 초깃값 문제의 특수해는

$$y(t) = 2e^{-x} \cos x$$

로 정해집니다.

문제 8-9

$$\mathcal{L}\{\sin(at)\} = \frac{1}{j2}(\mathcal{L}\{e^{jat}\} - \mathcal{L}\{e^{-jat}\}) = \frac{1}{j2}\left(\frac{1}{s-ja} - \frac{1}{s+ja}\right) = \frac{a}{s^2+a^2}$$

문제 8-10

$$\mathcal{L}\{\sinh(at)\} = \frac{1}{2}(\mathcal{L}\{e^{at}\} - \mathcal{L}\{e^{-at}\}) = \frac{1}{2}\left(\frac{1}{s-a} - \frac{1}{s+a}\right) = \frac{a}{s^2-a^2}$$

$$\mathcal{L}\{\cosh(at)\} = \frac{1}{2}(\mathcal{L}\{e^{at}\} + \mathcal{L}\{e^{-at}\}) = \frac{1}{2}\left(\frac{1}{s-a} + \frac{1}{s+a}\right) = \frac{s}{s^2-a^2}$$

문제 8-11

$\cos(bt)$의 라플라스 변환은 다음과 같습니다.

$$\mathcal{L}\{\cos(bt)\} = \frac{s}{s^2+b^2}$$

여기에 e^{at}를 곱하면 $s \to s-a$로 이동하므로

$$\mathcal{L}\{e^{at}\cos(bt)\} = \frac{s-a}{(s-a)^2+b^2}$$

가 됩니다.

문제 8-12

(1) $\mathcal{L}\{y''(t)\} = s^2Y(s) - sy'(0) - y(0)$, $\mathcal{L}\{y(t)\} = Y(s)$ 에서 미분방정식은

$$s^2Y(s) - sy'(0) - y(0) + Y(s) = \mathcal{L}\{\sin t\}$$

여기에서 $\mathcal{L}\{\sin t\} = \dfrac{1}{s^2+1}$ 에서

$$s^2Y(s) - sy'(0) - y(0) + Y(s) = \frac{1}{s^2+1}$$

이 됩니다. 초기조건 $y(0) = 1$, $y'(0) = 0$ 을 대입하면

$$s^2Y(s) - 1 + Y(s) = \frac{1}{s^2+1}$$

(2) 얻어진 식을 $Y(s)$ 로 묶으면

$$Y(s)(s^2+1) - 1 = \frac{1}{s^2+1}$$

에서

$$Y(s)(s^2+1) = \frac{1}{s^2+1} + 1 = \frac{1}{s^2+1} + \frac{s^2+1}{s^2+1} = \frac{s^2+2}{s^2+1}$$

가 되고 양변을 s^2+1 로 나누면 다음 식이 얻어집니다.

$$Y(s) = \frac{s^2+2}{(s^2+1)^2}$$

(3) 분자를 $s^2+2 = (s^2+1)+1$ 로 구분하면 다음 식이 얻어집니다.

$$Y(s) = \frac{(s^2+1)+1}{(s^2+1)^2} = \frac{s^2+1}{(s^2+1)^2} + \frac{1}{(s^2+1)^2} = \frac{1}{s^2+1} + \frac{1}{(s^2+1)^2}$$

(4) (3)의 결과를 라플라스 역변환하면

$$\begin{aligned} y(t) &= \mathcal{L}^{-1}\{Y(s)\} = \mathcal{L}^{-1}\left\{\frac{1}{s^2+1} + \frac{1}{(s^2+1)^2}\right\} \\ &= \mathcal{L}^{-1}\left\{\frac{1}{s^2+1}\right\} + \mathcal{L}^{-1}\left\{\frac{1}{(s^2+1)^2}\right\} \end{aligned}$$

이고 제1항은 다음과 같아집니다.

$$\mathcal{L}^{-1}\left\{\frac{1}{s^2+1}\right\} = \sin t$$

또한 제2항은 합성곱의 식(8-6절 '라플라스 변환의 성질'의 ⑤)에서

$$\int_0^t \sin(t-x)\sin(x)\,dx = \frac{1}{2}\sin t - \frac{t}{2}\cos t$$

가 됩니다. 따라서 구하는 해는

$$y(t) = \mathcal{L}^{-1}\left\{\frac{1}{s^2+1}\right\} + \mathcal{L}^{-1}\left\{\frac{1}{(s^2+1)^2}\right\}$$
$$= \sin t + \frac{1}{2}\sin t - \frac{t}{2}\cos t = \frac{3}{2}\sin t - \frac{t}{2}\cos t$$

제9장 푸리에 급수와 푸리에 변환

문제 9-1

삼각함수의 덧셈정리는

$$\sin(A+B) = \sin A\cos B + \cos A\sin B \qquad (1)$$
$$\sin(A-B) = \sin A\cos B - \cos A\sin B \qquad (2)$$
$$\cos(A+B) = \cos A\cos B - \sin A\sin B \qquad (3)$$
$$\cos(A-B) = \cos A\cos B + \sin A\sin B \qquad (4)$$

입니다. (3)+(4)를 실행하면

$$\begin{aligned}&\cos(A+B) + \cos(A-B)\\ &\quad = (\cos A\cos B - \sin A\sin B) + (\cos A\cos B + \sin A\sin B)\\ &\quad = 2\cos A\cos B\end{aligned}$$

가 얻어집니다. 마찬가지로 (3)-(4)를 실행하면

$$\begin{aligned}&\cos(A+B) - \cos(A-B)\\ &\quad = (\cos A\cos B - \sin A\sin B) - (\cos A\cos B + \sin A\sin B)\\ &\quad = -2\sin A\sin B\end{aligned}$$

가 됩니다. (1)+(2)를 실행하면 다음 식이 얻어집니다.

$$\begin{aligned}&\sin(A+B) + \sin(A-B)\\ &\quad = (\sin A\cos B + \cos A\sin B) + (\sin A\cos B - \cos A\sin B)\\ &\quad = 2\sin A\cos B\end{aligned}$$

문제 9-2

$\int_{-\pi}^{\pi} f(t)\cos(mt)\,\mathrm{d}t$와 $\int_{-\pi}^{\pi} f(t)\sin(mt)\,\mathrm{d}t$를 계산해 봅시다.

$$\int_{-\pi}^{\pi} f(t)\cos(mt)\,\mathrm{d}t$$
$$=\int_{-\pi}^{\pi}\frac{a_0}{2}\cos(mt)\,\mathrm{d}t+\int_{-\pi}^{\pi}\sum_{k=1}^{\infty}[a_k\cos(kt)+b_k\sin(kt)]\cos(mt)\,\mathrm{d}t$$

이고 첫 번째 항은

$$\int_{-\pi}^{\pi}\frac{a_0}{2}\cos(mt)\,\mathrm{d}t=\frac{a_0}{2}\int_{-\pi}^{\pi}\cos(mt)\,\mathrm{d}t=\frac{a_0}{2}\cdot 0=0$$

이 됩니다. 두 번째 항은 적분을 합의 기호인 시그마 $\sum_{k=1}^{\infty}$ 안에 넣어서 9-0절의 결과를 사용하면

$$\sum_{k=1}^{\infty}\left[\int_{-\pi}^{\pi}a_k\cos(kt)\cos(mt)\,\mathrm{d}t+\int_{-\pi}^{\pi}b_k\sin(kt)\cos(mt)\,\mathrm{d}t\right]$$
$$=\sum_{k=1}^{\infty}\underbrace{[a_k\pi\delta_{km}+0]}_{\delta_{km}\text{에 의해 } k=m\text{가 되는 항만 살아 남는다}}=a_m\pi$$

가 되어 $\int_{-\pi}^{\pi} f(t)\cos(mt)\,\mathrm{d}t=a_m\pi$가 됩니다. 따라서

$$a_m=\frac{1}{\pi}\int_{-\pi}^{\pi}f(t)\cos(mt)\,\mathrm{d}t$$

무사히 푸리에 계수를 추출할(얻을) 수 있었습니다. 이와 같이 $\int_{-\pi}^{\pi} f(t)\sin(mt)\,\mathrm{d}t$도

$$\int_{-\pi}^{\pi} f(t)\sin(mt)\,\mathrm{d}t$$
$$=\int_{-\pi}^{\pi}\frac{a_0}{2}\sin(mt)\,\mathrm{d}t+\int_{-\pi}^{\pi}\sum_{k=1}^{\infty}[a_k\cos(kt)+b_k\sin(kt)]\sin(mt)\,\mathrm{d}t$$

이고 첫 번째 항은

$$\int_{-\pi}^{\pi}\frac{a_0}{2}\sin(mt)\,\mathrm{d}t=\frac{a_0}{2}\int_{-\pi}^{\pi}\sin(mt)\,\mathrm{d}t=\frac{a_0}{2}\cdot 0=0$$

이 됩니다. 두 번째 항은 적분을 합의 기호인 시그마 $\sum_{k=1}^{\infty}$ 안에 넣어서 9-0절의 결과를 사용하면

$$\sum_{k=1}^{\infty}\left[\int_{-\pi}^{\pi}a_k\cos(kt)\sin(mt)\,\mathrm{d}t+\int_{-\pi}^{\pi}b_k\sin(kt)\sin(mt)\,\mathrm{d}t\right]$$
$$=\sum_{k=1}^{\infty}\underbrace{[0+b_k\pi\delta_{km}]}_{\delta_{km}\text{에 의해 } k=m\text{가 되는 항만 살아 남는다}}=b_m\pi$$

가 되어 $\int_{-\pi}^{\pi} f(t)\sin(mt)\,\mathrm{d}t=b_m\pi$가 얻어집니다. 따라서 푸리에 계수 b_m은 다음 식이 됩니다.

$$b_m=\frac{1}{\pi}\int_{-\pi}^{\pi}f(t)\sin(mt)\,\mathrm{d}t$$

문제 9-3

우선 $k=0$ 에서의 a_0 은

$$a_0=\frac{1}{\pi}\int_{-\pi}^{\pi}f(t)\,\mathrm{d}t=\frac{1}{\pi}\int_{-\pi}^{\pi}t\,\mathrm{d}t=\frac{1}{\pi}\left[\frac{t^2}{2}\right]_{-\pi}^{\pi}=\frac{1}{2\pi}(\pi^2-(-\pi)^2)=0$$

이 됩니다. 다음으로 $k\neq 0$ 일 때

$$a_k=\frac{1}{\pi}\int_{-\pi}^{\pi}f(t)\cos(kt)\,\mathrm{d}t=\frac{1}{\pi}\int_{-\pi}^{\pi}t\cos(kt)\,\mathrm{d}t$$

는, $\left[\frac{1}{k}\sin(kt)\right]'=\cos(kt)$ 로 하고 부분적분을 하면

$$\begin{aligned}a_k&=\frac{1}{\pi}\int_{-\pi}^{\pi}t\left[\frac{1}{k}\sin(kt)\right]'\mathrm{d}t\\&=\frac{1}{\pi}\left[t\frac{1}{k}\sin(kt)\right]_{-\pi}^{\pi}-\frac{1}{\pi}\int_{-\pi}^{\pi}(t)'\,\frac{1}{k}\sin(kt)\,\mathrm{d}t\\&=0-\frac{1}{\pi k}\int_{-\pi}^{\pi}\sin(kt)\,\mathrm{d}t\\&=-\frac{1}{\pi k}\left[-\frac{1}{k}\cos(kt)\right]_{-\pi}^{\pi}=\frac{1}{\pi k}(-\frac{1}{k})[\cos k\pi-\cos(-k\pi)]\\&=\frac{1}{\pi k^2}[(-1)^2-(-1)^2]=0\end{aligned}$$

이 얻어집니다. 마찬가지로

$$b_k=\frac{1}{\pi}\int_{-\pi}^{\pi}f(t)\sin(kt)\,\mathrm{d}t=\frac{1}{\pi}\int_{-\pi}^{\pi}t\sin(kt)\,\mathrm{d}t$$

도, $\left[-\frac{1}{k}\cos(kt)\right]'=\sin(kt)$ 로 하고 부분적분을 하면

$$\begin{aligned}b_k&=\frac{1}{\pi}\int_{-\pi}^{\pi}t\left[-\frac{1}{k}\cos(kt)\right]'\mathrm{d}t\\&=\frac{1}{\pi}\left[-t\frac{1}{k}\cos(kt)\right]_{-\pi}^{\pi}-\frac{1}{\pi}\int_{-\pi}^{\pi}(t)'\left[-\frac{1}{k}\cos(kt)\right]\mathrm{d}t\\&=-\frac{1}{\pi k}[t\cos(kt)]_{-\pi}^{\pi}+\frac{1}{\pi k}\int_{-\pi}^{\pi}\cos(kt)\,\mathrm{d}t\\&=-\frac{1}{\pi k}[\pi\cos(k\pi)-(-\pi)\cos(-(k\pi))]+\frac{1}{\pi k}\left[\frac{1}{k}\sin(kt)\right]_{-\pi}^{\pi}\\&=-\frac{1}{\pi k}[\pi(-1)^k+\pi(-1)^k]+\frac{1}{\pi k^2}[0-0]\\&=-\frac{2\pi}{\pi k}(-1)^k+0=\frac{2}{k}(-1)^k\cdot(-1)=\frac{2}{k}(-1)^{k+1}\end{aligned}$$

가 얻어집니다. 따라서 푸리에 급수는 b_k 항만 남아

$$f(t)\sim\frac{a_0}{2}+\sum_{k=1}^{\infty}[a_k\cos(kt)+b_k\sin(kt)]=\sum_{k=1}^{\infty}\frac{2}{k}(-1)^{k+1}\sin(kt)$$

가 됩니다. 합의 기호 부분을 전부 쓰면

$$\begin{aligned} f(t) &\sim \sum_{k=1}^{\infty} \frac{2}{k}(-1)^{k+1} \sin(kt) \\ &= \underbrace{+\frac{2}{1}\sin(t)}_{k=1} \underbrace{-\frac{2}{2}\sin(2t)}_{k=2} \underbrace{+\frac{2}{3}\sin(3t)}_{k=3} \underbrace{-\frac{2}{4}\sin(4t)}_{k=4} \\ &= \underbrace{+\frac{2}{5}\sin(5t)}_{k=5} - \cdots\cdots \end{aligned}$$

입니다. 참고로 컴퓨터로 계산했던 부분합과 원래 함수의 그래프를 다음과 같이 제시합니다.

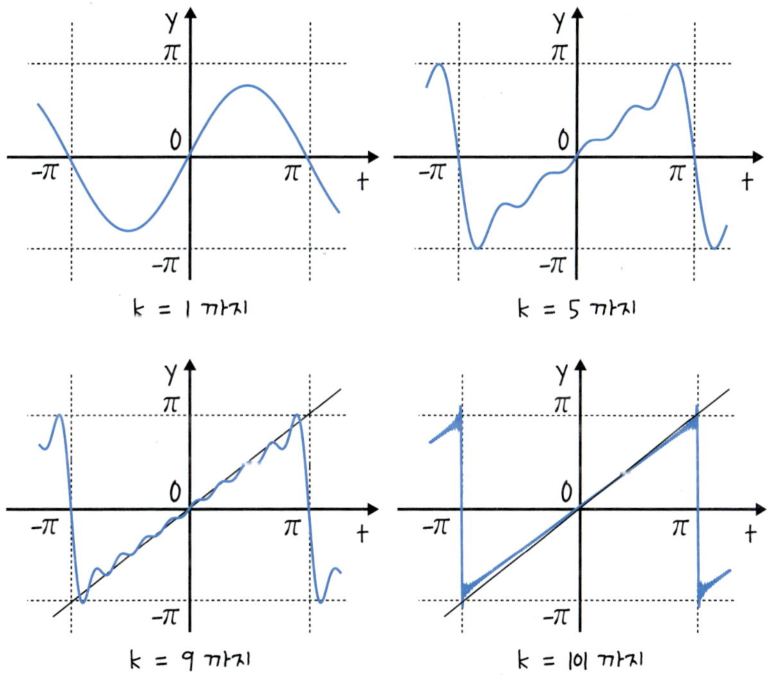

문제 9-4

예제에서 구했던 푸리에 급수는

$$a_0 = \frac{1}{2},\ a_k = 0\,(k = 1, 2, 3, \cdots\cdots),\ b_k = \begin{cases} \dfrac{2}{\pi k} & (k\text{가 홀수일 때}) \\ 0 & (k\text{가 짝수일 때}) \end{cases}$$

이므로

$$c_0 = a_0 = \frac{1}{2}$$

$$c_k = \frac{a_k - jb_k}{2} = \frac{0 - jb_k}{2} = \begin{cases} -j\dfrac{1}{\pi k} & (k\text{가 홀수일 때}) \\ 0 & (k\text{가 짝수일 때}) \end{cases}$$

$$c_{-k} = \frac{a_{-k} + jb_{-k}}{2} = \frac{0 + jb_k}{2} = \begin{cases} +j\dfrac{1}{\pi k} & (k\text{가 홀수일 때}) \\ 0 & (k\text{가 짝수일 때}) \end{cases}$$

가 됩니다.

INDEX